国家哲学社会科学成果文库

NATIONAL ACHIEVEMENTS LIBRARY
OF PHILOSOPHY AND SOCIAL SCIENCES

纪日序事：
中古历日社会文化意义探研

赵贞 著

人民出版社

《国家哲学社会科学成果文库》出版说明

为充分发挥哲学社会科学优秀成果和优秀人才的示范引领作用，促进我国哲学社会科学繁荣发展，自2010年始设立《国家哲学社会科学成果文库》。入选成果经同行专家严格评审，反映新时代中国特色社会主义理论和实践创新，代表当前相关学科领域前沿水平。按照“统一标识、统一风格、统一版式、统一标准”的总体要求组织出版。

全国哲学社会科学工作办公室

2025年3月

目　录

下篇　整理篇

CONTENTS

ARRANGEMENT SECTION

绪 论

一、选题缘起

人类社会的发展总是与特定的时空背景息息相关。《淮南子·齐俗训》："往古来今谓之宙，四方上下谓之宇。"[1]古往今来贯通的时间和四方上下汇聚的空间，构成了人类活动的基本框架。在古代中国人的宇宙图像中，时间与空间是密切联系在一起的。人生天地之间，凡百行事，都必须选择在合适的时空点上进行，方能吉利有福，反之则有祸而凶[2]。以时间来说，诸如年、月、日、朔闰、四时、八至、二十四节气、七十二物候等要素的安排，即构成了一幅全年"敬授人时"的时间图表。比较典型的是，《夏小正》《礼记·月令》《吕氏春秋·十二纪》《淮南子·时训则》等"以月系事"，记述自"孟春之月"至"季冬之月"的政教、礼乐、农事、禁令、兵刑等内容[3]，并将它们纳入五行相生的系统中予以解释，大致可视为"月令"系统的时间模式。

如果说"月令"系统是对统治阶级重大政治、礼仪事务安排的时间序列，那么对官民百姓和民间社会影响较大的应是"历日"系统的时间模式了。该系统以月为纲，以甲子纪日，逐日编排，辅之五行、建除、节气、物候等元素，

1 何宁：《淮南子集释》，中华书局，1998，第 798 页。

2 江晓原：《天学真原》，辽宁教育出版社，1991，第 167 页。

3《月令》中记载的众多事项，王利华划分为自然和社会两大系统。自然系统包括星象、气象和物候等，社会系统则包括经济、政治、军事、祭祀、乐舞、日常生活等许多方面。详见王利华：《〈月令〉中的自然节律与社会节奏》，《中国社会科学》2014 年第 2 期。

间或有社、奠、风伯等“以日系事”，配以神煞和吉凶宜忌，最终形成了一种与民众社会生活息息相关的时间序列。表面看来，历日或者历书的编纂是在顺应天时，遵从春生夏长秋收冬藏的自然规律上，对全年朔闰、节令、物候等的统筹安排，力求与四时更替、万物消长相契合，从而更好地为农业生产提供有效的指导，正所谓“迎日授时，先天成务者也”[1]。这种顺应天时，崇尚自然的岁时节令，或可视为一种“自然时间”。

然而，中国古代，由于受自然科技水平的限制，人们往往结合阴阳学说和五行理论对于时空背景予以解说，使得一定的时间和方位被赋予了特别的文化涵义和吉凶意象。原本年、月、日、时等自然时间似乎也呈现出一定的社会文化内涵。《左传·僖公五年》曰：“春，王正月，辛亥朔，日南至，公既视朔，遂登观台以望，而书，礼也。凡分、至、启、闭，必书云物，为备故也。”孔颖达疏：“凡春秋分、冬夏至、立春、立夏为启，立秋、立冬为闭。用此八节之日，必登观台书其所见云物气色。若有云物变异，则是岁之妖祥。既见其事，后必有验，书之者为豫备故也。”[2] 理论上说，分至启闭由于是四季更替的一种表征，因而所谓“八节”原本是标识四时的“自然时间”，但正因为僖公“登观台”以望天象和风云气色，占其妖祥而予以记录，这种被寄托着王道政治或被赋予政治文化意涵的“八节”于是又具有了“社会时间”的属性。

中古时期的历日，同样具有“自然时间”和“社会时间”的双重属性。一方面，历日中，二十四气均匀分配于十二月中，每月各有一个节气一个中气（闰月除外），每个节气都统涵三个物候（初候、中候、末候），这样的安排基本上与四时阴阳的气温变化规律（春温、夏热、秋凉、冬寒）相契合。另一方面，汉唐时期，随着历注信息的不断添加和丰富，历日文本的内容总体来看呈

1《隋书》卷 17《律历志中》，中华书局，1973，第 415 页。

2（清）阮元校刻：《十三经注疏》，中华书局，1980，第 1794 页。

现出由简到繁的发展态势。尽管中古时代的传世本历书尚未见到，但敦煌吐鲁番所出历日文献表明，某年历日往往受到干支纳音、九宫、年神、月神、日神、人神、日游等多重术数元素的制约，因而呈现出更为复杂的社会文化特征。如S.276《后唐长兴四年癸巳岁（933年）具注历日》六月条：

> 蜜　十九日甲子金执，大时、归忌、天恩，拜官、修井吉。昼五十八刻，夜四十二［刻］。在外巽宫，在足。[1]

可见，六月十九日即有蜜日、日神、昼夜漏刻、日游和人神等信息的渗透，适宜于拜官、修井。不过，大时、归忌和天恩三个神煞，又限定了该日的不宜之事，即大时日不安墓（S.2404），归忌日不归家及召女呼妇（S.2404、S.681v、S.95、P.2623、S.1473、P.3403），天恩为皇天施恩吉日，宜施恩赏、布政事，“修营无妨”（S.2404、S.95、P.2623、S.1473、P.3403）。综合来看，六月十九日由于诸多术数元素和择吉文化的渗透，似乎呈现出更为复杂的“社会时间”属性。

《隋书·经籍志》载：“历数者，所以揆天道，察昏明，以定时日，以处百事，以辨三统，以知阨会，吉隆终始，穷理尽性，而至于命者也。”[2]从《经籍志》收录的著作来看，“历数”包含历法、历日及相关的历术、历注等多重内容，历数所谓“确定时日，处理诸多事务，辨明正朔”以及推知吉凶终始的功用，同样适用于中古历日。尽管传世文献中尚未见到中古时代的历日文本，但结合敦煌吐鲁番所出60余件历日文献和南宋宝祐四年（1256年）历日、明代大统历以及清代时宪书，或可对中古时期历日的名称、形制、内容、及影响进行全面探讨，揭示历日“纪日序事”的根本性质及功用；从文化史、社会史的角度来说，透过历日规范的时间要素，重新审视并开掘历日

---

1 郝春文等编著：《英藏敦煌社会历史文献释录》第1卷（修订版），社会科学文献出版社，2018，第692页。

2《隋书》卷34《经籍志三》，第1026页。

蕴含的礼仪、宗教、信仰、医学、选择、宜忌、民俗等社会历史文化内容，进一步勾稽术数文化与历日的关联，一方面有助于增进对中古社会的“同情性了解”，另一方面对于探察中国古代历日文化的发展演变也有十分重要的学术意义。

二、学术史回顾

由于传世文献中研究素材的匮乏，学界对于中古历日的研究，基本上是围绕敦煌吐鲁番历日文献而展开的[1]。

20世纪初，伴随着敦煌学的兴起和发展，国内外学者尝试对敦煌石室所出历日文书进行探讨。1922年，罗振玉《松翁近稿》最早排印了三件历日，并题写跋语[2]。王重民《敦煌本历日之研究》[3]、董作宾《敦煌写本唐大顺元年残历考》[4]、苏莹辉《敦煌所出北魏写本历日》[5]、中村清二《敦煌古历研究》和《敦煌古历再研究》[6]、薮内清《斯坦因敦煌文献中的历书》[7]、藤枝晃《敦煌曆日譜》[8]、荣孟原《被盗的敦煌历》[9]、施萍亭《敦煌历日研究》[10]、邓文宽《敦煌古历丛识》[11]、

1 邓文宽撰有系列文章，对敦煌吐鲁番历日的整理与研究情况作了详细论述。参见《关于敦煌历日研究的几点意见》，《敦煌研究》1993年第1期；《敦煌吐鲁番历日略论》，《传统文化与现代化》1993年第3期；《敦煌吐鲁番历日的整理研究与展望》，见氏著《敦煌吐鲁番天文历法研究》，甘肃教育出版社，2002，第123—128页；《敦煌历日文献研究的历史追忆》，见《敦煌吐鲁番研究》第7卷，中华书局，2004，第290—297页。

2 王重民辑：《敦煌古籍叙录》，商务印书馆，1958，第160—163页。

3《东方杂志》第34卷第9号，1937年；又见王重民：《敦煌遗书论文集》，中华书局，1984，第116—133页。

4《图书月刊》3卷1期，1943，第7—10页。

5《大陆杂志》1950年第1卷第9期，第4—10页。

6《学灯》53卷1期，1956，第6—8页；《学灯》53卷3期，1956，第7页。

7［日］薮内清：《スタイン敦煌文獻中の曆书》，《东方学报》第35期，1964，第543—549页。中译文参见朴宽哲译：《研讨推定斯坦因收集的敦煌遗书中的历书年代的方法》，《西北史地》1985年第2期；中译文又见《斯坦因敦煌文献中的历书》，［日］薮内清：《中国的天文历法》，杜石然译，北京大学出版社，2017，第144—152页。

8《東方學報》第45期，1973，第377—441页。

9《中华文史论丛》1983年第3辑，第239—254页。

10 敦煌文物研究所编：《1983年全国敦煌学术讨论会文集》文史遗书编上，甘肃人民出版社，1987，第305—366页；见施萍婷：《敦煌习学集》，甘肃民族出版社，2004，第66—125页。

11《敦煌学辑刊》1989年第2期。

严敦杰《敦煌残历刍议》《跋敦煌唐乾符四年历书》[1]、张培瑜《试论新发现的四种古历残卷》[2]、宫岛一彦《暦書・算書》[3]、黄一农《敦煌本具注历日新探》[4]等文，在敦煌历日的研究中均取得很大成就。特别是邓文宽先生，对敦煌所出的50多件历日文献进行全面整理与校录，最终凝结成《敦煌天文历法文献辑校》[5]《敦煌吐鲁番出土历日》[6]《敦煌吐鲁番天文历法研究》[7]《邓文宽敦煌天文历法考索》[8]等著。邓先生还对吐鲁番、黑水城出土历日文献予以整理[9]。近年又对日本杏雨书屋、国家图书馆藏敦煌历日残片予以补正[10]。可以说，在敦煌吐鲁番历日的整理与研究中，邓先生无疑成就最大，创获良多。

日本学者西澤宥綜《敦煌暦学綜論——敦煌具注暦日集成》（全3卷）共整理敦煌历日文献40件，每件历日附有图版，且遵循自右向左的竖排格式释文。该书收录西夏、南宋历日及日本平安时代历书4种[11]，并对敦煌历与中原历的异同作了比较，并制作表格分类统计历注（神煞和宜忌事项）信息，应是敦煌历日文献整理与研究的又一部重要著作。

华澜先生是敦煌历日研究中取得重要成就的另一位学者。先后发表《敦煌

1《中华文史论丛》1989年第1辑，第133—138页；又见中国社会科学院考古研究所编：《中国古代天文文物论集》，文物出版社，1989，第243—251页。

2《中国天文学史文集》第5集，科学出版社，1989，第104—125页。

3［日］池田温编集：《講座敦煌5・敦煌漢文文献》，大東出版社，1992，第464—476页。

4《新史学》第3卷，1992年第4期。

5《敦煌天文历法文献辑校》，江苏古籍出版社，1996；邓文宽：《〈敦煌天文历法文献辑校〉零拾》，见《庆祝吴其昱先生八秩华诞敦煌学特刊》，（台北）文津出版社，2000，第141—156页。

6《敦煌吐鲁番出土历日》，河南教育出版社，1997。

7《敦煌吐鲁番天文历法研究》，甘肃教育出版社，2002。

8《邓文宽敦煌天文历法考索》，上海古籍出版社，2010。

9 参见邓文宽：《吐鲁番新出〈高昌延寿七年（630）历日〉考》《跋吐鲁番文书中的两件唐历》《吐鲁番出土〈唐开元八年（720）具注历日〉释文补正》《吐鲁番出土〈明永乐五年丁亥岁（1407）具注历日〉考》《黑城出土〈宋淳熙九年壬寅岁（1182）具注历日〉考》《黑城出土〈宋嘉定四年辛未岁（1211）具注历日〉三断片考》，见氏著《敦煌吐鲁番天文历法研究》，第228—289页。

10 邓文宽：《跋日本"杏雨书屋"藏三件敦煌历日》，见黄正建主编：《中国社会科学院敦煌学回顾与前瞻学术研讨会论文集》，上海古籍出版社，2012，第153—155页。邓文宽：《两篇敦煌具注历日残文新考》，见《敦煌吐鲁番研究》第13卷，上海古籍出版社，2013，第197—201页。

11［日］西澤宥綜：《敦煌暦学綜論——敦煌具注暦日集成》，美装社，2004—2006。

历书的社会与宗教背景》[1]《简论中国古代历日中的廿八宿注历——以敦煌具注历日为中心》[2]《敦煌历日探源》[3]《9至10世纪敦煌历日中的选择术与医学活动》[4]《9至10世纪历日中的行事——以身体关注为例》[5]等文，在整体关照敦煌历日的结构与内容构成的基础上，从社会史的角度，对敦煌历日蕴含的宗教文化、选择术和医学活动作了深入的开掘。他对选择活动的分类以及图表方法的运用别具特色，富于启发性。

吐鲁番出土历日，除了高昌延寿七年(630年）历日、唐显庆三年(658年）历日、唐仪凤四年（679年）历日、开元八年（720年）历日和明永乐五年丁亥岁（1407年）具注历日外，还有德藏Ch.1512、Ch.3330、Ch.3506、Ch/U.6377、Mainz.168、MIK Ⅲ 4938、MIK Ⅲ 6338等残片，荣新江主编《吐鲁番文书总目（欧美收藏卷)》曾有著录[6]，荣新江、史睿主编《吐鲁番出土文献散录》有准确释文[7]。1997年洋海地区出土的《阚氏高昌永康十三年（478年)、十四年（479年）历日》，2005年征集的台藏塔出土《唐永淳二年（683年）历日》《唐永淳三年（684年）历日》及有关历日残片，陈昊对这数件历日作了整理[8]，并发表了《“历日”还是“具注历日”——敦煌吐鲁番历书名称与形制关系再讨论》[9]《吐鲁番台藏塔新出唐代历日研究》[10]两篇文章，结合敦煌吐鲁番历日文献，重点对中古时期历日的名称、形制及相关的修造与颁行等问题进行探讨，进一

1 国家图书馆善本部敦煌吐鲁番学资料研究中心编：《敦煌与丝路文化学术讲座》第1辑，北京图书馆出版社，2003，第175—191页。

2 见《敦煌吐鲁番研究》第7卷，中华书局，2004，第410—421页。

3 中国文物研究所编：《出土文献研究》第7辑，上海古籍出版社，2005，第196—253页。

4 见《敦煌吐鲁番研究》第9卷，中华书局，2006，第425—448页。

5 余欣主编：《中古中国研究》第1卷，中西书局，2017，第331—367页。

6《吐鲁番文书总目（欧美收藏卷)》，武汉大学出版社，2007，第126页、第270页、第284页、第363页、第703页。其中Ch.3506，邓文宽已考出为明永乐五年丁亥岁（1407年）具注历日。

7《吐鲁番出土文献散录》，中华书局，2021，第208—215页。

8 荣新江等主编：《新获吐鲁番出土文献》，中华书局，2008，第158—159页、第258—263页。

9《“历日”还是“具注历日”——敦煌吐鲁番历书名称与形制关系再讨论》，《历史研究》2007年第2期。

10 见《敦煌吐鲁番研究》第10卷，上海古籍出版社，2007，第207—220页。

步推动了中古历日的研究。

具注历日的形成背景，学界的认识并不统一。工藤元男分析了秦汉《日书》中“视日”与“质日”的关系，在此基础上对具注历的形成背景进行了思考，认为元光元年历谱保存了该年（前134年）的节气、节日以及反支、出种、三伏等历注，且在某些特定的日子里已有吉兆或凶兆的注记，具注历可能就是在这种趋势下出现的[1]。最近，赵江红撰文指出，历书中历注内容开始变得繁复，可能发生在唐太宗一朝，与太宗命吕才等人修撰《阴阳书》这一历史事件有关，并推断具注历的产生与《阴阳书》有关，时间不早于太宗贞观十五年[2]。

有关历日残片的补正与考释，学界关注较多的仍是敦煌所出历日残页。西泽宥综刊布了日本国会图书馆收藏的后周显德二年（955年）历日断简（编号为WAF37–9）[3]。邓文宽对该历做过整理和校注工作[4]。赵贞撰文对S.P12印本残页和国图藏BD16365历日残片的内容予以探讨[5]。刘子凡对黄文弼《吐鲁番考古记》中刊布的H4va《唐神龙元年（705年）历日序》进行专题研究[6]，该件性质虽然为历序，但确是为数不多对吐鲁番历日的有益补充，弥足珍贵。

中古历日涵有“检吉定凶”和时日宜忌的阴阳杂占内容，反映出术数元素向历日文化渗透的若干痕迹。近20年来，敦煌占卜文书受到了学界的高度重视，涌现出一系列重要成果。仅以著作而论，较为典型的有：黄正建《敦煌占卜文书与唐五代研究》[7]、马克主编《中国中世纪的占卜文书与社会：法国国

1 工藤元男：《具注曆の淵源——“日書”·“視日”·“質日”の間》，《東洋史研究》第72卷第2号，2013，第222—254页。

2 赵江红：《吕才〈阴阳书·历注〉与唐历——具注历源起新说》，《敦煌研究》2024年第1期。

3 ［日］西泽宥综：《〈显德二年历断简〉考释》，韩健平译，《中国科技史料》2000年第4期。

4 邓文宽：《敦煌三篇具注历日佚文校考》，《敦煌研究》2000年第3期。

5 赵贞：《S.P12〈上都东市大刀家印具注历日〉残页考》，《敦煌研究》2015年第3期；《国家图书馆藏BD16365〈具注历日〉研究》，《敦煌研究》2019年第5期。

6 刘子凡：《黄文弼所获〈唐神龙元年历日序〉研究》，《文津学志》第15辑，国家图书馆出版社，2021，第190—196页。

7 黄正建：《敦煌占卜文书与唐五代研究》（增订版），中国社会科学出版社，2014。

家图书馆和大英图书馆藏敦煌文献研究》[1]、余欣《神道人心：唐宋之际敦煌民生宗教社会史研究》[2]、陈于柱《区域社会史视野下的敦煌禄命书研究》[3]、王晶波《敦煌占卜文献与社会生活》[4]、郑炳林、陈于柱《敦煌占卜文献叙录》[5]等著，在敦煌占卜文书的整理、校注与研究中，都不同程度地征引或利用了敦煌历日文献。具体到论文，较有代表的成果，比如邓文宽《敦煌本〈唐乾符四年丁酉岁（877 年）具注历日〉"杂占"补录》[6]，黄正建《敦煌占婚嫁文书与唐五代的占婚嫁》[7]，游自勇《敦煌吐鲁番汉文文献中的剃头、洗头择吉日法》[8]，陈于柱、张福慧《敦煌古藏文写本 P.3288V（1）〈沐浴洗头择吉日法〉题解与释录——P.3288V 研究之一》[9]，张福慧、陈于柱《敦煌藏文写本 P.3288V（1）〈沐浴洗头择吉日法〉的历史学研究》[10]等文，都将历日文献视为探讨敦煌占卜文化的重要素材。这些有关敦煌占卜文书的解读与讨论，一定程度上推动了敦煌历日的研究。最近，关长龙对敦煌所出术数文献作了全面整理，凝结成《敦煌本数术文献辑校》[11]一书，其中也收录了数十件历序文本，凸显出历日文本与占卜文书一样，同为术数文献的重要组成部分。

中古历日的内容，学界关注较多的是历日的宗教背景、历日中的神煞，以

1［法］Marc Kalinowski，Divination et sociétédans la Chine médéivale，Etude des manuscrits de Dunhuang de la Bibliothèque nationale de France et de la British Library，Bibliothèque nationale de France, 2003.

2《神道人心：唐宋之际敦煌民生宗教社会史研究》，中华书局，2006。

3《区域社会史视野下的敦煌禄命书研究》，民族出版社，2012。

4《敦煌占卜文献与社会生活》，甘肃教育出版社，2013。

5《敦煌占卜文献叙录》，兰州大学出版社，2014。

6 见《敦煌学与中国史研究论集》编委会：《敦煌学与中国史研究论集——纪念孙修身先生逝世一周年》，甘肃人民出版社，2001，第 135—145 页。

7 项楚、郑阿财主编：《新世纪敦煌学论集》，巴蜀书社，2003，第 274—293 页；见黄正建《敦煌占卜文书与唐五代占卜研究》（增订版），中国社会科学出版社，2014，第 227—246 页。

8《文津学志》第 15 辑，国家图书馆出版社，2021，第 229—236 页。

9《敦煌古藏文写本 P.3288V（1）〈沐浴洗头择吉日法〉题解与释录——P.3288V 研究之一》，《敦煌学辑刊》2019 年第 2 期。

10《敦煌藏文写本 P.3288V（1）〈沐浴洗头择吉日法〉的历史学研究》，《中国藏学》2022 年第 4 期。

11《敦煌本数术文献辑校》，中华书局，2019。

及诸多历注问题。刘永明发表《唐宋之际历日发展考论》等系列文章[1]，指出敦煌历注中拥有丰富的道教内容，道教对具注历日的渗透反映了吐蕃归义军时期敦煌道教的世俗化发展路径。邓文宽充分利用《协纪辨方书》，对历日中的诸多神煞作了详细考证[2]。晏昌贵将汉简《日书》与敦煌历日结合起来，探讨了具注历日中“往亡”排列分布的三种类型[3]。余欣综合梳理了汉简《日书》、敦煌历日、《四时纂要》和《云笈七签》等材料，指出敦煌具注历日中的“往亡”应属于《四时纂要》型，而非《日书》型[4]。庄申《蜜日考》[5]和石田幹之助《以“蜜”字标记星期日的具注历》[6]，对具注历日中“蜜日”的内涵及衍生的宗教文化予以探讨。马若安讨论了敦煌历日中“没日”和“灭日”的计算方法和安排特点[7]。刘子凡对敦煌吐鲁番历日中“三伏”的标注作了统计，并将三伏择日与长安社会联系起来[8]。

历日中的标注，除了神煞、蜜日、三伏日外，还有释奠、藉田、社、风伯、雨师、腊等传统祭礼，以及二十八宿注历、漏刻、卦气、人神、日游等

---

1 刘永明：《唐宋之际历日发展考论》，《甘肃社会科学》2003 年第 1 期；《敦煌道教的世俗化之路——道教向具注历日的渗透》，《敦煌学辑刊》2005 年第 2 期；《吐蕃时期敦煌道教及相关信仰习俗探析》，《敦煌研究》2011 年第 4 期。

2 邓文宽：《敦煌具注历日选择神煞释证》，见《敦煌吐鲁番研究》第 8 卷，中华书局，2005，第 167—206 页。

3 晏昌贵：《敦煌具注历日中的“往亡”》，《魏晋南北朝隋唐史资料》第 19 辑，2002，第 226—231 页。

4 余欣：《“往亡”、“归忌”再探》，《神道人心：唐宋之际敦煌民生宗教社会史研究》，中华书局，2006，第 291—303 页。

5 见《历史语言研究所集刊》第 31 本，1960。

6 刘俊文主编：《日本学者研究中国史论著选译》第 9 卷“民族交通”，中华书局，1993，第 428—442 页。

7 ［法］马若安：《敦煌历日“没日”和“灭日”安排初探》，见《敦煌吐鲁番研究》第 7 卷，中华书局，2004，第 422—437 页。

8 刘子凡：《唐代三伏择日中的长安与地方》，《唐研究》第 21 卷，北京大学出版社，2015，第 287—304 页。

诸多信息，邓文宽[1]、华澜[2]、余欣[3]、汪小虎[4]、赵贞[5]等，皆撰有相关论文涉及或讨论。尤其是汪小虎有关历书颁行及时间信息传播的系列研究[6]，视野开阔，时代跨度较大，文中对于历书功能的透视颇具启发性，应是近年来在历书研究中成果较为突出的青年学者。

总体来看，学界对中古历日的研究主要聚焦于敦煌吐鲁番历日的内容、形制及纪时、朔闰、定年的历法学意义的探讨，而对历日渗透的社会历史文化特征的发掘略显不够。与此相应，学界对于历日性质及功能的关注，较多强调颁历授时的政治文化属性以及历日交流中体现的周边民族关系[7]，而对历日统涵的礼仪、宗教、选择、宜忌、杂占、民俗等社会性活动探究不够[8]。若以"纪日序事"的性质而论，学界关注较多的是"纪日"界定的时间秩序[9]，而对历日统合的"序事"意义明显深究不足。基于这样的考虑，本书以《纪日序事：中古历日社会文化意义探研》为题，在综合利用敦煌吐鲁番历日文献的基础上，重点

1 邓文宽：《传统历书以二十八宿注历的连续性》，《历史研究》2000 年第 6 期；邓文宽：《敦煌历日中的唐五代祭祀、节庆与民俗》，见张弓主编：《敦煌典籍与唐五代历史文化》，中国社会科学出版社，2006，第 1073—1096 页。

2 参见前举华澜有关敦煌历日研究的系列论文，此处不赘。

3 余欣：《神祇的"碎化"：唐宋敦煌社祭变迁研究》，《历史研究》2006 年第 3 期。

4 汪小虎：《敦煌具注历日中的昼夜时刻问题》，《自然科学史研究》2013 年第 2 期；《南宋官历昼夜时刻制度考》，《科学与管理》2013 年第 5 期。

5 赵贞：《敦煌具注历日中的漏刻标注探研》，《敦煌学辑刊》2017 年第 3 期。

6 汪小虎：《中国古代历书之纪年表初探》，《自然科学史研究》2016 年第 2 期；《颁历授时：国家权力主导下的时间信息传播》，《新闻与传播研究》2018 年第 3 期；《用空间微塑时间：历书的形式及其对时间信息传播的影响》，《自然辩证法研究》2020 年第 6 期；《中国古代历书的编造与发行》，《新闻与传播研究》2020 年第 7 期。

7 韦兵：《竞争与认同：从历日颁赐、历法之争看宋与周边民族政权的关系》，《民族研究》2008 年第 5 期。

8 较有代表性的是吴羽对唐宋历日中祭祀吉日"神在日"的研究。他综合利用传世文献、敦煌吐鲁番历日和《大唐阴阳书》等材料，撰文指出，唐宋历日中的祭祀吉日——"神在日"对唐代国家祭祀几乎没有影响，对北宋国家需要择日的祭祀有一定影响，对南宋国家祭祀的影响又呈下降态势。参见吴羽：《唐宋历日祭祀吉日铺注的变化与适用范围——以"神在"日为中心的探讨》，中研院历史语言研究所集刊，第 92 本第 2 分，2021，第 397—436 页。

9 余欣近年来利用敦煌历日探讨敦煌民众的时间生活。参见氏著：《敦煌的博物学世界》第三编《阴阳燮和，时令毋违：敦煌民众的时间生活》，甘肃教育出版社，2013，第 233—247 页。

对中古历日的“序事”功能及社会文化特征进行探讨[1]，从而揭示历日丰富多彩的社会文化所具有中古社会“百科全书”的象征意义。

三、基本思路和研究方法

本书对于中古历日社会文化意义的探讨，不求面面俱到，而是以问题意识为导向，重点选取历日的修造与颁赐、历序的性质与内容、历日中的传统祭礼、历日中的朱笔标注（包括漏刻标注、蜜日标注和人神标注）、历日中的阴阳杂占等问题，整合敦煌吐鲁番及黑水城出土历日文献，进行上述问题的探究，既考虑形而上层面的颁赐制度及政治礼仪功用，又兼顾形而下层面的卜择时日和阴阳杂占；既关照写本学层面的朱墨书写，又注重朱笔标记的历注解读；既要重视文本素材的整体梳理，又要凸显典型样本的重点考释，进而力求在中古历日有关问题的考察中尽可能呈现出科学性和前沿性的特征。

本书旨在考察中古历日“经世致用”的社会文化功能，仍属于传统历史学科的容纳范围。在研究思路、模式和方法上，仍然沿用传统的考证、归纳、对比、分析与综合的史学研究模式。其中对于相关素材（文书或史料）的解说和评析，以及凸显材料的图表制作成为历日探究贯穿始终的环节。

在具体操作上，本书努力将社会史与文化史结合起来，从历日的构成要素和文本分析与解读中阐释时令、节气、物候、朔望、宜忌等要素规范的时间秩序，从中反馈时日寓涵的诸多“纪事”及其象征意义。具体来说，“纪日”和“序事”是历日中两个比较关键的语辞。对这两个关键词的精细分析和解说，将有助于揭示历日的社会文化功能。一方面，借助术数学的原理和规则，对历日的核心要素——时日进行多角度剖析，毕竟不同模式的时日在传统社会中代表着不同的立身行事，也相应地被赋予了不同的文化内涵。另一方面，在时日的引

1 赵贞：《中古历日社会文化意义探析——以敦煌所出历日为中心》，《史林》2016年第3期；赵贞：《唐代的天文历法》第四章“唐代的历日颁赐”，河南人民出版社，2019，第181—233页。

导下着重挖掘其背后凸显的“序事”文化内容。这种“以日系事”的纪事，既有来自国家政务活动和大祀礼典的标注，也有来自民间社会“检吉定凶”和“阴阳杂占”的渗透。尤其是后者，在具注历日中表现得尤为浓烈。本书在“序事”的探究与解读中，力图以具体的时日为接点，将官方政事和民间礼俗有机地结合起来，从中展示历日丰富多彩的社会文化所具有中古社会“百科全书”的象征意义。

四、材料说明

由于传世文献中历日素材的匮乏，本书对中古历日的开掘，主要依赖于敦煌吐鲁番所出历日文献，同时也征引数件黑水城历日残片。一方面，敦煌历日又有敦煌当地自编历日和传抄中原历日两种情况，因而可以说，本书讨论的历日素材大致有中原、敦煌、吐鲁番和黑水城 4 种类型。相较而言，敦煌所出历日文献的数量达到 50 多件，因而成为中古历日探究的主体材料。另一方面，为便于探察中古历日形制、历注要素的发展变化以及对后世历日的影响，本书还将南宋宝祐四年（1256 年）具注历日、元代授时历日、明代大统历日和清代时宪书一并纳入视野当中。长时段的研究素材，实际上覆盖了写本、印本和刻本三种载体，对于揭示中国古代历日文化的发展轨迹及演进过程具有十分重要的意义。

本书徵引出土历日文献统计表

序号	卷号 / 编号	历日	收录 / 出处
1	97TSYM1:13–4	阚氏高昌永康十三年（478 年）、十四年（479 年）历日	《新获吐鲁番出土文献》/158–159

1 唐朝领有高昌（西州）始于贞观十四年（640 年），因此严格来说，《高昌延寿七年（630 年）历日》并非唐历。

续表

序号	卷号 / 编号	历日	收录 / 出处
2	敦研 368v	北魏太平真君十一年（450 年）、十二年（451 年）历日	《大陆杂志》第 1 卷第 9 期，1950 年；《中国天文学史文集》第五集 /120–125；《敦煌天文历法文献辑校》/101–110；《甘肃藏敦煌文献》2 册 /165–166
3	86TAM387:38–4	高昌延寿七年庚寅岁（630 年）历日 1	《西域研究》/1993（2）；《新出吐鲁番文书及其研究》/339–354
4	73TAM210:137/1，137/3，137/2	唐显庆三年戊午岁（658 年）历日	《吐鲁番出土文书》第 6 册 /73–76
5	73TAM507:013/4–1，4–2，4–3，4–4	唐仪凤四年己卯岁（679 年）历日	《吐鲁番出土文书》第 5 册 /231–235
6	2005TST1，T2，T3，T4，T5，T6，T7，T9，T10，T11，T12	唐永淳二年癸未岁（683 年）历日	《新获吐鲁番出土文献》/259–260；《敦煌吐鲁番研究》第 10 卷 /207–220
7	2005TST13，T14，T8，T26	唐永淳三年甲申岁（684 年）历日	《新获吐鲁番出土文献》/261–263；《敦煌吐鲁番研究》第 10 卷 /207–220
8	黄文弼所获	唐神龙元年（705 年）历日序	《文津学志》第 15 辑 /190–196
9	65TAM341：27	唐开元八年庚申岁（720 年）历日	《吐鲁番出土文书》第 8 册 /130–131
10	Ch.87 Ⅲ（2）	唐元和三年戊子岁（808 年）历日	《敦煌天文历法文献辑校》/111–112
11	P.3900v	唐元和四年己丑岁（809 年）历日	《法藏敦煌西域文献》第 29 册 /134–135；《敦煌天文历法文献辑校》/114–121
12	S.3824	唐元和十四年己亥岁（819 年）历日	《英藏敦煌文献》第 5 卷 /159–160；《敦煌天文历法文献辑校》/124–125
13	P.2583	唐长庆元年辛丑岁（821 年）历日	《法藏敦煌西域文献》第 16 册 /116；《敦煌天文历法文献辑校》/128–131
14	P.2797v	唐大和三年己酉岁（829 年）历日	《法藏敦煌西域文献》第 18 册 /260；《敦煌天文历法文献辑校》/135–137
15	P.2765	唐大和八年甲寅岁（834 年）历日	《法藏敦煌西域文献》第 18 册 /129–131；《敦煌天文历法文献辑校》/140–153
16	Дx.2880	唐大和八年甲寅岁（834 年）历日	《俄藏敦煌文献》第 10 册 /109；《敦煌研究》/2000（3）

续表

序号	卷号 / 编号	历日	收录 / 出处
17	S.1439v	唐大中十二年戊寅岁（858 年）具注历日	《英藏敦煌文献》第 3 卷 /24–28 ；《英藏敦煌社会历史文献释录》7 卷 /188–200
18	P.3284v	唐咸通五年甲申岁（864 年）具注历日	《法藏敦煌西域文献》第 23 册 /50–54 ；《敦煌天文历法文献辑校》/180–191
19	P.3054 piece1	唐乾符三年丙申岁（876 年）具注历日	《法藏敦煌西域文献》第 21 册 /191 ；《敦煌天文历法文献辑校》/668 ；《敦煌吐鲁番研究》第 13 卷 /197–201
20	S.P6	唐乾符四年丁酉岁（877 年）具注历日	《英藏敦煌文献》第 14 卷 /244–246 ；《敦煌天文历法文献辑校》/198–231
21	BD16365	唐乾符四年丁酉岁（877 年）具注历日	《国家图书馆藏敦煌遗书》第 146 册 /117 ；《敦煌吐鲁番研究》13 卷 /197–201
22	S.P12	上都东市大刀家印具注历日	《英藏敦煌文献》第 14 卷 /252 ；《敦煌研究》2015（3）
23	S.P10	唐中和二年（882 年）剑南西川成都樊赏家印本历日	《英藏敦煌文献》第 14 卷 /249 ；《敦煌天文历法文献辑校》/232
24	P.3492	唐光启四年戊申岁（888 年）具注历日	《法藏敦煌西域文献》24 册 /342–343；《敦煌天文历法文献辑校》/234–240
25	罗振玉旧藏残历三	唐大顺元年庚戌岁（890 年）具注历日	《贞松堂藏西陲秘籍丛残》/371 ；《敦煌天文历法文献辑校》/243
26	P.2832v	唐大顺二年辛亥岁（891 年）具注历日	《法藏敦煌西域文献》第 19 册 /23 ；《敦煌天文历法文献辑校》/246–248
27	P.4983	唐大顺三年壬子岁（892 年）具注历日	《法藏敦煌西域文献》第 33 册 /333 ；《敦煌天文历法文献辑校》/251–253
28	P.3476+P.4996	唐景福二年癸丑岁（893 年）具注历日	《法藏敦煌西域文献》第 24 册 /296–300 ；《敦煌天文历法文献辑校》/255–279
29	P.5548	唐乾宁二年乙卯岁（895 年）具注历日	《法藏敦煌西域文献》第 34 册 /230–231 ；《敦煌天文历法文献辑校》/284–299
30	罗振玉旧藏残历四	唐乾宁四年丁巳岁（897 年）具注历日	《敦煌石室碎金》/45–50 ；《敦煌天文历法文献辑校》/302–312
31	P.3248	唐乾宁四年丁巳岁（897 年）具注历日	《法藏敦煌西域文献》第 22 册 /302 ；《敦煌天文历法文献辑校》/317–327

续表

序号	卷号 / 编号	历日	收录 / 出处
32	P.2973	唐光化三年庚申岁（900 年）具注历日	《法藏敦煌西域文献》第 20 册 /288–289；《敦煌天文历法文献辑校》/331–335
33	P.2506v	唐天复五年乙丑岁（905 年）具注历日	《法藏敦煌西域文献》第 14 册 /378–379；《敦煌天文历法文献辑校》/338–341
34	P.3555v	后梁贞明八年壬午岁（922 年）具注历日	《法藏敦煌西域文献》第 25 册 /237–239；《敦煌天文历法文献辑校》/345–361
35	P.3555B–14	后梁贞明九年癸未岁（923 年）具注历日	《法藏敦煌西域文献》第 25 册 /246–247；《敦煌天文历法文献辑校》/365–371
36	S.2404	后唐同光二年甲申岁（924 年）具注历日	《英藏敦煌文献》第 4 卷 /68–69；《英藏敦煌社会历史文献释录》第 12 卷 /24–29
37	P.3247+ 罗振玉旧藏残历	后唐同光四年丙戌岁（926 年）具注历日	《法藏敦煌西域文献》22 册 /299–301；《敦煌天文历法文献辑校》/387–417
38	BD14636（北新 836）	后唐天成三年戊子岁（928 年）具注历日一卷并序	《国家图书馆藏敦煌遗书》131 册 /130、《条记目录》/9；《敦煌天文历法文献辑校》/422–423
39	S.276	后唐长兴四年癸巳岁（933 年）具注历日	《英藏敦煌文献》1 卷 /108–109；《英藏敦煌社会历史文献释录》（修订版）第 1 卷 /682–696
40	BD15292（北新 1492）	后晋天福四年己亥岁（939 年）具注历日	《国家图书馆藏敦煌遗书》141 册 /349、《条记目录》/18；《敦煌天文历法文献辑校》/445–447
41	P.2591	后晋天福九年甲辰岁（944 年）具注历日	《法藏敦煌西域文献》第 16 册 /160–161；《敦煌天文历法文献辑校》/450–456
42	S.560	后晋天福十年（945 年）具注历日卷题	《英藏敦煌文献》第 2 卷 /61；《英藏敦煌社会历史文献释录》第 3 卷 /245
43	S.681+Дx.1454v+Дx.2418v	后晋天福十年乙卯岁（945 年）具注历日	《英藏敦煌文献》第 2 卷 /114–115；《俄藏敦煌文献》第 8 册 /182–183；《英藏敦煌社会历史文献释录》第 3 卷 /482–489
44	WAF37–9（日本国会图书馆藏）	后周显德二年乙卯岁（955 年）具注历日	《中国科技史料》2000（4）；《敦煌研究》2000（3）

续表

序号	卷号 / 编号	历日	收录 / 出处
45	S.95	后周显德三年丙辰岁（956 年）具注历日	《英藏敦煌文献》1 卷 /45–47；《英藏敦煌社会历史文献释录》（修订版）第 1 卷 /262–288
46	P.2623	后周显德六年己未岁（959 年）具注历日	《法藏敦煌西域文献》第 16 册 /325；《敦煌天文历法文献辑校》/506–511
47	S.5494	宋乾德三年（965 年）具注历日封题	《英藏敦煌文献》第 7 卷 /205
48	羽 41v1	宋乾德三年乙丑岁（965 年）具注历日	《敦煌秘笈》影片册一 /278–279
49	S.612	宋太平兴国三年戊寅岁（978 年）具注历日	《英藏敦煌文献》2 卷 /72–75；《英藏敦煌社会历史文献释录》第 3 卷 /282–301
50	羽 41v2	宋太平兴国三年戊寅岁（978 年）历日	《敦煌秘笈》影片册一 /280
51	S.6886v	宋太平兴国六年辛巳岁（981 年）具注历日	《英藏敦煌文献》第 11 卷 /213–217；《敦煌天文历法文献辑校》/530–557
52	S.1473+S.11427B	宋太平兴国七年壬午岁（982 年）具注历日	《英藏敦煌文献》第 3 卷 /67–70；《英藏敦煌文献》第 13 卷 /264；《英藏敦煌社会历史文献释录》第 7 卷 /36–56
53	P.3403	宋雍熙三年丙戌岁（986 年）具注历日	《法藏敦煌西域文献》第 24 册 /96–101；《敦煌天文历法文献辑校》/588–641
54	S.3985+P.2705	宋端拱二年己丑岁（989 年）具注历日	《英藏敦煌文献》第 5 卷 /227；《法藏敦煌西域文献》第 17 册 /318；《敦煌天文历法文献辑校》/650–660
55	P.3507	宋淳化四年癸巳岁（993 年）具注历日	《法藏敦煌西域文献》第 24 册 /382；《敦煌天文历法文献辑校》/664–665
56	X37	宋绍圣元年（1094 年）具注历日	《俄藏黑水城文献》第 6 册 /328；《附录·叙录》/66；孙继民等《俄藏黑水城汉文非佛教文献整理与研究》/759–760
57	TK297	西夏乾祐十三年壬寅岁（1182 年）具注历日	《俄藏黑水城文献》第 4 册 /385–386；《附录·叙录》/35；《俄藏黑水城汉文非佛教文献整理与研究》/514–518；《考古发现西夏汉文非佛教文献整理与研究》/352–356

续表

序号	卷号 / 编号	历日	收录 / 出处
58	K.K.11.0292（j）	西夏皇建元年庚午岁（1210 年）具注历日	《斯坦因第三次中亚考古所获汉文文献（非佛经部分）》/316；《文物》2007（8）
59	TK269	西夏光定元年辛未岁（1211 年）具注历日	《俄藏黑水城文献》第 4 册 /355–357；《附录・叙录》/32–33；《俄藏黑水城汉文非佛教文献整理与研究》/502–506；《考古发现西夏汉文非佛教文献整理与研究》/347–349
60	Инв. No.5229	西夏光定元年辛未岁（1211 年）具注历日	《俄藏黑水城文献》第 6 册 /315；《附录・叙录》/63；《俄藏黑水城汉文非佛教文献整理与研究》/732–734
61	Инв. No.5285	西夏光定元年辛未岁（1211 年）具注历日	《俄藏黑水城文献》第 6 册 /315；《附录・叙录》/63–64；《俄藏黑水城汉文非佛教文献整理与研究》/734–736
62	Инв. No.5306	西夏光定元年辛未岁（1211 年）具注历日	《俄藏黑水城文献》第 6 册 /316；《附录・叙录》/64；《俄藏黑水城汉文非佛教文献整理与研究》/736–738
63	Инв. No.5469	西夏光定元年辛未岁（1211 年）具注历日	《俄藏黑水城文献》第 6 册 /316–318；《附录・叙录》/64；《俄藏黑水城汉文非佛教文献整理与研究》/738–744
64	Инв. No.8117	西夏光定元年辛未岁（1211 年）具注历日	《俄藏黑水城文献》第 6 册 /326；《附录・叙录》/65；《俄藏黑水城汉文非佛教文献整理与研究》/756–758
65	莫高窟北区 464 窟	元至正二十八年戊申岁（1368 年）具注历日	《敦煌莫高窟北区石窟》第 3 卷 /81；《敦煌研究》2006（2）
66	Ch.3506	明永乐五年丁亥岁（1407 年）具注历日	《敦煌吐鲁番研究》5 卷 /263–268；《吐鲁番文书总目（欧美收藏卷）》/284；《吐鲁番出土文献散录》/214–215
67	Дx.12491	大清光绪十年（1884 年）时宪书	《俄藏敦煌文献》第 16 册 /129
68	S.5919	年次未详具注历日残片	《英藏敦煌文献》第 9 卷 /208；《敦煌天文历法文献辑校》/671–672
69	S.4634	具注历日序杂抄	《英藏敦煌文献》第 6 卷 /181
70	S.3454	具注历日残片	《英藏敦煌文献》第 5 卷 /98
71	S.9532v、S.9533	历日杂抄	《英藏敦煌文献》第 12 卷 /273
72	S.11381、S.11382	历日杂抄	《英藏敦煌文献》第 13 卷 /250

续表

序号	卷号 / 编号	历日	收录 / 出处
73	S.12459	具注历日	《英藏敦煌文献》第 14 卷 /99
74	S.2620	唐年神方位图	《英藏敦煌文献》第 4 卷 /132；《英藏敦煌社会历史文献释录》第 13 卷 /127–130；《文物》1988（2）
75	S.P9	具注历日	《英藏敦煌文献》第 14 卷 /248–249
76	BD14636	历日推步术	《国家图书馆藏敦煌遗书》第 131 册 /110–111、《条记目录》/9
77	BD16202、BD16202v	具注历日	《国家图书馆藏敦煌遗书》第 146 册 /22–23、《条记目录》/11
78	BD16281A、B、C、D、E、F、H、I、J、K	具注历日	《国家图书馆藏敦煌遗书》第 146 册 /74–83、《条记目录》/33–37
79	BD16289	具注历日	《国家图书馆藏敦煌遗书》第 146 册 /88、《条记目录》/39
80	BD16374	具注历日	《国家图书馆藏敦煌遗书》第 146 册 /122、《条记目录》/57
81	P.3434v	历日杂抄	《法藏敦煌西域文献》第 24 册 /193
82	P.3054	具注历日并序	《法藏敦煌西域文献》第 21 册 /191
83	P.3555BP–9	具注历日残片	《法藏敦煌西域文献》第 25 册 /243
84	羽 40v	年次未详具注历日抄	《敦煌秘笈》影片册一 /272–273
85	Ch.1512	具注历日	《吐鲁番文书总目（欧美收藏卷）》/126；《吐鲁番出土文献散录》/208–209
86	Ch.3330	具注历日	《吐鲁番文书总目（欧美收藏卷）》/270；《吐鲁番出土文献散录》/209–210
87	Ch/U6377r	具注历日	《吐鲁番文书总目（欧美收藏卷）》/363；《吐鲁番出土文献散录》/210–211
88	MIK Ⅲ 4938	具注历日	《吐鲁番文书总目（欧美收藏卷）》/786；《吐鲁番出土文献散录》/211–212
89	MIK Ⅲ 6338	具注历日	《吐鲁番文书总目（欧美收藏卷）》/792；《吐鲁番出土文献散录》/212–213

续表

序号	卷号 / 编号	历日	收录 / 出处
90	Инв. No.2546	具注历日	《俄藏黑水城文献》第 6 册 /300；《附录・叙录》/62–63；《俄藏黑水城汉文非佛教文献整理与研究》/721–722
91	Дх.12480	具注历日	《俄藏敦煌文献》第 16 册 /127
92	Дх.19001+ Дх.19003	具注历日	《俄藏敦煌文献》第 17 册 /313；《考古发现西夏汉文非佛教文献整理与研究》/87–89；《英藏及俄藏黑水城汉文文献整理》/789–792
93	Дх.19004R	具注历日	《俄藏敦煌文献》第 17 册 /314；《考古发现西夏汉文非佛教文献整理与研究》/89–90；《英藏及俄藏黑水城汉文文献整理》/792–793
94	Дх.19005R	具注历日	《俄藏敦煌文献》第 17 册 /315；《考古发现西夏汉文非佛教文献整理与研究》/91；《英藏及俄藏黑水城汉文文献整理》/794–795

上篇　研究篇

第一章
中古历日的修造与颁赐

历日是一年中月日、朔闰、节气、物候等时间要素的安排。通常来说，岁时节候的确定需要借助日月星辰运行的推算而完成，因而在一定程度上，历日的编纂与颁行始终体现着历法学“敬授人时”的成果。以唐代为例，历日的颁示力求与规范帝国政治、礼仪活动的“月令”相合拍，自然对于帝王政治具有实际的指导作用。另一方面，历日的功能绝不限于“纪日授时”的意义，而是伴随岁时节令的推演，还衍生出许多社会生产、民俗礼仪及选择宜忌的内容，这就使得历日呈现出更为丰富多彩的社会历史文化特征。因此，对于唐代历日的“同情性了解”，不能局限于纪时、朔闰、定年的历法意义，毕竟国内外学者已有很多创获[1]。从社会史的角度来说，透过历日界定的时间秩序，重新审视并开掘历日蕴含的形制、内容及社会历史文化信息，对于中古社会的准确透视或许更有意义。

---

1 王重民：《敦煌本历日之研究》，《东方杂志》第 34 卷第 9 号，1937；又见氏著《敦煌遗书论文集》，中华书局，1984，第 116—133 页；[日] 藤枝晃：《敦煌曆日譜》，《東方學報》（京都版）第 45 期，1973，第 377—441 页；施萍亭：《敦煌历日研究》，见敦煌文物研究所编：《1983 年全国敦煌学术讨论会文集》文史遗书编（上），甘肃人民出版社，1987，第 305—366 页；黄一农：《敦煌本具注历日新探》，《新史学》1992 年 4 期；邓文宽：《敦煌吐鲁番天文历法研究》，甘肃教育出版社，2002；陈昊：《吐鲁番台藏塔新出唐代历日研究》，见《敦煌吐鲁番研究》第 10 卷，上海古籍出版社，2007，第 207—220 页；邓文宽：《邓文宽敦煌天文历法考索》，上海古籍出版社，2010。

一、中古历日的颁赐

《周礼注疏》卷26《大史》曰："正岁年以序事，颁之于官府及都鄙，颁告朔于邦国。"郑玄注："若今时作历日矣，定四时，以次序授民时之事。"贾公彦疏："正岁年者谓造历，正岁年以闰，则四时有次序，依历授民以事。"[1] 说明"大史"负责历日的修造以调节年岁，并表奏朝廷，颁行天下以指导官民的生产生活。《后汉书·百官志》载："太史令一人，六百石。本注曰：掌天时、星历。凡岁将终，奏新年历。凡国祭祀、丧、娶之事，掌奏良日及时节禁忌。"[2] 可知汉时太史令，每逢岁末年终都要主持修定来年历日。《唐六典·太史局》载："每年预造来岁历，颁于天下。"[3]《天圣令》复原唐令："诸每年［太史局］预造来岁历，［内外诸司］各给一本，并令年前至所在。"[4] 这表明唐代官方钦定的年历是由国家的天文机构——太史局来负责修造和颁发的。

唐太史局中，负责历日修造的官员有太史令、司历和历生。太史令"掌观察天文，稽定历数"，其中包括了历法、历日的考核与制定。司历"掌国之历法、造历以颁于四方"，掌管历法、历日的修造与颁行事宜。历生是唐代培养历法人才的后备力量，通常选取18岁以上中男"解算数者"，"掌习历"。《大唐故秘阁历生刘守忠墓志铭》提到："步七耀而测环回，究六历而稽踈密"，[5] 可知历生主要研习历法推演之事。吐鲁番台藏塔新出的一件唐代历日残片（编号2005TST26）中，存有三行文字，其中第三行仅存"三校"两字，前两行分别为"历生□玄彦写并校""历生李玄逸再校"。此件由于形制和书写较为粗糙，

1（清）阮元校刻：《十三经注疏》，中华书局影印本，1980，第817页。

2（晋）司马彪撰，（梁）刘昭注补：《后汉书志》第25《百官志二》，中华书局，1965，第3572页。

3（唐）李林甫撰，陈仲夫点校：《唐六典》卷10《太史局》，中华书局，1992，第303页。

4 天一阁博物馆、中国社会科学院历史研究所天圣令整理课题组校证：《天一阁藏明钞本天圣令校证（附唐令复原研究）》，中华书局，2006，第734页、第749页。

5 周绍良主编：《唐代墓志汇编》上册，上海古籍出版社，1992，第589页。

陈昊推测是地方转抄中央颁布历日的尾题，说明历生习历的重要途径和他们基本的工作是抄写和校勘每年颁布的历日[1]。可以肯定的是，参与历日抄写并校勘的两位历生——□玄彦和李玄逸，是官方天文机构——太史局中的天文人员。

唐制，每年历日都由太史局（司天监）提前修造，并表奏中央，然后由朝廷统一颁发。日本《令义解·杂令》载："凡阴阳寮每年预造来年历，十一月一日申送中务，中务奏闻。内外诸司各给一本，并令年前至所在。"其中"内外诸司"，注曰："谓被管寮司及郡司者。省国别写给。"[2]这里"阴阳寮"即日本掌管天文、历法、漏刻、占卜事宜的官方机构，自然每年历日的编修也由阴阳寮负责。日本自奈良时代开始使用的历书，于历日之下详细记述当日的吉凶、禁忌等内容。每年十一月一日前由阴阳寮编纂完成来年的具注历，并由中务省率领阴阳寮官员进献给天皇，由天皇颁赐给诸司官员。通常每日之间会留有数行空白，公卿官员在空白处书写每日的日记[3]。天一阁藏《天圣令·杂令》第9条："诸每年司天监预造来年历日，三京、诸州各给一本，量程远近，节级送。枢密院颁散，并令年前至所在。"[4]《宋会要辑稿·运历》载：宋政和七年（1117年）九月十五日，礼制局奏请"以每岁十月朔御明堂设仗，受来岁新历，退而颁之。月朔布政依此。"十月一日，宋徽宗"诏御明堂平朔左个，颁行八年戊戌岁运历数。"[5]北宋定于十月颁行来年历日，主要是为了迎合"《月令》以季秋受来岁朔日，正以十月为来岁"的说法[6]。综合《令义解》《天圣令》的规定和《宋会要辑稿》的记载，可知来年历日的颁布通常是在岁末年终的十月、

1 陈昊：《吐鲁番台藏塔新出唐代历日研究》，见《敦煌吐鲁番研究》第10卷，上海古籍出版社，2007，第207—220页。

2［日］黑板胜美编：《令义解》卷10《杂令第三十》（新订增补国史大系普及版），吉川弘文馆，1985，第333—334页。

3［日］山下克明：《发现阴阳道——平安贵族与阴阳师》，梁晓弈译，社会科学文献出版社，2019，第98页。

4《天一阁藏明钞本天圣令校证（附唐令复原研究）》，第734页。

5（清）徐松辑：《宋会要辑稿》运历一之九，中华书局，1957，第2132页。

6《宋会要辑稿》礼二四之七九，第939页。

十一和十二月，大致在新年来临前，完成从中央内外诸司到地方诸州的颁历工作。甚至晚唐五代僻居河西的沙州归义军，历日的修造也是十一月。P.4640《归义军破纸历》载：己未年（899年）十一月二十七日，“支与押衙张忠贤造历日细纸叁帖”；庚申年（900年）十一月二十七日，“支与押衙邓音三造历日细纸叁帖”。[1]张忠贤和邓音三是张承奉执掌归义军时期的历日学者，尽管他们编修的是在归义军境内行用的地方历日，但时间上仍限定于十一月“造历日”，体现了与唐王朝历日颁行的一致性。

历日的修造，通常是由历官（保章正、历生）参照当前行用的历法推算而成，毕竟历法的行用比较稳定，一部历法可以颁行数十年，直至与天象、日月食不合而被迫修订或编纂新的历法。但相比之下，历日每年都要编修，其依据即为当前行用的历法。宋嘉祐二年（1057年）四月二十九日，司天监言：“详定来年戊戌岁历日，据司天监丞同提点历书朱吉等言，戊戌年合是闰十二月。今为己亥年正月朔日，太阳当亏，未审回避与不回避？”[2]这表明，历官在编定来年历日时对于闰月和正月朔旦的安排都非常重视。通常闰月的设置，依节气而定，即没有中气的月置闰。正月朔旦是农历新年的第一天，因而被赋予了一元伊始和万象更新的意义。如果正月朔旦遇到太阳亏缺（日食），则寓意极为不利，故需设法回避。不过，仁宗皇帝对此比较释然，“诏不回避”，对于日食带来的灾祸似乎并不在意。南宋乾道六年（1170年）二月十一日，礼部奏言：“太史局昨降指挥，权用《乾道历》推算乾道六年庚寅岁颁赐历日，所有乾道七年辛卯岁历日，未审合用是何历推算？”宋孝宗“诏更用《乾道历》推算十年”。八年二月六日，礼部奏言：“亦准指挥，权用《乾道历》推算乾道八年颁赐历日，所有乾道九年癸巳岁历日，未审合用是何历书推算？”朝廷降诏，“更

1 唐耕耦、陆宏基编：《敦煌社会经济文献真迹释录》第3辑，全国图书馆文献缩微复制中心，1990，第260页、第266页。

2《宋会要辑稿》运历一之八，第2131页。

权用《乾道历》推算一年”[1]。《乾道历》为历家刘孝荣编纂，乾道二年（1166年）颁行，淳熙三年（1176年）改用淳熙历[2]，前后共行用10年，在此期间的数年历日，即在参照《乾道历》的基础上编纂而成。可以说，历日的编纂某种程度上仍然反映了历法学的成果。

历日的颁赐，遵照中央诸司到地方州县的顺序逐级推行。中央诸司机构由于近水楼台之便，因而在接收新历上比较及时有效，一般不会出现延迟或耽搁的情况。但地方州县接收来年历日往往滞后，尤其是考虑到唐代疆域的空前辽阔，中央王朝裁定的历日要在两月之内颁发至地方诸州，达到“年前至所在”的程度，可能也有一定的难度。开成五年（840年）正月十五日，日僧圆仁在求法途中，行至扬州，“得当年历日抄本”，[3]时间上已延迟半月。阿斯塔那506号墓所出《唐天宝十三载（754年）交河郡长行坊具一至九月䐥料破用帐请处分牒》称：“为正月、二月历日未到，准小月支，后历日到，并大月，计两日料。今载二月十三日牒送仓曹司充和籴讫。”[4]不难看出，该年历日在二月后还未送至西州。比照《天圣令》所见宋代颁历“量程远近，节级送”的原则，唐代历日的颁行应该也有道途里程和逐级递送的规定[5]，因而与中原内地相比，历日送达缘边州府的时间显然要更晚一些。绍兴三年（1133年）正月二十三日，提点广南东路转运判官章杰言，“国家岁颁历日，以赐群臣，外暨监司郡守，唯岭外遐远，邮传稽壅，每岁赐历及降下历日样，常是春深方到，岁初数日，莫知晦朔之辨。”[6]这说明在南宋时期，岭外遐远之地的历日颁发仍然存在着延后迟滞的情况。

1《宋会要辑稿》职官一八之九三，第2801页。

2 陈遵妫：《中国天文学史》，上海人民出版社，2016，第1057页。

3［日］释圆仁原著，白化文等校注：《入唐求法巡礼行记校注》，花山文艺出版社，2007，第194页。

4 唐长孺主编：《吐鲁番出土文书》［肆］，文物出版社，1996，第487页。

5 陈昊：《吐鲁番台藏塔新出唐代历日研究》，第217页。

6《宋会要辑稿》职官三一之六，第3004页。

太史局修造的“来岁历”，除了向京城的内外诸司和地方诸州颁发外，唐代帝王还经常派遣中使向百官公卿和朝中大臣颁赐历日。张说《谢赐锺馗及历日表》：“中使至，奉宣圣旨，赐臣画锺馗一及新历日一轴者……屏袪群厉，缋神像以无邪；允授人时，颁历书而敬授。”[1] 钟馗是传统民间的降魔捉鬼大神，因而钟馗画像的供养意在“驱除群厉”，镇妖避邪。历日的颁赐可谓“三百六旬，斯须而咸覩；二十四气，瞬息而可知”[2]，以便官员更好地安排来年的政事和公务活动。不惟京城官员，皇帝颁给藩镇长官的“腊日”赏赐物品中也多有“新历一轴”。腊日赐历也成为天子宣示恩泽，抚慰藩镇官员的惯常方式。刘禹锡《为淮南杜相公谢赐历日面脂口脂表》：“中使霍子璘至，奉宣圣旨……兼赐臣墨诏及贞元十七年新历一轴，腊日面脂、口脂、红雪、紫雪并金花银合二、金稜合二。”[3] 这些颁赐公卿大臣和藩镇幕府的新年历日，应是来自集贤院书写的历本。《玉海》卷 55“唐赐历日”条引《集贤注记》：“自置院之后，每年十一月内即令书院写新历日一百二十本，颁赐亲王公主及宰相公卿等，皆令朱墨分布，具注历星，递相传写，谓集贤院本。”[4] 这里“朱墨分布”是说集贤院本历日主体是用墨色抄写而成，但中间也有朱笔点勘和标注，从而形成朱墨相间的形态。敦煌具注历日中，P.2591、P.2623、P.2705、P.3247、P.3403、P.3555A、S.95、S.276、S.681、S.2404 等写本中所见九宫色、岁首、岁末、蜜日、漏刻、日游、人神、人日、藉田、启源祭、祭川原、社、奠、祭雨师、初伏、中伏、后伏、腊等信息，俱为朱笔标注，[5] 而其他历日内容，全用墨笔写成。至于“具注历星”，当是历日中吉凶休咎和选择宜忌的注释和说明。《唐六典·太卜署》

1（清）董诰等编：《全唐文》卷 223，中华书局，1983，第 2255 页；《文苑英华》卷 596《表四十四·节朔谢物二》，中华书局，1966，第 3093 页。

2 郑絪：《腊日谢赐口脂历日状》，《全唐文》卷 511，第 5194 页。

3《全唐文》卷 602，第 6082 页。

4（宋）王应麟辑：《玉海》卷 55《艺文·唐赐历日》，江苏古籍出版社、上海书店，1987，第 1054 页。

5 甚至 P.2705 卷末的“勘了，刘成子”的题记，以及 S.P6 卷尾“报魏大德永世为父子，莫忘恩也”的题识，也是用朱笔所写。

载："凡阴阳杂占，吉凶悔吝，其类有九，决万民之犹豫：一曰嫁娶，二曰生产，三曰历注，四曰屋宅，五曰禄命，六曰拜官，七曰祠祭，八曰发病，九曰殡葬。凡历注之用六：一曰大会，二曰小会，三曰杂会，四曰岁会，五曰建除，六曰人神。凡禄命之义六：一曰禄，二曰命，三曰驿马，四曰纳音，五曰湴河，六曰月之宿也，皆辨其象数，通其消息，所以定吉凶焉。"[1] 这些趋吉避凶的时日宜忌添加于历日中，从而以"历注"的形式赋予年、月、日的选择意义，成为指导人们生产生活的依据。这样看来，"朱墨分布，具注历星"并非集贤院本的独特形致，实是中古历日撰述中比较常见的一种书写形式。[2]

表 1-1　《文苑英华》《全唐文》所见唐代官员谢赐历日

谢表	内容	出处
张说《谢赐锺馗及历日表》	中使至，奉宣圣旨，赐臣画锺馗一及新历日一轴者。	《文苑英华》/596/3093；《全唐文》/223/2255
李舟《谢敕书赐历日口脂等表》	中使至，伏奉敕书手诏，赐臣新历日一本，口脂、面脂、红雪、紫雪、金花各一枝，并赐臣春衣一副，牙尺一枚，大将衣两副。	《文苑英华》/596/3092；《全唐文》/443/4518
邵说《谢赐新历日及口脂面药等表》	中使某至，伏奉某月日墨诏，赐臣新历日一通，并口脂、面药、红雪、紫雪等。	《文苑英华》/596/3090；《全唐文》/452/4622；
邵说《谢墨诏赐历日口脂表》	臣某言：伏奉月日墨诏等，恩波远被，宠赐荐临，捧持倾心，跼蹐无据。臣某中谢……颁圣历以授时，降宠恩而抚俗。	《文苑英华》/596/3090；《全唐文》/452/4622
吕颂《谢敕书赐腊日口脂等表》	臣某言：中使某至，伏奉敕书手诏，并赐臣历日、药物及银合等。千年圣历，忽降遐荒；万里天书，更临下土。	《文苑英华》/596/3091
郑絪《腊日谢赐口脂历日状》	伏以王人戾止，天书远降于闽川；星躔既回，蓂历猥颁于遐服。推步允符于圣祚，先天克合于岁功。三百六旬，斯须而咸覩；二十四气，瞬息而可知。	《全唐文》/511/5194

1《唐六典》卷 14《太卜署》，第 413 页。

2 其实，"朱墨分布"的撰述形式在中古写本中比较普遍，而并不仅限于具注历日。日本杏雨书屋藏羽 40R《新修本草》残卷提到，"右朱书《神农本经》，墨书《名医别录》，新附者条下注言'新附'，新条注称'谨案'。"可见，"朱墨分书"的体例对本草学著作的甄别提供了可靠的依据。

续表

谢表	内容	出处
令狐楚《谢敕书赐腊日口脂等表》	臣某言：去年十二月，中使至，奉宣敕书手诏，兼赐臣口脂、红雪各一合，十年历日一通。	《文苑英华》/596/3093；《全唐文》/540/5485；
令狐楚《为人谢赐口脂等并历日状》	右，中使吴千金至，伏奉敕书慰问臣，并赐前件口脂、腊脂、红雪、紫雪各一合，并历日一卷等者。	《全唐文》/541/5494
令狐楚《谢赐腊日口脂红雪紫雪历日等状》	右，中使董文萼至，伏奉诏书慰问臣，并宣恩旨，赐臣前件物等者。	《全唐文》/541/5494
刘禹锡《为淮南杜相公谢赐历日面脂口脂表》	臣某言：中使霍子璘至，奉宣圣旨，存问臣及将士、官吏、僧道、耆寿、百姓等，兼赐臣墨诏及贞元十七年新历一轴，腊日面脂、口脂、红雪、紫雪并金花银合二、金棱合二。	《文苑英华》/596/3093；《全唐文》/602/6082
刘禹锡《为李中丞谢赐锺馗历日表》	臣某言：中使某乙至，奉宣圣旨，赐臣画锺馗一、新历日一轴。	《全唐文》/602/6083；《文苑英华》/596/3094
刘禹锡《为淮南杜相公谢赐锺馗历日表》	臣某言：高品某乙至，奉宣圣旨，赐臣画锺馗一、新历日一轴。	《全唐文》/602/6083；《文苑英华》/596/3094
崔行先《腊日谢赐口脂红雪等状》	右，中使某至，伏奉手诏，慰问臣及将士等，又缘腊日，赐臣口脂红雪，并新历日等……载颁新历，永传亿万斯年；欣奉明时，获辨七十二候。	《全唐文》/620/6259
崔行先《为王大夫谢恩赐口脂历日状》	右，中使某至，伏奉手诏，慰抚臣及将士等，又赐腊日口脂，并新历日等。	《全唐文》/620/6259
白居易《谢赐新历日状》	右，今日蒙恩，赐臣等前件新历日者。臣等拜手蹈舞，鞠躬捧持。开卷受时，见履端之有始；披文阅处，知御历之无穷。	《全唐文》/668/6794
阙名《谢敕书赐腊日口脂等表》（贞元七年）	臣某言：中使某至，伏奉某月日敕书，并手诏劳勉臣等，兼赐臣衣一副、腊日口脂红雪一合、中和尺一、贞元八年历日一通。	《文苑英华》/596/3091；《全唐文》/962/9998
阙名《谢敕书赐腊日口脂等表》（贞元八年）	臣某言：中使郭昕至，伏奉手诏，并赐腊日口脂红雪、贞元九年历日等。	《文苑英华》/596/3092；《全唐文》/962/9998

续表

谢表	内容	出处
阙名《谢敕书赐腊日口脂等表》（贞元十四年）	臣某言：中使吴千金至，伏奉十一月九日赐敕书手诏，存问臣及将吏百姓等……又以腊日将及，赐臣红雪口脂各一合、贞元十五年历日一通。	《文苑英华》/596/3092；《全唐文》/962/9999

唐制，历日的修造与颁布始终在大一统王朝的严格控制下进行。安史乱后，随着藩镇势力的强大以及边疆民族危机的加深，中央王朝对于周边民族、地方藩镇的控制与影响大为降低。中唐以后，唐室帝王对百官臣僚和方镇长官频繁的历日赏赐，事实上也降低了“太史历本”象征的君主特权。差不多同时，历日已经融入人们的日常生活之中，并成为官员文人的案头常备物品。李益《书院无历日以诗代书问路侍御六月大小》[1] 表明，历日是官员了解一年时间行度、每月大小的重要方式。白居易《十二月二十三日作兼呈晦叔》：“案头历日虽未尽，向后唯残六七行。”[2]说明历日已经成为文人官员立身行事的指南，似乎日常活动都要翻看历日，且每过一日，即撕去一角或圈涂一行，乃至十二月二十三日，临近岁末，旧历仅存六七行了。元稹《题长庆四年历日尾》：“残历半张余十四，灰心雪鬓两凄然。定知新岁御楼后，从此不名长庆年。”[3] 即言案头摆放的长庆四年（824 年）历日残存十四行，距离新岁宝历元年（825 年）仅有为数不多的 14 日，因而诗人发出了“从此不名长庆年”的感叹。

随着历日内在实用功能的增强以及雕版印刷的发明，唐代民间私造历日的活动甚为盛行。比如剑南东、西两川及淮南道，“皆以版印历日鬻于市”，每年司天台还没有颁下新历，民间私自刻印的历日已经遍布天下。文宗大和九年（835 年）十二月，东川节度使冯宿上疏，要求朝廷禁断“印历日版”。[4] 同

1（清）彭定求等：《全唐诗》卷 283，中华书局，1960，第 3221 页。
2（唐）白居易著，顾学颉校点：《白居易集》卷 31，中华书局，1999，第 691 页。
3（唐）元稹著，冀勤点校：《元稹集》卷 22，中华书局，1982，第 253 页。
4《全唐文》卷 624 冯宿《禁版印时宪书奏》，第 6301 页。

月丁丑，文宗诏敕，命令“诸道府不得私置历日板”。[1] 但开成三年（838 年）十二月二十日，入唐求法的日本僧人圆仁就在扬州“买新历”[2]，可知并不能从根本上阻止民间私自印历的风气，甚至在上都长安的东市，还有“大刀家”店铺堂而皇之地印制历日（S.P12）。《唐语林》卷 7《补遗》载，“僖宗入蜀。太史历本不及江东，而市有印货者，每差互朔晦，货者各徵节候，因争执。里人拘而送公，执政曰：‘尔非争月之大小尽乎？同行经纪，一日半日殊是小事。’遂叱去。”[3] 所谓“僖宗入蜀”是指黄巢起义攻入长安之际，僖宗此前逃亡成都之事。因为皇权扫地，一落千丈，作为体现君主统治的“太史历本”，自然没有在江东行用，蜀地遂有自制历日之使用。但即使在巴蜀一隅，当时民间行用的历日也不统一，以致市场上货卖的不同历日，常有晦朔之差。可知蜀地自造历日者，也并非一家。唐末历日之混乱[4]，由此可见一斑。

蜀地自造贩卖的诸家历日，除了晦朔之差外，还兼有禄命推占和吉凶祸福的内容。S.P10《唐中和二年（882 年）剑南西川成都府樊赏家印本历日》云：[5]

1. 剑南西川成都府樊赏家历 ▭

2. 中和二年具注历日。凡三百八十四日，太岁壬寅，干属水、支木、纳音属金，年□ ▭

3. 推男女九曜星图。行年至罗候星，求觅不称情，此年忌起造、拜醮最为情□□白吉。运至太白宫，合有厄相逢，小人多服孝，君子受三公□□□□岁逢计都□□□□□□不安宁，且须 ▭

（后缺）

1《旧唐书》卷 17《文宗纪》，中华书局，1975，第 563 页。

2［日］释圆仁原著，白化文等校注：《入唐求法巡礼行记校注》，2007，第 87 页。

3（宋）王谠撰，周勋初校证：《唐语林校证》，中华书局，1987，第 671 页。

4 王重民认为，唐历与蜀历有所不同，然据孙光宪《北梦琐言》所载，蜀历又与敦煌历相同。由此可见“唐末边疆历日之不统一”。参见《敦煌本历日之研究》，《敦煌遗书论文集》第 122—123 页。

5 中国社会科学院历史研究所等编：《英藏敦煌文献》第 14 卷，四川人民出版社，1995，第 249 页。

这里“樊赏家”，即西川成都府刻版印刷历日的店铺名称。除此之外，敦煌文书所见的佛经、阴阳书、灸经和历日中，还有“西川过家印真本”（S.5534/S.5669）、“京中李家于东市印”（P.2675）和“上都东市大刀家本印”的题记，可见九世纪时期成都、长安两地都有雕版印刷的铺子[1]。成都府樊赏家所印具注历日在敦煌发现并被保存，乃是因为中世中古的晚唐五代，“成都与敦煌之间，已经有了相互交往的路线”。[2] 所以这些西川印本历日、佛经以及阴阳书籍，借此得以流转敦煌。值得注意的是，第3行“推男女九曜星图”及罗候（睺）、计都、太白的行年推命，是中古时期颇为流行的一种星命推占，可称为“九曜行年”，这是以世人的年岁为据而将人的命运与九曜联系起来的推命方式，同时兼顾一些本命斋醮和祈禳的因素[3]。若将视野进一步拓展，S.P6《乾符四年丁酉岁（877年）具注历日》是由敦煌的一位翟姓州学博士根据中原历改造而成[4]，其中包涵了许多吉凶宜忌和禄命推占的阴阳术数元素。另一件来自长安东市“大刀家”店铺的印本历日（S.P12），虽然仅存尾部一残页，但仍有“八门占雷”和“周公五鼓逐失物法”的部分内容。因此，从敦煌发现的这3件印本历日来看，民间私自印制的历日，往往含有禄命推占和吉凶宜忌的阴阳占卜内容，恰到好处地迎合了广大民众趋吉避凶的普遍观念，致使民间私造、印历之风屡禁不止。

二、中古历日的形制

理论上说，历日每年一造，唐代享国290年，期间修造的历日自然相当丰

---

1 ［日］妹尾达彦：《唐代长安东市民间的印刷业》，《中国古都学会第十三届年会论文集》，1995，第226—234页。

2 陈祚龙：《中世敦煌与成都之间的交通路线》，《敦煌学》第1辑，1974，第79—86页；《唐代研究论集》第3辑，新文丰出版公司，1992，第433—445页。

3 赵贞：《“九曜行年”略说——以P.3779为中心》，《敦煌学辑刊》2005年3期。

4 邓文宽：《敦煌天文历法文献辑校》，江苏古籍出版社，1996，第236页。

富。但受材料所限，传世文献所见唐代历日仅有一件《开成五年日历》。又据《日本三代实录》记载，清和天皇贞观元年（859 年），日本国用唐开成四年历日、大中十二年历日来覆勘《宣明历》[1]，可知唐代历日曾传入日本，可惜其内容不明。或可幸喜者，敦煌吐鲁番文书中保存了唐五代宋初的历日 60 余件，这为了解中古历日的内容与形制提供了宝贵的资料。

就形制而言，中古历日有简本和繁本之分。通常来说，简本历日以朔日甲子为序，或逐日排列，或以二十四节气为序进行编排，中间兼及社、奠、腊等个别纪事，总体没有吉凶标注，内容相对简单。吐鲁番出土《高昌延寿七年庚寅岁（630 年）历日》是一件麴氏高昌的残历，其编制形式与汉简历谱的编册横读历日相同，横排 12 行，分置十二月，每月 1 行。竖排 30 列，每列 1 日，依次安排一日至三十日。内容仅存干支纪日、建除十二直和节气——小雪[2]。总体来看，此件抄录月、日之要素极为简略，属简本历日。又如 S.3824《唐元和十四年己亥岁（819 年）历日》，首起五月十八日甲午金建，终于六月九日乙卯水成，皆以干支为序，逐日编排，不知年九宫、月九宫，亦无吉凶注记，仅五月十八日有“天赦”和蜜日标注，[3] 其他均无宜忌标注，因而仍属简本之列。

日本杏雨书屋藏羽 40v《年次未详历日抄》中，七月十六日戊申土建，注“天赦”；廿三日乙卯水破，注“八月节”；八月廿四日乙酉水闭，注“九月节”；七月十九日辛亥金平、二十六日戊午火收、八月十五日丙子水平、廿一日壬午木收、廿八日己丑火平，均注有“罡”字[4]，其他均无宜忌标注，因而仍属简本

1《日本三代实录》卷 5 贞观三年六月十六日己未条，《国史大系》第四卷，经济杂志社，1897，第 89—90 页。

2 柳洪亮：《新出高昌麴氏历书试析》，《西域研究》1993 年第 2 期，见氏著《新出吐鲁番文书及其研究》，新疆人民出版社，1997，第 339—354 页；邓文宽：《吐鲁番新出〈高昌延寿七年历日〉考》，《文物》1996 年第 2 期；见氏著《敦煌吐鲁番天文历法研究》，甘肃教育出版社，2002，第 228—240 页。

3 邓文宽：《敦煌天文历法文献辑校》，第 124—127 页。

4 ［日］武田科学振兴财团编集：《杏雨书屋藏敦煌秘笈》影片册一，はまや印刷株式会社，2009，第 272—273 页。

之列。

杏雨书屋藏羽 41v–3《戊寅年历日》起于二月十九日，其抄写格式甚为特殊：每日仅写地支和建除，而没有天干和五行内容。如二月十九日酉破，廿日戌危，廿一日亥成，廿二日子收，廿三日丑开，廿四日寅闭，廿五日卯建，廿六日辰除，廿七日巳满，廿八日午平，廿九日未定，卅日申执。此下亦遵循这种格式，逐日依次排列，建除十二客则连续分配于每日之下，中间没有任何节气说明，也没有其他注记，总体看来属于简本历日。邓文宽据各月朔日地支，判定此件为《宋太平兴国三年戊寅岁（978 年）历日草稿》[1]。

以二十四节气为序而编排的简本历日，目前所见共有两件，其一是北魏太平真君十一年（450 年）、十二年（451 年）历日，内容仅有朔日、二十四节气、春秋二社、腊日、始耕、月食等信息，其他日期均不收录。另一件是《唐开成五年（840 年）日历》，圆仁《入唐求法巡礼行记》曾有收录，现迻录如下：

开成五年历日，干金支金纳音木。

凡三百五十五日，合在乙巳上取土修造。

大岁申，大将军在午，大阴在午，岁德在申酉，岁刑在寅，岁破在寅，岁殺在未，黄幡在辰，豹尾在戌，蚕官在巽。

正月大，一日戊寅土建，四日得辛，十一日雨水，廿六日惊蛰。

二月小，一日戊寅土破，十一日社、春分，廿六日清明。

三月大，一日丁丑水闭，二日天赦，十二日谷雨，廿八日立夏。

四月小，一日丁未水平，十三日小满，廿八日芒种。

五月［小］，一日丙子水破，十四日夏至，十九日天赦。

六月大，一日乙巳火开，十一日初伏，十五日大暑，廿（卅）日立秋。

七月小，一日乙亥土平，二日后伏，十五日处暑。

---

1 邓文宽：《跋日本“杏雨书屋”藏三件敦煌历日》，见黄正建主编：《中国社会科学院敦煌学回顾与前瞻学术研讨会论文集》，上海古籍出版社，2012，第 153—156 页。

八月大，一日甲辰火成，白露，五日天赦，十五日社，十六日秋分。

九月小，一日甲戌火除，二日寒露，十七日霜降。

十月大，一日癸卯金执，二日立冬，十八日小雪，廿［二］日天赦。

十一月大，一日癸酉金收，三（五）日大雪，廿日冬至。

十二月［大］，一日癸卯金平，三日小寒，十八日大寒，廿六日腊。

右件历日具注勘过。[1]

可以看出，《开成五年历日》旨在二十四节气的描述，同时兼顾朔日干支及春社、秋社、初伏、后伏、腊的日期。除此之外，还有两点值得注意：一是"得辛"，即正月初一后的第一个"辛"日，农历每月上旬的辛日称上辛。《史记·乐书》："汉家常以正月上辛祠太一、甘泉。"《大唐开元礼》卷六篇目为"皇帝正月上辛祈谷于圜丘"，可知唐代朝廷常以正月上辛日祈谷，寄望本年谷物丰熟。《开成五年历日》正月戊寅朔，可知四日辛巳，故有"四日得辛"的说法。与此相应，历日中还有"几龙治水"的标注。S.612《宋太平兴国三年戊寅岁（978年）具注历日》："六日得辛，七龙治水"。[2]《金天会十三年乙卯岁（1135年）历日》："十二龙治水，七日得辛"。所谓"几龙治水"，是以正月初一后的第几日为"辰"日来计算的。古人认为龙多则雨少，龙少则雨多，故须在"得辛"日备齐供品向神明祈谷，[3]以求风调雨顺，五谷丰登。二是"天赦"，即赦宥罪过之吉日。《星历考原》卷3"天赦"条引《天宝历》曰："天赦者赦过宥罪之辰也……天赦其日，可以缓刑狱、雪冤枉、施恩惠，若与德神会，合尤宜兴造。"《历例》曰："春戊寅，夏甲午，秋戊申，冬甲子是也。"曹震圭曰："天赦者，乃天之赦过宥罪之神也。"[4]同书卷6"肆赦"条引《历例》曰："凡赦过

1 ［日］释圆仁原著，白化文等校注：《入唐求法巡礼行记校注》，第194页。

2 郝春文编著：《英藏敦煌社会历史文献释录》第3卷，社会科学文献出版社，2003，第284页。

3 邓文宽：《金天会十三年乙卯岁（1135年）历日疏证》，《文物》2004年10期。

4（清）李光地等：《钦定星历考原》卷3《月事吉神·天赦》，四库术数类丛书（九），上海古籍出版社，1991，第41页。

宥罪、释狱缓刑、蠲除赋役、起拔幽锢、抚纳流亡、复还迁黜等事，宜天赦天德合。”[1] 由此可见，天赦是颁布大赦、释放囚徒、蠲免赋役、宣示恩惠的吉日。开成五年历中，天赦注于三月二日（戊寅）、五月十九日（甲午）、八月五日（戊申）、十月廿二日（甲子），这与《历例》的规定正相契合。[2] 这样看来，历日中的“天赦”标注，显然是适应了朝廷大赦天下的需要。中唐以后，中央王朝面对当前的政治和社会问题（如疏理囚徒、减免赋役、权停修造、赈济灾害、旌表孝亲等），往往通过各种形式的大赦诏令来予以解决，反映在历日中便有“天赦”的标注。

至于繁本历日，虽然也是逐日排列，但每日大致都有吉凶神煞和宜忌事项，总体呈现出择吉避凶的宜忌特征，进而给人们的立身行事和日常生活提供时间指南。邓文宽以 P.3403《宋雍熙三年丙戌岁（986 年）具注历日》为例，概括了繁本历日的书写格式：

> 历日部分由上而下分成八栏。最上一栏注“蜜”（星期日）；其次为日期、干支、六十甲子纳音和建除十二客。如正月一日是“一日庚午土定，岁首”，其中“土”为该日“庚午”的纳音，“定”是建除十二客。第三栏是弦、望、人日、祭风伯、祭雨师等注记。第四栏是二十四节气和七十二物候。第五栏是极为复杂的吉凶注，如正月一日注：“岁位、地囊、复，祭祀、加官、拜谒、裁衣吉。”地囊等迷信注记均有严格的排列规律，敦煌历日所以称作“具注历”也主要是因为有这些吉凶注。第六栏为昼夜时刻，使用的是中国古代的百刻纪时制度，随着节气变化昼夜互有增减，春秋二分日昼夜各五十刻。第七栏是“人神”，第八栏是“日游”，这两栏内容均是不变的套数。总括看来，迷信和科学内容参半。[3]

1《钦定星历考原》卷 6《用事宜忌・肆赦》，第 96 页。

2 S.3824《唐元和十四年己亥岁（819 年）历日》“五月十八日甲午”注有“天赦”，亦与此制相合。

3 邓文宽：《敦煌文献中的天文历法》，《文史知识》1988 年第 8 期；见氏著《敦煌吐鲁番天文历法研究》，甘肃教育出版社，2002，第 1—8 页；《邓文宽敦煌天文历法考索》，上海古籍出版社，2010，第 21—28 页。

考虑到 P.3403 是敦煌历日文献中全年历注信息最为完整的一件，因而邓先生对于繁本历日内容与形制的概括具有普遍意义。当然，实际的历注类目更为繁杂，比如卦气和没、灭、三伏、魁、罡、天赦等日，历日往往会单独注记。历法专家张培瑜指出，中国历书发展到唐宋，内容极为庞杂。仅列于每日之下的历日记载和历注就有蜜（星期）、日序、干支、纳音、建除、二十八宿、上朔、土王、没灭、弦望、节气、伏腊社霉、七十二候、卦用事日、日出入方位、昼夜漏刻、大小岁会凶会、黄道黑道、其他吉凶神煞、人神、日游及用事宜忌事项等二十多种类目[1]。吐鲁番出土《唐显庆三年戊午岁（658 年）历日》《唐仪凤四年己卯岁（679 年）历日》《唐开元八年庚申岁（720 年）历日》和台藏塔出土《唐永淳二年癸未岁（683 年）历日》《唐永淳三年甲申岁（684 年）历日》中，已有岁位、岁对、小岁后、天恩、母仓、往亡、归忌、血忌等神煞，以及加冠、拜官、入学、祭祀、婚嫁、移徙、修井、起土、修宫室、解除、疗病、斩草等事宜。其中台藏塔所出历日有标题“永淳三年历日”，且有“历生□玄彦写并校”“历生李玄逸再校”“历生□□□三校”[2]，可知该件为官颁历日。尽管每日历注中已有吉凶宜忌的内容，但似不能称“具注历日”，而仍以“历日”定名，大概这种命名方式一直使用到唐武宗时期，自僖宗时期以后则使用“具注历日”[3]。至于敦煌所出历书中，这种此类“具注历星”的写本较多，兹以国图藏 BD16365A《唐乾符四年丁酉岁（877 年）具注历日》为例：

1 十九日辛卯木开□□□□□□病、修宅、斩吉。七参，在坎宫，在足。

---

1 张培瑜：《黑城出土天文历法文书残页的几点附记》，《文物》1988 年第 4 期；又见张培瑜、卢央：《黑城新出土残历的年代和有关问题》，《南京大学学报》1994 年第 2 期。

2 荣新江、李肖、孟宪实主编：《新获吐鲁番出土文献》，中华书局，2008，第 258—263 页。

3 陈昊：《“历日”还是“具注历日”——敦煌吐鲁番历书名称与形制关系再讨论》，《历史研究》2007 年第 2 期。

2 廿日壬辰水闭，**小暑至**，□□□□□□六井，坎宫，在内跨。

3 廿一日癸巳水建，天门，拜官、立柱、造车、修井吉。五鬼，在太微宫，在手小指。

4 廿二日甲午金除，下弦，**侯大有内**，天赦。四柳，在太微宫，在外踝。

5 廿三日乙未金满，合德、九焦、九坎，入财、解厌吉。三星，在太微宫，在肝。[1]

此件历日残片中，“小暑至”是七十二物候之一，“侯大有内”是六十四卦之一，按照《大衍历》的安排，它们是二十四节气“小满四月中”的物候和卦气。参、井、鬼、柳、星为二十八宿中五宿，它们逐日变换，是二十八宿注历的反映。星宿前面的数字七、六、五、四、三是日九宫的标注，也是逐日变换，以九为周期，通常按照九、八、七、六、五、四、三、二、一的顺序倒转。坎宫、太微宫是“日游神”的标注，至于足、内跨、左手小指、外踝、肝等，则是人神所在位置的说明。此外，下弦是月相，天门、合德、九焦、九坎、天赦是神煞，拜官、立柱、造车、修宅、修井、入财、解厌等是各日适宜事项。考虑到该件的残历性质，敦煌所出历日中还有节气、三伏、社日、蜜日、没日、灭日、漏刻等的标注，可以说是名副其实的具注历日。

值得注意的是，P.3507 首题“淳化四年癸巳岁具注历日”，书法稚嫩，其下抄有正月、二月、三月历日，且有年九宫、月九宫信息，但历日内容与抄写方式明显与其他《具注历》不同，兹以正月条为例：

正月小，甲寅。一日庚寅木除，水泽腹坚，嫁、修、符、葬吉。四日蜜。六日立春正月节。七日人日。八日上弦。十一日蛰虫［始］［振］。

1 中国国家图书馆编：《国家图书馆藏敦煌遗书》第 146 册，北京图书馆出版社，2012，第 117 页；《国家图书馆藏敦煌遗书·条记目录》，第 55 页；邓文宽：《两篇敦煌具注历日残文新考》，见《敦煌吐鲁番研究》第 13 卷，上海古籍出版社，2013，第 197—201 页。

十二日往亡，祭风伯。十五日望。十六日鱼上冰。廿一日雨水正月中。廿二日藉田。廿三日下弦，启原祭。廿六日鸿雁来。廿八日灭。廿九日祭祀。六日书（昼）四十四尅，夜五十六尅。十四日昼四十五尅，夜五十五尅。廿三日昼四十六尅，夜五十四尅。[1]

不难看出，该历在编排中着眼于朔、望、节气、物候、漏刻、上弦、下弦等要素，同时兼顾了人日、祭风伯、藉田、启原祭、奠、社、祭川原等祭祀礼仪。所谓的“具注”其实仅限于正月一日的婚嫁、修造、符镇和丧葬，形式上似与简本更为接近。因此可以说，P.3507《宋淳化四年（991 年）具注历日》书写形式上虽然简单，但实则覆盖了历日的必备要素及当时社会甚为关注的祭祀礼仪，并初步汲取了九宫、时日宜忌等“具注”元素，因而可以视为繁本具注历日的简化写本，这与通常意义上历日形态由简到繁的演进路径颇有不同，究其原因，恐与抄写者的动机及对历日要素的选择性撷取有关。

三、中古历日的政治功用

历日的核心是对四时、八节、二十四气、七十二候的确定，并力求与天道、自然与时令保持一致，可谓是历法学对于时日至上至美的追求。因此，历日的颁行同样体现着“稽定历数”“敬授民时”的作用。不惟如此，在帝王政治的对外交往中，朝廷历日的颁赐往往有宣示国家正朔的象征意义。历代帝王开拓边疆与颁布历法，两者相辅相成，表现出统御时空的占有欲。周边民族倘若遵奉正朔，即被编入中国帝王支配的时间序列，政治上意味着臣服，空间上则被纳入共同的文明圈，经济上获准参与朝贡贸易[2]。隋开皇六年(586年)，“隋颁历于突厥”，胡三省注：“班历则禀受正朔矣”[3]，即是突厥纳款臣服，接受隋

1 邓文宽：《敦煌天文历法文献辑校》，第 664—665 页。

2 王勇：《唐历在东亚的传播》，《台大历史学报》第 30 期，2002，第 33—51 页。

3《资治通鉴》卷 176 长城公至德六年（586 年）条，中华书局，1956，第 5485 页。

朝正朔的表现。唐武德七年（624 年）二月，高句丽“遣使内附，受正朔，请颁历”[1]。贞观十年（636 年）三月，“吐谷浑王诺曷钵遣使请颁历，行年号，遣子弟入侍”[2]。咸通七年（866 年）十二月，黠戛斯遣使“请亥年历日”[3]。由于咸通七年岁在丙戌，来年即为丁亥岁，故“亥年历日”即咸通八年历日。显然，黠戛斯在岁末之际请求中央王朝颁赐来年历日，透露出北方游牧民族对于唐历体现的“华夏时间”的认同，不排除他们遵照唐代的时间秩序安排日常政务和社会生活的可能性。以上事例表明，中原王朝通过颁历、赐历的形式，将上天赋予的“奉天承运”的象征性统治权力展示出来，从而确立了一种合法驾驭或镇抚周边民族及割据政权的统治秩序。最有代表性的是，显庆五年（660年），刘仁轨讨伐百济，临行前“于州司请历日一卷，并七庙讳”，并解释说：“拟削平辽海，颁示国家正朔，使夷俗遵奉焉”[4]。此举表明，历日的颁行正是李唐国势昌运和“正朔”观念的含蓄宣扬，意味着唐王朝建构的统治秩序即将在朝鲜半岛得到确认与推行。简言之，“以天命攸归”自居的历代皇帝，一向视“颁正朔”为中央王朝的特权，历日行用区域也就成了王权所及的重要象征[5]。

北宋建国后，对于臣属之国和周边民族政权同样有颁赐历日的行为。建隆三年（962 年）十一月壬午，“初颁历于江南”[6]。此次颁历，《十国春秋・南唐》载，“十一月，遣水部侍郎顾彝入贡于宋。壬午，宋颁建隆四年历”[7]，可见北宋借南唐遣使入贡之际，向南唐控御的江南地区颁赐来年历日，由此确立对南唐

1（唐）杜佑：《通典》卷 186《边防二・高句丽》，中华书局，1988，第 5016 页。

2《资治通鉴》卷 194 太宗贞观十年（636 年）三月条，第 6119 页。

3《资治通鉴》卷 250 懿宗咸通七年（866 年）十二月条，第 8117 页。

4《旧唐书》卷 84《刘仁轨传》，第 2795 页。

5 邓文宽：《敦煌吐鲁番历日略论》，《传统文化与现代化》1993 年第 3 期；见氏著《敦煌吐鲁番天文历法研究》，第 45—59 页。

6（宋）李焘：《续资治通鉴长编》卷 3《太祖建隆三年》，中华书局，1992，第 76 页。

7（清）吴任臣：《十国春秋》卷 17《南唐三》，中华书局，1983，第 242 页。

的宗主统治。大中祥符八年(1015 年）九月，甘州回鹘国可汗夜落纥上表，“谢恩赐宝钿、银匣、历日及安抚诏书”[1]。十二月癸酉，高丽遣使郭元朝贡，“表求赐历日及尊号”[2]。九年正月丙寅，郭元返回时，宋真宗“赐王询诏书七函、衣带、器币、鞍马、九经、《史记》、《两汉书》、《三国志》、《晋书》、诸子、历日、《圣惠方》，从其请也。”[3]反映出高丽对于北宋名物、经史、历法、医药典籍的推崇与倾慕。庆历五年（1045 年）十月辛未，“始颁历于夏国”，这是宋夏关系趋于缓和后，北宋对臣属国西夏进行抚绥与羁縻统治的象征。元祐元年（1086 年）十月八日，苏轼《赐南平王李乾德历日敕书》曰：“敕乾德。眷彼海隅，被予声教。宜有王正之赐，以为农事之祥。勤卹远民，以开嗣岁。”[4]李乾德为越南李氏第四代帝王，北宋加封其为交趾郡王，进奉南平王。北宋赐予南平王历日，一方面“被予声教”，扩大宋朝的国威和对越南李氏王朝的影响。另一方面对于李氏王朝也便于指导农时，“以为农事之祥”。

表面看来，历日是对一年中四时、节气、物候等时间要素的安排。但在帝王政治中，历日的修造与颁布还被赋予了政治和礼仪文化的象征意义，并通过时空秩序的规范向举国天下和藩邦四夷传递出去。职是之故，太史局在修造历日的过程中，始终与帝国的政治、礼仪活动相结合，并切实可行地制定出国家政务活动与大祀礼典的时间秩序，最后经过皇帝的审核、裁定后颁行天下。伴随着历日的颁示，来年中帝国的政务运行和祭祀礼仪的时间序列表露无遗，对于中央诸司机构和地方州县官员理解朝廷政事和礼仪活动的基本节奏具有重要意义。另一方面，周边民族或割据政权一旦接受了中央王朝的赐历，意味着他们对“太史历本”规定的时间秩序和政治节奏表达了基本认同，并将所有的活

---

1 李焘：《续资治通鉴长编》卷 85《真宗大中祥符八年》，第 1951 页。
2 李焘：《续资治通鉴长编》卷 85《真宗大中祥符八年》，第 1957 页。
3《宋会要辑稿》礼六二之三五，第 1712 页。
4（宋）苏轼撰，孔凡礼点校：《苏轼文集》卷 41《内敕制书》，中华书局，1986，第 1179 页。

动纳入这种时间序列，在共同的时间基调中开展与中央王朝的交通往来[1]。

历日渗透的政务与礼典活动，在敦煌具注历日的朱笔标注中略有反映。比如正月“岁首”，通常要举行百官朝会和贺正仪式。单以贺正而言，不仅有四夷番邦的遣使庆贺元正活动，地方藩镇也不失时机地派遣贺正专使入京进奉。据P.3451《沙州进奏院上本使状》记载，乾符四年（877年）十二月，河西节度使张淮深派遣贺正专使押衙阴信均等，“押进奉表函一封，玉一团，羚羊角一角，犛牛尾一角，十二月廿七日晚到院，廿九日进奉讫。”[2]显然，贺正使团不仅要进献土贡特产，还要携带地方长官的贺正“表函”。S.6537v14《大唐新定吉凶书仪》“诸色笺表第五”收录一件《贺正表》，其文曰：

> 贺正表。臣厶乙［言］，元正启祚，万物惟新。伏惟 皇帝陛下，膺乾纳祜，与天同休，声无不宜。厶乙诚欢诚喜，顿首顿首。臣滥守藩镇，不获随例称庆 阙庭，无任恳悃屏营之至。谨奉表陈贺以闻。厶乙诚欢诚喜，顿首顿首谨言 某年某月日
>
> 某道节度观察等使勳臣姓名。[3]

据此，诸道节度使或观察使因职责所限，固然不能亲至长安贺正，但亦要撰写贺正表文，并差遣专人进奏朝廷，表达对新岁的庆贺和对皇帝陛下的祝福与感激。又如“藉田”，这是孟春亥日举行的象征天子“亲耕”“始耕”的“享先农”仪式，根据P.4640v《己未（899年）至辛酉年（901年）归义军布纸破用历》“藉田支钱财粗纸壹帖”的记载，可知晚唐时期的沙州归义军同样遵行“藉田”仪式。还有“风伯”和“雨师”，分别指立春后丑日祭祀风神、立夏后申日祭祀雨神，以求风调雨顺。其他如“奠”“社”，即“释奠”和“社祭”，二

---

1 韦兵：《竞争与认同：从历日颁赐、历法之争看宋与周边民族政权的关系》，《民族研究》2008年第5期。

2 唐耕耦、陆宏基编：《敦煌社会经济文献文献真迹释录》第4辑，全国图书馆文献缩微复制中心，1990，第367页。

3 中国社会科学院历史研究所等编：《英藏敦煌文献（汉文佛经以外部份）》第11卷，四川人民出版社，1994，第103页；周一良、赵和平：《唐五代书仪研究》，中国社会科学出版社，1995，第187页。

者均有春、秋之分，分别指上丁日祭拜先圣孔宣父和上戊日祭祀社神的活动。敦煌具注历日中，释奠和社祭通常选择在最为接近春分、秋分的丁日、戊日进行[1]。至于“腊”，则是季冬辰日“腊祭百神”的活动。这些祭祀礼典，《大唐开元礼》均有收录并大略归入中祀、小祀名目中[2]。这说明具注历日中“奠”“社”等的朱笔书写，其实就是国家祀典的一种特别标注。若将这些礼典与四立（立春、立夏、立秋、立冬）、二分二至（春分、秋分、夏至、冬至）维系的“大祀”祭礼统合起来，那么，历日界定的时间秩序无疑为帝国的政治文化提供了一种惯性的礼仪节奏序列。从这个意义来说，具注历中的朱笔标注，看似某种“纪日”的强调，但实则是政治礼仪层面某种“序事”的特别表达，对官民百姓而言可能还有备忘录的启示意义。

表 1-2　历日规范的政务与礼典

政务与礼典	日期规定	具体内容
岁首	正月初一	朝会、贺正、朝参
告朔	每月初一	朝会、贺朔、朝参
得辛	正月上辛日	祈谷于圜丘
藉田	孟春亥日，又为收日	享先农
启原祭	雨水前后开日	启原祭
祀青帝	立春	祀青帝于东郊
风伯	立春后丑日	祀风师
春奠	仲春上丁日	释奠于孔宣父
春社	仲春上戊日	祭社神
朝日	春分	朝日于东郊
祭川原	谷雨前后吉日	祭川原
祀赤帝	立夏	祀赤帝于南郊
祀雨师	立夏后申日	祀雨师

---

1 赵贞：《归义军史事考论》，北京师范大学出版社，2010，第 111 页。

2 根据《开元礼》的记载，社稷、先蚕、孔宣父为中祀，风师、雨师为小祀，“州县社稷释奠及诸神祠并同小祀”。参见《大唐开元礼》卷 1《序例上》，民族出版社，2000，第 12 页。

续表

政务与礼典	日期规定	具体内容
祭方丘	夏至	祭方丘（后土礼同）
祀白帝	立秋	祀白帝于西郊
秋奠	仲秋上丁日	释奠于孔宣父
秋社	仲秋上戊日	祭社神
夕月	秋分	夕月于西郊
祀黑帝	立冬	祀黑帝于北郊
祀圜丘	冬至	祀圜丘
腊	冬至后第三辰	蜡百神于南郊

第二章
中古历日中的传统祭礼——以敦煌具注历日为中心

历日的核心内容是对一年中月日、朔闰、节气、物候等时间要素的安排。这是历法学“敬授民时”的需要。中古历日的内容，荣新江指出有八项：①日期、干支、六甲纳音、建除十二客；②弦、望、藉田、社、奠、腊；③节气、物候；④逐日吉凶注；⑤昼夜时刻；⑥日游；⑦人神；⑧蜜日注[1]。为了对官民百姓的社会生活给予有效的指导，历日的编纂需要结合中古政治与社会的实际情况，往往对一些传统的祭祀礼仪予以标注，由此使得历日呈现出“纪日序事”的功能。本章在吸纳先贤研究的基础上[2]，以敦煌具注历日为核心素材，重点梳理中古历日中对于释奠、社、藉田、风伯、雨师等传统祭礼的标注。考其原始，这些祭礼中时间的确定，很大程度上与二十四节气有关。以下分别叙述之。

1. 藉田

藉田是传统的春耕仪式，是指孟春时节天子率诸侯亲自耕田的典礼。《礼

1 荣新江：《敦煌学十八讲》，北京大学出版社，2001，第295页。

2［法］华澜：《敦煌历日探源》，李国强译，中国文物研究所编《出土文献研究》第7辑，上海古籍出版社，2005，第196—253页；余欣：《神道人心——唐宋之际敦煌民生宗教社会史研究》，中华书局，2006；余欣：《神祇的“碎化”：唐宋敦煌社祭变迁研究》，《历史研究》2006年第3期；邓文宽：《敦煌历日中的唐五代祭祀、节庆与民俗》，见张弓主编：《敦煌典籍与唐五代历史文化》，中国社会科学出版社，2006，第1073—1096页；吴羽：《唐宋历日祭祀吉日铺注的变化与适用范围——以“神在”日为中心的探讨》，中研院历史语言研究所集刊，第92本第2分，2021，第397—436页。

记·祭统》曰："是故天子亲耕于南郊，以共齐盛……诸侯耕于东郊，亦以供齐盛。"[1] 东汉应劭说："古者天子耕藉田千亩，为天下先"。三国时吴国学者韦昭解释说："藉，借也；借民以治之，以奉宗庙，且以劝率天下使务农也。"[2] 唐杜佑也说："藉，借也，谓借人力以理之，劝率天下，使务农也。"[3] 在以农为本的传统社会中，天子亲耕的仪式不仅传输出重农务本、力田养民的施政理念。同时，由于亲耕往往与祀先农相衔接，因而还寓有祈祷年景风调雨顺、五谷丰登的期盼。通过此举劝导天下，使民躬耕田亩，不误农时。由此，以天子"藉田"为标志，正式拉开了一年中编户齐民农耕生产的帷幕。

敦煌具注历日中，有关"藉田"的标注，最早见于北魏《太平真君十二年（451 年）历日》。从形制来说，该历为一部简历，所纪月日、节气和历注信息比较简单。比如正月条曰："正月小，一日丙戌成，二日始耕，六日雨水，廿一日惊蛰。"[4] 按照历日的一般通例，前两日的干支五行为"一日丙戌土成，二日丁亥土收"，可知"始耕"定为正月亥日。史载，北魏太和十七年（493 年）二月，魏孝文帝"始耕藉田于平城南"[5]。梁武帝天监十三年(514 年）二月丁亥，"上耕藉田，大赦。宋、齐藉田皆用正月，至是始用二月，及致斋祀先农。"胡三省注："汉仪，正月始耕，耕日以太牢祀先农。"[6] 按照杜佑《通典》的记载，"藉田"本为周天子孟春之月躬耕之礼，东汉章帝定于正月始耕，"常以乙日祀先农及耕于乙地"。南朝齐武帝永明中，"藉田"改为正月丁亥，至梁武帝天监十二年又易为"启蛰而耕"，其时正当二月。唐朝建立后，定为"孟春吉亥享

1（清）阮元校刻：《十三经注疏》，中华书局，1980，第 1603 页。

2《资治通鉴》卷 53 汉文帝前二年（前 187 年）正月丁亥胡注"藉田"，中华书局，1956，第 452—453 页。

3《资治通鉴》卷 59 汉献帝初平元年（190 年）胡注"藉田"，第 1917 页。

4 邓文宽：《敦煌天文历法文献辑校》，江苏古籍出版社，1996，第 102 页。

5《资治通鉴》卷 138 武帝永平十一年（493 年）二月条，第 4327 页；（北齐）魏收：《魏书》卷 7《高祖纪下》："（二月）己丑，车驾始籍田于都南。"中华书局，1974，第 171 页。

6《资治通鉴》卷 147 梁武帝天监十三年（514 年）二月条，第 4607 页。

先农于籍田”[1]，即以正月亥日行“籍田”之礼。贞观三年（629年）正月癸亥，太宗“耕藉于东郊”[2]。仪凤二年（676年）正月，高宗“躬籍田于东郊”[3]。开元二十三年（735年）正月乙亥，玄宗“耕藉田，九推乃止，公卿以下皆终亩”[4]。敦煌具注历日中，“藉田”的标注无一例外地选取正月（含闰正月）亥日，且从建除十二客来看，这些亥日又俱为“收”日，寓有收获、丰收之意，同样表达了对五谷丰熟的期盼。吐蕃时期，敦煌自编的P.2675《唐大和八年甲寅年（834年）历日》中，正月十二日癸亥水收，注有“始耕”（即藉田），可见完全符合正月亥日、且为收日的规则，说明在农业生产的认识与实践上，吐蕃还是习惯性地接受了具有深厚历史文化传统的唐朝旧制。P.4640v《归义军布纸破用历》载，庚申年（900年）正月廿日，“藉田支钱财粗纸壹帖”；辛酉年（901年）正月廿七日，“藉田支钱财粗纸壹帖”，这是归义军节度使张承奉执掌敦煌时举行的两次“藉田”仪式，若从建除和干支考虑，归义军的“藉田”亦应符合收日、且为亥日的时间要素[5]。

表2-1　敦煌历日“藉田”标注表

纪年	干支五行	建除	藉田	出处
北魏太平真君十二年(451年)	正月二日丁亥土	收	始耕	敦研368v
唐大和八年（834年）	正月十二日癸亥水	收	始耕	P.2675
唐大中十二年（858年）	闰正月十二日乙亥火	收	藉田	S.1439

1（唐）中敕：《大唐开元礼》卷46《皇帝孟春吉亥享先农耕籍》，卷47《孟春吉亥享先农于籍田有司摄事》，民族出版社，2000，第262—273页。

2《资治通鉴》卷193太宗贞观三年（629年）正月条，第6062页。

3《旧唐书》卷5《高宗纪下》，中华书局，1975，第102页。

4《资治通鉴》卷214玄宗开元二十三年（735年）正月条，第6810页。此次藉田的时间“正月乙亥”，《旧唐书》作“正月己亥”。查陈垣《二十史朔闰表》，正月一日戊午（1月29日），由此推知十八日乙亥（2月16日），且无己亥日，故当以《通鉴》“乙亥”为是。

5 以《二十史朔闰表》《三千五百年历日天象》《中华通历》对校，公元900年正月庚寅朔，正月廿日干支己酉。901年正月甲申朔，正月廿七日干支为庚戌，考虑到敦煌历与中原历的月朔常有一至二日的差异，那么此处敦煌历中900年正月廿日、901年正月廿七日的干支当为辛亥，如此比较符合正月亥日“藉田”的礼制规定。

续表

纪年	干支五行	建除	藉田	出处
唐咸通五年（864年）	正月十二日己亥木	收	藉田	P.3284
唐天复五年（905年）	正月十四日乙亥火	收	藉田	P.2506
后唐同光四年（926年）	正月廿三日辛亥金	收	藉田	P.3247v
后晋天福十年（945年）	正月二日己亥木	收	藉田	S.681v
宋太平兴国七年（982年）	正月十九日辛亥金	收	藉田	S.1473
宋雍熙三年（986年）	正月六日乙亥火	收	藉田	P.3403
宋淳化四年（993年）	正月廿二日辛亥金[1]	收	藉田	P.3507

2. 祭风伯

风伯亦称风师，为协风调气之神。唐制，“司中司命风师雨师灵星山林川泽五龙祠等并为小祀”[2]。天下州郡皆置有风伯坛。以沙州为例，P.2005《沙州都督府图经》载：“风伯神，右在州西北五十步。立舍画神，主境内风不调，因即祈焉，不知起在何代。”[3]沙州祭祀风伯的情况，S.5747《南阳张公祭风伯文》残存一件案例。据该文书记载，天复五年（905年）正月四日乙丑，归义军节度瓜沙伊西管内观察处置押蕃［落］等使金紫光禄大夫检校司空兼御史大夫南阳张公（张承奉）“谨以牲牢之奠，敢昭告于风伯神”[4]。按照唐《开元礼》“其祀风伯，请用立春后丑”的规定[5]，张承奉祭祀风伯即在“丑”日（正月四日乙丑）。翻检张培瑜《三千五百年历日天象》，天复四年十二月廿三日癸丑立春[6]，由此可知天复五年正月四日为立春后第一个丑日，说明张承奉祭祀风伯的时间与唐制相同。

---

1 P.3507标注为“（正月）六日立春”“廿二日藉田”。据正月一日庚寅朔，可推知六日乙未，十三日壬寅，廿二日辛亥。又因“立春正月节之后寅日为建”，可知十三日值“建”，以下依次按照建、除、满、平、定、执、破、危、成、收、开、闭的顺序排列，廿二日辛亥为“收”。

2（唐）中敕：《大唐开元礼》卷1《序例上》，第12页。

3 唐耕耦、陆宏基编：《敦煌社会经济文献真迹释录》第1辑，书目文献出版社，1986，第13页。

4 图版参见中国社会科学院历史研究所等编：《英藏敦煌文献（汉文佛经以外部份）》第9卷，四川人民出版社，1994，第115页；张弓主编：《敦煌典籍与唐五代历史文化》，中国社会科学出版社，2006，第1082页。

5（宋）王溥：《唐会要》卷22《祀风师雨师雷师及寿星等》，中华书局，1955，第426页。

6 张培瑜：《三千五百年历日天象》，大象出版社，1997，第246页。

敦煌具注历日中，现知有六件历日存有“祭风伯”的标注。P.3507《宋淳化四年癸巳岁（993年）具注历日》载：“正月六日立春正月节……十二日往亡，祭风伯。”经查陈垣《二十史朔闰表》、张培瑜《三千五百年历日天象》，正月一日为庚寅朔，据此可推知六日立春为乙未，十二日为辛丑，祭风伯，亦与唐制“立春后丑”相合。其他历日中，S.1439《唐大中十二年戊寅岁（858年）具注历日》、P.3247v《后唐同光四年丙戌岁（926年）历日》、S.1473+S.11427B《宋太平兴国七年壬午岁（982年）具注历》中标注的风伯祭祀，均在立春后的正月“丑”日。P.3284v《唐咸通五年甲申岁（864年）具注历日》和S.2404《后唐同光二年甲申岁（924年）具注历日》仅有“祭风伯”的日期，即分别为“正月二日己丑”和“正月一日辛丑”，显然亦在正月“丑”日，依例仍在立春之后[1]。

表2-2　敦煌具注历日“祭风伯”标注表

纪年	立春	祭风伯	卷号
唐大和八年（834年）	大和七年十二月十九日辛丑[2]	正月二日癸丑	P.2675
唐咸通五年（864年）	咸通四年十二月廿日戊寅[3]	正月二日乙丑	P.3284v
唐大中十二年（858年）	正月十四日丁未	正月廿日癸丑	S.1439
后唐同光二年（924年）	同光元年十二月廿四癸巳[4]	正月一日辛丑	S.2404
后唐同光四年（926年）	正月十五日癸卯	正月廿五日癸丑	P.3247v
宋太平兴国七年（982年）	正月五日丁酉	正月九日辛丑	S.1473+S.11427B
宋雍熙三年（986年）	正月六日乙未	正月十二日辛丑	P.3507

3. 祭雨师

雨师亦称雨神，主降雨水，是保佑民间风雨及时的专门神祇。唐前期沙州

1 谭蝉雪：《敦煌岁时文化导论》，新文丰出版公司，1998，第45页。
2 张培瑜：《三千五百年历日天象》，第234页。
3 张培瑜：《三千五百年历日天象》，第239页。
4 张培瑜：《三千五百年历日天象》，第249页。

亦有设置。P.2005《沙州都督府图经》载："雨师神，右在州东二里。立舍画神，主境内亢旱，因即祈焉，不知起在何代。"[1] S.1725v 中抄有一件《祭雨师文》，其文曰：

敢昭告于雨师之神，惟神德含元气，道运阴阳，百谷仰其膏泽，三农粢（资）以成功。仓（苍）生是依，莫不咸赖。谨以制弊（幣）礼（牲）荠（齐），粢盛庶品，祇奉旧章，式陈明荐，作主侑神。[2]

这篇祭文，应是沙州官府祭拜雨师时宣读的祝文。按唐制，"祀雨师立夏后申"，即在立夏后申日举行祭祀雨师神的活动。敦煌具注历日中，雨师的标注与唐制相同。如 S.1439《唐大中十二年戊寅岁（858 年）具注历日》载，三月十七日己卯立夏，三月廿二日甲申祭雨师。又如 S.276《后唐长兴四年癸巳岁（933 年）具注历日》，三月廿八日甲辰立夏，四月十四日庚申祭雨师。其他历日中的雨师标注，亦遵行"立夏后申日"之制。至于祭拜雨师的用品，P.3896v《祭文》有相关记载："祭雨师：香炉二、席二、马头盘四、疊（碟）子十、小床子二、椀二、杓子二、弊（幣）布四尺，餜食两盘，锹一张。"[3] P.2569《唐光启三年（887 年）押衙阴季丰牒》云："四月十七日祭雨师用酒两瓮。"翻检《三千五百年历日天象》，可知该年四月七日庚戌立夏，四月十七日庚申（立夏后第一个申日）即祭祀雨师。S.1366《庚辰（980 年）至壬午（982 年）归义军衙内麺油破历》载："准旧祭雨师神食五分，果食两盘子，胡并（饼）二十枚，灌肠麺三升，用麺二斗八升四合，油一升四勺。"[4] 归义军时期，沙州的雨师祭拜由归义军官府主办，故须向使府衙内支取麺、油、果食、胡饼等物。

1 唐耕耦、陆宏基编：《敦煌社会经济文献真迹释录》第 1 辑，第 13 页。

2 郝春文、赵贞编著：《英藏敦煌社会历史文献释录》第 7 卷，社会科学文献出版社，2010，第 539 页。

3 图版参见上海古籍出版社等编：《法藏敦煌西域文献》第 29 册，上海古籍出版社，2003，第 111 页。

4 图版参见中国社会科学院历史研究所等编：《英藏敦煌文献（汉文佛经以外部份）》第 2 卷，四川人民出版社，1990，第 277 页。

表 2-3 敦煌具注历日“祭雨师”标注表

纪年	立夏	祭雨师	卷号
唐大和八年（834 年）	三月廿一日壬申	三月廿一日壬申	P.2675
唐大中十二年（858 年）	三月十七日己卯	三月廿二日甲申	S.1439
唐乾宁四年（897 年）	三月廿八日癸卯	四月三日戊申	罗振玉旧藏残历四
后唐同光四年（926 年）	三月十九日乙亥	三月廿八日甲申	P.3247v
后唐长兴四年（933 年）	三月廿八日甲辰	四月十四日庚申	S.276
后晋天福九年（944 年）	四月七日己酉	四月十八日庚申	P.2591
宋太平兴国七年(982 年)	四月七日戊辰	四月十一日壬申	S.1473+S.11427B
宋雍熙三年（986 年）	三月廿一日己丑	三月廿八日丙申	P.3403

4. 祭社神

唐制，天下州县皆置有社稷坛。“州县社稷释奠及诸神祠并同小祀”[1]。据 P.2005《沙州都督府图经》记载：沙州及属下敦煌县置有社稷坛各一，“高四尺，周回各廿四步”，分别位于州城南六十步、州城西一里处，“春秋二时奠祭”[2]。S.1725v《祭社文》云：

> 敢昭告于社神：惟神德兼博厚，道著方直，载生品物，含养庶类，谨因仲春，祇率常礼，敬以制弊（幣）犠薺（齐），粢盛庶品，备兹明荐，用申报本，以后土勾龙氏配神作主。[尚]［嚮]。
>
> 敢昭告于后土氏：爰兹仲春，厥日推（惟）戊，敬循恒士，荐于社神。惟神功著水土，平易九州，昭配之义，寔惟通典。谨以制弊（幣）犠薺（齐），粢盛庶品，式陈明荐，作主侑神。[尚]［嚮]。[3]

此件是沙州在“仲春”戊日祭社时先后在社神和后土神座前宣读的祝文，其行文格式及言辞与《开元礼》大致相同。根据《开元礼》的描述，诸州祭社的仪式分为三步：(1) 当州参军事引刺史来到社神座前，“南向跪奠爵”，祝持

1（唐）中敕：《大唐开元礼》卷 1《序例上》，第 12 页。
2 唐耕耦、陆宏基编：《敦煌社会经济文献真迹释录》第 1 辑，第 12 页。
3 郝春文、赵贞编著：《英藏敦煌社会历史文献释录》第 7 卷，第 538—539 页。

版西向跪读祝文后，“刺史再拜”。(2) 参军事又引刺史来到后土氏神座前，“西向跪奠爵”，祝持版进于后土氏前，南面跪读祝文后，“刺史再拜”。(3) 参军事又引刺史“进当社神座前”，再拜受爵，“跪祭酒”[1]。以此参照，S.1725v《祭社文》反映的沙州祭社仪式及以后土勾龙氏为陪祀神座的形制，当与《开元礼》所述“诸州祭社稷”相同。至于诸县的祭社，主祭官员为县令，引导官为“赞礼者”，其他与诸州祭社仪式相同。州县之外，基层的“里”也有祭社之礼，同样选择在戊日（“日惟吉戊”），由赞礼者引导，“社正以下及社人等俱再拜”[2]。如果考虑到“皇帝仲春仲秋上戊祭太社”“皇帝巡狩告于太社”及相关的“有司摄事”[3]，可知唐代的祭社非常广泛，从上至皇帝，中间的有司官员，下至地方州县的刺史、县令，乃至基层乡里的社正和社人，都有相应的社祭活动。正因为如此，唐《假宁令》规定，春秋二社，“并给休假一日”[4]。甚至来自官方的州县学生，同样享受社日休假一天的待遇[5]。由此，具注历日中的“社”日标注也就很自然了。

唐制，仲春、仲秋上戊祭大社，即以仲春、仲秋当月中的第一个戊日（上半月中的戊日）祭社。开成五年（840 年）历日中，仲春二月十一日戊午为社，亦为春分。仲秋八月中，八月十五日戊午为社，十六日己未为秋分[6]。敦煌具注历日中标注的“社”，通常选择在最为接近春分、秋分的戊日[7]。如 P.3507《宋淳化四年癸巳岁（993 年）具注历日》载：“二月十九日奠。廿日往亡、社、天

1（唐）杜佑撰，王文锦等点校：《通典》卷 121《吉礼十三》，中华书局，1988，第 3075 页。

2（唐）杜佑撰，王文锦等点校：《通典》卷 121《吉礼十三》，第 3083 页。

3《大唐开元礼》卷 33《皇帝仲春仲秋上戊祭太社》、卷 34《仲春仲秋上戊祭太社有司摄事》、卷 58《皇帝巡狩告于太庙》、卷 59《巡狩告于太庙有司摄事》，民族出版社，2000，第 187 页、第 194 页、第 311 页、第 315 页。

4［日］仁井田陞：《唐令拾遗》，栗劲等编译，长春出版社，1989，第 661 页。

5 赵贞：《中村不折旧藏〈唐人日课习字卷〉初探》，《文献》2014 年第 1 期。

6［日］释圆仁原著，白化文等校注：《入唐求法巡礼行记校注》，花山文艺出版社，2007，第 194 页。

7 赵贞：《归义军史事考论》，北京师范大学出版社，2010，第 111 页。邓文宽指出，春秋二时的祭社，定于立春和立秋后的第五“戊”日，这是以立春、立秋为据来推算春社、秋社的时间。参见邓文宽：《敦煌天文历法文献辑校》，江苏古籍出版社，1996，第 105 页。

赦。廿一日没。廿三日春风二月中，玄鸟至。”[1] 翻检《二十史朔闰表》，二月一日己未朔，据此可推知二月廿日(社日）干支为戊寅，廿三日春分干支为辛巳，故社日距春分仅有 3 日。如依上戊为社祭之例，本月十日戊辰则为祭社之日，是时距春分还有 13 日，似不大合理。这样看来，敦煌官民对戊日的变通还是有可取之处的。

表 2-4 敦煌历日所见“社日”标注表

纪年	春分 / 秋分	春社 / 秋社	卷号
北魏太平真君十二年（451 年）	二月七日辛酉（春分）	二月四日戊午（春社）	敦研 368v
	八月十二日甲子（秋分）	八月十六日戊辰（秋社）	
唐大和八年（834 年）	二月五日丙戌（春分）	二月七日戊子（春社）	P.2675
唐大中十二年(858 年)	二月一日癸巳（春分）	二月六日戊戌（春社）	S.1439
唐咸通五年（864 年）	二月六日癸亥（春分）	二月十一日戊辰（春社）	P.3284v
唐乾符四年（877 年）	二月卅日壬申（春分）	二月廿六戊辰（春社）	S.P6
	八月七日乙亥（秋分）	八月十日戊寅（秋社）	
唐景福二年（893 年）	八月二日己亥（秋分）	八月一日戊戌（秋社）	P.4996+ P.3476
唐乾宁二年（895 年）	八月廿三日己酉（秋分）	八月廿二日戊申（秋社）	P.4627+ P.4645+ P.5548
后唐同光四年(926 年)	二月三日己丑（春分）	二月二日戊子（春社）	P.3247v
	八月九日壬辰（秋分）	八月五日戊子（秋社）	
后晋天福十年(945 年)	二月二日己巳（春分）	二月一日戊辰（春社）	S.681v
后周显德三年(956 年)	二月四日丙寅（春分）	二月六日戊辰（春社）	S.95
	八月九日己巳（秋分）	八月八日戊辰（秋社）	
宋太平兴国七年（982 年）	二月廿日壬午（春分）	二月十六日戊寅（春社）	S.1473
宋雍熙三年（986 年）	二月六日甲辰（春分）	二月十日戊申（春社）	P.3403
	八月十日丙午（秋分）	八月二日戊戌（秋社）	
宋淳化四年（993 年）	二月廿三日辛巳（春分）	二月廿日戊寅（春社）	P.3507

1 邓文宽：《敦煌天文历法文献辑校》，第 666 页。

祭社所用的物品及器物，传世文献未见记载。不过，S.1725v《张智刚牒》中列有相关物品清单："祭社，要香炉四，并香。神席四、毡廿领、马头盘八、疊（碟）子廿、垒子廿、小床子三、椀三、杓子三、手巾一、弊（幣）布八尺、馃食四盘子、酒、肉、梨一百课（颗）。行礼人三、钍（锹）两张、黍米二升、香枣二升、修坛夫二、瓜廿。"[1] 这些祭神用品，虽然带有浓厚的乡土气息，但可补传世文献相关记载的缺失。

5. 释奠

释奠，即祭祀先圣先师的礼仪。唐开元七年《祠令》第二十九条称："春秋二分之月上丁，释奠于先圣孔宣父，以先师颜回配"；第三十二条："州县皆置孔宣父庙，以颜回配焉。仲春上丁，州县官行释奠之礼，仲秋上丁亦如此。"[2] 唐前期沙州置有州学、县学，"其学院内东厢有先圣太师庙堂，堂内有素先圣及先师颜子之像，春秋二时奠祭。"[3] 这说明春秋二时奠祭先圣孔子和先师颜回，是官方州学、县学常年固定的典礼活动。S.1725v《释奠文》曰：

> 敢昭告于　先圣文宣王，惟王固天攸纵，诞降生知，经纬礼乐，阐扬文教，余烈遗风，千载是仰。俾兹末学，依仁游艺。谨以制弊（幣）醴薺（齐），粢晟（盛）庶品，祗奉旧章，式陈明荐，以先师兖公配。[尚][飨]。
>
> 敢昭告于　先师兖公，爰以仲春，率尊（遵）故实，敬修释奠于先圣文宣王。惟公庶几体二，德冠四科，服道圣门，实臻壶奥。谨以制弊（幣）礼薺（齐），粢晟（盛）庶品，式陈明荐，作主配神。[尚]［飨］。[4]

这是沙州长官（刺史）主持释奠之礼时宣读的祝文，"先圣文宣王"即孔

1 郝春文、赵贞编著：《英藏敦煌社会历史文献释录》第7卷，第540页。

2 [日] 仁井田陞：《唐令拾遗》，栗劲等编译，第102页、第106页。

3 P.2005《沙州都督府图经》，唐耕耦、陆宏基编：《敦煌社会经济文献真迹释录》第1辑，第12页。

4 郝春文、赵贞编著：《英藏敦煌社会历史文献释录》第7卷，第538页。

子，“先师兖公”为颜渊（颜回）[1]。祝文的内容也见于《大唐郊祀录》卷10《释奠文宣王》，其中“先师兖公”，《大唐郊祀录》作“先师颜子”“先师颜子兖公”[2]，是释奠先圣文宣王的配祭神位。在这场由州县长官主持的祭拜先圣先师之礼中，出自州学、县学的官学生都要参与“行礼”。日本学者中村不折旧藏《唐人日课习字卷》是一份出自西州官学（州学或县学）学生之手的习字作业，其中提到了“十七日行礼，十八日社”，联系春秋二时“释奠”在丁日，“祭社”在戊日的情况，这里“行礼”即指祭拜先圣先师的释奠之礼，当时的州县学生因要参加祭拜活动，故而中止了正常的习字作业[3]。

单以祭礼时间而言，释奠早于社祭一日，因而在敦煌具注历日中，“释奠”和“社”的标注基本上是同步的。具体来说，敦煌历日中的“释奠”和“社”，通常选择在最为接近春分、秋分的丁日和戊日。比如P.4996+P.3476《唐景福二年（893年）具注历日》，七月卅日丁酉释奠，八月一日戊戌秋社，八月二日己亥秋分；S.681v《后晋天福十年（945年）具注历日》，正月卅日丁卯释奠，二月一日戊辰春社，二月二日己巳春分；又如前举P.3507《宋淳化四年（993年）具注历日》，二月十九日丁丑释奠，二月廿日戊寅春社，二月廿三日辛巳春分。如此等等。可以看出，春秋二时的释奠活动俱在春分、秋分前后的丁日，与戊日社祭仅有一日之隔。

表2-5　敦煌具注历日“释奠”标注表

纪年	春分 / 秋分	春奠 / 秋奠	卷号
唐大和八年（834年）	二月五日丙戌（春分）	二月六日丁亥（春奠）	P.2675
唐大中十二年（858年）	二月一日癸巳（春分）	二月五日丁酉（春奠）	S.1439

1《新唐书》卷15《礼乐志五》载：“（开元）二十七年，诏夫子既称先圣，可谥曰文宣王……至是，二京国子监、天下州县夫子始皆南向，以颜渊配。赠诸弟子爵公侯，子渊兖公。”中华书局，1975，第375页。

2《大唐郊祀录》卷10《飨礼二·释奠文宣王》，民族出版社，2000，第801页。

3 赵贞：《中村不折旧藏〈唐人日课习字卷〉初探》，《文献》2014年第1期。

续表

纪年	春分 / 秋分	春奠 / 秋奠	卷号
唐咸通五年（864年）	二月六日癸亥（春分）	二月十日丁卯（春奠）	P.3284v
唐景福二年（893年）	八月二日己亥（秋分）	七月卅日丁酉（秋奠）	P.4996+P.3476
唐乾宁二年（895年）	八月廿三日己酉（秋分）	八月廿一日丁未（秋奠）	P.4627+P.4645+P.5548
后唐同光四年（926年）	二月三日己丑（春分）	二月一日丁亥（春奠）	P.3247v
	八月九日壬辰（秋分）	八月四日丁亥（秋奠）	
后晋天福十年（945年）	二月二日己巳（春分）	正月卅日丁卯（春奠）	S.681v
后周显德三年（956年）	二月四日丙寅（春分）	二月五日丁卯（春奠）	S.95
	八月九日己巳（秋分）	八月七日丁卯（秋奠）	
宋太平兴国七年（982年）	二月廿日壬午（春分）	二月十五日丁丑（春奠）	S.1473
宋雍熙三年（986年）	二月六日甲辰（春分）	二月九日丁未（春奠）	P.3403
	八月十日丙午（秋分）	八月一日丁酉（秋奠）	
宋淳化四年（993年）	二月廿三日辛巳（春分）	二月十九日丁丑（春奠）	P.3507

6. 腊

腊，或曰蜡祭，“岁终大祭”之一。《岁时广记》引《礼记·月令》称：“天子乃祈来年于天宗，大割，祠于公社及门闾，腊先祖五祀。”注云：“此《周礼》所谓蜡祭也。”[1]《艺文类聚》引《风俗通》云：“《礼传》曰，夏曰嘉平，殷曰清祀，周曰大蜡，汉改曰臈，臈者腊也，因猎取兽，祭先祖也。”[2]推究“腊”之原始，似与“蜡祭”性质相同，当为猎取禽兽以祭先祖之礼。然而，隋人杜台卿在《玉烛宝典》中说：“腊者祭先祖，蜡者报百神，同日异祭也。”指出“腊”与“蜡”是两种不同性质的祭礼。北宋太常博士和岘进一步辨析说：“唐以前，寅日蜡百神，卯日祭社宫，辰日腊享宗庙。开元定礼，三祭皆于腊辰，以应土

1（宋）陈元靓撰，许逸民点校：《岁时广记》，中华书局，2020，第718页。

2（唐）欧阳询撰，汪绍楹校：《艺文类聚》卷5《岁时下·腊》，上海古籍出版社，1965，第92页。

德。”[1]即言开元礼中，蜡百神、祭社宫和腊祭虽然被朝廷固定为辰日举行，但实则仍为三种不同性质的祭祀。

唐代的腊日祭祀，《大唐开元礼》明确将“蜡百神于南郊”与腊日联系起来，并对“蜡百神”的流程及有关祝文作了详细的描述[2]。其中“百神”的名单，《唐六典》卷4《尚书礼部·祠部郎中员外郎》载：

> 季冬腊日前，寅蜡百神于南郊，大明、夜明、神农、后稷、伊耆、五官、五星、二十八宿、十二辰、五岳、四镇、四海、四渎、五田峻、青龙、朱雀、麒麟、驺虞、玄武及五方山林·川泽·丘陵·坟衍·原隰·井泉·水·墉·坊·于菟·鳞·羽·介·毛·赢·邮·表·畷·猫·昆虫，凡一百八十七坐；若其方有灾害，则阙而不祭，祭井泉于川泽之下。[3]

这条材料中，“蜡百神”定于寅日举行，其神位涵盖日月五星、二十八宿、神农后稷、朱雀玄武、山林川泽、岳镇海渎、虫鱼鸟兽等，可谓包罗万象，无所不包。杜佑《通典》“大禬”条曰：“开元中，制仪：季冬腊日，禬百神于南郊之坛。若其方不登，则阙之。”[4]说明《开元礼》将“蜡百神”活动明确定为腊日。池田温《唐令拾遗补》据此对开元七年《祠令》第十三条予以复原：“腊日蜡百神于南郊，大明、夜明坛上。神农、伊祁、后稷、五官、五田峻、五星、十二辰、二十八宿、五岳、四镇、四海、四渎、五山、五川、五林、五泽、五丘、五陵、五坟、五衍、五原、五隰、五井泉、青龙、朱雀、麒麟、驺虞、玄武、五鳞、五羽、五赢、五毛、五介、五水庸、五坊、五邮表畷、五于

1（宋）陈元靓撰，许逸民点校：《岁时广记》，第707页。

2《大唐开元礼》卷22《皇帝腊日蜡百神于南郊》；《大唐开元礼》卷23《腊日蜡百神于南郊有司摄事》，第134—147页。

3（唐）李林甫撰，陈仲夫点校：《唐六典》卷4《尚书礼部·祠部郎中员外郎》，中华书局，1992，第122—123页。

4《通典》卷44《吉礼三·大禬》，第1240页。

菟、五猫、五昆虫。”[1]

唐《假宁令》规定，“夏至及腊各三日（节前一日，节后一日）”[2]。S.6537v《祠部新式第四》：“腊日、夏至日，以上二节各休假三日，前后各一日。”可知腊日亦是唐代的节日之一。据《唐六典》记载，少府监中尚署在腊日“进口脂、衣香囊”。皇帝也常在腊日赐宴及赐大臣口脂、面药。李峤《谢腊日赐腊脂口脂表》：“臣某等言，品官刘阿道至，奉墨敕，赐臣等腊脂、口脂等物。”邵说《谢赐新历日及口脂面药等表》：“臣某言，中使某至，伏奉某月日墨诏，赐臣新历日一通，并口脂、面药、红雪、紫雪等。”邵说《为郭令公谢腊日赐香药表》：“臣某言月日，中使某至，伏奉恩旨敕，赐臣腊日香药、金花、银合子两枚，面脂一合，褒香二袋，澡豆一袋者。”[3]白居易《腊日谢恩赐口蜡状》云：“右今日蒙恩，赐臣等前件口蜡及红雪、澡豆等，仍以时寒，特加慰问者。”[4]每逢腊日，皇帝通常派遣中使，赏赐大臣腊肪、口脂、面药、红雪、紫雪、香药、澡豆、金花、银盒子等物，有时还附有新年历日的赏赐。

唐代腊日还有畋猎、修军礼的活动。贞元六年（790年）十二月腊日甲辰，“节度使御史大夫樊公大畋于郢城，修军礼也”[5]。贞元十一年（795年）十二月腊日，德宗“畋于苑中，止其多杀，行三驱之礼。军士无不知感，毕事，幸神策军左厢，劳犒军士而还。”[6]德宗的畋猎和驾幸神策军，显然有练兵习武和整肃军纪、犒赏三军的意义。此次腊日活动，《旧唐书》系于“十二月戊辰”，大

1 [日] 仁井田陞著，池田温编集：《唐令拾遗补（附唐日两令对照一览）》，东京大学出版会，1997，第976页。

2 [日] 仁井田陞：《唐令拾遗》，栗劲等编译，第661页。

3 （宋）李昉等编：《文苑英华》卷596《节朔谢物二》，中华书局，1956，第3089—3090页。

4 （唐）白居易著，顾学颉校点：《白居易集》卷59《奏状二》，中华书局，1999，第1260页。

5 符载《畋获虎颂并序》，《文苑英华》卷779，第4114页。

6 （宋）王溥：《唐会要》卷28《蒐狩》，中华书局，1955，第529页。

体符合“腊为辰日”的规定[1]。又《旧唐书·高祖纪》载，武德五年十二月丙辰，“校猎于华池”[2]，同样可以视为腊日修军礼的活动。

再看具注历日中的腊日标注。BD14636（北新 836）《后唐天成三年戊子岁（928 年）具注历日》称：“腊近大寒前后辰，亦冬至后三辰。”指出了两种推求腊日的方式，一是大寒前后的辰日；二是冬至后的第三辰日。不管用哪种方式推求，总体都符合“腊为辰日”的规定。北魏太平真君十二年（451 年）历日中，“十一月大，一日辛巳执，十五日冬至，卅日小寒十二月节。十二月小，一日辛亥开，十六日大寒，十八日腊”[3]。据十一月一日辛巳，十二月一日辛亥，可推知“十八日腊”为戊辰，即为大寒（十二月十六日丙寅）后第一辰日，亦为冬至（十一月十五日乙未）后第三辰日。唐开成五年（840 年）历日中，“十二月大，一日癸卯金平，三日小寒，十八日大寒，廿六日腊”[4]。由于十二月一日干支癸卯，据此可知“廿六日腊”干支戊辰，这既为大寒（十二月十八日庚申）后第一辰日，又为冬至（十一月廿日壬辰）后第三辰日。其他敦煌所出历日中，P.4996《唐景福二年（893 年）具注历日》腊日为十二月九日甲辰，S.95

1 中古时代的腊日并非固定于辰日，而是随着王朝“五行德运”的转移有所变化。三国时曹魏高堂隆总结说：“王者各以其行之盛而祖，以其终而腊。水始于申，盛于子，终于辰，故水行之君，以子祖，以辰腊。火始于寅，盛于午，终于戌，故火行之君，以午祖，以戌腊。木始于亥，盛于卯，终于未，故木行之君，以卯祖，以未腊。金始于巳，盛于酉，终于丑，故金行之君，以酉祖，以丑腊。土始于未，盛于戌，终于辰，故土行之君，以戌祖，以辰腊。今魏土德而王，宜以戌祖辰腊。”（《通典》卷 44《吉礼三·大禘》，第 1238 页）可知“腊为辰日”适用于五行德运为土德和水德的王朝。日本学者中村裕一据此分类归纳了自西周至宋这一较长时段内腊日的变化（详见下表），并指出唯一例外的是，北魏为水德，以申日祖，以辰日腊。参见《中国古代の年中行事》第四册《冬》，汲古書院，2011，第 602 页。

五行德运	祖日	腊日	对应王朝
木德	以卯祖	以未腊	五胡十六国时期的燕王朝，五代时期的后周王朝
火德	以午祖	以戌腊	周王朝、汉王朝、五胡十六国时期的秦王朝、隋王朝、宋王朝
土德	以戌祖	以辰腊	三国时期的魏王朝、唐王朝、五代时期的后唐王朝
金德	以酉祖	以丑腊	晋王朝、五代时期的后晋王朝
水德	以子祖	以辰腊	秦王朝、南朝的宋王朝、五胡十六国时期的赵王朝、五代时期的后汉王朝

2《旧唐书》卷 1《高祖纪》，中华书局，1975，第 13 页。

3 邓文宽：《敦煌天文历法文献辑校》，第 103 页。

4 ［日］释圆仁原著，白化文等校注：《入唐求法巡礼行记校注》，第 194 页。

《后周显德三年（956年）具注历日》腊日为十二月十一日戊辰，S.3985+P.2705《宋端拱二年（989年）具注历日》腊日为十二月廿日戊辰，无一例外地遵行大寒前后第一辰和冬至后第三辰的准则。

表2-6　敦煌历日所见“腊日”标注表

历日	冬至	大寒	腊日	备注
北魏太平真君十二年辛卯岁（451年）历日	十一月十五日乙未	十二月十六日丙寅	十二月十八日戊辰	大寒后辰日，冬至后第三辰
唐开成五年庚申岁（840年）历日	十一月廿日壬辰	十二月十八日庚申	十二月廿六日戊辰	大寒后辰日，冬至后第三辰
P.4996《唐景福二年癸丑岁（893年）具注历日》	十一月五日庚午	十二月五日庚子	十二月九日甲辰	大寒后辰日，冬至后第三辰
P.3555《后梁贞明九年癸未岁（923年）具注历日》	十一月七日戊申	十二月八日戊寅	十二月十日庚辰	大寒后辰日，冬至后第三辰
P.3247v+罗振玉旧藏《后唐同光四年丙戌岁（926年）具注历日》	十一月十一日癸亥	十二月十二日癸巳	十二月十一日壬辰	大寒前辰日，冬至后第三辰
S.95《后周显德三年丙辰岁（956年）具注历日》	十一月十二日庚子	十二月十四日辛未	十二月十一日戊辰	大寒前辰日，冬至后第三辰
P.3403《宋雍熙三年丙戌岁（986年）具注历日》	十一月十四日戊寅	十二月十五日戊申	十二月十一日甲辰	大寒前辰日，冬至后第三辰
S.3985+P.2705《宋端拱二年己丑岁（989年）具注历日》	十一月十五日癸巳	十二月十六日甲子	十二月廿日戊辰	大寒后辰日，冬至后第三辰

7.祭川原

《通典》卷46《礼六·山川》载：“黄帝祭于山川，与为多焉。虞氏秩于山川，徧于群神。周制，四坎坛祭四方，以血祭祭五岳，以埋沈祭山林山泽。”注曰：“四方即谓山林、川谷、丘陵之神。祭山林丘陵于坛，川谷于坎，则每方各为坛为坎。”又曰：“祭山林曰埋，川泽曰沈，各顺其性之含藏。”[1]可见祭祀山川之制源远流长，由来已久。《礼记·祭法》云：“山林川谷丘陵，能

1《通典》卷46《礼六·山川》，第1279页。

出云，为风雨，见怪物，皆曰神……山林川谷丘陵，民所取财用也。”[1] 即言山林川谷既能兴云致雨，又能提供“财用”，为民造福，人们自然报以厚祭之礼，以祈求风调雨顺，财用充足。唐《开元礼》“杂制”条中，列有“祭山，皆庋悬”“祭川，皆浮沉”之目[2]，其性质无疑与山林川谷之祭相同。

敦煌归义军时期，祭祀山林川谷的活动具体表现为“祭川原”仪式。P.4640v《归义军布纸破用历》载：庚申年（900 年）三月九日，“祭川原支钱财粗纸壹帖”。辛酉年（901 年）三月廿三日，“祭川原支钱财粗纸壹帖”[3]。P.2738《乙卯年（955 年）押衙知柴场司安祐成状并判凭》第五件：“（三月）廿四日祭川原付设司柴两束”[4]。由此可知，沙州归义军祭祀川原大致在春季三月。BD14636（北新 836）《后唐天成三年戊子岁（928 年）具注历日》载：“[祭]川原，谷雨前后吉日也。”[5] 即言在谷雨前后的某个吉日举行“祭川原”的活动。P.3507《宋淳化四年癸巳岁（993 年）具注历日》中，“（三月）廿日土王事，祭川原。廿三日下弦，谷雨三月中，萍始生。”[6] 该历将“祭川原”定在谷雨前三天的“土王事”日，适与“谷雨前后吉日”的描述相合。其他敦煌历日（P.3555v、P.3247v、S.276、S.1473、P.3403 等）中，“祭川原”无一例外地在谷雨前后的三月进行。

表 2-7　敦煌具注历日“祭川原”标注表

纪年	祭川原	谷雨	谷雨前 / 谷雨后	卷号
后梁贞明八年（922 年）	三月廿日庚子	三月十九日乙亥	谷雨后一日	P.3555v
后唐同光四年（926 年）	三月八日甲子	三月三日己未	谷雨后五日	P.3247v

1《礼记》卷 46《祭法》，《十三经注疏》，中华书局，1980，第 1588 页、第 1590 页。

2《通典》卷 108《礼六十八·杂制》，第 2810 页。

3 唐耕耦、陆宏基编：《敦煌社会经济文献真迹释录》第 3 辑，全国图书馆文献缩微复制中心，1990，第 262 页、第 269 页。

4 唐耕耦、陆宏基编：《敦煌社会经济文献真迹释录》第 3 辑，第 620 页。

5 中国国家图书馆编：《国家图书馆藏敦煌遗书》第 131 册，北京图书馆出版社，2010，第 130 页。

6 邓文宽：《敦煌天文历法文献辑校》，江苏古籍出版社，1996，第 665 页。

续表

纪年	祭川原	谷雨	谷雨前 / 谷雨后	卷号
后唐长兴四年(933 年)	三月十八日甲戌	三月廿日丙申	谷雨前二日	S.276
宋太平兴国七年（982 年）	三月廿日辛亥	三月廿二日癸丑	谷雨前二日	S.1473
宋雍熙三年（986 年）	三月八日丙子	三月六日甲戌	谷雨后二日	P.3403
宋淳化四年（993 年）	三月廿日戊申	三月廿三日辛亥	谷雨前三日	P.3507

8. *启原祭*

敦煌具注历日中还有“启原祭”的标注。如 P.3247v《后唐同光四年（926 年）历日》中，“正月廿四日壬子木开，启原祭”；又如 S.681v《后晋天福十年（945 年）历日》，“正月三日庚子土开，启原祭”；P.3403《宋雍熙三年（986 年）历日》，“正月七日丙子水开，人日启原祭”。从这些标注来看，“启原祭”的时间为正月“子”日。由于“子”及对应的生肖“鼠”分别为十二地支、十二生肖之首，故邓文宽推测，“启原祭”仪式恐与追溯女娲创造动物有关[1]，或许涉及到动物之源的祭祀。BD14636（北新 836）《后唐天成三年戊子岁（928 年）具注历日》云：“启源［祭］，獭祭鱼前后开［日］。”[2] 由于“獭祭鱼”是雨水的物候，因而“启原祭”在雨水前后的“开”日举行，同时，这一天的地支还须是“子”日。P.3507《宋淳化四年癸巳岁（993 年）具注历日》云：“（正月）一日庚寅木除……六日立春正月节……廿一日雨水正月中。廿二日藉田。廿三日下弦，启原祭。”[3] 由“一日庚寅”推知，廿三日干支为“壬子”，又依建除十二客排列法，适为“开”日[4]，且在雨水（獭祭鱼）后两日，故将“启原祭”标于此日，正好符合“獭祭鱼前后开日”的规定。稍有例外的是，S.1439《唐大中十二年戊寅

1 邓文宽：《敦煌历日中的唐五代祭祀、节庆与民俗》，张弓主编：《敦煌典籍与唐五代历史文化》，第 1095 页。

2 中国国家图书馆编：《国家图书馆藏敦煌遗书》第 131 册，第 130 页。

3 邓文宽辑校：《敦煌天文历法文献辑校》，第 664 页。

4 依建除十二客排列法，一日为除，则二日为满，三日平，四日定，五日执，六日因是立春，故重复前一日，亦为执，七日破，八日危，九日成，十日收，十一日开，十二日闭，十三日建，十四日除，以下依次排列，至廿三日为开。

岁（858年）具注历日》中，“启原祭”标注于闰正月的“子”日，建除为“收”，较“开”提前一日，且在雨水后的二十七日，颇与此制不合。至于其他历日的标注，大致都符合雨水前后的“开”日、同时又满足地支为“子”的规则。

表 2–8　敦煌具注历日“启原祭”标注表

纪年	启原祭	建除	雨水	雨水前/雨水后	卷号
唐大中十二年（858年）	闰正月廿五日戊子	收	正月廿八日辛酉	雨水后廿七日	S.1439
唐咸通五年（864年）	正月十三日庚子	开	正月五日壬辰	雨水后八日	P.3284v
后唐同光四年（926年）	正月廿四日壬子	开	闰正月二日己未	雨水前七日	P.3247v
后晋天福十年（945年）	正月三日庚子	开	正月一日戊戌	雨水后二日	S.681v
后周显德三年（956年）	正月七日庚子	开	正月三日丙申	雨水后四日	S.95
宋雍熙三年（986年）	正月七日丙子	开	正月四日癸酉	雨水后三日	P.3403
宋淳化四年（993年）	正月廿三日壬子	开	正月廿日己酉	雨水后三日	P.3507

9. 国忌

宋代官方历日中，还有体现先皇、先后忌日的“国忌”条目。S.612《宋太平兴国三年戊寅岁（978年）应天具注历日》首题“大宋国王文坦请司天台官本勘定大本历日”，性质上应是司天台纂修的官方历日抄件。该历“国忌”条曰：“正月廿五日，四月十二日，五月廿一日，六月二日、十七日，七月廿六日，十月二十日，十二月七日。右件已上日切忌动染。”[1] 在这些忌日中，正月廿五是“朝廷忌日”，四月十二日是翼祖简恭皇帝忌，五月廿一日是惠明皇后忌，六月二日是明宪皇太后忌，六月十七日是文懿皇后忌，七月廿六日是宣祖昭武皇帝忌，十月二十日是太祖、简穆皇后忌，十二月七日是僖宗文献皇帝忌。按照宋代制度的规定，凡国忌日“禁乐、废务，群臣诣佛寺行香修斋”[2]。以

1 郝春文编著：《英藏敦煌社会历史文献释录》第3卷，社会科学文献出版社，2003，第284页。
2《宋会要辑稿》礼四二之一，中华书局，1957，第1408页。

二月十九日宋真宗忌为例，“前一日不坐，其日不视事。群臣诣西上阁门内东门进名奉慰，退，赴佛寺行香。照先帝初忌，前后各三日不视事，不行刑罚，前后各五日禁止音乐，仍令百官赴景灵宫奉真殿行香”[1]。《宋史·礼志二十六》载：“中兴之制，忌日：百僚行香……大祥后次年，于历日内笺注立忌辰，禁音乐一日。”[2]又《宋会要辑稿》礼四二之一六：

淳熙十六年（1189年）七月十四日，礼部、太常寺言：“十月初八日，高宗皇帝大祥。国朝故事，大祥后次年，合于历日内笺注忌辰。”从之。

宁宗庆元元年（1195年）六月十八日，礼部、太常寺言：“孝宗皇帝立忌，国朝故事，大祥后次年，历日内笺注忌辰。今乞于庆元三年六月九日历日内笺注。”从之。宪圣慈烈皇后、慈懿皇后、光宗皇帝、恭淑皇后、成肃皇后崩，礼、寺并如故事申请。

庆元三年（1197年）十二月十七日，礼部、太常寺言：“仁怀皇后朱氏立忌，乞下太史局，于次年历日内九月二十五日笺注忌辰。”从之。[3]

因此，结合“中兴之制”来看，南宋官颁历日中笺注“国忌”已成为定制。传世本《大宋宝祐四年丙辰岁（1256年）会天万年具注历》标注的30条皇帝、皇后的“大忌”可以说提供了很好的佐证[4]。历日对于帝王政治“纪日序事”的指导功能，由此可见一斑。

表2-9　宝祐四年历日所见国忌表

正月十二日	宗皇帝大忌	六月二日	淑德皇后大忌、宪节皇后大忌、成穆皇后大忌
正月十三日	钦圣宪肃皇后大忌	六月四日	慈懿皇后大忌

1《宋会要辑稿》礼四二之六，第1410页。

2《宋史》卷123《礼志二十六》，中华书局，1977，第2891页。

3《宋会要辑稿》礼四二之一六，第1415页。

4（宋）荆执礼撰：《宝祐四年会天历》，阮元编：《宛委别藏》第68册，江苏古籍出版社，1988，第1—54页。

续表

二月九日	昭怀皇后大忌	六月九日	孝宗皇帝大忌
二月十六日	钦成皇后大忌	六月二十五日	成恭皇后大忌
二月十九日	真宗皇帝大忌	八月三日	宁宗皇帝大忌
三月五日	神宗皇帝大忌	八月八日	光宗皇帝大忌
三月十二日	元德皇后大忌	九月三日	宣仁圣烈皇后大忌
三月二十九日	太宗皇帝大忌、章宪明肃皇后大忌、仁宗皇帝大忌	九月二十日	显仁皇后大忌
四月十四日	昭慈圣献皇后大忌	九月二十五日	仁怀皇后大忌
四月十六日	章穆皇后大忌	九月二十六日	显恭皇后大忌
四月二十一日	徽宗皇帝大忌	十月八日	高宗皇帝大忌
四月二十八日	孝章皇后大忌	十月二十日	慈圣光献皇后大忌
五月三日	章怀皇后大忌	十一月七日	恭淑皇后大忌
五月十六日	成肃皇后大忌	十二月六日	恭圣仁烈皇后大忌
五月十九日	钦宗皇帝大忌	十二月七日	孝明皇后大忌

10. 其他

S.6886v《宋太平兴国六年辛巳岁（981年）具注历日》还有数十条“洗”字的标注，应是全年洗头吉日的标记。该件六月廿六日壬辰注“马平水身亡”，七月三日戊戌注“开七了”，十日乙巳注“二七”，十七日壬子注“三七”，廿四日己未注“四七”，八月一日戊辰注“五七”，八月八日乙亥注“六七”，八月十五日壬午注“七七”，十月七日癸酉注“百日”[1]。这是马平水亡故后，家人、亲属或社邑为死者超度亡灵，举办七七斋和百日斋而制作的标注，其目的不外乎是一种提醒或备忘的作用。P.2055《佛说善恶因果经一卷》尾题：“弟子朝议郎检校尚书工部员外郎翟奉达为亡过妻马氏追福，每斋写经一卷，标题如是：第一七斋写《无常经》一卷；第二七斋写《水月观音经》一卷；第三七斋写《咒魅经》一卷；第四七斋写《天请问经》一卷；第五七斋写《阎罗经》一卷；第六七斋写《护诸童子经》一卷；第七［七］斋写《多心经》一卷；百日斋写《盂

1 邓文宽：《敦煌天文历法文献辑校》，第530—558页。

兰盆经》一卷；一年斋写《佛母经》一卷；三年斋写《善恶因果经》一卷。右件写经功德为过往马氏追福，奉请龙天八部、救苦观世音菩萨、地藏菩萨、四大天王、八大金刚以作证盟。一一领受福田，往生乐处，遇善知识，一心供养。”[1] 这种为死者超度亡灵和追福的斋会，带有浓厚的佛教文化背景，反映在历日中即有七七斋的标识。

以上有关传统祭祀的梳理，最引人注目者乃是它们的时间选择颇有讲究，都包含着丰富的社会历史文化内容。如果说藉田限定于正月亥日、且为收日的要素，似乎与节气关涉较少，那么释奠、社、风伯、雨师、腊、祭川原、启原祭等祭礼，则直接与二十四气密切关联。毕竟二十四节气从起源、发展到定型的过程中，很大程度上因袭了《夏小正》《礼记·月令》《淮南子·时则训》描述的月令系统，根据年度自然节律、物候的变化而安排相应的政事、农事和人事活动。“国之大事，在祀与戎”。以《大唐开元礼》为例，国家的大祀礼典，通常定于二分二至、“四立”节气中举行。如冬至祀圜丘，夏至祭方丘，春分朝日，秋分夕月，立春祀青帝，立夏祀赤帝，立秋祀白帝，立冬祀黑帝等。每逢“八节”之时，皇帝都会率文武百官分别到都城郊外举行隆重的祭祀礼仪（参见下表）。地方州县也不例外。P.4640v《归义军布纸破用历》载，庚申年（900年）十二月廿六日，“祭春用钱财粗纸壹帖”；辛酉年（901年）正月七日，“立春用钱财粗纸壹帖”[2]。这是归义军节度府衙破用钱财粗纸的两笔账目，“祭春”即立春于东郊迎气、祭祀青帝的活动。又S.1366《庚辰（980年）至壬午年（982年）归义军衙内油破历》载，三月十七日，“南城上偏次赛神用神食十九分，灌肠麺三升，灯油一升”。参照S.1439v《唐大中十二年（858年）具注历日》“三月十七日己卯土开，立夏四月节”、S.95《后周显德三年（956年）具注历日》“三月廿日壬子木危，立夏四月节”、P.3403《宋雍熙三年（986年）具注历日》“三

1 上海古籍出版社等编：《法藏敦煌西域文献》第3册，上海古籍出版社，1995，第348页。

2 唐耕耦、陆宏基编：《敦煌社会经济文献真迹释录》第3辑，第260页、第266页。

月廿一日已丑火成，立夏四月节”的标注，或可推知，南城赛神应是归义军在立夏四月节（三月十七日）祭祀赤帝的活动。除此之外，诸如社稷、风伯、雨师等农业神祇的祭祀，也与“八节”有着直接或间接的关系。比如祭风伯的时间定于立春后丑日，祭雨师为立夏后申日，春社、秋社的祭祀时间选择在最为接近春分、秋分的戊日，“祭川原”定在谷雨前三天的“土王事”日，启原祭定于雨水前后的“开”日，同时又须是“子”日。至于腊日，定为大寒后辰日或冬至后第三辰，显然仍以节气（大寒或冬至）为参照。

显而易见，在传统社会中，二十四节气是帝王政治的作息时间表，它所展示的帝国的政务运行和祭祀礼仪的时间序列表露无遗，对于中央诸司机构、地方州县以及边疆民族理解朝廷政事与礼仪活动的基本节奏具有指导意义。《唐律》第496条：“诸立春以后、秋分以前决死刑者，徒一年。”即言立春至春分期间不能执行死刑，否则便有违于春生夏长、万物蓬勃生长的自然规律，会受到徒刑一年的惩处。不仅如此，“其大祭祀及致斋、朔望、上下弦、二十四气、雨未晴、夜未明、断屠月日及假日，并不得奏决死刑。”[1]甚至每月朔望（初一、十五）、上弦（初七、初八）、下弦（二十三日、二十四日）以及二十四节气，都不得奏决死刑。不难看出，二十四节气对于中国古代的刑法实施，特别是死刑的奏报与裁决具有一定的影响。

从形而下的层面来说，二十四节气和七十二物候界定的时令秩序对于农业生产具有直接的指导作用。不惟如此，基于长期农业生产的实践经验，人们还摸索、总结出一套利用节气进行农事“杂占”的知识。根据韩鄂《四时纂要》的记载，凡节气通过朔晦、日影、云气、风雨等要素，皆可用于五谷收成和年景好坏的预测，正所谓“加以占八节之风云，卜五谷之贵贱”[2]：

立春日朔旦，四面有黄云气，其岁大熟，四方普熟。

1（唐）长孙无忌撰，刘俊文笺解：《唐律疏议笺解》，中华书局，1996，第2101页。

2（唐）韩鄂原编，缪启愉校释：《四时纂要校释》，农业出版社，1981，第1页。

春风日，西方有疾风来，小麦贵，贵在四十五日中。

立夏日，东南风来，谓之巽风，其年丰而民安。

朔日夏至，急籴，岁必大饥馑。

立秋之日，立一丈表，次立八尺表，得影四尺五寸二分，不宜粟。

秋分日兑卦用事，日入西方有白云如羊者，谓之兑气，宜稻，年丰。

立冬日，风从西北来，五谷熟；东南来，小麦贵，贵在四十五日中。

冬至日，先立一丈表，得影一尺，大疫、大旱、大暑、大饥。

冬至日，有青云从北方来者，岁美，人安。[1]

尽管这些农事占候的条目，常被今人视为“迷信的东西”，甚而被认为是《四时纂要》的最大缺点[2]。但客观来讲，这些“占候”广泛汇集了中古时代农家生产和日常生活所需的各种知识，因而是认知与观念层面对于农事活动的特别指导。

二十四气中反映气温寒暑升降的有大暑、小暑、处暑、大雪、小雪、大寒、小寒等节气，此外民间还有“冬练三九，夏练三伏”的说法。所谓“三九”是指以冬至逢“壬”日为起点数九[3]，第一个九天为一九，第二个九天为二九，第三个九天为三九，这是一年中最寒冷的一段时间。与此相应，“三伏”则是一年中最为炎热的一段时间。敦煌历日和《宋宝祐四年会天历》、明代《大统历》和清代《时宪书》中俱有初伏、中伏和后伏（末伏）的标注，其标注原则以夏至的第三个庚日为初伏，第四个庚日为中伏，立秋以后的第一个庚日为末伏。这说明“三伏”和“三九”的界定，仍以夏至、冬至为依据，正如民间谚语所说“夏至三庚入伏，冬至逢壬数九”。

在帝王政治中，节气对于官员的社会生活产生一定的影响。以官员放假为例，《唐假宁令》规定：“诸元日、冬至并给假七日，节前三日，节后三日。寒

1（唐）韩鄂原编，缪启愉校释：《四时纂要校释》，第 7 页、第 46 页、第 110 页、第 148 页、第 167 页、第 191 页、第 219 页、第 233 页。

2（唐）韩鄂原编，缪启愉校释：《四时纂要校释》，校释前言，第 11 页。

3 民间还有一种从冬至开始数九的算法，当今流行的万年历即将冬至视为一九的第一天。

食通清明给假四日，八月十五日、夏至及腊各三日，节前一日，节后一日。正月七日、十五日、晦日、春秋二社、二月八日、三月三日、四月八日、五月五日、三伏、七月七日、十五日、九月九日、十月一日、立春、春分、立秋、秋分、立夏、立冬及每月旬，并给休假一日。”[1] 在这个放假名目中，冬至放假七日、夏至放假三日，立春、春分、立秋、秋分、立夏、立冬放假各一日。寒食并清明放假四日，加上春秋二社放假二日、三伏放假三日、腊日放假三日等，数量比较可观，实际上仍与节气有关。由此不难看出，二十四气规范的时间秩序对于人们社会生活的重要影响，这在二分二至和“四立”组成的“八节”中有生动反映。

表 2-10 《唐六典·尚书礼部》所见“八节”祭祀名目表

节气	祭祀名目
立春之日	①祀青帝于东郊，②祭东岳泰山于兖州，③东镇沂山于沂州，④东海于莱州，⑤东渎淮于唐州
立夏之日	①祀赤帝于南郊，②祭南岳衡山于衡州，③南镇会稽山于越州，④南海于广州，⑤南渎江于益州
立秋之日	①祀白帝于西郊，②祭西岳华山于华州，③西镇吴山于陇州，④西海于同州，⑤西渎河于同州
立冬之日	①祀黑帝于北郊，②祭北岳恒山于定州，③北镇医无闾于营州，④北海于河南府，⑤北渎济于河南府
季夏土王日	①祀黄帝于南郊，②祭中岳嵩山于河南府
春分之日	朝日于东郊
秋分之日	夕月于西郊
夏至之日	祭皇地祇于方丘
冬至之日	祀昊天上帝于圜丘
立春后丑日	祀风师于国城东北
立夏后申日	祀雨师于国城西南
立秋后辰日	祀灵星于国城东南
立冬后亥日	祀司中、司命、司人、司禄于国城西北

1 [日] 仁井田陞：《唐令拾遗》，栗劲等编译，长春出版社，1989，第 661 页。

第三章
敦煌具注历日中的朱笔标注透视

朱墨书写是写本时代常见的一种文献抄录形式。敦煌所出唐宋历日也不例外。一般来说，中古时代完整的历日，通常由历序和正文两部分组成，它们多用墨书写成，而穿插在正文中的一些历注，往往用朱笔书写。比如历日中的藉田、奠、风伯、雨师、春秋二社、腊等传统祭礼，即有朱笔标识。《玉海》卷55“唐颁历日”条引《集贤注记》：“自置院之后，每年十一月内即令书院写新历一百二十本，颁赐亲王公主及宰相公卿等，皆令朱墨分布，具注历星，递相传写，谓集贤院本。”[1] 这里“朱墨分布”是说集贤院本历日主体是用墨色抄写而成，但中间也有朱笔点勘和标注，从而形成朱墨相间的形态。[2] 宋太宗雍熙元年（984年），王延德出使高昌，得知高昌“用开元七年历，以三月九日为寒食，余二社、冬至亦然。”[3] 这说明开元七年（719年）历日中即有“寒食”、冬至、春社、秋社等节日的标注，不排除用朱笔书写的可能。若以敦煌具注历日为据，可知朱笔标注的内容还有九宫色、蜜日、昼夜漏刻、二十八宿、人神、日游、三伏和卦气等信息。较为特殊者，S.P6《唐乾符四年（877年）具

1（宋）王应麟：《玉海》卷55《艺文·唐赐历日》，浙江古籍出版社、上海书店，1988，第1054页。

2 其实，“朱墨分布”的撰述形式在中古写本中比较普遍，而并不仅限于具注历日。比如P.2504《天宝令式表》中，诸多标题国忌、田令、禄令、平阙式、不阙式、新平阙式、旧平阙式、装束式、假宁令、公式令、文部式及三十阶官员品级，均为朱笔，其他文字用墨笔书写，形成了朱墨相间的书写体式。

3《宋史》卷490《外国六·高昌》，中华书局，1977，第14111页。

注历日》所附20余项“杂占”条目中，各条均有朱笔勾画，意在起到警示和标识的作用。甚至P.2705卷末的“勘了，刘成子”的题记，以及S.P6卷尾“报麴大德永世为父子，莫忘恩也”的题识，也用朱笔所写。

据笔者不完全统计，敦煌历日中的朱笔标注，主要见于以下写卷：

S.95——九宫、岁首、藉田、蜜、启原祭、奠、社、腊、岁末。

S.276——九宫、蜜、祭川原、日游、人神、祭雨师、漏刻、初伏、中伏。

S.681[1]——九宫、蜜、藉田、启原祭、人日、奠、社。

S.2404[2]——九宫、莫、祭风伯、日游、人神、漏刻、二十八宿（虚、室）。

S.5919——漏刻。

P.2591[3]——九宫、蜜、祭雨师、漏刻、人神。

P.2623——九宫、蜜、人神。

P.2705[4]——九宫、蜜、漏刻、人神、日游、腊、岁末。

P.2973B——日游、人神、初伏。

P.3247——密、藉田、启原祭、祭风伯、奠、社、祭川原、鹰化为鸠、祭雨师、初伏、中伏、末伏。

P.3248——蜜、初伏、中伏、后伏。

P.3403——九宫、那颉日受岁、岁首、人神、日游、蜜、漏刻、藉田、启原祭、人日、奠、社、祭川原、祭雨师、初伏、中伏、后伏、腊、岁末。

P.3555B——蜜、藉田、祭川原。

---

1 该卷有朱笔点勘。

2 该卷有朱笔点勘和句读。

3 该卷倒数二行“用乙辛丁癸时吉”中，“吉”字为朱笔。

4 该卷朱笔尾题“勘了，刘成子”。

P.4996[1]——蜜、奠、社、漏刻、初伏、中伏、后伏、日游、人神、奠、社、腊。

P.5548——蜜、奠、社、初伏、中伏、后伏。

BD15292——九宫、蜜。

BD16365——卦气（候大有内、辟夬）、漏刻、二十八宿。

以上朱笔注记中，奠、社、藉田、风伯、雨师、腊等传统祭礼，学界已有诸多讨论，[2]可参看。此处仅对蜜日、漏刻、二十八宿注历、人神、日游、卦气和三伏的朱笔标注略作概说。

“蜜”日的标注。敦煌所出历日文献中，经常可以看到每隔七日注有“蜜”或“密”字的现象。如S.P6《唐乾符四年丁酉岁（877年）具注历日》三月条中，五日丙午水满、十二癸丑木收、十九庚申木平和廿六丁卯火开，都有“蜜”字的标注。蜜，或作密，即蜜日，一曰日曜日或太阳直日，初为摩尼教徒“修持”的吉祥日子，以后也指密教修持密法的吉日，今天通称为礼拜日或星期日。[3]P.2797v《唐大和三年己酉岁（829年）历日》是吐蕃占领敦煌时期的一件写本，该历十二月一日丙午水破，注有“温漠（没）[斯]”[4]。根据七曜的排列

1 该卷朱笔尾题“吕定德写，忠贤校了”。

2［法］华澜：《敦煌历日探源》，李国强译，中国文物研究所编：《出土文献研究》第7辑，上海古籍出版社，2005，第196—253页；余欣：《神祇的“碎化”：唐宋敦煌社祭变迁研究》，《历史研究》2006年第3期；邓文宽：《敦煌历日中的唐五代祭祀、节庆与民俗》，见张弓主编：《敦煌典籍与唐五代历史文化》，中国社会科学出版社，2006，第1073—1096页。

3 赵贞：《敦煌具注历中的“蜜日”探研》，《石家庄学院学报》2016年第4期。关于礼拜日，或可补充的是，太平天国颁布的《天历》规定，“凡二十八宿排列到房、虚、星、昴那一天就是礼拜日”。太平天国重守礼拜日，在十款天条里，“七日礼拜颂赞皇上帝恩德”为第四天条。在制度上规定，“礼拜日全国官民以听讲圣书、礼拜颂赞上帝为活动的，其师帅、旅帅、卒长等官员，每逢七七四十九礼拜日都须更番到所统属的两司马礼拜堂讲圣书，教育那一个农村公社的农民，兼做考察他们遵条命与违条命及勤惰的工作。从制度上看，太平天国的礼拜日是政教兼施的，就是做礼拜的目的在于教育人民，并且，同时就做检查政治的工作的……当时太平天国礼拜日没有停止战事的进行，那更不待说的了。可见太平天国的守礼拜日，与犹太教的守安息日停止一切工作的制度不同。”参见罗尔纲：《太平天国史》，中华书局，1991，第707页、第709页、第1231页。

4 上海古籍出版社、法国国家图书馆编：《法藏敦煌西域文献》第18册，上海古籍出版社，2001，第260页。

顺序（蜜、莫、云汉、嘀、温没斯、那颉、鸡缓），可推知十二月四日己酉土收为“蜜”日。P.2765《唐大和八年甲寅岁（834年）历日》中，正月一日壬子木开，其下标注“嘀”字，[1] 即水曜日，星期三，按照日曜—月曜—火曜—水曜—木曜—金曜—土曜的次序，可推知正月五日丙辰土满为日曜日，太阳直日，也即“蜜”日；同年的另一件印本历日残片中（Дx.2880），五月廿五日和六月三日均注有“蜜”字，[2] 这是现知最早明确标注“蜜”字的一件历日。归义军时期，敦煌发现的30多件《具注历》中，其中20件都有“蜜”字注记，又P.3054 piece1《唐乾符三年丙申岁（876年）具注历日》[3]、S.2404《后唐同光二年甲申岁（924年）具注历日并序》分别提到“太阴日受岁”“今年莫日受岁”，表明这两件历日的正月朔日均为“莫日”，即星期一，由此可知正月七日为“蜜日”。此外，敦煌所出北宋淳化四年癸巳岁（993年）的简编历日中（P.3507），还有“[正月] 四日蜜”“[二月] 三日蜜”的记载。[4] 显而易见，这是“七曜直日”乃至“蜜”日标注的另一种方式，较为客观地反映了七曜宜忌在晚唐五代宋初敦煌地区普遍流行的事实。[5]

漏刻的标注。现知敦煌所出唐代历日中保存昼夜漏刻信息的仅有BD16365《唐乾符四年丁酉岁（877年）具注历日》和P.4996+P.3476《唐景福二年癸丑岁（893年）具注历日》两件。但借助五代宋初的历日文献S.2404、S.276、P.2591、S.681v+Дx.1454v+Дx.2418v、S.1473+S.11427v、P.3403、S.3985+P.2705、P.3507、S.5919、WA37—9（日本国会图书馆藏），可知敦煌

---

1 上海古籍出版社、法国国家图书馆编：《法藏敦煌西域文献》第18册，第129页。

2 邓文宽：《敦煌三篇具注历日佚文校考》，《敦煌研究》2000年第3期。

3 邓文宽：《两篇敦煌具注历日残文新考》，《敦煌吐鲁番研究》第13卷，上海古籍出版社，2013，第197—201页。

4 上海古籍出版社、法国国家图书馆编：《法藏敦煌西域文献》第24册，上海古籍出版社，2002，第382页。

5 赵贞：《〈宿曜经〉所见“七曜占”考论》，《人类学研究》第8卷，浙江大学出版社，2016，第282—309页；见氏著《敦煌文献与唐代社会文化研究》，北京师范大学出版社，2017，第293—323页。

具注历日中，漏刻标注呈现的是昼夜百刻制。其中有关“二分二至”的漏刻标注，始终没有出现在相应的节气（春分、秋分、冬至、夏至）日期上，这主要表现在具注历日对昼漏 50 刻的标注往往要比春分、秋分节气晚 1—3 日，而夏至昼漏 60 刻和冬至昼漏 40 刻的标注又提前了 3—4 日。另一方面，具注历日所见一年的昼夜长短变化中，多数情况是每 8 日昼夜时长增减 1 刻。较为特殊的是，春分、秋分前后，昼夜长短变化中每增减 1 刻通常需要的时间是 7 日。相比之下，冬至、夏至前后漏刻增减的时间要稍长一些。具体来说，“二至”前昼夜时长增减 1 刻需要的时间是 12 日，“二至”后昼夜长短增减 1 刻需要的时间是 18—19 日。若与春分、秋分“加减速，用日少”的特点相比，大体比较符合《唐六典》“二至前后加减迟，用日多”的描述。[1]

二十八宿注历。BD16365《唐乾符四年丁酉岁（877 年）具注历日》中 A、B 两片均有二十八宿的标注。如 A 片注有“壁、奎、娄、胃、昴”五宿，B 片注有“参、井、鬼、柳、星、张、翼”七宿，且均为朱笔。我们知道，传世历书中的二十八宿注历，最早见于《大宋宝祐四年丙辰岁（1256 年）会天万年具注历》，此历系由太史局保章正荆执礼主持修造的官颁历日。从岁首正月一日癸巳水［平］注“柳”，至岁末十二月二十九日丙戌土收注“室”，全年的二十八宿注历十分连续完整，中间没有任何遗漏。[2] 出土历日文献中，以俄藏黑水城文书 TK297 最具代表性，该件一度被认为是二十八宿连续注历的最早历日实物，邓文宽考证为《宋淳熙九年壬寅岁（1182 年）具注历日》，并指出自 1182 年至二十世纪末的 1998 年，中国传统历书以二十八宿注历是长期连续进行的，也未发生过错误。[3] 以后，法国学者华澜又据 S.2404 中出现的

1 赵贞：《敦煌具注历日中的漏刻标注探研》，《敦煌学辑刊》2017 年第 4 期。

2（宋）荆执礼等编：《宝祐四年会天历》，（清）阮元辑：《宛委别藏》第 68 册，江苏古籍出版社，1988，第 1—54 页。

3 邓文宽：《传统历书以二十八宿注历的连续性》，《历史研究》2000 年第 6 期。

“虚”“室”二宿，将二十八宿注历的时代提前至后唐同光二年（924年）。[1]考虑到S.2404《具注历日》仅存正月一至四日，其下星宿标注是否连续不得而知。相比之下，BD16365中A、B两片的二十八宿是连续标注的，至少从现存文字来看中间没有任何遗漏。因此，就历注而言，BD16365是敦煌写本中唯一连续标注二十八宿的具注历日，也是出土文献中二十八宿连续注历的最早历日实物。[2]

人神和日游的标注。《唐六典》卷14《太卜署》载：“凡历注之用六，一曰大会，二曰小会，三曰杂会，四曰岁会，五曰除建，六曰人神。”[3]可见“人神”是历注中必不可少的重要内容。敦煌所出具注历日中，BD16365、P.2765、S.2404、S.276、P.4996、P.3403、P.2591、P.2973B、P.2623、P.2705等卷中均有每日人神所在位置的标注，而且各月的“人神”题名均为朱笔。从目前的材料来看，人神位置的移动固然有行年、十二部、十干、十二支、十二时和逐日的不同标准，[4]但在中国古代历日中采用的始终是从一日至三十日的“逐日人神所在”系统。比如传世本《大明成化十六年岁次庚子（1480年）大统历》“诸日人神所在不宜针灸”条：

> 一日在足大指，二日在外踝，三日在股内，四日在腰，五日在口，六日在手，七日在内踝，八日在腕，九日在尻，十日在腰背，十一日在鼻柱，十二日在发际，十三日在牙齿，十四日在胃脘，十五日在徧身，十六日在胸，十七日在气冲，十八日在股内，十九日在足，二十日在内踝，

1［法］华澜：《简论中国古代历日中的廿八宿注历》，《敦煌吐鲁番研究》第7卷，中华书局，2004，第413—414页；［法］华澜：《敦煌历日探研》，李国强译，中国文物研究所编：《出土文献研究》第7辑，上海古籍出版社，2005，第214页。

2 赵贞：《国家图书馆藏BD16365〈具注历日〉研究》，《敦煌研究》2019年第5期。

3《唐六典》卷10《太卜署》，第413页。

4 人神所在位置的不同分类，唐代的医书如《千金翼方》《外台秘要方》均有记载。如王焘《外台秘要方》卷39《年神旁通并杂忌旁通法》著录了“推行年人神法”“推十二部人神所在法”“日忌法”“十干人神所在法”“十二支人神所在法”“十二时人神所在法”“十二祇人神所在法”等多种系统。参见高文柱校注：《外台秘要方校注》，学苑出版社，2011，第1417—1421页。

> 二十一日在手小指，二十二日在外踝，二十三日在肝及足，二十四日在手阳明，二十五日在足阳明，二十六日在胸，二十七日在膝，二十八日在阴，二十九日在膝胫，三十日在足趺。[1]

以上诸日人神所在位置，敦煌具注历日（S.95、S.612、P.2765、P.3247v）的描述大体相同。稍有差异者，八日“在腕”，敦煌本作“长腕”；十四日在“胃脘”，敦煌本作“胃管”。[2]而传世本《大宋宝祐四年丙辰岁（1256年）会天万年具注历》中的人神标注与敦煌本完全相同。由此看来，不论敦煌具注历日，还是传世本历书，都采用了从一日至三十日的“人神”标注模式。P.2675《新集备急灸经一卷》称：“今略诸家灸法，用济不愈，兼及年、月、日等人神，并诸家杂忌，用之请审详，神验无比。”[3]S.5737《灸经明堂》云：“凡灸刺伤人神，令人阴阳结绝□死，众人不知。月晦朔、日蚀、土黄天□人神，阴阳经络脉绝不通。”[4]由此可见，“人神”作为灸经术语，其所在位置不可针灸出血，具注历日中的人神标注实为针灸禁忌。

日游标注的吉凶宜忌意义，S.P6《唐乾符四年（877年）具注历日》从日游神“在内”和“出外”两方面作了区分。即日游在内期间，不得在所处方位“安床、立帐、生产并修造”；日游在外时，不可在其游历方位“出行、起土、移徙、修造”[5]。王焘《外台秘要方》云：“上（右）日游在内，产妇宜在外，别于月空处安帐产，吉……上（右）日游在外，宜在内产，吉。凡日游所在内外方，不可向之产，凶”。[6]可见，在医家眼中，不论日游在内或是日游在外，其

---

1 北京图书馆出版社古籍影印室编：《国家图书馆藏明代大统历日汇编》第1册，北京图书馆出版社，2007，第413—414页。

2 邓文宽：《敦煌天文历法文献辑校》附录九《逐日人神所在表》，江苏古籍出版社，1996，第744页。

3 上海古籍出版社、法国国家图书馆编：《法藏敦煌西域文献》第17册，上海古籍出版社，2001，第196—197页；马继兴等：《敦煌医药文献辑校》，江苏古籍出版社，1998，第513—528页。

4 马继兴等：《敦煌医药文献辑校》，第529—532页。

5 中国社会科学院历史研究所等编：《英藏敦煌文献（汉文佛经以外部份）》第14卷，四川人民出版社，1995，第246页。

6（唐）王焘撰，高文柱校注：《外台秘要方校注》，第1210页。

所在方位都不宜安床帐生产。又 P.3403、S.3985+P.2705《具注历日》云："右件人神所在之处，不可针灸出血。日游在内，产妇不宜屋内安产帐及扫舍，皆凶。"[1] 传世本《大明成化十五年岁次己亥（1479 年）大统历》也说："日游神所在之方，不宜安产室、扫舍宇、设床帐。"[2] 重申的仍是妇女生产中安床设帐的禁忌。如果说"人神"的排列旨在说明"所在不宜针灸"的话，那么"日游"的标注显然是在强调妇女生产的宜忌。因此可以说，"人神"和"日游"的标注，反映了针灸刺血和妇女生产等医学活动具有一定的普遍意义[3]，从中不难看出中古医疗文化及医学知识向具注历日渗透的若干痕迹。

卦气的标注。敦煌具注历日中，卦气的标注仅见于 BD16365 和 S.3454 两残片。BD16365A 第三行注有"辟夬"，BD16365B 第四行注有"侯大有内"，皆为朱笔。按照唐僧一行《大衍历》和五代王朴《钦天历》的描述，二十四气与七十二物候和《周易》六十四卦能够配合起来，每一节气包含三个物候（初候、次候、末候）和三个卦象（初卦、中卦、终卦），而且各物候与卦象之间都建立了特定的对应关系。比如谷雨三月中，作为次候的"鸣鸠拂其羽"与中卦"辟夬"相配合；小满四月中，作为末候的"小暑至"与终卦"侯大有内"建立了对应关系。又 S.3454 系某年十一月历日残片，仅存 3 行文字，分别有"中孚""复""未济"的标注，第 3 行还注有物候——"荔枝出"。比照《大衍历》建立的节气与物候和卦象的对应关系，可知"中孚""复"属于冬至十一月中气的初卦和中卦，"未济"为大雪十一月节气的初卦，而"荔枝出"则是大雪节气对应的末候。[4]

总体来看，"卦气"注历在敦煌历日并不多见，但俄藏黑水城历日文献中

1 邓文宽：《敦煌天文历法文献辑校》，第 641 页、第 660 页。

2 北京图书馆出版社古籍影印室编：《国家图书馆藏明代大统历日汇编》第 1 册，第 381 页。

3 [法] 华澜：《9 至 10 世纪敦煌历日中的选择术与医学活动》，《敦煌吐鲁番研究》第 9 卷，中华书局，2006，第 425—448 页。

4 赵贞：《国家图书馆藏 BD16365〈具注历日〉研究》，《敦煌研究》2019 年第 5 期。

却多有标注。如 TK297《西夏乾祐十三年壬寅岁（1182 年）具注历日》注有“坎九五 公渐”“辟泰”，[1]Инв.No.5229《西夏光定元年辛未岁（1211 年）具注历日》注有“公损”，[2]Инв.No.5285《西夏光定元年辛未岁（1211 年）具注历日》注有“卿比”，[3]Инв.No.5469《西夏光定元年辛未岁（1211 年）具注历日》注有“侯归妹内”“侯归妹外”“大夫无妄”“卿明夷”“公困”[4]，Дх.19001+Дх.19003《具注历日》注有“辟夬”等。[5]由于这些历日多为残片，其中所见“卦气”比较琐碎零散，难以反馈“卦气”注历的全貌。相较而言，日本京都大学人文科学研究所藏《大唐阴阳书》是抄于嘉祥元年（848 年）的一件占卜典籍，[6]该件第三十三篇题为“开元大衍历注”，其下保存了“立秋七月节”至“小寒十二月节”的历注信息，内中对于物候、卦气的记载较为丰富。以立秋七月节为例，纪有“（一日）凉风至，侯常外”“四日大夫节”“十日卿同人”“十六日，处暑七月中，鹰及祭鸟，公损”“廿二日辟否”“廿八日侯巽内”等，俱为“卦气”信息的说明。至于“立春正月节”至“小暑六月节”的历注和卦气情况，国立天文台藏本《大唐阴阳书》有完整的记载[7]。比如“立夏四月节”，纪有“（一日）蝼蝈鸣，侯旅外”“四日大夫师”“十日卿比”“十六日小满四月中，苦菜秀，公小畜”“廿二

1 俄罗斯科学院东方研究所圣彼得堡分所等编：《俄藏黑水城文献》第 4 册，上海古籍出版社，1997，第 385—386 页。

2 俄罗斯科学院东方研究所圣彼得堡分所等编：《俄藏黑水城文献》第 6 册，上海古籍出版社，2000，第 315 页。

3 俄罗斯科学院东方研究所圣彼得堡分所等编：《俄藏黑水城文献》第 6 册，第 315 页。

4 俄罗斯科学院东方研究所圣彼得堡分所等编：《俄藏黑水城文献》第 6 册，第 316—318 页。

5 俄罗斯科学院东方研究所圣彼得堡分所等编：《俄藏敦煌文献》第 17 册，上海古籍出版社，2001，第 313 页。

6 黄正建：《日本保存的唐代占卜典籍》，见氏著《敦煌占卜文书与唐五代占卜研究》（增订版），中国社会科学出版社，2014，第 209—212 页。

7 日本现存《大唐阴阳书》有六个藏本：天理大学附属天理图书馆吉田文库藏本、京都大学人文科学研究所藏本、京都大学史料编纂所藏岛津家本、国立天文台藏本、静嘉堂文库藏本、国立公文书馆（旧内阁文库）藏本。有关这六个藏本的题识及内容异同，参见山下克明《大唐陰陽書の考察——日本の伝本を中心として》，小林春樹《東アジアの天文・暦學に関する多角的研究》，大東文化大學東洋研究所，2001，第 47—69 页；孙猛《日本国见在书目录详考》，上海古籍出版社，2015，第 1549—1554 页。

日辟乾”“廿八日侯大有内”。仔细对校，《大唐阴阳书》有关“卦气”的诸多记载，与《大衍历》建立的节气与物候和卦象的对应关系完全相同，由此不难看出唐代的天文历法之学对于日本阴阳术数知识的特别影响。当然，要充分了解某年历日“卦气”标注的完整情况，南宋《宝祐四年丙辰岁（1256年）具注历》无疑提供了很好的参照。

三伏日的标注。中国古代历日中，有关三伏的标注比较常见。三伏即初伏、中伏和后伏（末伏）。徐坚《初学记·伏日第八》引《历忌释》曰：“四时代谢，皆以相生。立春木代水，水生木；立夏火代木，木生火；立冬水代金，金生水；至于立秋，以金代火，金畏火，故至庚日必伏。庚者，金也。”其下注引《阴阳书》曰：“从夏至后第三庚为初伏，第四庚为中伏，立秋后初庚为后伏，谓之三伏。”[1] 清人注释说：“火伏而土旺，以生秋金也。所谓先甲三日者庚也，况庚金将旺而火伏也。夏至后第三庚为初伏，四庚为中伏，立秋后逢庚为末伏。若五庚在立秋前不为末伏，须用见秋方是。如夏至日遇庚，便为一庚数起。”[2] 显然，三伏的推算是由夏至和立秋节气界定的[3]。

汉简历谱中已有“三伏”的标注。汉景帝后元二年（前142年）历日，初伏注于夏至后第四庚的六月八日（庚辰）[4]。武帝元光元年（前134年）历谱中，

1（唐）徐坚：《初学记》卷4《伏日第八》，中华书局，1962，第75页。

2（清）缪之晋辑：《大清时宪书笺释》，《续修四库全书》1040册《子部·天文算法类》，上海古籍出版社，2002，第699页。

3 关于三伏日的推定，日本的阴阳书《簠簋内传》卷2《三伏日事》提供了两种说法。第一种说法，“六月节来始庚日初伏，中庚日中伏，后庚日末伏。极热炽盛日也，不莳五谷种子日也。或迁立秋可有末伏者乎。”若将“六月节”比定为小暑，则小暑后第一个庚日为初伏，第二个庚日为中伏，第三个庚日为末伏。第二种说法，“六月节立初庚初伏，中立初庚中伏，秋来初庚后伏，是曰三伏。初曰初伏，次曰中伏，后曰末伏。总而温暑甚厚，五谷不实日也，此故种子不莳田地日也。”这里“六月节立”“中立”当指小暑和大暑，如此，小暑后第一个庚日为初伏，大暑后第一个庚日为中伏，立秋后第一个庚日为后伏。这两种说法虽然略有不同，但均以小暑为据来推算初伏和中伏，这与中国传统的以夏至推求初伏、中伏的方式有明显不同。参见［日］中村璋八：《日本陰陽道書の研究》，汲古書院，1985，第292页。

4 湖北省文物考古研究所、随州市考古队编：《随州孔家坡汉墓简牍》，文物出版社，2006，第191—194页。

初伏注为夏至后第二庚日的六月十五（庚子）[1]。元帝永光五年（前 39 年）历谱中，初伏为夏至后第四庚的六月八日（庚辰）。成帝永始四年（前 19 年）历谱中，初伏为夏至后第三庚的六月十九日（庚寅）[2]。汉代出土历谱表明，初伏一般安排在六月五日至二十日之间的“庚”日，并不限定在夏至后第几庚[3]。

唐代的传世历书，目前仅见于圆仁抄写的《开成五年（840 年）历日》。该历中五月丙子朔，五月十四日夏至，六月乙巳朔，六月十一日初伏，六月二十日立秋，七月乙亥朔，七月二日后伏。[4] 由于初伏和后伏均不在“庚”日，可知此历所抄恐有错讹。对此，平冈武夫《唐代的历》校正为：五月十四日夏至，六月六日庚戌初伏，六月十六日庚申中伏，七月二日立秋，七月六日庚辰后伏。[5]

再看敦煌吐鲁番历日中的“三伏”标注。阿斯塔那 507 墓所出《唐历》，邓文宽考出为《唐仪凤四年己卯岁（679 年）历日》，该件第 16 行残存“辰金成后伏”五字，[6] 据历日体例可校补为“七月二日庚辰金成后伏”。翻检《三千五百年历日天象》《中华通历》（隋唐五代卷），该年六月廿三日辛未立秋（公历 8 月 4 日），七月二日庚辰即为立秋后第一“庚”日（8 月 13 日）。阿斯塔那 341 号墓所出《唐开元八年庚申岁（720 年）具注历日》第 2 行有“九日庚寅木危，大暑六月中，中伏，温风至”诸字，[7] 查《三千五百年历日天象》可

1 吴九龙释：《银雀山汉简释文》，文物出版社，1985，第 233—236 页。

2 陈梦家：《汉简缀述》，中华书局，1980，第 236—237 页。

3 陈久金：《敦煌、居延汉简中的历谱》，中国社会科学院考古研究所编：《中国古代天文文物论集》，文物出版社，1989，第 111—136 页。

4 ［日］释圆仁原著，白化文等校注：《入唐求法巡礼行记校注》，花山文艺出版社，2007，第 194 页。

5 ［日］中村裕一：《中国古代の年中行事》第二册（夏），汲古書院，2009，第 740 页。

6 国家文物局古文献研究室等编：《吐鲁番出土文书》第 5 册，文物出版社，1983，第 232 页；邓文宽：《跋吐鲁番文书中的两件唐历》，见《文物》1986 年第 12 期；唐长孺主编：《吐鲁番出土文书》［贰］，文物出版社，1994，第 284 页。

7 国家文物局古文献研究室等编：《吐鲁番出土文书》第 8 册，文物出版社，1987，第 130 页；邓文宽：《吐鲁番出土〈唐开元八年具注历〉释文补正》，见《文物》1992 年第 6 期；唐长孺主编：《吐鲁番出土文书》［肆］，文物出版社，1996，第 62 页。

知，该年五月八日庚申为夏至（公历 6 月 18 日），此即“夏至日遇庚，便为一庚数起”，则五月十八日庚午、五月二十八日庚辰分别为夏至后第二、三庚日，其中五月二十八日庚辰为初伏，据此可知六月九日庚寅为中伏（夏至后第四庚日）。综上，吐鲁番历日中的中伏、后伏标注，其原则大致与《阴阳书》的规定相同。[1]

相比之下，敦煌历日中有关“三伏”标注的材料较多，若以“夏至五月中”和“立秋七月节”为参照，可知敦煌历日中的三伏标注，基本符合《阴阳书》的法则，即夏至后第三庚日是初伏，第四庚日是中伏，立秋后第一庚日为后伏（或末伏）。黑水城所出《元至正二十五年（1365 年）历书》中，七月四日庚申注为中伏，翻检张培瑜《三千五百年历日天象》，可知该年五月大，六月小，五月廿五日壬午为夏至，其后第一庚日为六月三日庚寅，第二庚日为六月十三日庚子，第三庚日为六月廿三庚戌，即为初伏。第四庚日为七月四日庚申，即为中伏，正与残历相同。又七月十一日丁卯为立秋，故可推知七月十四日庚午为后伏，此即立秋后第一庚日。吐鲁番所出德藏 Ch.3506《明永乐五年丁亥岁（1407 年）具注历日》第 8 行“（六月）二十八日庚戌金满心”上栏有“末伏”标注，邓文宽已考出该历与明永乐五年夏至、立秋日期及三伏所在完全吻合。[2] 事实上还不只出土历日，传世刻本历书如南宋《宝祐四年具注历日》和明代大统历日，三伏的标注亦遵循《阴阳书》的规定。这一历注法则已经成为历日文化传统中约定俗成的通识，至今仍能在岁时民俗和民用万年历中看到它的身影。

较为特殊的是 P.3247《后唐同光四年丙戌岁（926 年）具注历日》，该历

---

1 参见刘子凡：《唐代三伏择日中的长安与地方》，见《唐研究》第 21 卷，北京大学出版社，2015，第 287—304 页。

2 邓文宽：《吐鲁番出土〈明永乐五年丁亥岁（1407 年）具注历日〉考》，见《敦煌吐鲁番研究》第 5 卷，北京大学出版社，2001，第 263—268 页；《敦煌吐鲁番天文历法研究》，甘肃教育出版社，2002，第 255—261 页。

夏至为五月五日庚申（公历 6 月 17 日），亦为庚日，初伏即从此日数起。第二庚为五月十五日庚午，第三庚为五月廿五日庚辰（7 月 7 日），即为初伏。该历五月小，建甲午，五月二十九天，故第四庚为六月六日庚寅，第五庚是六月十六日庚子（7 月 27 日），即为中伏。或可参照的是，南宋《宝祐四年丙辰岁（1256 年）具注历日》夏至为五月二十日庚戌，亦为庚日，该历初伏为六月十一日庚午，是夏至后第三庚日，中伏为六月二十一日庚辰，乃夏至后第四庚日。两相对照，P.3247 初伏为夏至后第三庚，符合《阴阳书》的基本规律，但中伏为夏至后第五庚，显然就与《阴阳书》的推算不吻合了。

伏日标注的意义，S.6537v《大唐新定吉凶书仪一卷并序・祠部新式第四》曰："六月三休（伏）日，昔贾谊避三休（伏），三［伏］以其盛夏。六月三庚日，南方有鸺鸟至，以助太阳销铄万物，故损害于人，是以避忌之此日也。"[1] 所谓"伏者"，即隐伏避盛暑也。隋杜台卿《玉烛宝典》卷 6《六月季夏第六》引程晓诗云："平生三伏时，道路无行车。闭门避暑卧，出入不相过。"[2] 描述了三伏时人们不外出活动，反而多是"闭门避暑"的情况。《汉官仪旧注》称："伏日，厉鬼所行，故尽日闭，不干他事。"似表明人们闭门不出，乃是由于厉鬼盛行的缘故。《岁时广记》卷 25 引《百忌历》云："三伏之日，人不得寝，宜饮附子汤禳之。"又引《阴阳书》谓："伏日，切不可迎妇，死亡不还。"[3] 不论是盛夏避暑还是厉鬼横行，六月三伏日都不宜户外活动，故需避忌。唐《假宁令》规定，凡三伏日，官员并给休假一日[4]。在三伏期内，出于盛夏避暑的考虑，宰相处理政事往往提前简放。天宝五载（746 年）六月，玄宗诏敕，"三伏内，

---

1 中国社会科学院历史研究所等编：《英藏敦煌文献（汉文佛经以外部份）》第 11 卷，四川人民出版社，1994，第 102 页。

2 影旧钞卷子本《玉烛宝典》，古逸丛书之十四，光绪十年甲申遵义黎氏校刊。

3（宋）陈元靓：《岁时广记》卷 25《三伏节》，中华书局，2020，第 507 页。

4［日］仁井田陞：《唐令拾遗》，栗劲等编译，长春出版社，1985，第 661—662 页。

令宰相辰时还宅。”[1] 又见《通鉴》卷215玄宗天宝五载四月条：

> 故事，宰相午后六刻乃出。林甫奏，今太平无事，巳时即还第，军国机务皆决于私家；主书抱成案诣希烈书名而以。[2]

据此，唐代宰相正常的下班时间是午后六刻（中村裕一推算为12时30分），但李林甫把持政事堂后，规定“太平无事”或政务简省时可以“巳时还第”，即上午9—10时下班回家。但在三伏期内，玄宗又调整为“辰时还宅”即上午7—8时下班，[3] 返回府第。比起常日的下班时间，足足提前了1个时辰。这样的时间调整，显然是出于宰辅群体隐伏避暑的考虑。

表3-1　敦煌吐鲁番历日所见“三伏”标注表

卷号/年代	夏至	初伏	中伏	立秋	后伏	备注
73TAM507：014/4-1/679	五月六日乙酉	■	■	六月廿三日辛未	七月二日庚辰，立秋后第1庚	夏至、立秋节气，据《三千五百年历日天象》推补
65TAM341：27/720	五月八日庚申	五月廿八日庚辰，夏至后第3庚	六月九日庚寅，夏至后第4庚	六月廿五丙午	六月廿九庚戌，立秋后第1庚	夏至、立秋节及初伏、后伏，据《三千五百年历日天象》推补
P.3900/809	五月一日丙午	五月廿五日庚午，夏至后第3庚	六月五日庚辰，夏至后第4庚	■	■	敦煌历节气早一日[4]

1（宋）王钦若：《册府元龟》卷60《帝王部·立制度一》，中华书局，1960，第672页。

2《资治通鉴》卷215玄宗天宝五载（746年）四月条，中华书局，1956，第6872页。

3 按照中村裕一的推算，午后六刻指12：30，辰时指上午7—8点，巳时指上午9—10点。参见［日］中村裕一：《中国古代の年中行事》第二册（夏），汲古書院，2009，第745—746页。

4 查《三千五百年历日天象》，809年中原历夏至为五月二日丁未，P.3900中夏至为五月一日丙午，可知敦煌历早一日。

续表

卷号 / 年代	夏至	初伏	中伏	立秋	后伏	备注
S.1439v/858	五月四日乙丑	五月廿九日庚寅，夏至后第 3 庚	▩	▩	▩	敦煌历节气晚一日
S.P6/877	五月三日癸卯	五月卅日庚午，夏至后第 3 庚	六月十日庚辰，夏至后第 4 庚	六月十九日己丑	六月廿日庚寅，立秋后第 1 庚	此历节气与中原历相同
P.3476+P.4996/893	五月廿九日丁卯	六月廿二日庚寅，夏至后第 3 庚	闰六月三日庚子，夏至后第 4 庚	闰六月十六日癸丑	闰六月廿三日庚申，立秋后第 1 庚	敦煌历闰六月，中原历闰五月
P.5548/895	五月廿一日戊寅	六月十四日庚子，夏至后第 3 庚	六月廿四日庚戌，夏至后第 4 庚	七月七日癸亥	七月十四日庚午，立秋后第 1 庚	敦煌历节气早一日
P.3248/897	五月十四日戊子	六月六日庚戌，夏至后第 3 庚	六月十六日庚申，夏至后第 4 庚	七月一日甲戌	七月七日庚辰，立秋后第 1 庚	此历节气与中原历相同
P.2973B/900	五月十七日甲辰	六月十三日庚午，夏至后第 3 庚	六月廿三日庚辰，夏至后第 4 庚日	▩	▩	中原历夏至为五月十八日甲辰
P.3247/926	五月五日庚申	五月廿五日庚辰，夏至后第 3 庚	六月十六日庚子，夏至后第 5 庚	六月廿二日丙午	六月廿六日庚戌，立秋后第 1 庚	敦煌历立秋晚一日
S.276/933	五月廿二日丁酉	六月十五日庚申，夏至后第 3 庚	六月廿五日庚午，夏至后第 4 庚	七月八日癸未	▩	敦煌历立秋早一日
P.3403/986	五月八日乙亥	六月四日庚子，夏至后第 3 庚	六月十四日庚戌，夏至后第 4 庚	六月廿五日辛酉	七月四日庚午，立秋后第 1 庚	敦煌历立秋晚一日
传世本 /1256	五月二十日庚戌	六月十一日庚午，夏至后第 3 庚	六月二十一日庚辰，夏至后第 4 庚	七月七日丙申	七月十一日庚子，立秋后第 1 庚	南宋官方颁行历日
M1・1283 [F19:W18] /1365	五月廿五日壬午	六月二十三日庚戌，夏至后第 3 庚	七月四日庚申，夏至后第 4 庚	七月十一日丁卯	七月十四日庚午，立秋后第 1 庚	此黑水城历日七月大，建甲申，立秋纪日与中原历相同

续表

卷号 / 年代	夏至	初伏	中伏	立秋	后伏	备注
Ch3506/1407	五月九日壬戌	六月八日庚寅，夏至后第 3 庚	六月十八日庚子，夏至后第 4 庚	六月二十五日丁未	六月二十八日庚戌，立秋后第 1 庚	此历节气与中原历相同
传世本 /1479	五月二十四日己卯	六月十五日庚子，夏至后第 3 庚	六月二十五日庚戌，夏至后第 4 庚	七月十一日乙丑	七月十六日庚午，立秋后第 1 庚	明代官颁大统历日

说明：1. 表格中“▩”指历日残缺信息。

2. 表格中“□”内文字，据张培瑜《三千五百年历日天象》推补而来。

3. 本表的制作，参考了刘子凡《唐代三伏择日中的长安与地方》（《唐研究》第 21 卷）一文。

第四章
敦煌具注历日中的漏刻标注探研

敦煌文献中保存了自北魏至北宋初年的历日 50 余件，自面世以来，国内外学者对这批文献作了不懈的探索，在历日的校录、定年和解读方面取得了重要成果。但是，对于具注历日中标注的昼夜漏刻信息，学者关注不多。严格来说，汪小虎《敦煌具注历日中的昼夜时刻问题》是真正深入探讨漏刻标注的文章，[1] 该文将敦煌历日与日本京都大学所藏《大唐阴阳书》相互参照，对唐宋时期昼夜时刻的编排体系予以复原。并从天文学史的角度，阐释了敦煌具注历日所见昼夜时刻体系的历史地位。在汪文的启发下，本章拟对敦煌具注历日所见的漏刻数据进行梳理，在此基础上，重点对“二分二至”的漏刻标注和漏刻增减日数的问题予以讨论。

一、汉唐历法中的漏刻常数

中国古代的漏刻计时在很长时间里普遍实行昼夜百刻制，即分一昼夜为 100 刻。汉唐时期，漏刻制度虽然偶有变革，但总体仍以百刻制占主导地位。《周礼·挈壶氏》郑司农（郑玄）注云：“分以日夜者，异昼夜漏也。漏之箭，昼夜共百刻，冬夏之间有长短焉。”[2] 郑玄为东汉经学家，从他的注解中

1《自然科学史研究》第 32 卷第 2 期，2013，第 129—139 页。

2《周礼注疏》卷 30《挈壶氏》，阮元校刻：《十三经注疏》，中华书局，1980 年影印本，第 844 页。

可知昼夜百刻制在东汉时已成为定制。但在实际行用中，百刻制还须与传承悠久的十二时辰制相配合。由于100刻不能被十二时辰整除，配合使用起来很不方便，因而在西汉建平二年（前5年）和王莽居摄三年（8年），昼夜100刻改为120刻，但通行未久即废。南朝梁武帝天监六年（507年）一度改昼夜百刻为96刻，大同十年（544年）又改为108刻，至陈文帝天嘉年间（560—566年）又恢复百刻制，一直沿用到明末。清初以后又改用96刻制，直到现在。[1]

我们知道，一年中的昼夜长短常随着节气和季节的依次更替而发生相应的变化，这在漏刻制度中也有反映。《隋书·天文志》载："昔黄帝创观漏水，制器取则，以分昼夜。其后因以命官，《周礼》挈壶氏则其职也。其法，总以百刻，分于昼夜。冬至昼漏四十刻，夜漏六十刻。夏至昼漏六十刻，夜漏四十刻。春秋二分昼夜各五十刻……漏刻皆随气增损，冬夏二至之间，昼夜长短，凡差二十刻。每差一刻为一箭。冬至互起其首，凡有四十一箭。"[2] 按照《隋志》的记载，漏刻长度"随气增损"，冬至白昼最短，昼漏40刻，黑夜最长，夜漏60刻；夏至白昼最长，昼漏为60刻，黑夜最短，夜漏40刻；春分、秋分时节，白昼和夜晚长短相等，各有50刻。显而易见，一年中昼夜长短的变化，随着二十四节气（特别是二分二至）的依次更替大致在昼漏40—60刻之间来回移动。

《隋志》对漏刻制度及昼夜长短变化的描述，在《唐六典》《旧唐书·职官志》中均能看到。《宋史·皇祐漏刻》载："分百刻于昼夜。冬至昼漏四十刻，夜漏六十刻；夏至昼漏六十刻，夜漏四十刻；春秋二分昼夜各五十刻……皆随气增损焉。冬至、夏至之间，昼夜长短凡差二十刻。每差一刻，别为一箭，冬

---

1 陈久金：《中国古代时制研究及其换算》，《自然科学史研究》第2卷第2期，1983，第118—132页。

2《隋书》卷19《天文志上》，中华书局，1973，第526页。

至互起其首，凡有四十一箭。”[1]不难看出“皇祐漏刻”对二分二至昼夜长短的描述，与《隋志》的记载完全相同，这说明“冬至昼漏四十刻”“夏至昼漏六十刻”以及“春秋二分昼夜各五十刻”的划分是唐宋漏刻制度的一般原则，[2]因而具有普遍意义。

考其原始，冬至“昼漏 40 刻”模式其实起源较早，《隋志》就将这种漏刻模式与《周礼》中的“挈壶氏”联系起来。据《周礼》记载，“挈壶氏”是掌管漏刻事务的官员。东汉经学家马融注曰：“漏凡百刻者，春秋分昼夜各五十刻。冬至昼则四十刻，夜则六十刻。夏至昼六十刻，夜四十刻。”[3]按照马融的注解，“昼漏 40 刻”模式最迟在东汉时已经出现了。以后，在南朝刘宋政权编纂的元嘉《起居注》中即有这种漏刻模式的完整记录。[4]

“昼漏 40 刻”之外，汉唐文献中还有另一种漏刻模式（“昼漏 45 刻”）的记载。唐徐坚《初学记》卷二五《器物部·漏刻一》载：“《梁漏刻经》云：至冬至，昼漏四十五刻。冬至之后日长，九日加一刻。以至夏至，昼漏六十五刻。夏至之后日短，九日减一刻。或秦之遗法，汉代施用。邯郸《五经折疑》曰：汉制，又以先冬至三日昼，冬至后三日，昼漏四十五刻，夜五十五刻。先夏至三日昼，夏至后三日，昼漏六十五刻，夜三十五刻。”[5]据《梁漏刻经》和《五经折疑》记载，“昼漏 45 刻”模式可能为秦朝漏刻的遗存，西汉时曾作为“官漏”予以推行。[6]参照汉唐之际诸家历法的描述，这种漏刻模式对二分二至的昼夜

1《宋史》卷 76《律历志九》，中华书局，1977，第 1746 页。

2 为行文方便，我们将《隋志》描述的漏刻方法（冬至昼漏 40 刻，夜漏 60 刻；夏至昼漏 60 刻，夜漏 40 刻；春秋二分昼夜各 50 刻）姑且称为“昼漏 40 刻”模式。

3（清）阮元校刻：《十三经注疏》，中华书局，1980，第 844 页。

4（唐）徐坚：《初学记》卷 25《器物部·漏刻一》引元嘉《起居注》曰：“以日出入定昼夜。冬至昼四十刻；夏至夜亦宜四十刻，夏至昼六十刻，冬至夜亦宜六十刻。春秋分，昼夜各五十刻。今减夜限，日出前，日入后，昏明际，各二刻半以益昼。夏至昼六十五刻，冬至昼四十五刻，二分昼五十五刻而已。”中华书局，2004，第 595 页。

5《初学记》卷 25《器物部·漏刻一》，第 595 页。

6 冯时：《中国天文考古学》，社会科学文献出版社，2001，第 210 页。

长短规定为：冬至昼漏 45 刻，夜漏 55 刻；夏至昼漏 65 刻，夜漏 35 刻；春秋二分为昼漏 55 刻，夜漏 45 刻。尽管此种模式并未引起官方漏刻计时工作的足够重视，但在汉唐历法“求定气日昼夜漏刻”的推算中却得到了广泛的认同。

1. 东汉《四分历》。据《后汉书志·律历志下》记载，冬至昼漏 45 刻，夜漏 55 刻；春分昼漏 55 刻 8 分，夜漏 44 刻 2 分；夏至昼漏 65 刻，夜漏 35 刻；秋分昼漏 55 刻 2 分，夜漏 44 刻 8 分。[1]

2. 三国魏杨伟编修《景初历》。据《宋书·律历志中》记载，冬至昼漏 45 刻，夜漏 55 刻；春分昼漏 55 刻 8 分，夜漏 44 刻 2 分；夏至昼漏 65 刻，夜漏 35 刻；秋分昼漏 55 刻 2 分，夜漏 44 刻 8 分。[2]

3. 南朝刘宋何承天《元嘉历》。据《宋书·律历志下》记载，春分昼漏 55 刻 5 分，夜漏 44 刻 5 分；夏至昼漏 65 刻，夜漏 35 刻；秋分昼漏 55 刻 5 分，夜漏 44 刻 5 分；冬至昼漏 45 刻，夜漏 55 刻。[3]

4. 南朝刘宋祖冲之《大明历》。据《宋书·律历志下》记载，冬至昼漏 45 刻，夜漏 55 刻；春分昼漏 55 刻 5 分，夜漏 44 刻 5 分；夏至昼漏 65 刻，夜漏 35 刻；秋分昼漏 55 刻 5 分，夜漏 44 刻 5 分。[4]

5. 隋刘焯《皇极历》。据《隋书·律历志下》记载，冬至、春分、夏至、秋分的“夜半漏”分别为 27 刻 43 分、22 刻 50 分、17 刻 57 分、22 刻 50 分。按照《皇极历》“倍夜半之漏，得夜漏也。以减百刻，不尽为昼刻。每减昼刻五，以加夜刻，即其昼为日见、夜为不见刻数。刻分以百为母”的基本规定，[5]可知：

夜漏 =2×“夜半漏”；昼漏 =100–2×“夜半漏”；1 刻 =100 分

1（晋）司马彪撰，（梁）刘昭注补：《后汉书志》第三《律历志下》，中华书局，1965，第 3077—3078 页。

2（南朝·梁）沈约：《宋书》卷 12《律历志中》，中华书局，1974，第 246—248 页。

3《宋书》卷 13《律历志下》，第 280—281 页。《元嘉历》将二十四节气中的雨水置于岁首，这与以往历法将冬至置于岁首有所不同。

4《宋书》卷 13《律历志下》，第 299—300 页。

5《隋书》卷 18《律历志下》，中华书局，1973，第 468—470 页。

据此可推算出《皇极历》二分二至的昼夜漏刻：即冬至昼漏 45 刻 14 分，夜漏 54 刻 86 分；春分昼漏 55 刻，夜漏 45 刻；夏至昼漏 64 刻 86 分，夜漏 35 刻 14 分；秋分昼漏 55 刻，夜漏 45 刻。值得注意的是，《隋志》所记冬至、夏至漏刻时分别注有“夜五十九刻八十六分”“夜四十刻十四分”，正是昼漏减去五刻，“以加夜刻”后的夜不见刻数。

6. 傅仁均《戊寅历》。据《旧唐书・历志一》记载，冬至、春分、夏至、秋分的“夜漏半”分别为 27 刻 12 分、22 刻 10 分、17 刻 12 分、22 刻 10 分。[1] 由于《戊寅历》的“刻分法”为 24，即 1 刻 =24 分，故可推算出二分二至的昼夜漏刻：冬至昼漏 45 刻，夜漏 55 刻，夏至昼漏 65 刻，夜漏 35 刻，春秋二分昼漏 55 刻 4 分，夜漏 44 刻 20 分。

7. 李淳风《麟德历》。据《旧唐书・历志二》记载，冬至、春分、夏至、秋分的“晨前刻”分别为 30 刻、25 刻 4 分、20 刻、25 刻。[2] 按照《麟德历》的规定：“倍其气晨前刻及分，满法从刻，为日不见漏。以减百刻，余为日见漏。五刻昼漏刻。以昼漏刻减百刻，余为夜漏刻。”[3] 据此可知：

日不见漏 =2× 晨前刻；日见漏 =100–2× 晨前刻

昼漏刻 = 日见漏 +5；夜漏刻 =100– 昼漏刻

又《麟德历》的刻分法为 72，[4] 即 1 刻 =72 分，故可推算出二分二至的昼夜漏刻：即冬至昼漏 45 刻，夜漏 55 刻；春分昼漏 54 刻 64 分，夜漏 45 刻 8 分；夏至昼漏 65 刻，夜漏 35 刻；秋分昼漏 55 刻，夜漏 45 刻。

8. 僧一行《大衍历》。据《旧唐书・历志三》《新唐书・历志四上》记载，《大衍历》的“象积”即刻法为 480。冬至、春分、夏至、秋分的“漏刻”分别为

1《旧唐书》卷 32《历志一》，中华书局，1975，第 1169—1170 页。
2《旧唐书》卷 33《历志二》，第 1193—1195 页。
3《旧唐书》卷 33《历志二》，第 1195 页。
4《旧唐书》卷 33《历志二》，第 1193 页。

27 刻 240 分、22 刻 230 分、17 刻 250 分、22 刻 230 分。[1] 根据僧一行的描述，此漏刻实为“夜半漏”。“各倍夜半漏，为夜刻。以减百刻，余为昼刻。减昼五刻以加夜，即昼为见刻，夜为没刻”。[2] 据此可知冬至昼漏 45 刻，夜漏 55 刻；春分昼漏 55 刻，夜漏 45 刻；夏至昼漏 64 刻 460 分，夜漏 35 刻 20 分；秋分昼漏 55 刻，夜漏 45 刻。

9. 徐昂《宣明历》。据《新唐书·历志六上》记载，宣明历刻分法为 84，即 1 刻 =84 分。冬至、春分、夏至、秋分的“夜半定漏”分别为 27 刻 40 分、22 刻 42 分、17 刻 44 分、22 刻 42 分[3]。由此推知，冬至昼漏 45 刻 4 分，夜漏 54 刻 80 分；春分昼漏 55 刻，夜漏 45 刻；秋分昼漏 64 刻 80 分，夜漏 35 刻 4 分；秋分昼漏 55 刻，夜漏 45 刻。

以上列举的汉唐 9 部历法中，由于各历的刻分法不尽相同，因而在“二分二至”的漏刻推算中出现了些许的刻、分差异。但总体来看，诸历昼夜漏刻的推定常数基本相同，它们共同遵循着冬至昼漏 45 刻的规定，昼漏 45 刻也成为汉唐历法推求中占据主流的漏刻常数。但实际上，昼漏 45 刻模式还包括了昏旦漏刻的基本常数（5 刻）。《宋书·天文志》载：“夫天之昼夜，以日出入为分，人之昼夜，以昏明为限。日未出二刻半而明，日已入二刻半而昏。故损夜五刻以益昼，是以春秋分之昼漏五十五刻。”[4] 换言之，若以日出、日入作为昼夜的分界，那么春分、秋分的实际昼漏刻刚好为 50 刻（即昼漏 55 刻减去 5 刻昏旦）。《隋书·天文志》谓：“日未出前二刻半而明，既没后二刻半乃昏。减夜五刻，

1《旧唐书》卷 34《历志三》，第 1252—1253 页；《新唐书》卷 28 上《历志四上》，第 657—658 页。冬至、春分、夏至、秋分的“夜半漏”，《旧志》记为“27 刻 240 分、22 刻 230 分、17 刻 250 分、20 刻 240 分”，《新志》分别作“27 刻 230 分、22 刻 230 分、17 刻 250 分、22 刻 230 分”。《新志》的点校者认为，《大衍历》刻分法为 480，即一刻 =480 分，春分、秋分昼夜等长，2 × 22 刻 240 分 =45 刻。再加上昏明 5 刻，适得 50 刻。此从之。《旧志》所记冬至“夜半漏”27 刻 240 分，可以信从，唯秋分 20 刻 240 分，当有 2 刻脱漏，此不取。

2《新唐书》卷 28 上《历志四上》，中华书局，1975，第 660 页。

3《新唐书》卷 30 上《历志六上》，第 752—754 页。

4《宋书》卷 23《天文志一》，第 675 页。

以益昼漏，谓之昏旦。”[1]《宋史·律历志》“皇祐漏刻”条：“日未出前二刻半为晓，日没后二刻半为昏。减夜五刻以益昼漏，谓之昏旦漏刻。”[2]显而易见，汉唐9部历法中的昼漏45刻模式都包括了5刻的昏旦漏刻时长。

值得注意的是，隋代张胄玄《大业历》虽然没有收录二十四节气昼夜漏刻的数据，但却首次以辰刻计时方法确定二十四节气日出日入时刻，这是中国古代历法中第一份日出日入时刻表。[3]根据《隋书·律历志》的记载，《大业历》所见二分二至的日出、日入时刻如下：

表4-1　《大业历》所见二分二至的日出、日入时刻表

节气	日出	日入	夜漏刻	
			纪志刚[4]	陈美东[5]
冬至	辰时60分刻之50	申时7刻30分	55	59
春分、秋分	卯时3刻55分	酉时4刻25分	44.5	49
夏至	寅时7刻30分	戌时50分	35	40

《大业历》的刻分法为60，即1刻=60分。[6]1时=25/3刻=8刻20分。昼漏刻=日入时刻–日出时刻，夜漏刻=日出时刻–日入时刻。昼漏刻+夜漏刻=100刻。据此，冬至的夜漏刻=辰时$\frac{50}{60}$–申时7 $\frac{30}{60}$=60刻，春分、秋分的夜漏刻=卯时3 $\frac{55}{60}$–酉时4 $\frac{25}{60}$=49刻30分，夏至的夜漏刻=寅时7 $\frac{30}{60}$–戌时$\frac{50}{60}$=40刻。如将“二分”的昼漏、夜漏的时差1刻忽略不计的话，那么《大业历》推定的昼夜长短变化与唐宋官方天文机构中的漏刻增减大体相同。《唐六典·太史局》载：“挈壶正、司辰掌知漏刻。孔壶为漏，浮箭为刻，以考中星昏明之

1《隋书》卷19《天文志上》，第526页。

2《宋史》卷76《律历志九》，第1746页。

3 曲安京等：《中国古代数理天文学探析》，西北大学出版社，1994，第54页。

4 曲安京等：《中国古代数理天文学探析》，第59页。

5 张培瑜等：《中国古代历法》，中国科学技术出版社，2007，第65页。

6 陈美东在推算《大业历》二十四节气昼夜漏刻时，刻分法视为68，不知何据。参见张培瑜等：《中国古代历法》，第65页。

候焉。箭有四十八，昼夜共百刻。冬、夏之间有长短：冬至，日南为发，去极一百一十五度，昼漏四十刻，夜漏六十刻；夏至，日北为敛，去极六十七度，昼漏六十刻，夜漏四十刻；春、秋二分，发敛中，去极九十一度，昼、夜各五十刻。”[1] 显然，唐太史局主持的昼夜漏刻计时工作中，推行的是冬至昼漏 40 刻的模式。宋真宗大中祥符三年（1010 年），春官正韩显符奏上《铜浑仪法要》，“其中有二十四气昼夜进退、日出没刻数立成之法，合于宋朝历象”。[2] 其刻分法为 147（1 刻 =147 分），二分二至的昼夜漏刻依次为：春分、秋分，昼夜各 50 刻；冬至昼漏 40 刻 5 分，夜漏 59 刻 142 分；夏至昼漏 59 刻 142 分，夜漏 40 刻 5 分。[3] 又皇祐中，舒易简、周琮等人更造新法：冬至昼漏四十刻，夜漏六十刻；夏至昼漏六十刻，夜漏四十刻；春秋二分昼夜各五十刻。[4] 由此可见，宋代的漏刻制度中，遵循的依然是冬至昼漏 40 刻、夜漏 60 刻的模式。这种以日出、日入为据，且摒弃 5 刻昏旦时长后推定的漏刻常数，与前述汉唐 9 部历法包括昏旦漏刻的情况明显不同。因此可以说，昏旦漏刻成为区分冬至昼漏 40 刻和昼漏 45 刻的核心内容。

二、具注历日“二分二至”的漏刻标注

敦煌具注历日中的漏刻资料，目前主要见于 P.4996+P.3476、S.2404、S.276、P.2591、S.681v+Дx.1454v+Дx.2418v、S.1473+S.11427v、P.3403、S.3985+P.2705、P.3507、S.5919、WA37–9（日本国会图书馆藏）等历日文献中。一般情况下，漏刻的标注是作为历日的附注内容加以描述的，[5] 由于历日文献多

1（唐）李林甫撰，陈仲夫点校：《唐六典》卷 10《挈壶正》，中华书局，1992，第 305 页。

2《宋史》卷 70《律历志三》，第 1589—1590 页。

3《宋史》卷 70《律历志三》，第 1589—1590 页。

4《宋史》卷 76《律历志九》，第 1746—1750 页。

5 邓文宽以 P.3403 为例分析敦煌具注历日的书写格式，指出历日由上而下分为八栏，其中第六栏为昼夜时刻，使用的是中国古代的百刻纪时制度，随节气变化昼夜互有增减，春秋二分日昼夜各五十刻。参见《邓文宽敦煌天文历法考索》，上海古籍出版社，2010，第 23 页。

有残缺，加之在历日的编写和传抄中常有脱漏的情况，所以总体来看，具注历日中遗留下来的漏刻信息比较有限，且极为零散，多是断断续续的记载，这给我们的研究带来了一定的难度。

就时代而言，现知敦煌历书中最早保存昼夜漏刻信息的是 P.4996+P.3476《唐景福二年癸丑岁(893 年）具注历日》。该件首部残缺，现存漏刻标注 24 条，均为朱笔，尾部亦有朱笔题记“吕定德写，忠贤校了”。这里“忠贤”即张忠贤，系归义军张承奉时期的历日文化学者。P.4640v《归义军布纸破用历》载：己未年（899 年）十一月廿七日，“支与押衙张忠贤造历日细纸叁帖”；十二月廿三日，“支与押衙张忠贤造文细纸壹帖”。[1] 这表明吕定德抄写，张忠贤审校的 893 年历日应是沙州归义军编修的地方历书。这件残历中，八月二日己亥木满，注为“秋分八月中，雷乃发声”。八月四日辛丑土定，朱笔标注“昼五十刻，夜五十刻”；十一月五日庚午木（土）破，注为“冬至十一月节，蚯蚓结”。十一月二日丁卯火平，朱笔标注“昼卌刻，夜六十刻”[2]。

S.2404《后唐同光二年甲申岁（924 年）具注历日》残存正月一日至四日历注信息，其中“二日壬寅金建”，朱笔注有“昼卌五刻，夜五十五刻”。此件首部有“押衙守随军参谋翟奉达撰上”题识，[3] 可知亦为归义军自编历日。

S.276《后唐长兴四年癸巳岁（933 年）具注历日》现存 4 条漏刻标注，均为朱笔书写：即三月十五日“昼五十三，夜卌七”，四月十八日“昼五十七，夜卌三”，五月十九日“昼六十刻，夜卌刻”；六月十九日“昼五十八刻，夜四十二”。[4] 考虑到三月廿日“谷雨三月中，萍始生”、五月廿二日“夏至五月中，

---

1 唐耕耦、陆宏基编：《敦煌社会经济文献真迹释录》第 3 辑，全国图书馆文献缩微复制中心，1990 年印行，第 260 页。

2 上海古籍出版社等编：《法藏敦煌西域文献》第 24 册，上海古籍出版社，2002，第 296—300 页；朱笔漏刻信息，据国际敦煌项目 IDP 彩图释录。

3 郝春文等编著：《英藏敦煌社会历史文献释录》第 12 卷，社会科学文献出版社，2015，第 29 页。

4 郝春文等编著：《英藏敦煌社会历史文献释录》第 1 卷（修订版），社会科学文献出版社，2018，第 683—692 页。

鹿角解”和六月廿二日“大暑六月中，腐草为萤”的说明，以上4条应分别是谷雨、夏至和大暑前后的漏刻记录。

P.2591《后晋天福九年甲辰岁（944年）具注历日》残存四月七日至六月二日历注内容，其中漏刻标注仅有2条，分别是四月廿日“昼五十七刻，夜四十三刻”和五月廿日“昼六十刻，夜四十刻”，[1] 亦为朱笔抄写。又五月廿三日乙未金除，其下注曰：“往亡，夏至五月中，鹿角解”，可知夏至也是往亡日，不宜远行、归家及行师、出军。

S.681v+Дx.1454v+Дx.2418v《后晋天福十年乙巳岁（945年）具注历日》现存6条漏刻标注，即在正月三日、十一日、十八日、廿七日、二月四日、十一日分别注有“昼四十六刻，夜五十四刻”“昼四十七刻，夜五十三刻”“昼四十八刻，夜五十二刻”“昼四十九刻，夜五十一刻”“昼五十刻，夜五十刻”“昼五十一刻，夜四十九刻”等信息。该历二月二日注为“春分二月中，玄鸟至”，[2] 说明二月四日昼夜各五十刻，应是春分前后的漏刻记录。

S.1473+S.11427v《宋太平兴国七年壬午岁（982年）具注历日》存序言及正月一日至五月六日的历注信息。自正月五日立春正月节标注漏刻“昼四十三刻，夜五十六刻”，至四月廿七日“昼五十八刻，夜四十二刻”，共保存漏刻信息15条。该历二月廿日为春分，二月廿三日“昼五十刻，夜五十刻”，亦是春分前后的漏刻标注。该历首题“押衙知节度参谋银青光禄大夫检校国子祭酒翟文进撰”[3]，可知此件亦是沙州归义军颁行使用的自编历书。

P.3403《宋雍熙三年丙戌岁（986年）具注历日》是敦煌历书中漏刻标注最为完整的一件。此件首尾完整，前有历序，正文保存了全年12月共计354日的吉凶宜忌内容。据卷首题记，可知为“押衙知节度参谋银青光禄大夫检校

1 邓文宽：《敦煌天文历法文献辑校》，江苏古籍出版社，1996，第450—459页。

2 郝春文编著：《英藏敦煌社会历史文献释录》第3卷，社会科学文献出版社，2003，第482—493页。

3 郝春文、赵贞编著：《英藏敦煌社会历史文献释录》第7卷，社会科学文献出版社，2010，第36—63页。

国子祭酒兼御史中丞”安彦存编纂。在朱笔书写的诸多历日注记事项中，存有全年相对连续、完整的昼夜漏刻记录 39 条（详后）。

S.3985+P.2705《宋端拱二年己丑岁（989 年）具注历日》残存十月十八日至年末的历注内容，末尾有“勘了刘成子”的朱笔题记。该历仅存 5 条漏刻注记，十一月十五日为“冬至十一月中，蚯蚓结”，十一月十二日注“昼四十刻，夜六十刻”[1]，显然是冬至前后的漏刻标记。

WA37-9《后周显德二年乙卯岁（955 年）具注历日》是日本国会图书馆收藏的一件敦煌残历，现存九月历日及十月九宫、月建信息，另有 2 条漏刻标注：九月十五日“昼四十八刻，夜五十二刻”和九月二十三日“昼四十七刻，夜五十三刻”[2]。

P.3507《宋淳化四年癸巳岁（993 年）具注历日》，这是目前所见最晚记录漏刻增减变化的敦煌历书，其文曰：

> 正月六日昼四十四尅，夜五十六尅；十四日昼四十五尅，夜五十五尅；廿三日昼四十六尅，夜五十四尅。
>
> 二月二日昼四十七尅，夜五十三尅；十日昼四十八尅，夜五十二尅；十八日昼四十九尅，夜五十一尅；廿四日昼五十尅，夜五十尅。
>
> 三月二日昼五十一尅，夜四十九尅；十日昼五十二尅，夜四十八尅；十六日昼五十四（三）尅，夜四十六（七）尅。[3]

以上 10 条昼夜漏刻记录中，二月廿四日昼漏 50 刻，夜漏 50 刻，昼夜平分，时刻等长，理应为春分节气。但据本历记载，“廿三日春分中，玄鸟至”，表明二月廿三日为春分。此种现象，邓文宽认为“历迟一日，是其不合”。[4]

1 邓文宽：《敦煌天文历法文献辑校》，第 650—663 页。

2 邓文宽：《敦煌三篇具注历日佚文校考》，《敦煌研究》2000 年第 3 期；见邓文宽：《敦煌吐鲁番天文历法研究》，甘肃教育出版社，2002，第 205—215 页。

3 邓文宽：《敦煌天文历法文献辑校》，第 664—665 页。

4 邓文宽：《敦煌天文历法文献辑校》，第 667 页。

值得注意的是，S.5919《年次未详历日残片》亦有2条漏刻标注，即“昼五十刻，夜五十刻”和“昼五十一刻，夜四十九刻”。邓文宽根据“人神在踝”和“人神在膝”的信息，推定此处2条漏刻分别注于八月廿日和八月廿七日，应是某年八月秋分前后的漏刻记录。[1]

综合以上有关敦煌历书所见漏刻记录的描述，我们可对敦煌具注历日中“二分二至”（春分、秋分、夏至、冬至）的漏刻标注略作总结。

1.春分。这一日白天和黑夜等长，昼夜漏刻各有50刻。此后，白昼变长，黑夜变短。敦煌具注历日中，昼夜平分的漏刻标注往往晚于春分1—3日。如S.681v+Дх.1454v+Дх.2418v《后晋天福十年（945年）具注历日》中，二月二日春分，理论上昼夜平分，各有50刻，但实际上该历将昼夜平分标注在二月四日，明显晚了2日；又如S.1473+S.11427v《宋太平兴国七年（982年）具注历日》中，二月廿日春分，昼夜平分注为二月廿三日，“历迟三日，是其不合”；其他如P.3403中，二月六日春分，昼夜等长注为二月八日，亦晚两日；P.3507中，二月廿三日春分，昼夜平分注为二月廿四日，“历迟一日，是其不合”[2]。

2.秋分。这一日昼夜亦等长，各有50刻。此后，黑夜变长，白昼渐短。如景福二年（893年）历日（P.4996+P.3476），八月二日秋分，理论上昼夜等长，但该历八月四日注为“昼五十刻，夜五十刻”；又如雍熙三年（986年）历日（P.3403），八月十日秋分，但昼漏五十刻、夜漏五十刻注于八月十三日。邓文宽指出：“昼夜平分当在秋分日，历晚三日，是其不合”[3]。

3.夏至。这一日白昼最长，昼漏60刻，黑夜最短，夜漏40刻。敦煌具注历日中，昼漏60刻的标注往往提前3日。如后唐长兴四年（933年）历日

1 邓文宽：《敦煌天文历法文献辑校》，第671页。
2 邓文宽：《敦煌天文历法文献辑校》，第667页。
3 邓文宽：《敦煌天文历法文献辑校》，第647页。

（S.276），五月廿二日夏至，但该历五月十九日注曰："昼六十刻，夜四十刻"，与夏至相比提前 3 日；又见 P.2591《后晋天福九年（944 年）具注历日》中，五月廿三日夏至，历注昼漏六十刻为五月廿日，亦早 3 日；还有 P.3403《宋雍熙三年（986 年）历日》，五月八日夏至，昼漏六十刻注为五月五日，"历早三日，是其不合"[1]。

4. 冬至。这一日黑夜最长，夜漏 60 刻，白昼最短，昼漏 40 刻。敦煌具注历日中，昼漏 40 刻的标注通常提前 3—4 日。如唐景福二年（893 年）历日（P.4996+P.3476），十二月二日注为"昼卌刻，夜六十刻"，与冬至节气（十二月五日）相较显然提前了 3 日；又 P.3403《雍熙三年（986 年）历日》中，十一月十四日冬至，但该历十一月十日注曰："昼四十刻，夜六十刻"，与冬至相较亦提前 4 日；又 S.3985+P.2705《宋端拱二年（989 年）具注历日》中，十一月十五日冬至，历注昼漏四十刻为十一月十二日，"历早三日，是其不合"[2]。

表 4–2　敦煌具注历日"二分二至"漏刻标注表

二分（春分、秋分）/二至（夏至、冬至）	理论上的昼夜漏刻（《唐六典》）	同一漏刻实际标注日期	历注早晚情况	历日编号
二月二日春分	昼 50 刻，夜 50 刻	二月四日	历晚二日	S.681v+Дx.1454v+Дx.2418v
二月廿日春分	昼 50 刻，夜 50 刻	二月廿三日	历晚三日	S.1473+S.11427v
二月六日春分	昼 50 刻，夜 50 刻	二月八日	历晚二日	P.3403
二月廿三日春分	昼 50 刻，夜 50 刻	二月廿四日	历晚一日	P.3507
五月廿二日夏至	昼 60 刻，夜 40 刻	五月十九日	历早三日	S.276
五月廿三日夏至	昼 60 刻，夜 40 刻	五月廿日	历早三日	P.2591
五月八日夏至	昼 40 刻，夜 60 刻	五月五日	历早三日	P.3403
八月二日秋分	昼 50 刻，夜 50 刻	八月四日	历晚二日	P.4996+P.3476

1 邓文宽：《敦煌天文历法文献辑校》，第 646 页。
2 邓文宽：《敦煌天文历法文献辑校》，第 662 页。

续表

二分（春分、秋分）/二至（夏至、冬至）	理论上的昼夜漏刻（《唐六典》）	同一漏刻实际标注日期	历注早晚情况	历日编号
八月十日秋分	昼50刻，夜50刻	八月十三日	历晚三日	P.3403
十一月五日冬至	昼40刻，夜60刻	十一月二日	历早三日	P.4996+P.3476
十一月十四日冬至	昼40刻，夜60刻	十一月十日	历早四日	P.3403
十一月十五日冬至	昼40刻，夜60刻	十一月十二日	历早三日	S.3985+P.2705

不难看出，敦煌具注历日对“二分二至”昼夜漏刻的标注，与《唐六典》呈现的律令意义上的描述略有差异，这主要表现在具注历日对昼漏50刻的标注往往要比春分、秋分节气晚1—3日。但另一方面，与夏至、冬至相比，具注历日对昼漏60刻、昼漏40刻的标注又提前了3—4日。不惟如此，日本京都大学人文科学研究所藏《大唐阴阳书》所见历日中，八月十六日秋分，昼夜平分的漏刻注于八月十八日，可见历注迟滞2日；十一月十六日冬至，但昼漏40刻、夜漏60刻注于十一月十三日，说明历注又提前3日。总体来看，昼夜漏刻的标注尽管有1—4日的误差，但无论是敦煌历书，还是《大唐阴阳书》，它们的漏刻标注仍是按照《唐六典》“二分二至”的描述来进行的。

若将视野向后延伸，传世本《大宋宝祐四年丙辰岁（1256年）会天万年具注历》是南宋理宗时太史局主持修撰的一部官颁历书。[1] 此历的漏刻标注从二月十二日开始（昼夜各50刻），至十二月十四日结束（昼漏41刻，夜漏59刻），共收录30条漏刻信息。其中二月十二日和八月二十二日，昼夜平分，白天与黑夜等长，均是50刻，按理说应是春分、秋分时节。但实际上，此历编定的二十四节气中，春分、秋分分别是二月十七日和八月二十三日，这说明春分的漏刻标注提前了5日，秋分的漏刻标注也提前了1日。同样情况，理论上

1 参与历日编修的天文官员有保章正充同知算造兼主管文德殿钟鼓院荆执礼、灵台郎充同知算造杨旂、灵台郎兼主管测验浑仪刻漏所相师尧、换授保章正充同知算造谭玉、灵台郎判太史局提点历书邓宗文、灵台郎判太史局提点历书李辅卿、灵台郎判太史局提点历书成永祥等。参见阮元编：《宛委别藏》第68册，江苏古籍出版社，1988，第1—54页。

的夏至和冬至是五月四日（昼漏60刻、夜漏40刻）和十一月十日（昼漏40刻、夜漏60刻），但实际的“二至”时日分别是五月二十日和十一月二十六日，表明夏、冬二至的漏刻标注均提前了16日。由此看来，唐宋时期的具注历日中，昼夜漏刻从来都没有标注在“二分二至”的相应日期上，而往往出现在有关节气前后某日的位置。南宋官方历日既是如此，那么敦煌历日也就不足为怪了。

三、“九日增减一刻”辨

以上的论述表明，不论《唐六典》，还是敦煌具注历日，它们描述的昼漏、夜漏大体都在40—60刻之间移动。但是，随着一年中二十四节气的变化，这种漏刻标注是如何增减变化的？《唐六典》卷一〇《挈壶正》载：

> 秋分已后，减昼益夜，九日加一刻；春分已后，减夜益昼，九日减一刻；二至前后则加减迟，用日多；二分之间则加减速，用日少。[1]

按照《唐六典》的描述，春、秋二分，昼夜等长，各有50刻，此后每隔九日，漏刻增减1刻。比如春分过后，白昼渐趋变长，黑夜相应变短，因而每九日昼漏增加1刻，夜漏则相应减少1刻。同样，秋分后的漏刻增减，亦是每九日一次，但因白昼变短，黑夜变长，所以漏刻变化与春分恰好相反。即每九日昼漏递减1刻，而夜漏相应递增1刻。至于夏至、冬至前后，“加减迟，用日多”，昼夜漏刻增减的时日显然要更长一些。

实际上，《唐六典》有关“九日增减一刻”的说法，来自于汉代太史局制定的漏刻标准，其核心是度量昼夜长短的漏刻每九日增减一刻，漏箭也相应地改换一次。《隋书·天文志》（李淳风撰）载：

> 刘向《鸿范传》记武帝时所用法云：“冬夏二至之间，一百八十余日，

1《唐六典》卷10《挈壶正》，第305页。

昼夜差二十刻。”大率二至之后，九日而增损一刻焉。至哀帝时，又改用昼夜一百二十刻，寻亦寝废。至王莽窃位，又遵行之。光武之初，亦以百刻九日加减法，编于《甲令》，为《常符漏品》。至和帝永元十四年，霍融上言：“官历率九日增减一刻，不与天相应。或时差至二刻半，不如夏历漏刻，随日南北为长短。”乃诏用夏历漏刻。依日行黄道去极，每差二度四分，为增减一刻。[1]

根据李淳风的记载，早在西汉武帝时就已采用九日“增损一刻”的方法来确定昼夜时长，不过当时仅限于在夏至、冬至之后施行。东汉光武帝时，明确将“九日增减一刻”编入《常符漏品》中[2]，并诏令颁行使用。至和帝永元十四年（102年），太史霍融指出，官漏“九日增减一刻”的标准既不“与天相应”，也不“随日进退”，在实际行用中出现了多达2.5刻的时差，因而建议改用“夏历”设定漏刻的准则，以冬、夏二至以后，太阳午中的去极度每增减2.4度时，昼夜漏刻也相应增减1刻[3]。此后，“九日增减一刻”的标准遂弃而不用。前引南朝《梁漏刻经》云：“冬至之后日长，九日加一刻……夏至之后日短，九日减一刻。”[4]描述的正是“九日增减一刻”的准则。但此标准是否在南朝推行，尚不清楚。至唐开元年中，李林甫将“九日增减一刻”的适用时间限定为春分、秋分以后，并最终写入《唐六典》中。后来，后晋刘昫在撰修《旧唐书·职官志》时也完全吸收了这种说法[5]。

既然如此，敦煌具注历日中的漏刻增减，又是如何标注的呢？法国学者华澜（Alain Arrault）曾注意到敦煌历日中昼夜长短变化的特点。他说，“在986

1《隋书》卷19《天文志上》，第526—527页。

2 根据《后汉书志》第二《律历志中》的记载，《常符漏品》成于汉宣帝本始三年（前71年），至东汉建武十年（34年），光武帝降诏颁行使用。见《后汉书志》，第3032页。

3 陈美东：《中国古代的漏箭制度》，《广西民族学院学报》（自然科学版）2006年第4期。

4《初学记》卷25《器物部·漏刻一》，第595页。

5《旧唐书》卷43《职官志二》，第1856页。

年历日中，昼夜长短变化的记录通常是7到9天的间隔，但二至前后的间隔却要长得多：十二天的昼夜消长比分别为59—41刻和60—40刻，十九天的昼夜消长比分别为60—40刻和59—41刻。十二天为59—41刻和58—42刻，十天为58—42刻和57—43刻。但是，对于二分和二至来说，这一比差从来都没有在相应的节气日上（春分、夏至、秋分、冬至），却出现在节气日的前后几天上。”[1] 华澜所说的历日，是现知敦煌历书中漏刻标注最为完整的一件，即P.3403《宋雍熙三年丙戌岁（986年）具注历日》。现以邓文宽《敦煌天文历法文献辑校》为据，并参照国际敦煌项目（IDP）刊布的彩图，对P.3403所见全年相对连续、完整的39条漏刻信息进行排列，制表如下。

表4-3　P.3403《宋雍熙三年丙戌岁（986年）具注历日》所见漏刻标注表

月建大小	纪日	昼漏	夜漏	漏刻增减日数	二十四节气
正月小（29天）	六日	46刻	54刻	不明	四日雨水，十九日惊蛰
	十四日	47刻	53刻	8	
	廿二日	48刻	52刻	8	
二月大（30天）	一日	49刻	51刻	8	六日春分，廿一日清明
	八日	50刻	50刻	7	
	十五日	51刻	49刻	7	
	廿三日	52刻	48刻	8	
三月大（30天）	一日	53刻	47刻	8	六日谷雨，廿一日立夏
	十日	54刻	46刻	9	
	十九日	55刻	45刻	9	
	廿六日	56刻	44刻	7	
四月小（29天）	四日	57刻	43刻	8	七日小满，廿二日芒种
	十二日	58刻	42刻	8	
	廿二日	59刻	41刻	10	
五月小（29天）	五日	60刻	40刻	12	八日夏至，廿三日小暑
	廿四日	59刻	41刻	19	

1［法］华澜：《敦煌历日探研》，李国强译，中国文物研究所编：《出土文献研究》第7辑，上海古籍出版社，2005，第196—253页。

续表

月建大小	纪日	昼漏	夜漏	漏刻增减日数	二十四节气
六月大（30天）	七日	58刻	42刻	12	九日大暑，廿五日立秋
	十七日	57刻	43刻	10	
	廿五日	56刻	44刻	8	
七月大（30天）	三日	55刻	45刻	8	十日处暑，廿五日白露
	十一日	54刻	46刻	8	
	十九日	53刻	47刻	8	
	廿七日	52刻	48刻	8	
八月小（29天）	六日	51刻	49刻	9	十日秋分，廿六日寒露
	十三日	50刻	50刻	7	
	廿日	49刻	51刻	7	
	廿八日	48刻	52刻	8	
九月大（30天）	七日	47刻	53刻	8	十二日霜降，廿七日立冬
	十五日	46刻	54刻	8	
	廿三日	45刻	55刻	8	
十月小（29天）	一日	44刻	56刻	8	十二日小雪，廿七日大雪
	九日	43刻	57刻	8	
	十八日	42刻	58刻	9	
	廿七日	41刻	59刻	9	
十一月小（29天）	十日	40刻	60刻	12	十四日冬至，廿九日小寒
	廿九日	41刻	59刻	19	
十二月大（30天）	十二日	42刻	58刻	12	十五日大寒，卅日立春
	廿二日	43刻	57刻	10	
	三十日	44刻	56刻	8	

如表所示，以上有关昼夜长短变化的39条记录中，漏刻增减周期出现了7日、8日、9日、10日、12日和19日六种情况（第1条漏刻增减日数不明）。其中7日、9日各有5条漏刻标注，意味着昼夜时长每7日或9日增减1刻，漏箭也相应改换1次；与此相应，8日增减1刻的标注有19条，10日增减1刻的标注有3条，12日增减1刻的标注有4条。更有甚者，19日增减1刻的标注也有2条。如果联系当年（986年）的二十四节气，可知7日增减1

刻的 5 条标注中，有 4 条集中于春分、秋分前后；同样，9 日增减 1 刻的标注也有 5 条，大致集中于谷雨、立夏、小雪和大雪前后。相比之下，12 日增减 1 刻和 19 日增减 1 刻的 6 条标注，总体出现于冬至、夏至前后。至于其他时日的 19 条记录，俱是 8 日增减 1 刻，约占全年总记录的一半，这说明全年的昼夜漏刻变化中，绝大多数是每 8 日增减 1 刻。日本国会图书馆藏《后周显德二年乙卯岁（955 年）具注历日》仅有两条漏刻记录，即九月十五日"昼四十八刻，夜五十二刻"，九月廿三日"昼四十九刻，夜五十一刻"。考虑到夏至后白天日短，夜晚渐长的情况，此处廿三日的漏刻标注有误，当改作"昼四十七刻，夜五十三刻"[1]。尽管如此，昼漏 8 日减 1 刻，夜漏相应增 1 刻的基本常数是准确的。

若以春分、秋分的漏刻标注为例，P.4996+P.3476《唐景福二年（893 年）具注历日》、S.681v+Дх.1454v+Дх.2418v《后晋天福十年（945 年）具注历日》、S.1473+S.11427v《宋太平兴国七年（982 年）具注历日》、P.3403《宋雍熙三年（986 年）具注历日》都呈现出 7 日增减 1 刻的特征。比如 893 年历日中，七月廿七日（昼漏 51 刻，夜漏 49 刻）、八月四日（昼漏 50 刻，夜漏 50 刻）、八月十一日（昼漏 49 刻，夜漏 51 刻）是秋分前后的漏刻记录，期间昼漏每减 1 刻，所需时间均为 7 日。又如 945 年历日，从正月二十七日（昼漏 49 刻，夜漏 51 刻）到二月四日（昼漏、夜漏各 50 刻），再到二月十一日（昼漏 51 刻，夜漏 49 刻），平均每隔 7 日，昼漏增加 1 刻，正是春分前后的漏刻标注。同样的情况见于 982 年历日中，该历昼漏 49 刻、50 刻、51 刻分别标注在二月十六日、二月廿三日和三月一日，说明昼漏每 7 日增加 1 刻。[2] 又 S.5919《年次未详具注历日残片》云："廿日昼五十刻，夜五十刻。廿七日昼四十九刻，

---

1 邓文宽：《敦煌三篇具注历日校考》，《敦煌研究》2000 年第 3 期；见氏著《敦煌吐鲁番天文历法研究》，甘肃教育出版社，2002，第 205—215 页。

2 该历二月小建，29 天，故二月廿三至三月一日，亦为 7 日。

夜五十一刻。”[1] 从昼夜平分及昼漏减少、夜漏增加来看，此件当为某年八月秋分前后历日，从中不难看出漏刻增减的周期为 7 日。稍有例外的是 P.3507《宋淳化四年（993 年）具注历日》。该历从正月六日昼漏 44 刻、夜漏 56 刻开始，至三月十六日昼漏 53 刻、夜漏 47 刻结束，共收录 10 条漏刻信息。其中昼漏 45—46 刻，漏刻增减的周期为 9 日；昼漏 52—53 刻，漏刻增减的周期为 6 日。至于其余 8 条漏刻标注，它们的增减周期均是 8 日。若以二月廿四日昼夜各 50 刻为据，其前一刻为二月十八日，其后一刻为三月二日，可知春分前、后漏刻增减的周期分别为 6 日和 8 日[2]。这样看来，敦煌具注历日中“二分”前后漏刻增减的周期大致在 6—8 日间变动，其中以 7 日增减 1 刻最为典型，故与《唐六典》“九日增减一刻”的描述明显不同。

再看夏至、冬至的漏刻增减日数。前举 P.4996+P.3476《唐景福二年（893 年）具注历日》中，十月十九日昼漏 41 刻、十一月二日昼漏 40 刻、十一月廿日昼漏 41 刻，这是冬至前后的漏刻记录。考虑到十月小，共 29 天的情况，可知冬至前 12 日昼漏减 1 刻，冬至后 18 日则为昼漏增 1 刻。又 P.3403《宋雍熙三年（986 年）具注历日》中，四月廿二日昼漏 59 刻，夜漏 41 刻；五月五日昼漏 60 刻，夜漏 40 刻；五月廿四日昼漏 59 刻，夜漏 41 刻；十月廿七日昼漏 41 刻，夜漏 59 刻；十一月十日昼漏 40 刻，夜漏 60 刻；十一月廿九日昼漏 41 刻，夜漏 59 刻。考虑到该历中五月八日、十一月十四日分别为夏至、冬至，四月、十月为小建，共 29 天，故可推知夏至前 12 日昼漏增 1 刻，夏至后 19 日昼漏减 1 刻；冬至前 12 日昼漏减 1 刻，冬至后 19 日昼漏增 1 刻。又见 S.3985+P.2705《宋端拱二年（989 年）具注历日》中，十月卅日昼漏 41 刻，夜漏 59 刻；十一月十二日昼漏 40 刻，夜漏 60 刻；十二月一日昼漏 41 刻，夜漏 59 刻。又因此历十一月大建，共 30 天，十一月十五日为冬至，据此可知该

1 邓文宽：《敦煌天文历法文献辑校》，第 671 页。

2 该历二月廿八日为春分，又二月为大建，共 30 天，据此可知昼漏增加一刻的周期为 8 日。

历冬至前 12 日昼漏减 1 刻，冬至后 19 日昼漏增 1 刻。

值得注意者，S.276《后唐长兴四年（933 年）具注历日》收有 3 条漏刻记录：

四月十八日甲子，昼五十七［刻］，夜卌三［刻］。

五月十九日甲午，昼六十刻，夜卌刻。

六月十九日甲子，昼五十八刻，夜四十二［刻］。[1]

此历中五月廿二日为夏至，但昼漏 60 刻、夜漏 40 刻的漏刻信息标注于五月十九日，说明历注提前了 3 日。又因月建四月小（29 天），五月大（30 天），故自四月十八日至五月十九日共计 30 天，期间昼漏增加 3 刻；同样，自五月十九日至六月十九日也有 30 天，期间昼漏减少 2 刻。若以 P.3403《具注历日》为参照，该历五月八日夏至，但昼漏 60 刻标注于五月五日，同样提前了 3 日。从月建大小来说，由于该历四月、五月都是小月，各 29 天，故自四月四日“昼五十七刻，夜四十三刻”至五月五日“昼六十刻，夜四十刻”共 30 日，期间昼漏亦增加 3 刻；而自五月五日至六月七日“昼五十八刻，夜四十二刻”，共 31 日，期间昼漏减少 2 刻。综合这些细节，不难看出 S.276 在夏至前后的漏刻标注与 P.3403 基本相同，这说明夏至前 12 日昼漏增 1 刻，夏至后 19 日昼漏减 1 刻的准则对于 S.276 来说同样适用。

因此，从 P.4996+P.3476、P.3403、S.3985+P.2705 和 S.276 所见“二至”前后的漏刻标注来看，敦煌具注历日中，大致夏至前 12 日昼漏增 1 刻，夏至后 19 日昼漏减 1 刻；冬至前 12 日昼漏减 1 刻，冬至后 18—19 日昼漏增 1 刻。这种昼夜长短的增减变化，总体比较符合《唐六典》“二至前后则加减迟，用日多”的描述。

事实上，“二分二至”前后昼夜漏刻的增减变化，隋代鄜州司马袁充曾有充分的认识。开皇十四年（594 年），袁充奏上晷影漏刻，他用“短影平仪，

1 郝春文等编著：《英藏敦煌社会历史文献释录》第 1 卷（修订版），第 686—692 页。

均布十二辰，立表，随日影所指辰刻，以验漏水之节”，其二分二至“用箭辰刻之法”大体如下：

冬至：日出辰正，入申正，昼四十刻，夜六十刻。

子、丑、亥各二刻，寅、戌各六刻，卯、酉各十三刻，辰、申各十四刻，巳、未各十刻，午八刻。

右十四日改箭。

春秋二分：日出卯正，入酉正，昼五十刻，夜五十刻。

子四刻，丑、亥七刻，寅、戌九刻，卯、酉十四刻，辰、申九刻，巳、未七刻，午四刻。

右五日改箭。

夏至：日出寅正，入戌正，昼六十刻，夜四十刻。

子八刻，丑、亥十刻，寅、戌十四刻，卯、酉十三刻，辰、申六刻，巳、未二刻，午二刻。

右一十九日，加减一刻，改箭。[1]

根据袁充的设计，“二分二至”的昼漏、夜漏刻数，正是汉唐之际冬至“昼漏40刻”的基本模式，《唐六典》《旧唐书·职官志》《新唐书·百官志》都采纳了这套数据。但问题是，随着节气和昼夜长短的变化，作为度量时间的漏箭究竟何时改换？对此，袁充结合切身实践的结果，提出了自己的看法。即冬至前后，漏箭多是14日改换1次，春分、秋分前后，漏箭5日1易，而夏至前后则是19日“加减一刻，改箭”。漏箭的改换是随着昼夜长短的起伏变化而进行的，昼夜时长每增减1刻，漏箭则相应更换1次。春分、秋分前后由于昼夜长短变化较快，大致5日增减1刻，故而漏箭也是5日1易。相比之下，冬、夏二至昼夜时长变化较慢，漏箭的使用时间与改换周期也相应变长。尤其是夏

1《隋书》卷19《天文志上》，第527—528页。

至后19日，昼漏才减少1刻，漏箭也相应地改换1次。总体来看，由于受到昼夜长短变化快慢的影响，漏箭改换的周期，春、秋二分用时较少，而冬、夏二至用时相对较长。这在《唐六典》和敦煌具注历日的漏刻描述中都有充分反映。

京都大学人文科学研究所藏《大唐阴阳书》（下卷）是抄于嘉祥元年（848年）的一件占卜典籍。[1]该件第三十三篇题为“开元大衍历注”，其下保存了“立秋七月节”至“小寒十二月节”的历注信息。相较而言，国立天文台藏本《大唐阴阳书》首尾俱全，全年的节气、物候、漏刻、神煞、纪日及吉凶宜忌等信息，都有完整记录。稍有特殊者，《大唐阴阳书》每月均以节气定朔（一日），以中气为既望（十六日）。且就漏刻标注而言，正月、三月、四月、七月、九月、十月的漏箭改换周期均为8日；惊蛰二月节和白露八月节中，十六日为春、秋二分，十八日昼夜漏刻各50刻，距前一刻（49刻或51刻）和后一刻（51刻或49刻）的时间均为7日，说明春分、秋分前后漏箭每7日更换一次。对照《唐六典》“九日加减一刻”的说法，《大唐阴阳书》的漏箭改换显然稍快一些。再看芒种五月节，从昼漏59刻增为60刻需要12日，而从昼漏60刻减为59刻则需18日。又大雪十一月节，从昼漏41刻减为昼漏40刻需要12日，这正好是冬至前漏箭改换的日数；与此相应，从昼漏40刻增为昼漏41刻则需要18日，自然正是冬至后漏箭更换的日数。无疑，《大唐阴阳书》中夏至、冬至前后漏箭改换的周期，与前举P.4996+P.3476《唐景福二年（893年）具注历日》冬至前后的漏刻记录完全相同，进一步佐证了《唐六典》的表述，“二至前后则加减迟，用日多”。

---

1 黄正建：《日本保存的唐代占卜典籍》，见氏著《敦煌占卜文书与唐五代占卜研究》（增订版），中国社会科学出版社，2014，第209—212页。

表 4-4 《大唐阴阳书》所见漏刻标注表[1]

月份	漏刻标注				增减日数	备注
立春正月节	一日昼 44 刻，夜 56 刻	九日昼 45 刻，夜 55 刻	十七日昼 46 刻，夜 54 刻	廿五日昼 47 刻，夜 53 刻	8	十六日雨水
惊蛰二月节	四日昼 48 刻，夜 52 刻	十一日昼 49 刻，夜 51 刻	十八日昼 50 刻，夜 50 刻	廿五日昼 51 刻，夜 49 刻	7	十六日春分
清明三月节	三日昼 52 刻，夜 48 刻	十一日昼 53 刻，夜 47 刻	十九日昼 54 刻，夜 46 刻	廿七日昼 55 刻，夜 45 刻	8	十六日谷雨
立夏四月节	五日昼 56 刻，夜 46 刻	十三日昼 57 刻，夜 43 刻	廿一日昼 58 刻，夜 42 刻		8	十六日小满
芒种五月节	一日昼 59 刻，夜 41 刻	十三日昼 60 刻，夜 40 刻			12 日	十六日夏至，历注早 3 日
小暑六月节	一日昼 59 刻，夜 41 刻	十三日昼 58 刻，夜 42 刻	廿三日昼 57 刻，夜 43 刻		18 日（昼 60—59 刻）；12 日（昼 59—58 刻）；10 日（昼 58—57 刻）	十六日大暑
立秋七月节	一日昼 56 刻，夜 44 刻	九日昼 55 刻，夜 45 刻	十七日昼 54 刻，夜 46 刻	廿五日昼 53 刻，夜 47 刻	8 日	十六日处暑
白露八月节	三日昼 52 刻，夜 48 刻	十一日昼 51 刻，夜 49 刻	十八日昼 50 刻，夜 50 刻	廿五日昼 49 刻，夜 51 刻	7 日	十六日秋分，历注晚 2 日
寒露九月节	三日昼 48 刻，夜 52 刻	十一日昼 47 刻，夜 53 刻	十九日昼 46 刻，夜 54 刻	廿七日昼 45 刻，夜 55 刻	8 日	十六日霜降
立冬十月节	五日昼 44 刻，夜 56 刻	十三日昼 43 刻，夜 57 刻	廿一日昼 42 刻，夜 58 刻		8 日	十六日小雪

1 此表据抄本《大唐阴阳书》（京都大学人文科学研究所藏本、国立天文台藏本）及汪小虎《敦煌具注历日中的昼夜时刻问题》（《自然科学史研究》2013 年第 2 期）制作而成。

续表

月份	漏刻标注				增减日数	备注
大雪十一月节	一日昼41刻，夜59刻	十三日昼40刻，夜60刻			12日	十六日冬至，历注早3日
小寒十二月节	一日昼41刻，夜59刻	十三日昼42刻，夜58刻	廿三日昼43刻，夜57刻		18日（昼40—41刻）；12日（昼41—42刻）；10日（昼42—43刻）	十六日大寒

四、结语

以上的讨论表明，唐宋历书所见“二分二至”的漏刻标注，始终没有出现在相应的节气（春分、秋分、冬至、夏至）日期上，而往往标注在节气前后某日的地方，这在敦煌具注历日、《大唐阴阳书》和南宋《宝祐四年（1256年）会天万年具注历》中有明确反映。对于此种现象，学者通常认为“历注不合”，或怀疑系写本时代传抄错误所致。天文学史专家王立兴指出：“在某些日期下注有昼夜漏刻数，一直用到其后某日再注另一漏刻数为止。”[1]其意是说，历注中的昼夜漏刻数，不能视为“当天出现的实况”，而是当日及此后一段时间里昼夜长短的标注。以P.3403为例，十一月十日“昼四十刻，夜六十刻”，十一月廿九日“昼四十一刻，夜五十九刻”，这表明自十一月十日到十一月廿八日长达19日的时间里，昼夜长短都是昼漏40刻，夜漏60刻，包括冬至日(十一月十四日）也在这一时段内。但到了十一月廿九日，昼夜时长才变为昼漏41刻，夜漏59刻[2]。

另一方面，如《隋书·天文志》所说，“漏刻皆随气增损”。漏刻标注自然也是随着一年中二十四节气的推移和昼夜长短的变化而相应增减的。尤其是白

1 王立兴：《纪时制度考》，《中国天文学史文集》第4集，科学出版社，1986，第1—47页。
2 汪小虎：《南宋官历昼夜时刻制度考》，《科学与文化》2013年第5期。

天与黑夜的时长，虽然全年都是十二时和昼夜百刻。但随着季节、节气的推移，昼长夜短、昼夜等长和昼短夜长的情况并不是周期性的等距消长变化的。汉代一度施行的“九日增减一刻”，就是以昼夜时刻的周期性消长（即固定的9日）为依据而制定的。但实际上，昼夜长短的变化常随着季节和节气的不同而呈现出时快时慢，速率不定的特点。正如《唐六典》所言：“二至前后，加减迟，用日多。二分之间，加减速，用日少”。[1] 尽管李林甫等撰者也充分认识到“二分”“二至”时昼夜长短变化的快慢各有不同，但他们还是力图在昼夜时刻的阶段性消长中寻求可以遵循的漏刻增减常数。于是，自汉和帝永元十四年（102年）即已废除的“九日增减一刻”准则，经过“春分已后”“秋分已后”的时间限制，被重新提出来，作为指导官方“掌知漏刻”工作的依据。

法国学者华澜（Alain Arrault）指出，“在绝大部分情况下，敦煌历日在日期上和官方的历法存在着一天的差别，却很少会出现两天的差别。我们发现这种差别主要表现在六十甲子、二十四节气和一年中大小月方面，比如闰月天数的安排，但其差别绝对不会超过一个月。”[2] 这种日期上的差别或许对两者的漏刻标注有所影响。不过，从敦煌具注历日和《大唐阴阳书》保存的漏刻标注来看，一年的昼夜长短变化中，多数情况是每8日昼夜时长增减一刻。较为特殊的是，春分、秋分前后，昼夜长短变化中每增减1刻通常需要的时间是7日[3]。相比之下，冬至、夏至前后漏刻增减的时间要稍长一些。具体来说，“二至”前昼夜时长增减1刻需要的时间是12日，“二至”后昼夜长短增减1刻需要的时间是18—19日。若与春分、秋分“加减速，用日少”的特点相比，大体比较符合《唐六典》“二至前后加减迟，用日多”的描述。即使传世本《宋宝祐

1《唐六典》卷10《太史局》，第305页。

2［法］华澜：《敦煌历日探研》，李国强译，第207页。

3 敦煌具注历日中，现知保存春分、秋分漏刻的有P.4996+P.3476、S.681v+Дx.1454v+Дx.2418v、S.1473+S.11427v、P.3403、P.3507和S.5919共6件文书。唯一例外的是，P.3507中春分前、后漏刻增减的日数分别为6日和8日。其他5件历日中，春分或秋分前后的漏刻增减均是7日。

四年（1256 年）具注历》，虽然“二分二至”前后的漏刻增减日数与敦煌具注历日的标注明显不同[1]，但总体来看仍然呈现出春秋二分昼夜长短变化快、“用时少”而冬夏二至昼夜长短变化慢、“用时多”的特点。

1 南宋《宝祐四年（1256 年）具注历》共有漏刻标注 30 条，除了缺少正月昼夜长短变化的记录外，其他各月的昼夜漏刻大体完整。同样以“二分二至”为例，春分前后每 6 日昼漏增 1 刻，相应地夜漏减 1 刻；秋分前后大致每隔 5—7 日昼漏减 1 刻，夜漏相应增 1 刻；相比之下，冬、夏二至漏箭改换的时间较长。比如夏至前 15 日昼漏增 1 刻，夏至后 34 日昼漏减 1 刻；冬至前 14 日昼漏减 1 刻，冬至后 34 日昼漏增 1 刻。

第五章
敦煌具注历日中的“蜜日”探研

在敦煌所出9—10世纪的《具注历》中，经常可以看到每隔七日就有“蜜”“密”字的标注。如S.1439《唐大中十二年戊寅岁（858年）具注历日》中，三月七日、十四日、廿一日、廿八日，均有“蜜”字的注记[1]。P.3247《后唐同光四年丙戌岁（926年）具注历日一卷并序》中，正月六日、十三日、廿日、廿七日，俱有“密”字的标注[2]。“蜜”“密”字的涵义，伯希和、沙畹在《摩尼教流行中国考》中说：“康居名之七曜，似为摩尼教徒所习用。由是吾人可以推测日曜日下注蜜字之敦煌历书，及今日中国东南所用通书，盖为昔日摩尼教徒所重视日曜日之证。”[3]羽田亨《西域文明史概论》也认为：“粟特语的七曜日名称是由摩尼教徒传至中国的。中国五代宋时的历书上都有这七曜之名。例如日曜日，历书上写有一个蜜字，此为粟特语称日曜日为Mir的译音。”[4]李约瑟《中国科学技术史》指出，“蜜”是摩尼教对星期日的称呼，这在清末中国福建沿海地区和日本国收藏的历书中是通用的[5]。石田幹之助《以“蜜”字标记星期

---

1 郝春文、赵贞编著：《英藏敦煌社会历史文献释录》第6卷，社会科学文献出版社，2009，第194—196页。

2 邓文宽：《敦煌天文历法文献辑校》，江苏古籍出版社，1996，第288—290页。

3 参见冯承钧译：《西域南海史地考证译丛八编》，商务印书馆，1962，第51—58页。

4［日］羽田亨：《西域文明史概论（外一种）》，耿世民译，中华书局，2005，第67—69页。

5［英］李约瑟：《中国科学技术史》第4卷《天学》，科学出版社，1975，第78页。

日的具注历》认为，“蜜”字是粟特语（Sodgian）mir 的音译，意味着日（太阳）或其值日星期日。此日因有种种宗教上的修持，故摩尼教徒视为“特别重要之圣日”，为免忘失，所以在历书中才会出现“蜜”字标记[1]。庄申《蜜日考》谓：“而此蜜日或七曜历日之传播，既乃关系于唐代摩尼教徒之行用，故于其输入之来源，与摩尼教在中国传播之简略情节，亦不得不为扼要之叙述。”[2]概言之，“蜜”字的标注旨在提示摩尼教徒在“特别重要之圣日”举行宗教“修持”活动。

“蜜日”作为摩尼教徒“修持”的吉祥日子，在乾元二年（759 年）大兴善寺三藏沙门不空奉诏翻译、广德二年（764 年）其弟子杨景风校注的密宗经典《宿曜经》中也有反映。此经卷下第八品云：

> 夫七曜者，所谓日月五星下直人间，一日一易，七日周而复始，其所用各各于事有宜者不宜者，请细详用之。忽不记得，但当问胡及波斯并五天竺人总知，尼乾子末摩尼常以蜜日持斋，亦事此日为大日。……日曜太阳，胡名蜜，波斯名曜森勿，天竺名阿你底耶。[3]

其意是说，七曜依次值日，伺察人间的善恶吉凶。每曜各值一日，七日为一周期，各曜所主事“有宜者不宜者”。这种时日宜忌，当时的胡人、波斯及五天竺人比较熟悉，说明以七曜直日为核心的七曜占，在中古的西域、中亚乃至天竺地区甚为流行。特别是摩尼教徒由于通常在蜜日“持斋”祈福，因而将蜜日视为大吉祥日。比较典型的事例是，北宋宣和二年（1120 年）十一月，地方官奏报：“温州等处狂悖之人自称明教，号为行者。今来明教行者，各于所居乡村建立屋宇，号为斋堂，如温州共有四十余处，并是私建无名额佛堂。每年正月内取历中密日，聚集侍者、听者、姑婆、斋姊等人，建设道场，鼓扇

1 ［日］石田幹之助：《以“蜜”字标记星期日的具注历》，刘俊文主编：《日本学者研究中国史论著选译》第九卷《民族交通》，中华书局，1993，第 428—442 页。

2《历史语言研究所集刊》第 31 本，1960，第 272 页。

3 No.1299《文殊师利菩萨及诸仙所说吉凶时日善恶宿曜经》卷下，《大正新修大藏经》21 册，第 398 页。

愚民，男女夜聚晓散。”[1] 这些明教（摩尼教）徒众选择在“历中密日”秘密聚会，布法传道，就是借用了摩尼教密（蜜）日“持斋”礼拜的吉祥意义。摩尼教经典《下部讃》（S.2659）云：“此偈凡莫日用为结愿”“此偈凡至莫日，与诸听者忏悔愿文”[2]，表明“莫日”是摩尼教徒的结愿、忏悔之日。这些细节似乎印证了七曜历是由摩尼教传至中国的结论。

不过，从《宿曜经》的描述来看，这种吉祥日对于佛教同样适用。《宿曜经》卷上第四品云：“日精日，太阳直日，宜策命、拜官、观兵、习战、持真言、行医药、放群牧、远行、造福、设斋、祈神、合药、内仓库、入学、论官并吉。”[3] 又卷下第八品曰：“太阳直日，其日宜册命、拜官受职、见大人、教旗鬪战申威，及金银作、持咒、行医、游猎、放群牧，王公百官等东西南北远行，及造福、礼拜、设斋、供养诸天神、所求皆遂。”[4] 所谓“太阳直日”，即日曜日，也就是蜜日。在蜜日的诸多吉庆事项中，“持真言”[5]“造福”“设斋”“祈神”“持咒”“礼拜”“供养诸天神”等，应与密教设斋供养和持咒摄伏的宗教活动有关。如《宿曜经》卷下第八品：“太阳直日，月与轸合，……名甘露日是大吉祥，宜册立受灌顶法，造作寺宇及受戒、习学经法、出家修道，一切并吉；太阳直日，月与尾合，……名金刚峰日，宜作一切降伏法，诵日天子呪及作护摩，并诸猛利等事；太阳直日，月与胃合，……名罗刹日，不宜举百事，必有殃患。”[6] 卷上第五品（秘密杂占）也有描述：凡轸星太阳直为甘露吉祥日，“宜学道求法，受密印及习真言”；凡尾宿太阳直为金刚峰日，“宜降伏魔怨持日天子真言”；凡

1（清）徐松辑：《宋会要辑稿》刑法二之七八，中华书局影印本，1957，第 6534 页。

2 林悟殊：《摩尼教及其东渐》，中华书局，1987，第 262—263 页。

3 No.1299《文殊师利菩萨及诸仙所说吉凶时日善恶宿曜经》卷上，《大正新修大藏经》21 册，第 391 页。

4 No.1299《文殊师利菩萨及诸仙所说吉凶时日善恶宿曜经》卷下，《大正新修大藏经》21 册，第 398 页。

5《宿曜经》卷上第五品（秘密杂占）谓：“凡人有灾厄时，可持真言立道场而用禳之”，表明“持真言”是禳除灾厄的法门之一。《大正新修大藏经》21 册，第 392 页。

6 No.1299《文殊师利菩萨及诸仙所说吉凶时日善恶宿曜经》卷下，《大正新修大藏经》21 册，第 398 页。

胃宿太阳直为罗刹日，“不宜举动百事，唯射猎及诸损害之事也”[1]。由此看来，太阳直日（蜜日）又可分为吉祥日、金刚峰日和罗刹日三种情况，其中罗刹日诸事不宜；吉祥日适宜于出家修道、受灌顶、受密印、习真言，是密教修持密法最为吉庆的日子；金刚峰日适宜于手持真言，降魔外道，收禁病鬼。一行撰《七曜星辰别行法》云：“夫欲知人间疾患，皆由二十八宿管行病之所为，此法一一通于神通，名为西国七曜别行法。七曜即管二十八宿，二十八宿即管诸行病鬼王，先须记得七曜日，即咒愿曰：今日是密日等二十八宿当角星等直日，火急为厶乙收禁其鬼，皆须限当日令差。”[2]应是密日（蜜日）“持咒”收鬼治病的反映。

这样看来，《宿曜经》所见“蜜日”的诸种仪式，展示了密教境遇中“太阳直”散发的吉祥日的意义。“蜜日”不仅适宜于出家修道和研习真言，也适宜于醍醐灌顶和祇受密印，还适宜于设斋供养和礼佛祈福，更适宜于执持神咒和降伏外道。作为日曜日，蜜日不单是摩尼教的星期日和持斋、礼拜吉日，还是密教修持密法仪轨的吉祥日子[3]，“蜜”字因而似有“密”字包涵的秘密、修密和密法的意义。

相较而言，敦煌具注历所见的“蜜日”，呈现更多的是民众生活中择吉避凶的社会文化内容。S.P6《唐乾符四年丁酉岁（877年）具注历日》“推七曜直用日法立成”条：“日蜜，第一太阳直日，宜见官、出行、求财、走失必得，吉事重吉，凶事重凶；月暮（莫），第二太阴直日，宜□礼、内财、治病、服药、修井灶门户吉，不得见官；火云汉，第三火直日，宜买六畜、治病、合火、下□□书契，合市吉，忌针灸凶；水嘀日，第四水直日，宜入学造功德，

1 No.1299《文殊师利菩萨及诸仙所说吉凶时日善恶宿曜经》卷上，《大正新修大藏经》21册，第392页。
2 No.1309《七曜星辰别行法》，《大正新修大藏经》21册，第452页。
3 刘世楷：《七曜历的起源——中国天文学史上的一个问题》，《北京师范大学学报》（自然科学版）1959年第4期，第34—38页。

一切工巧皆成，凡六畜走失自来□（吉）。”[1]S.2404《后唐同光二年甲申岁（924年）具注历日》“推七曜直用日吉凶法”云：“第一蜜，太阳直日，宜见官、出行，捉走失，吉事重吉，凶事重凶；第二莫，太阳（阴）直日，宜纳财、治病、修井灶门户，吉。忌见官，凶；第三云汉，火直日，宜买六畜、治病、合火（伙）造书契、市买，吉；忌针灸，凶；第四嘀，水直日，宜入学、造功德，一切工巧皆成，人、畜走失自来，吉；第五温没斯，木直日，宜见官、礼事、买庄宅、下文状、洗头，吉；第六那颉，金直日，宜受法，见官，市口马、着新衣、修门户，吉；第七鸡缓，土直日，宜典庄田、市买牛马，利加万倍，及修仓库，吉。”[2]此外，S.1473+S.11427《宋太平兴国七年壬午岁（982年）具注历日》和P.3403《北宋雍熙三年丙戌岁（986年）具注历日》所附“推七曜直日吉凶法”中也有相同的描述。在这4件具注历中，S.P6是由敦煌的某位翟姓州学博士根据中原历改造而成[3]，其余三件的编撰者翟奉达、翟文进、安彦存，官署“押衙守随军参谋”或“押衙知节度参谋”，俱为沙州归义军的历日学者，他们编纂历日时不约而同地渗透了“七曜直日”的择吉观念。

敦煌具注历中的“蜜”字标注，最早见于吐蕃时期。P.2797v《唐大和三年己酉岁（829年）历日》十二月一日丙午水破，注有“温漠（没）[斯]”[4]，根据七曜的排列顺序（蜜、莫、云汉、嘀、温没斯、那颉、鸡缓），可推知十二月四日己酉土收为“蜜”日。P.2765《唐大和八年甲寅岁（834年）历日》正月一日壬子木开，其下标注“嘀”字[5]，即水曜日，星期三，可推知正月五日丙辰土满为“蜜”日；同年的另一件印本历日残片中（Дх.2880），五月廿五日

---

1 中国社会科学院历史研究所等编：《英藏敦煌文献（汉文佛经以外部份）》第14卷，四川人民出版社，1995，第244页。

2 邓文宽：《敦煌天文历法文献辑校》，江苏古籍出版社，1996，第378—379页。

3 邓文宽：《敦煌天文历法文献辑校》，第236页。

4 上海古籍出版社等编：《法藏敦煌西域文献》第18册，上海古籍出版社，2001，第260页。

5《法藏敦煌西域文献》第18册，第129页。

和六月三日均注有“蜜”字[1]，这是现知最早明确标注“蜜”字的一件历日。归义军时期，敦煌发现的30多件《具注历》中，其中20件都有“蜜”字注记。P.3054 piece1《唐乾符三年丙申岁（876年）具注历日》[2]、S.2404《后唐同光二年甲申岁（924年）具注历日并序》分别提到“太阴日受岁”“今年莫日受岁”，表明这两件历日的正月朔日均为“莫日”，即星期一，由此可知正月七日为“蜜日”。S.95《后周显德三年丙辰岁（956年）具注历日》称：“今年温没斯日受岁”，[3] 意谓正月初一为木曜日，即星期四，则知正月四日为“蜜日”。S.1473《宋太平兴国七年壬午岁（982年）具注历日》、P.3403《宋雍熙三年丙戌岁（986年）具注历日》均提到“今年那颉日受岁”，说明该年正月朔旦为“那颉日”（金曜日），星期五，则正月初三为“蜜日”。此外，敦煌所出北宋淳化四年癸巳岁（993年）的简编历日中（P.3507），还有“[正月] 四日蜜”“[二月] 三日蜜”[4] 的记载，显而易见，这是“七曜直日”乃至“蜜”日标注的另一种方式，较为客观地反映了七曜宜忌在晚唐五代宋初敦煌地区普遍流行的事实。

“蜜日”的社会文化意义，旨在表达趋吉避凶的择吉观念，这在具注历日展示的吉凶宜忌和选择活动中有所反映。综合20件历日的事项描述，“蜜日”的适宜之事可约略归为十三类[5]：

官禄：加官、拜官、见官、入军、加冠、冠带、拜谒

婚姻：结婚、嫁娶

丧葬：葬埋、殡葬、斩草

1 邓文宽：《敦煌三篇具注历日佚文校考》，《敦煌研究》2000年第3期。

2 邓文宽：《两篇敦煌具注历日残文新考》，《敦煌吐鲁番研究》第13卷，上海古籍出版社，2013，第197—201页；上海古籍出版社等编：《法藏敦煌西域文献》第21册，上海古籍出版社，2002，第191页。

3 郝春文等编著：《英藏敦煌社会历史文献释录》第1卷（修订版），社会科学文献出版社，2018，第263页。

4 上海古籍出版社等编：《法藏敦煌西域文献》第24册，上海古籍出版社，2002，第382页。

5 选择活动的分类，参考了华澜《略论敦煌历书的社会与宗教背景》一文，见《敦煌与丝路学术文化讲座》第1辑，北京图书馆出版社，2003，第175—191页。

教育：入学、学问

医药：治病、理病、疗病、服药、经络

身体：洗头、剃头、沐浴、剪爪甲、除手足爪、除手甲、裁衣

仪式：祭祀、升坛、解除、符镇、符解、解厌、镇厌、解镇、厌胜

修造：修宅、造车、修车、修井、修井灶、修硙、修碓硙、修垣

土建：起土、伐木、上梁、立柱、盖屋、筑城郭

家务：扫舍、塞穴、作灶、安床、安床帐、和酒浆、坏屋、坏屋舍、坏墙舍

生财：市买、入财、内财、纳财、奴婢六畜

农事：种莳、藉田、通渠、通河口、出猎

出行：出行、移徙

由此可见，“蜜日”的适宜之事非常广泛，大致囊括了敦煌民众日常生活和社会实际的诸多方面，全然一幅世俗化的生产生活场景。前举《宿曜经》提到，太阳直日，“宜册命、拜官受职、见大人、教旗鬪战申威，及金银作、持呪、行医、游猎、放群牧，王公百官等东西南北远行，及造福、礼拜、设斋、供养诸天神、所求皆遂，合药、服食、割甲、洗头、造宅、种树、内仓库、捉获逃走，入学、经官理当并吉。”[1] 这些“蜜日”的适宜事项，大致与具注历日所见的官禄、教育、医药、身体、仪式、生财、农事、出行等选择活动相合，由此不难看出佛教文化向天文历算之学渗透的痕迹，乃至“蜜日”规范的部分吉凶宜忌在中古社会已经成为共识。诚然，具注历中展示的“蜜日”适宜之事过于庞杂，因而这些选择活动中似有前后矛盾的地方。比如“蜜日”既是姻亲嫁娶之吉时，为何又宜于置办丧葬凶事；又如“蜜日”既宜于修宅、修井灶等居家修造事务，为何又适合坏屋、坏墙舍等毁坏之事。实际上，这些选择活动

1 No.1299《文殊师利菩萨及诸仙所说吉凶时日善恶宿曜经》卷下，《大正新修大藏经》21 册，第 398 页。

还要受到天恩、地囊、母仓、九焦、九坎等众多“日神”的制约。日神是根据日干、日支、甲子、十二建除和四时等不同情况来确定的。它们在对各种日常吉凶活动的选择中起着最基本的作用[1]。同样在“蜜日”的规范中，不同名目的“日神”直接影响着诸多事项的吉凶选择。就选择活动而言，20 件具注历中，出现频率较高的是仪式和医药，说明祈福禳灾和求医问药是“蜜日”择吉的经常性行为。其次是官禄和丧葬，体现了敦煌民众对于仕宦前景和禄命生死的关注。随后是对家庭、婚姻和身体的关照，而生产建设性质的土建、市易和农事，则排在最后。在这些事项中，“仪式”涉及到祈福纳祥的祭祀礼仪、禳灾避祸的诸般法门以及安置符箓的镇厌之术，这与传统的方技术数、释门仪轨和道教符咒都有联系；“医药”包含的医者、疗病和药方同样牵涉到佛、道和巫术的文化背景。至于其他事项，俱为切实的社会生活常态，因而“蜜日”体现的宗教“圣日”或“吉祥日”的意义，很大程度上恐怕在具注历中难以成立。

表 5-1　敦煌具注历所见“蜜日”择吉事项表

事项 卷号 / 纪年	官禄	婚姻	丧葬	教育	医药	身体	仪式	修造	土建	家务	生财	农事	出行
S.1439v /858	●	●	●	●	●		●			●	●		●
P.3284v /864	●	●			●		●						●
S.P6/877	●	●		●	●					●			●
P.2832v /891					●		●						
P.4983/892	●		●					●		●			
P.4996+ P.3476/893							●		●	●			
P.4627+ P.4645+ P.5548/895	●			●			●		●		●		
P.3248/897	●	●	●	●	●		●	●	●	●			
P.3555v /922		●	●	●			●	●		●		●	
P.3247/926	●	●	●	●	●	●	●	●	●		●		●

1 ［法］华澜：《略论敦煌历书的社会与宗教背景》，国家图书馆善本特藏部敦煌吐鲁番学数据中心编：《敦煌与丝路文化学术讲座》第 1 辑，北京图书馆出版社，2003，第 184 页。

续表

卷号 / 纪年 \ 事项	官禄	婚姻	丧葬	教育	医药	身体	仪式	修造	土建	家务	生财	农事	出行
S.276/933					●	●	●	●				●	
BD15292（北图新 1492）/939					●	●							
P.2591/944			●	●	●	●	●			●	●		
S. 681v+ДX.1454+ДX.2148v /945	●		●		●	●	●	●	●			●	●
日本国会图书馆 /955						●	●		●			●	●
S.95/956	●	●	●	●	●	●	●	●	●	●	●	●	●
P.2623/959			●					●					●
S.1473+S.11427/982	●	●	●	●	●	●	●	●		●	●		●
P.3403/986	●	●	●	●	●	●	●	●	●	●	●	●	
S.3985+P.2705/989	●	●	●	●	●	●	●	●	●	●	●		●

法国学者华澜指出，敦煌历书中每个历日的活动几乎全都是吉利性的，而不写凶的……从某种意义上说，9 到 10 世纪的历书注重的只是适合去做的事情，因而人们的活动所受到的限制也就更少一些[1]。就“蜜日”的吉凶宜忌而言，具注历渗透较多的是“宜”，而“不宜”或“忌”描述较少。P.3081《七曜日吉凶推法》收有“七曜历日忌不堪用等”一篇，其中提到“蜜日不得吊死、问病、出行、往亡、殡葬、鬪竞、咒誓、速见耻辱，凶”[2]。从篇目来看，这些“忌不堪用”的诸多活动，都是“七曜历日”中不宜兴作的事项，否则便会招来凶祸。或可注意的是，这些忌讳的事项，虽然列入“七曜历日”中，但其吉凶宜忌却与具注历的描述略有差异。比如，蜜日“不得吊死、问病”，这与 S.95、S.1473、S.2404、P.2623、P.3403《具注历》“蜜日不吊死问病”的说明相同；蜜日“不

1［法］华澜：《敦煌历日探研》，李国强译，中国文物研究所编：《出土文献研究》第 7 辑，上海古籍出版社，2005，第 229—230 页。

2 上海古籍出版社等编：《法藏敦煌西域文献》第 21 册，上海古籍出版社，2002，第 259—260 页。

得鬪竞、咒誓”，P.2693《七曜历日一卷》也说“蜜日不宜鬪竞争讼、呪誓煞伐、行恶事凶”[1]，这与《宿曜经》太阳直日“不宜诤竞作誓”的描述亦相契合；蜜日不得“殡葬”，P.2693《七曜历日一卷》也说“（蜜日）殡葬有重□（厄）”，这在宋人王洙编纂的《地理新书》中有所描述：“若值太阳星直名蜜日，亦不宜举凶事”[2]，即言丧葬诸事均不宜在蜜日进行，这与具注历所见蜜日适宜葬埋、斩草、殡葬的描述正好相反；蜜日“不得出行、往亡”[3]，但是按照具注历和《宿曜经》的规定，蜜日，太阳直，“宜见官、出行，捉走失”“王公百官等东西南北远行”[4]。其他如嫁娶、修造、市买、内财、移徙、修造、入学、解厌、治病、服药等事项，也适宜于在特定的“蜜”日实施（S.1473+S.11427v）。再看 P.2693《七曜历日一卷》中“蜜”日的宜忌：

宜谒君及受名位国百官等□□□官，谒人求事，养取他人男女，出东西远近游行，清斋修供，布施求恩，乞□□□诸并得随意。修园圃沟灌岁时修造宅舍，治宫阁，新入宅，安置仓库，纳□□财贮赎买卖纳财，净场五谷，种田收刈，初入学，仕贵人，医方合鍊炼汤药服饵登礼席，动音乐，迎妻纳妇，串新□，调六畜，沐浴割甲，出行早回，逃走失物不觅自得，宜卖奴婢。此月（日）所为善务皆通吉，得病重不死。[5]

王重民曾说：“盖七曜推灾之术，普遍人间，修历者为社会方便计，凡日曜日注以朱书蜜字，扩其目的，不过为检寻此种星占书而已。”[6]换言之，随着七曜推灾之术的普及，“蜜”日所具有的择吉避凶的社会文化意义显露出来，表现在历日中便是“蜜”日的适宜之事相当广泛，凡拜谒、见官、远行、修造、

1 上海古籍出版社等编：《法藏敦煌西域文献》第 17 册，上海古籍出版社，2001，第 274 页。
2（宋）王洙等编，金身佳整理：《地理新书校理》卷 11《杂吉凶日》，湘潭大学出版社，2002，第 302 页。
3 邓文宽：《敦煌天文历法文献辑校》，第 378 页。
4 No.1299《文殊师利菩萨及诸仙所说吉凶时日善恶宿曜经》卷下，《大正新修大藏经》21 册，第 398 页。
5《法藏敦煌西域文献》第 17 册，第 274 页。
6 王重民：《敦煌本历日之研究》，《敦煌遗书论文集》，中华书局，1984，第 128 页。

安宅、买卖、纳财、收获、入学、医方、服药、嫁娶等，均适合在“蜜”日行事。《云笈七签》卷77《南岳真人郑披云传授五行七味丸方》载：“欲修合、服药之时，须用丙寅、丙午日或蜜日所合和”[1]，说明道教也甚为重视蜜日服药之事。清代钦定的择日书《钦定协纪辨方书》中，对“蜜日”的起源及吉凶宜忌有不同的描述：

> 密日者乃房虚星昴四宿，七政属日，西语曰密，彼地以为主喜事，而中国遂以其日忌安启攒凶事，亦无谓矣。且西域二十八宿分属七政，其日各有宜忌，与中国风俗迥然不同。专取密日，更属无谓。[2]

在日曜日的标注上，“密”“蜜”二字是相通的。推其原始，西域胡人发明的“蜜日”多主喜庆吉祥之事，但传至中土后涵义有所衍化，乃至承载了“忌安启攒凶事”“不宜举凶事”的意义。“密日者乃房虚星昴四宿”，是说标注日曜的“密日”，固定地被安排在房、虚、星、昴四宿中，由此七曜就与二十八宿联系起来。一般来说，七曜的排列顺序为太阳—日曜—蜜、太阴—月曜—莫、荧惑—火曜—云汉、辰星—水曜—嘀、岁星—木曜—温没斯、太白—金曜—那颉、镇星—土曜—鸡缓，二十八宿则从“角”宿开始，“角”为东方七宿之首，在五行中与“木”对应，于是角宿与木曜相值，依次类推，房宿与日曜相值。同样道理，北方七宿中之虚宿、西方七宿中之昴宿、南方七宿中之星宿，都与日曜相值。这样一来，七曜直日中，蜜日就固定为房、虚、昴、星四宿了[3]。值得注意的是，清朝太平天国指定的“天历”中，还有礼拜日的标注。《天朝田亩制度》规定，“凡礼拜日，伍长各率男妇至礼拜堂，分别男行女行，讲听道理，颂赞祭奠天父上主皇上帝。”又规定：“凡天下诸官，每礼拜日依职

1（宋）张君房编，李永晟点校：《云笈七签》，中华书局，2003，第1742页。

2《钦定协纪辨方书》卷36《辨謁·伏断日密日裁衣日》，四库术数类丛书（九），上海古籍出版社，1991年影印本，第1014页。

3 邓文宽：《黑城出土〈西夏皇建元年庚午岁（1210年）具注历日〉残片考》，见《文物》2007年第2期；《邓文宽敦煌天文历法考索》，上海古籍出版社，2010，第273页。

份虔诚设牲馔奠祭礼拜，颂赞天父上主皇上帝，讲圣书，有敢怠慢者黜为农。”在历书上，每逢房、虚、昴、星四宿值日那一天，就记有“礼拜”二字[1]。比如太平天国癸好三年（1853年）历书中，正月初三甲辰虚、初十辛开昴、十七戊午星、二十四乙好房和三十一壬申虚，其下均有“礼拜”的注记[2]。太平天国崇奉上帝教，以礼拜为大典，《天情道理书》说“七日一礼拜，每逢房、虚、星、昴之辰，理宜格外虔诚，歌功颂德，酬谢天恩。”[3]而房、虚、星、昴所在之日就是蜜日，即太阳值日，在每周七天的星期制度中，又称为星期日或礼拜日。按照太平天国及《天历》的规定，“以星期日作为礼拜颂赞上帝恩德的日子”[4]。这说明礼拜日与七曜历中的“蜜日”无疑有同源关系。

基于每隔七日的“蜜”字标注及“蜜日”适宜礼拜、修密、忏悔的观念，按照日曜、月曜、火曜、水曜、木曜、金曜、土曜的周期性纪日顺序，形成了七日为一周的星期制度[5]。在历日实践中，黑水城所出TK297《西夏乾祐十三年壬寅岁（1182年）具注历日》《西夏光定元年辛未岁（1211年）具注历日》已明确地将蜜日固定为虚、昴、星、房四宿[6]。敦煌具注历中，S.2404《后唐同光

1 罗尔纲：《太平天国史》，中华书局，1991，第708—709页。不过，据学者考证，太平天国的礼拜日并没有停止工作，甚至也没有停止战事的进行，因而与犹太教的安息日停止一切工作的制度不同。

2 罗尔纲：《太平天国史》，第1229—1231页。太平天国颁布的《天历》对旧历书上一切吉凶宜忌、生尅休咎等迷信思想，尽行删去。又以“丑”音近于“醜”，乃改为“好”；“亥”音近于“害”，乃改为“开”。故癸好、辛开、乙好分别是癸丑、辛亥、乙丑的委婉表述。

3 罗尔纲：《太平天国史》，第1257页。

4 罗尔纲：《太平天国史》，第1258页。

5 丁山指出，“以七行星纪日，是为七日周，此其说创自希伯来人”。《周易》“七日来复”即七日周。周代通行月之四分法，即一日至七八日为初吉，八九日至十四五日为既生霸，十五六日至二十二三日为既望，二十三日以后至于晦日为既死霸。“日人新城新藏尝据此以为‘月之四分法者，乃以月分七日为一分，用以纪日，即今日西洋周法之原始形’”。又说“周人通行月之四分法，每分约得七八日不等，此正《周易》‘七日来复’之的解。殷人以十日为旬，周人以其日为周，此殷周民族文化之显然不同处。假定七日周制为周人本有之纪日法，则周人文化，显与希伯来人同一系统。”参见丁山：《开国前周人文化与西域关系》，见氏著《古代神话与民族》，商务印书馆，2015，第188—190页。

6 邓文宽：《黑城出土〈宋淳熙九年壬寅岁（1182年）具注历日〉考》《黑城出土〈宋嘉定四年辛未岁（1211年）具注历日〉三断片考》，《邓文宽敦煌天文历法考索》，上海古籍出版社，2011，第262—270页、第277—295页。

二年甲申岁（924年）具注历日》分别在正月一日（莫日）、正月三日（嘀日）出现了“虚”“室”两宿，尽管这次星宿注历出现了一点错误（即正确的标注应为“危”“壁”）[1]，但经过校正后蜜日刚好与“虚”宿对应。国图藏BD16365《唐乾符四年丁酉岁（877年）具注历日》是现知出土文献中最早的一件二十八宿注历文书，此历的“天头”部分已残，因而难以推断是否有“蜜”字注记。现存的10条历日中，依次有壁、奎、娄、胃、参、井、鬼、柳、星、张等星宿的标注[2]。其中“星”宿标注的二十三日，对照《日曜日表》，正是“蜜日”[3]。这些迹象表明，具注历中的“蜜”字标注，可能是二十八宿注历的一种特殊方式[4]。当然，是否果真如此，尚需有关材料的进一步佐证。

表5–2　黑水城出土历日所见“蜜日”星宿表

<table>
<tr><th>蜜日</th><th>星宿</th><th>具注历日</th></tr>
<tr><td>正月十七日戊子火开</td><td>虚</td><td>西夏乾祐十三年壬寅岁（1182年）具注历日（TK297）</td></tr>
<tr><td>三月二十四日丙子水危</td><td>虚</td><td>西夏光定元年辛未岁（1211年）具注历日（Инв. No.5285）</td></tr>
<tr><td>七月五日甲寅水破</td><td>星</td><td>西夏光定元年辛未岁（1211年）具注历日（Инв. No.5306）</td></tr>
<tr><td>八月廿四日癸卯金执</td><td>昴</td><td rowspan="3">西夏光定元年辛未岁（1211年）具注历日（Инв. No.5469）</td></tr>
<tr><td>九月一日庚戌金建</td><td>星</td></tr>
<tr><td>九月八日丁巳土危</td><td>房</td></tr>
</table>

1 ［法］华澜：《简论中国古代历日中的廿八宿注历》，见《敦煌吐鲁番研究》第7卷，中华书局，2004，第413—414页；［法］华澜：《敦煌历日探研》，李国强译，第214页、248页。

2 中国国家图书馆编：《国家图书馆藏敦煌遗书》第146册，北京图书馆出版社，2012，第117页。

3 邓文宽：《两篇敦煌具注历日残文新考》，见《敦煌吐鲁番研究》第13卷，上海古籍出版社，2013，第197—201页。

4 罗尔纲指出，“二十八宿入历，自南宋嘉定十一年以来，在四百二十日周期之下，一系相承，毫无讹误，都以此代替七曜。”但另一方面，“今所见后唐及北宋历日，纔有‘蜜’日的注入，蜜日就是星期日……但七曜名不全载入历书，仅以‘日曜’的‘密’，注朱书在日干之上……以上两种，都不载‘宿’名，实为宿名入历的前身。”按照罗尔纲的理解，敦煌历日中的“蜜”日注记，或许正是二十八宿注历的前身。参见《太平天国史》，第1253—1256页。

第六章

敦煌历日中的“人神”标注考释

自唐代以来，在历日文化中出现了“人神”的注记，并成为历注中必不可少的重要内容。《唐六典·太卜署》载：“凡历注之用六，一曰大会，二曰小会，三曰杂会，四曰岁会，五曰除建，六曰人神。”[1] 这说明“人神”是唐代官方认定的历注要素之一。敦煌具注历日中，由于诸多写卷中多有“人神所在”位置的标注，因而使得“人神”自然也成为探讨中古历日形制、内容及历注要素的一大语辞。然而筛检传世典籍和出土材料，“人神”的来源恐与医药典籍和术数文献密切关联。比如唐宋时代诸多医籍，如《备急千金要方》《外台秘要方》《医心方》《普济方》和《灸经明堂》中，均有人神逐日移动的记载，这也引起了学界的普遍关注。但准确来讲，学界对于“人神”的解读，或为中医学层面有关针灸理论和禁忌的讨论，[2] 或为敦煌写本中“人神”材料的梳理。[3] 相比之下，敦煌文献中的“人神”资料及其蕴含的医药和历日文化，尚未引起学界的足够重视。法国学者华澜在敦煌历日的系列研究中，曾以“日游”和“人神法”为

1（唐）李林甫撰，陈仲夫点校：《唐六典》卷 14《太卜署》，中华书局，1992，第 413 页。

2 李磊：《针灸日时知避忌——试论针灸日时避忌的原则和方法》，《上海中医药杂志》1995 年第 6 期；肖昌云：《针灸人神禁忌学说研究》，北京中医药大学硕士学位论文，2007；徐满成：《针灸日时避忌探析》，《中国中医药信息杂志》2013 年第 5 期；纪征瀚、严季澜、王淑斌、祖娜：《针灸中的“神”禁忌》，《中国针灸》2014 年第 7 期。

3 王方晗：《敦煌写本中的人神禁忌》，《民俗研究》2018 年第 3 期；陈于柱、张福慧：《敦煌藏文本 P.3288V〈逐日人神所在法〉题解与释录》，《天水师范学院学报》2019 年第 4 期。

例，探讨9—10世纪敦煌历日中的选择术与医学活动，[1]应是“人神”研究方面的力作。最近，宋神秘综合利用敦煌历日文献和传世医籍，对明清历日中两类针灸禁忌的来源与演变作了深入探讨，认为三十日“逐日人神所在不宜针灸”禁忌的部位主要来源于唐《备急千金要方》，这类禁忌或可追溯至华佗时代的医学文献。[2]在此基础上，本章聚焦于敦煌文献中的“人神”资料，拟对敦煌历日中的“人神”标注予以重点关注，探讨“人神”勾连的医药典籍与医疗文化，展示中古时代医疗知识向具注历日渗透的若干痕迹。

一、敦煌文献中的“人神”资料

现知敦煌文献中存有“人神”的资料有具注历日、占卜文书和医药文献三类。

第一类是敦煌所出具注历日写卷。如S.2404、S.276、P.4996、P.3403、P.2591、P.2973B、P.2623、P.2705、BD16365等卷均有每日人神所在位置的标注，而且各月的“人神”题名均为朱笔。从目前的材料来看，人神位置的移动固然有行年、十二部、十干、十二支、十二时和逐日的不同标准[3]，但在中国古代历日中采用的始终是从一日至三十日的“逐日人神所在”系统。自然，敦煌具注历日也不例外（详后）。

第二类是敦煌占卜文书，主要见于S.6157+S.6054《人神游日》、S.930《推

1 法国学者华澜有关敦煌历日的研究，曾涉及到“人神”相关问题的讨论。参见华澜：《略论敦煌历书的社会与宗教背景》，《敦煌与丝路文化学术讲座》第1辑，北京图书馆出版社，2003，第175—191页；华澜：《敦煌历日探研》，李国强译，中国文物研究所编：《出土文献研究》第7辑，上海古籍出版社，2005，第196—253页；华澜：《9至10世纪敦煌历日中的选择术与医学活动》，李国强译，《敦煌吐鲁番研究》第9卷，中华书局，2006，第425—448页；华澜：《9至10世纪历日中的行事——以身体关注为例》，余欣主编：《中古中国研究》第1卷，中西书局，2017，第331—367页。

2 宋神秘：《明清历日中的针灸禁忌研究》，《自然科学史研究》2021年第3期。

3 人神所在位置的不同分类，唐代的医书如《千金翼方》《外台秘要方》均有记载。如王焘《外台秘要方》卷39《年神旁通并杂忌旁通法》著录了“推行年人神法”“推十二部人神所在法”“日忌法”“十干人神所在法”“十二支人神所在法”“十二时人神所在法”“十二祇人神所在法”等多种系统。参见高文柱校注：《外台秘要方校注》，学苑出版社，2011，第1417—1421页。

人辰法》和《六十甲子历》(P.3685+P.3281、S.6182)。先看第一件写本，其文曰：

1 人神游日。一日在足大指内，二日在外踝，三日在股内，四日在腰，五日在口内，六日在手内小指，七日在内踝，

2 八日在腕，九日在尻，十日在背，十一日在鼻柱，十二日在发际，十三日在牙齿，十四日在胃管，十五日在遍身，

3 十六日在胸内，十七日在气冲内，十八日在腹（股）内，十九日在足，廿日在足两踝，廿一日在足小指，廿二日在足外踝胸背，

4 廿三日在肝［及］足内，廿四日在手少阳明及心，廿六日在胸内及□，廿七日在膝内，廿八日在阴内，廿九日在膝胫，卅日在足

5 趺。已上人神所在，每月周而复始。[1]

此件有标题“人神游日”，首尾完整，中间残缺文字亦可校补完整。若以《具注历》相参照，可知本件遗漏了廿五日人神所在，一日、五日、十六日、十七日、廿三日、廿六日、廿七日、廿八日均增加了“内”字；廿日在足两踝、廿一日在足小指、廿二日在足外踝胸背、廿四日在手少阳明及心，与《具注历》“廿日在内踝，廿一日在手小指，廿二日在外踝，廿四日在手阳明”有明显差异。表面看来，S.6167+S.6054《人神游日》因有个别字词的添加，故而在文本抄录上确实与《具注历》有些许不同，但就性质而言，这些文字上的细微差异并不影响该卷对“逐日人神所在”的描述，整体上与《具注历》呈现出共通的内在特征。只是该件“人神游日”抄于《五兆要决略残卷》中，似乎透露出“人神”兼具时日宜忌的占卜属性。

第二件写本 S.930 首题“推人辰法”，现存 5 行文字，起于“一日足大指，二日外踝”，讫于“十五日在遍身，十六日胸中”，审其文句，原未抄完，实为

1 中国社会科学院历史研究所等编：《英藏敦煌文献（汉文佛经以外部份）》第 10 卷，四川人民出版社，1994，第 60 页、第 120 页；关长龙辑校：《敦煌本数术文献辑校》，中华书局，2019，第 195—196 页。

具注历中叙述每日人神所在的部分内容。[1]

再看P.3281《六十甲子历》，这是以六十干支（即自甲子至癸亥）为据而进行吉凶推占的一种写本。在诸多事项（如嫁娶、移徙、冠带、祭祀、疾病、种植、远行、走失、内财、市买等）的占卜中，往往会提到人神的所在位置。如甲辰条："人神在右踝上，甲辰（神）在头，辰神在腰。此日不可针灸其穴。哭泣，重丧。经络，吉。一云凶。"又如丙午条："人神在脚中，丙眉，午神在心。此日不可针灸其穴。治脚、经络，凶。"[2] 其他干支条目中，"人神"的描述多与此类似，兹不赘述。此处以干支为序制作表格，以相参照，希冀加深对《六十甲子历》的理解。

表 6–1 《六十甲子历》所见人神位置

干支	人神所在位置及经络吉凶	卷号
庚子	人神在膝下五寸。庚辰（神）☐在目。此日不可针灸其穴，凶。经络，凶。一云吉。	P.3685
辛丑	人神在☐此日不可针灸其穴，凶。经络，凶。一云吉。	P.3281
壬寅	人神在中脂（指）大节，壬神在肚，寅神在胸，不可针灸其穴。经络，凶。	P.3281
甲辰	人神在右踝上，甲辰（神）在头，辰神在腰。此日不可针灸其穴。哭泣，重丧。经络，吉。一云凶。	P.3281
乙巳	人神在左膊下三寸，乙神在头，巳申在腰，不百（可）针灸其穴。治膝，凶。经络，凶。一云伤亡。	P.3281
丙午	人神在脚中，丙眉，午神在心。此日不可针灸其穴。治脚、经络，凶。	P.3281
丁未	人神在腹阴中，丁神两手臂，未神两足，不可针灸其穴。治必凶，经络，凶。一云不经络，织妇亡。	P.3281、S.6182
戊申	人神在头，一云在除（阴）中。戊辰（神）在唇，申神在眉。此日不针灸其穴。治脚，凶。经络，吉。	P.3281

1 中国社会科学院历史研究所等编：《英藏敦煌文献（汉文佛经以外部份）》第2卷，四川人民出版社，1990，第204页；郝春文编著：《英藏敦煌社会历史文献释录》第4卷，社会科学文献出版社，2006，第426页。

2 关长龙辑校：《敦煌本数术文献辑校》，第12页、第15页。

续表

干支	人神所在位置及经络吉凶	卷号
己酉	人神在胃官，一云在右肋阴中。己神在门无，酉神在膝。此日不可针灸其穴。经络，吉。	P.3281
庚戌	人神在脚股中，庚神在尻，戌神在头。此日不可针灸其穴。经络，吉。一云凶。	P.3281
辛亥	人神在右足、腨肠，辛神在股膝，亥神在头。此日不百（可）针灸其穴。治除，凶。经络，凶。	P.3281
壬子	人神在腨下三寸，壬申在两足胫，子神［在］胃。此日不可针灸其穴。经络，吉。	P.3281
癸丑	人神在 □，癸神在足心，丑神在两耳。不可针灸其穴。经络，吉。	P.3281
甲寅	人神在右膝，甲神有（在）头，寅神在胸。此日不可针灸其穴。经络，［□］。	P.3281
乙卯	人神在两乳间，乙神在头，卯神在鼻。不可针灸其穴。经络，吉。	P.3281
丙辰	人神在尾下，丙神在肩，辰神在腰背中。不可针灸其穴。经络，吉。一云失火。	P.3281
丁巳	人神在胃管，丁神在两臂，巳神在［□］，不可针灸其穴。	P.3281
己未	人神在胃管，己神在两足心，未神在肠。不可针灸其穴。经络，吉。	P.3281
庚申	人神在 □	P.3281

需要说明的是，《黄帝虾蟆经》“六甲日神游舍避灸法”云：“甲子，头上正中。乙丑，头上左太阳。丙寅，头上左角。丁卯，左耳。戊辰，左曲颊。己巳，左颊。庚午，左肩。辛未，左肩下三寸。壬申，左肘下三寸。癸酉，左手合谷。甲戌，头上右太阳。乙亥，头上右角。丙子，右耳。丁丑，右曲颊。戊寅，右颊。己卯，右肩。庚辰，右肩下三寸。辛巳，右肘下三寸。壬午，右肘下五寸。癸未，右手合谷……甲寅，膺中。乙卯，直两乳间。丙辰，心鸠尾下。丁巳，胃管。戊午，胃管左。己未，胃管右。庚申，右气街。辛酉，左气街。壬戌，左股阴中太阴。癸亥，右股阴中太阴。右六十日神所在之外（处），宜避针灸，不避致害。”[1] 这是六十甲子日神所在人体位置的描述，同样是针灸

1［日］丹波康赖撰，赵明山等注释：《医心方》，辽宁科学技术出版社，1996，第116页；《黄帝虾蟆经》，中医古籍出版社，1984，第39—42页。

避忌的法则之一。或可参照的是，日本的术数典籍《阴阳杂书》第六十篇为“日人神”，也是根据一月的日序而在人体的各个部位内有规律的变动，只不过人神在人体的多个部位游走[1]。第六十一篇“日神”则是依照六十甲子的日序而在人体的部位游动。比如甲子，头正中；乙巳，左踝下三寸肩口舌颈；丙寅，头上右耳心口；丁卯，左耳胸鼻；戊子，右髀胁；己丑，左膝腹耳；庚辰，右肩下三寸腰肾；辛未，左肩肾足肝；壬申，左肘下三寸手眉；癸亥，阴中左腹足头大冲等。并说“右日不可灸刺、服药、治病，凶。三年必死。”[2]不难看出，这些“日神”的游动与《黄帝虾蟆经》以及《六十甲子历》中的“人神所在”还是有相通之处。换个角度来看，不论“日人神”和“日神”在人体各部位如何游走，它们对于灸刺、求医问药的关注无疑都属于疾病占的范畴。

第三类是医药文献，见于P.2675、S.5773以及上虞罗氏藏《残阴阳书二》等写卷。P.2675《新集备急灸经一卷》是据长安东市刻印的医籍而抄录的医药文献，据背面题记可知抄写于唐咸通二年（861年），抄写者是归义军衙前通引并通事舍人范子盈、阴阳氾景询。该件序文说，“《灸经》云，四大成身，一脉不调，百病皆起。或居偏远，州县路遥；或隔山河村坊草野，小小灾疾，药耳难求，性命之忧，如何所治。今略诸家灸法，用济不愚，兼及年、月、日等人神，并诸家杂忌，用之请审详，神俭(验）无比。”[3]据序文可知，这部《灸经》汇集了当时简易可行的灸法医方，特为缺医少药的偏远州县和乡野村坊提供救

1《阴阳杂书》第六十“日人神”云：“一日足大指、足，二日踝股、肩，三日股腹、肩，四日腰胁、肾中，五日口齿、舌本、膺，六日足大脂、小阳大冲、两手，七日踝上、口中，八日手腕、中腰，九日尻尾、足趺，十日腰目、肩股、背，十一日鼻柱，十二日发际，十三日齿牙，十四日胃管、手阳明，十五日扁身、举身，十六日胸唇、髃、腢肚，十七日气冲、大冲、左股，十八日腹右胁、股内外，十九日足趺、四支、腋，廿日踝内外、巨阙下，廿一日脚小指、髃、耳后，廿二日足外踝、目下、左足，廿三日足外踝、肝，廿四日腹腰脚、手阳明，廿五日手足阳明、绝骨，廿六日肩胸，廿七日膝、内踝、台中阴，廿八日脚内廉、阴中，廿九日膝胫、气冲，卅日开元足下、又趺阴孔。右神所在，不可灸刺，凶。”参见［日］中村璋八：《日本陰陽道書の研究》，汲古書院，1985，第131—132页。

2［日］中村璋八：《日本陰陽道書の研究》，汲古書院，1985，第132页。

3 上海古籍出版社等编：《法藏敦煌西域文献》第17册，上海古籍出版社，2001，第195页。

急治病的方法，故有“备急”之说。[1] 孙思邈《备急千金要方序》云：“乃博采群经，删裁繁重，务在简易，以为《备急千金要方》一部，凡三十卷……以为人命至重，有贵千金，一方济之，德逾于此，故以为名也。”[2] 不难看出，《千金要方》是孙思邈在搜集诸家医方，博采众长，删繁就简的基础上编纂而成，其目的也是防备急难之需，救人性命。由此来看，P.2675《新集备急灸经》汇集“诸家灸法”的编纂方式以及旨在表达“人命至重”和“防备急难”的理念，实际上与孙思邈《备急千金要方》的追求正相契合。

序言中说，《新集备急灸经》收录了“年月日等人神”及诸家灸法杂忌，这在同卷背面文书抄录的年人神、日人神、十二日人神、十二时人神、十二建除人神等内容中有所反映，并说“凡月六日、十五日、廿三日及晦日”“不可合药、治病、服药，慎之”。[3] 这表明 P.2675 背面文书与正面《备急灸经》有着至为密切的关系，甚至不能排除背面文字就是《备急灸经》一部分内容的可能性。无疑，这些医药杂忌主要是针对灸法而言，说明“人神”作为医药禁忌不仅适用于《针经》针法，而且也适用于《灸经》灸法。进一步来说，“人神”规定的年月、时日之忌，在传统的针灸学中始终受到医家的高度重视。

P.2675《新集备急灸经》虽为残卷，但仍存人形穴位图一幅，此图仅存腹部以上半身，胸部以上穴位（光明穴、住申穴、人中穴、百会穴、阴会穴等）、五官相貌、发髻、发际等至为清晰，正上方浓墨重笔书写“明堂”二字，透露出该件与传统的明堂孔穴类著作存在一定的联系。《隋书·经籍志》“医方”类收录的“明堂”著作有：《明堂孔穴》五卷，《明堂孔穴图》三卷，《明堂孔穴图》三卷（梁有《偃侧图》八卷，又《偃侧图》二卷），《黄帝明堂偃人图》十二卷，

1 郭世余编著：《中国针灸史》，天津科学技术出版社，1989，第 117 页；张弓主编：《敦煌典籍与唐五代历史文化》，中国社会科学出版社，2006，第 25 页。

2（唐）孙思邈著，李景荣等校释：《备急千金要方校释》，人民卫生出版社，1998，第 14 页。

3 上海古籍出版社等编：《法藏敦煌西域文献》第 17 册，第 196 页。

《明堂虾蟆图》一卷，《黄帝十二经脉明堂五藏人图》一卷。[1]《唐六典》卷14《太医署》载："针博士掌教针生以经脉孔穴，使识浮、沈、涩、滑之候，又以九针为补写之法……凡针生习业者，教之如医生之法。针生习《素问》、《黄帝针经》、《明堂》、《脉诀》，兼习《流注》《偃侧》等图，《赤乌神针》等经。业成者试《素问》四条，《黄帝针经》、《明堂》、《脉诀》各二条。"[2]作为医学经脉、针灸类典籍，《明堂》是针博士教授针生的核心教材之一。针生研读《明堂》，目的在于"验图识其孔穴"，根据人形穴位图的观摩来辨识人体的经络和穴位。S.5737《灸经明堂》云[3]：

1 灸经明堂。
2 月一日足下、少阴，不
3 内不可灸刺。四日腰，不可□
4 六日胁、足小指、小（少）阳不灸。七日在踝
5 股内不灸。九日足阳明、脊不灸。十
6 十一日眉、鼻柱、口中不灸。十二日发际
7 颈、项、肘不灸。十四日咽喉、胃管不
8 十七日在气冲。十八日在股内。十九
9 廿一日唇、目、足小指。廿二日外踝、中目。廿
10 廿四日足阳明、少阳、腹、两胁。廿五日心
11 廿七日眉、膝下内踝上。廿八日颊阳中
12 卅日在阴，从开（关）元下至阳。已上神
13 凡灸刺伤人神，令人阴阳结绝

1《隋书》卷34《经籍志三》，中华书局，1973，第1040页、第1047页。

2《唐六典》卷14《太医署》，第410—411页。

3 中国社会科学院历史研究所等编：《英藏敦煌文献（汉文佛经以外部份）》第9卷，四川人民出版社，1994，第107页；马继兴、王淑民、陶广正、樊飞伦辑校：《敦煌医药文献辑校》，江苏古籍出版社，1998，第529—532页。

14 死，众人不知。月晦朔、日蚀、土黄天□

15 人神，阴阳经路（络）脉绝不通。令人鬲

16 阴、大雨、大风、日月无光，人气大乱，阴阳

17 时，不可炙刺，伤人神，令人血脉逆次

18 热发癕，伤精气，不炙刺，病不除

19 凡四时、八节、廿四气、上下肾（弦）望，阴阳

20 人诸炙，所以行散痼疹，并于迅速风□

21 积也。看其孔穴少炷得瘳，毫釐误

22 有状形，有长有矩（短），唯为一准，都无盈

23 炙疗难差，寔由不明其寸，男左女右

（后缺）

此件首行有标题“炙经明堂”，可知其性质当与传世本《黄帝明堂灸经》相同，应为针灸类医学典籍，其内容大致有三方面。其一是“逐日人神所在”（第2—12行）的描述。尽管各行下半部分文字均已残缺，但亦可看出每日（自一日至三十日）人神在人体的各部位移动。若与历日中的人神位置相较，本件中各日的人神移动显然远为复杂。其二是“炙刺伤人神”危害的强调（第13—18行）。比如在“人神所在”部位针灸，可能会使人元气大伤，阴阳失调，最终导致经络不通，血脉逆行。其三是针灸注意事项的说明（第19—23行）。即言针灸要顺应天时，但要避忌四时节气。《素问·八正神明论》云：“凡刺之法，必候日月星辰，四时八正之气，气定乃刺之……是以因天时而调血气也。”[1]诸如四时、八节、二十四气和每月上弦、下弦等，不得针灸，尤需远避。同时，针灸还要看中穴位，掌握好针刺分寸和灸疗火候。

若以“逐日人神所在”而论，传世本《黄帝明堂灸经》与《具注历》基本

1《黄帝内经素问》卷8《八正神明论篇第二十六》，人民卫生出版社，1963，第164页。

相同，但与《灸经明堂》（S.5737）差异较大。具体来说，人神“四日在腰”，“七日在内踝”“十七日在气冲”“十八日在股内”，这是上述三个文本的契合之处。至于“六日在手”“十一日在鼻柱”“二十四日在手阳明”，S.5737《灸经明堂》分别为“六日胁、足小指、小（少）阳不灸”“十一日眉、鼻柱、口中不灸”“廿四日足阳明、少阳、腹、两胁”。两相对照，S.5737《灸经明堂》中“人神所在”相较传世本和历日文献显然要更为复杂一些。换言之，传世本《黄帝明堂灸经》“人神所在不宜针灸”条目更为简明扼要，简单易行，这或许正是“人神所在”被嫁接、编入历日的根本原因，突显出中古历日具有较强实用性的社会文化功能。

此外，敦煌藏文写本 P.3288v+P.3555v 亦有“逐日人神所在法”的记载。根据陈于柱、张福慧的译解，该件首行题写“逐日人神所在，不宜行火灸及针灸禁忌”，第 9 行“十五日在遍身，故此日不宜针灸及火灸”[1]，明确提出了针灸与火灸的区别，因而相较汉文写本更为准确。尽管在文字内容上与汉文写本略有差异，但从逐日编排的书写格式来看，该件藏文写本应是根据汉文医典中的人神禁忌改编而成。

表 6–2　逐日人神所在法

日期	S.5737《灸经明堂》	黄帝明堂灸经[2]	P.3247《具注历》	日期	S.5737《灸经明堂》	黄帝明堂灸经	P.3247《具注历》
一日	足下、少阴	大趾	足大指	十六日	▩	胃	胸
二日	▩[3]	外踝	外踝	十七日	气冲	气冲	气冲
三日	▩	股内	股内	十八日	股内	股内	股内
四日	腰	腰间	腰	十九日	▩	足	足
五日	▩	口舌	口	廿日	▩	内踝	内踝

1 陈于柱、张福慧：《敦煌藏文本 P.3288V〈逐日人神所在法〉题解与释录》，《天水师范学院学报》2019 年第 4 期。

2（元）窦桂芳集：《黄帝明堂灸经》，人民卫生出版社，1983，第 14 页。

3 S.5737《灸经明堂》中的残缺文字，用“▩”来表示。

续表

日期	S.5737《灸经明堂》	黄帝明堂灸经[2]	P.3247《具注历》	日期	S.5737《灸经明堂》	黄帝明堂灸经	P.3247《具注历》
六日	胁、足小指	两手	手小指	廿一日	唇、目、足小指	手小指	手小指
七日	［内］踝	内踝	内踝	廿二日	外踝、中目	外踝	外踝
八日	股内	足腕	长腕	廿三日	■	肝及足	肝
九日	足阳明、脊	尻	尻尾	廿四日	足阳明、少阳、腹、两胁	手阳明	手阳明
十日	■	腰背	腰背	廿五日	心	足阳明	足阳明
十一日	眉、鼻柱、口中	鼻柱	鼻柱	廿六日	■	胸	胸
十二日	发际	发际	发际	廿七日	眉、膝下内踝上	膝	膝
十三日	颈、项、肘	牙齿	牙齿	廿八日	颊阳中	阴	阴
十四日	咽喉、胃管	胃管	胃管	廿九日	■	膝胫	膝胫
十五日	■	遍身	遍身	卅日	阴	足趺	足趺

二、敦煌历日中“人神”标注的意义

前已提及，在中国历日文化中，“人神”的标注始终采用从一日至三十日的“逐日人神所在”系统。敦煌具注历日也不例外。不过，由于时代的差异、编者的不同和分栏书式的变化，诸多历日在文本内容与抄写格式上也有些许差异，因而在“人神”的标注方面，敦煌历日出现了两种处理方式。一种如S.276、S.2404、P.2591、P.2623、P.2765、P.2705、P.2973B、P.3403、P.4996、BD16365以及日本国会图书馆藏历日等写卷，每日人神通常注于宜忌事项、日游之后。另一种如S.95、S.612、P.2765v、P.3247v、P.3555v等卷，往往在历序中说明人神逐日移动的规则。稍有例外的是，P.3247v虽然将人神标注统一移至序文，但标题又说“每月人神注在当日足下”，意在强调每日人神应穿插于正文栏下。俄藏西夏汉文历日 Дх.19004R、Дх.19005R和TK269中，也有人神在气冲、股内、足、内踝、手小指、外踝、手、腰、足阳明、胸、膝、阴和膝胫等部位的标注[1]，同样注于每日栏目之下。至于人神的移动规则，敦煌历日与传世本历书基本相同。兹以《大明成化八年岁次壬辰（1472 年）大统历》“逐日人神所在不宜针灸”为例：

> 一日在足大指，二日在外踝，三日在股内，四日在腰，五日在口，六日在手，七日在内踝，八日在腕，九日在尻，十日在腰背，十一日在鼻柱，十二日在发际，十三日在牙齿，十四日在胃脘，十五日在遍身，十六日在胸，十七日在气冲，十八日在股内，十九日在足，二十日在内踝，二十一日在手小指，二十二日在外踝，二十三日在肝及足，二十四日在手阳明，二十五日在足阳明，二十六日在胸，二十七日在膝，二十八日在阴，二十九日在膝胫，三十日在足趺。[2]

以上“逐日人神所在”位置，也见于《大清时宪书》中，它们与日游神所在、太白逐日游、祀灶日、洗头日、嫁娶周堂图等，统一编排在历日末尾，这与唐宋历书中日游、人神注于每日宜忌之后的情况明显不同。历法专家张培瑜认为，诸如人神、日游、长短星等历注方式的变化，应是《授时历》的制定者郭守敬所为[3]。

就文本内容而言，敦煌具注历日与《明大统历》《清时宪书》基本相同。稍有出入者，《大统历》八日“在脘”，《时宪书》作“腕”，敦煌本作“长腕”；十四日在“胃脘”，《时宪书》同，敦煌本作“胃管”[4]。而现存传世最早的历书《大宋宝祐四年丙辰岁（1256 年）会天万年具注历》中，人神标注与敦煌本完

1 俄罗斯科学院东方研究所圣彼得堡分所等编：《俄藏黑水城文献》第 4 册，上海古籍出版社，1997，第 355—357 页；俄罗斯科学院东方研究所圣彼得堡分所等编：《俄藏敦煌文献》第 17 册，上海古籍出版社，2001，第 314—315 页。

2 北京图书馆出版社古籍影印室编：《国家图书馆藏明代大统历日汇编》第 1 册，北京图书馆出版社，2007，第 347—348 页。

3 张培瑜：《黑城新出天文历法文书残页的几点附记》，《文物》1988 年第 4 期；张培瑜、卢央：《黑城出土残历的年代和有关问题》，《南京大学学报》（哲学社会科学版）1994 年第 2 期。

4 邓文宽：《敦煌天文历法文献辑校》，江苏古籍出版社，1996，第 744 页。

全相同。至于元代的《授时历》，虽然还未发现传世版本，但从吐鲁番、黑城出土的蒙古文《授时历》译本残页来看，《授时历》附注的各种占卜术与明代《大统历》是基本相同的，[1] 自然“逐日人神所在”也不例外。因此可以说，不论敦煌具注历日，还是传世本历书，都采用了从一日至三十日的“人神”标注模式。华澜通过对《范汪方》《黄帝虾蟆经》、孙思邈《备急千金要方》和王焘《外台秘要方》等诸家医书所谈到的“人神”在人体位置分布的总体比较，指出“历日中的人神确定方法更忠实地继承了孙思邈的方法”[2]。宋神秘也认为三十日针灸禁忌的部位主要来源于唐《备急千金要方》[3]。

推究“人神”的意涵，并非居于人体某一部位的神煞或神祇，而应是维护人体生命活动的气血和元气之类。《灵枢·小针解》：“神者，正气也。”[4]《素问·八正神明论》：“血气者，人之神，不可不谨养。”[5] 正说明“人神”的内涵是指人体的气血或正气。德国的传教士汤若望解释“人神”说：

> 欲明此一节之理，须知太阳太阴之相照，原与人身大有关系。古人将此一身四体百肢，都一一分属在太阳太阴逐日相照的情势上，其意以为人欲自身平安，须日日顺着日月之相照，不可违逆了他。针灸疗病，尤要仔细。所云人神，尚无定说。《天宝历》谓是人之神识，曹震圭又谓非人之神识，是六气阴阳所在表里云。[6]

按照汤氏的理解，由于人体的各个部位与太阳太阴的每日运动相关联，人们的身体只有“日日顺着日月之相照”才能健康平安，因而针灸疗病自然也要

1 何启龙：《〈授时历〉具注历日原貌考》，《敦煌吐鲁番研究》第 13 卷，上海古籍出版社，2013，第 263—289 页。

2 ［法］华澜：《敦煌历日探研》，李国强译，《出土文献研究》第 7 辑，第 196—253 页。

3 宋神秘：《明清历日中的针灸禁忌研究》，《自然科学史研究》2021 年第 3 期。

4 河北医学院校释：《灵枢经校释》，人民卫生出版社，1982，第 67 页。

5《黄帝内经素问》卷 8《八正神明论篇第二十六》，第 168 页。

6 ［德］汤若望：《民历铺注解惑一卷》，《续修四库全书》1040 册《子部·天文算法类》，上海古籍出版社，2002，第 12—13 页。

顺应天时，尽量符合日月运行的节奏。“人神”的涵义，借用曹震圭的说法，并非“人之神识”，而应是“六气阴阳”所在位置（表里、内外）的描述。

华澜指出，人神在人体中所处的位置，是由一个月中的第几日决定的。这一程式的运用是与医学，特别是与针灸的禁忌直接联系在一起的[1]。人神强调的“六气阴阳”，或曰三阴三阳，即为厥阴、少阴、太阴、阳明、少阳、太阳六气的总称。按照中医的阴阳学说和经络理论，针灸学中的十二经脉是结合手足、阴阳和脏腑而确定的，具体是由手三阴（手厥阴、手少阴、手太阴）、手三阳（手阳明、手少阳、手太阳）、足三阴（足厥阴、足少阴、足太阴）和足三阳（足阳明、足少阳、足太阳）来构成[2]。《太平圣惠方·针经序》：“其十二经脉者，皆有俞原手足，阴阳之交会，血气之流通，外营指节，内连脏腑。故经云：手三阳之脉，从手至头；手三阴之脉，从手至胸；足三阳之脉，从足至头；足三阴之脉，从足至胸。是谓日夜循环，阴阳会合。”[3]十二经脉从头至足，从手至胸，大致覆盖了人体经络系统的主体，故而有“正经”之称，而“六气阴阳”无疑是贯通十二经脉的核心术语。前举 S.5737《灸经明堂》即有“一日足下、少阴”“六日胁、足小指、小（少）阳不灸”“廿四日足阳明、少阳”等说法。S.6168《灸法图》中亦有多处“手阳明”“足阳明”的标注。这些有关人神位置的描述都可以视为“六气阴阳”学说在经络理论与针灸实践中运用的体现。

不惟如此，在古人看来，“六气阴阳”还贯通于每月自一日至三十日的“逐日人神所在”中，对于解释人神在人体各部位的移动以及针灸实践的要领，都有极为重要的指导意义。宋人所撰《铜人针灸经》卷七《推三旬人神在》“误针灸者各致其疾”云：

> 初一在足大指，厥阴分针之，主发附腫；初二在外踝，少阴分针之，

1 ［法］华澜：《敦煌历日探研》，李国强译，《出土文献研究》第 7 辑，第 196—253 页。

2 程莘农主编：《中国针灸学》，人民卫生出版社，1964，第 60—61 页。

3（宋）王怀隐等编：《太平圣惠方》卷 99《针经序》，人民卫生出版社，1958，第 3169 页。

经筋缓；初三在股，少阴分针之，小腹痛；初四在腰，太阳分针之，主腰偻无力；初五在口，太阴分针之，主舌强；初六在太咽半，阳明分针之，咽门不开；初七在内踝，少阴分针之，阴经筋急；初八在手腕，太阳分针，灸腕不收；初九在尻，厥阴分针灸之，病结；初十在背腰，太阳分针灸之，腰背偻；十一在鼻柱，阳明分针灸之，齿面腫；十二在发际，少阳分针之，耳重听；十三在牙齿，少阴分针灸之，气寒；十四在胃腕，阳明分针之，气胀；十五在遍身，不补，不瀉，大忌针灸；十六在胸，太阴分针之，递息；十七在气冲，阳明分针之，难息；十八在股内，少阴分针之，引阴气痛；十九在足，阳明分针之，发腫；二十在内踝，少阴分针之，经脉亦手；二十一在手小指，太阳分针之，手不仁；二十二在外踝，少阳分针之，筋经缓；三（二）十三在肝及足，厥阴分针之，发转筋；二十四在手，阳明分针灸，咽中不利；二十五在足，阳明分针之，胃气胀；二十六在胸，太阳分针灸之，令人喘嗽；二十七在膝，阳明分针之，足经厥逆；二十八在阴，少阴分针之，小腹急疼；二十九在膝胫，厥阴分针之，筋痿少力；三十在足趺（趺），阳明分日空亡，不泻，忌针。[1]

以上有关逐日人神移动的解释，也见于清代学者缪之晋辑纂的《大清时宪书笺释》，并题曰“逐日人神所在不宜针灸”。[2] 除了个别日期（六日、三十日）的文句差异，以及在用字习惯上呈现出的“针”与“刺”的区别外，《铜人针灸经》与《大清时宪书笺释》的文本内容大略相同。我们注意到，不论人神在每月三十日内如何移动，医生或历日学者始终都是基于“六气阴阳”（厥阴、少阴、太阴、阳明、少阳、太阳）的角度来解释针刺的危害及对身体的损伤，进而强调“人神所在不宜针灸”这一根本主题。如所周知，针灸的治疗作用是通过疏

1《铜人针灸经》卷七《推三旬人神在》，《景印文渊阁四库全书》第 738 册，台湾商务印书馆，1986，第 49—50 页。

2（清）缪之晋辑：《大清时宪书笺释》，《续修四库全书》1040 册《子部・天文算法类》，上海古籍出版社，2002，第 701—702 页。

通经络，运行气血，协调阴阳，最终达到祛除各种瘀疾的目的。《灵枢·九针十二原》：“刺之要，气至而有效。”[1]《灵枢·根结》：“故曰用针之要，在于知调，调阴与阳，精气乃光，合形与气，使神内藏。”[2]《灵枢·终始》：“凡刺之道，气调而止。”[3]这表明阴阳元气的协调实为针刺治疗的关键，从根本上说是与“六气阴阳”的理念相通的。

三、“人神”凝练的针灸时忌举例

“人神”作为医疗针灸术语，它是如何进入历日的？现有的材料尚难给出明确的回答。或可注意的是，P.2675bis《推人神所在法》残存年人神、日人神、十二时人神等内容，为了解“人神”的不同类型提供了一些线索，因而有进一步探讨的必要。为便于讨论，现将第9—28行文字逐录如下：

9 凡年人神：年一　十三　廿五　卅七　卌九　六十［一］　七十三　八十五　人神在心。

10 年二　十四　廿六　卅八　五十　六十二　七十四　八十六　人神在喉。

11 年三　十五　廿七　卅九　五十一　六十三　七十五　八十七　人神在头。

12 年四　十六　廿八　卌　五十二　六十四　七十六　八十八　人神在肩。

13 年五　十七　廿九　卌一　五十三　六十五　七十七　八十九　人神在背。

14 年六　十八　卅　卌二　五十四　六十六　七十八　九十　神

1 河北医学院校释：《灵枢经校释》，人民卫生出版社，1982，第20页。
2 河北医学院校释：《灵枢经校释》，第137页。
3 河北医学院校释：《灵枢经校释》，第197页。

在腰。

15　年七　十九　卅一　卌三　五十五　六十七　七十九　九十一　神在腹。

16　年八　廿　卅二　卌四　五十六　六十八　八十　九十二　神在头。

17　年九　廿一　卅三　卌五　五十七　六十九　八十一　九十三　神在足。

18　年十　廿二　卅四　卌六　五十八　七十　八十二　九十四　神在膝。

19　年十一　廿三　卅五　卌七　五十九　七十一　八十三　九十五　神在阴。

20　年十二　廿四　卅六　卌八　六十　七［十］二　八十四　九十六　神在胸在股。

21　月一日在足大指，二日在外踝，三日股内，四日在腰，五日在口，六日在手小指，七日在外踝，八日腕，九日尻尾，

22　十日在腰背，十一日鼻柱，十二日发际，十三日牙齿，十四日在胃管，十五遍身，十六日胸，十七日在气

23　冲，十八日股内，十九日在［足］，廿日在内踝，廿一日手小指，廿二日在外踝，廿三肝及足，廿四手扬（阳）明，

24　廿五日足扬（阳）明，廿六日在肩及手，廿七日在膝，廿八日在阴，廿九日在膝胫，卅在足趺。

25　子日在目，丑日在耳，寅在胸，卯日在鼻，辰日在腰，巳日［在］手，午日在心，未日在足，申在头，酉日在

26　背，戌日在颈，亥日在项臂。

27　子时人神在足，丑时踝，寅时在口，卯时在耳，辰时在齿，一云

项，巳时在乳，

28 午时在胸，未时腹，申时在心，酉时在背，戌时在阴腰，亥时股。[1]

以上有关“人神”不同类型的描述，也见于P.2675《新集备急灸经》背面文书。若以传世医药典籍（如《医心方》《铜人针灸经》等）为参照，可知本件第9—20行“年人神”一名“推十二部人神所在法”（《备急千金要方》《外台秘要方》），或曰“行年人神所在法”（《千金翼方》）。上虞罗氏藏《残阴阳书二》残存的8行文字中，前7行即为“年人神”内容，大致与P.2675bis第14—20行的行年文字对应[2]；第21—24行即《具注历》中所见“逐日人神所在”，孙思邈《备急千金要方》和王焘《外台秘要方》则称为“日忌法”。《千金翼方》对卅日人神亦有收录，但并无标题，每日“人神所在”也不唯一，往往有多处人体部位，因而总体来看，逐日人神所在位置比较复杂；第25—26行或为十二日人神所在（《千金翼方》），或曰十二支人神忌日（《千金要方》）；第27—28行或称十二时人神所在，或曰十二时忌。此外，如传世医籍和医药文献（P.2675v）所载，“人神”系统中还有十干人神、十二建除人神、四时人神等，名目繁多，不一而足。孙思邈《千金翼方》总结说：“上件人神所在血，不可针灸损伤，慎之慎之。”[3]

总之，不论传世医学典籍还是敦煌医药文献，事实上都收录了多种类型的“人神”模式，但最终被编纂、写入《具注历》中的仅限于自一日至三十日的“逐日人神所在”（日忌法）类型。推究其中原因，一方面历日的编撰方式是以月为纲，以日为目，逐日编排，依次标注，因而比较符合每日“人神所在”的性质。

---

1 此件写本，《法藏敦煌西域文献》第17册拟题为《七星人命属法》（上海古籍出版社，2001，第197页）；马继兴、王淑民、陶广正、樊飞伦辑校：《敦煌医药文献辑校》定名为《新集备急灸经》（乙本），第524—528页。

2 上虞罗氏藏《阴阳书》的内容，参见赵贞：《评〈敦煌占卜文书与唐五代占卜研究〉》，《唐研究》第8卷，北京大学出版社，2002，第517—523页。

3（唐）孙思邈著，李景荣等校释：《千金翼方校释》，人民卫生出版社，1998，第439页。

另一方面，如学者指出，“逐日人神在很大程度上由医经传承而来，但却根据需求进行取舍，删除了《新集备急灸经》中复杂的各类禁忌方法，延续了最为简单直接的体系。”[1] 因而相较于其他类型，“逐日人神所在”模式是一种通俗易懂、简单易行、简明扼要的针灸日忌，与诸多医籍（《外台秘要方》）中“人神”同一天在人体的多个部位游走相比，历日中的人神每日基本固定在某个身体部位，可以说将复杂的经络学说作了简单化的处理，因而对于官民百姓的针灸治疗具有较强的实用性和指导意义。职是之故，此种类型的“人神”在唐时已经进入官方历日中，很快便成为历注的六大要素之一，并在此后一直被延续下来。

孙思邈《备急千金要方》云：“欲行针灸，先知行年宜忌，及人神所在，不与禁忌相应即可。”[2] 即言针灸治病要避开“人神”禁忌，这正是历日中“人神”标注的意义，旨在强调“所在之处不可针灸出血”（P.2705、P.3403），其性质属于传统针灸学中时日宜忌的范畴。然而在实际生活中，人们的立身行事和求医问药未必能遵行人神所在不宜针灸的通识。洪迈《夷坚丙志·胡秀才》载：

> 姜补之师仲在太学，与胡秀才同舍。胡指上病赘疣，欲灼艾去之。或告曰：“今日人神在指，当俟他日。”胡不以为信，遂灸焉。七日而创发，皮剥去一重，见人面在中，如镜所照。恶之，亟覆以膏。又七日，稍瘉，痒甚，因爬搔，皮起，人面如故。历四十余日，创益大，且痛，竟不起。[3]

这则案例中，胡秀才指上生出“赘疣”，原本可以另择他日，通过灼艾灸疗祛除此疾。但他不听劝告，执意要在“人神在指”之日灸疗，结果适得其反，引得疮疾反复发作，病情不断加重，经过四十余日的治疗，竟然脓疮增大，疼痛难忍，最终卧床不起。

胡秀才的事例表明，“人神”及其关联的时日在很长一段时间内都被古人

---

1 王方晗：《敦煌写本中的人神禁忌》，《民俗研究》2018 年第 3 期。

2（唐）孙思邈著，李景荣等校释：《备急千金要方校释》，第 635 页。

3（宋）洪迈：《夷坚丙志》卷八《胡秀才》，中华书局，1981，第 429 页。

赋予了吉凶祸福的意义，人们的立身行事和社会活动只有遵循一定的时间秩序，才能取得较为理想的结果，否则如同胡秀才一般便会招致疾病和灾祸的到来。同样，历日中各种各样的神煞和时日宜忌，无一不是时间秩序的规范，在长期的社会实践中，这些时间要素已成为人们趋吉避凶的重要参考。不过，稍有缺憾的是，敦煌具注历日中，有关的针灸宜忌仅有两条：一条是七曜直日中，“第三云汉，火直日，宜买六畜、合火、下书契、合市，吉；忌针灸，凶。”（P.3403）另一条是“血忌日不煞生祭神及针灸出血”（S.95）。按血忌日，S.612《宋太平兴国三年戊寅岁（978 年）应天具注历日》载：“正月丑，二月未，三月寅，四月申，五月卯，六月酉，七月辰，八月戌，九月巳，十月亥，十一月午，十二月子。已上日忌针灸。”[1] 丹波康赖《医心方》也说：“右十二日，是血忌也，一名杀忌，一名禁忌，其日不可灸刺，见血凶”。[2] 血忌作为历注神煞之一，早在东汉历谱中已有出现，唐宋历日中尤为常见。南宋《宝祐四年具注历》中，血忌通常注于某日人神右侧，其标注规则与 S.612 所见每月血忌日期完全一致。至明大统历和清时宪书中，随着往亡、归忌、魁罡、地囊等诸多“日神”的消失，血忌的标注已全然被“不宜针刺”的禁忌所取代。[3] 实际上，除了血忌之外，传世医籍对于针灸时日宜忌的描述还有很多。现以丹波康赖《医心方》、王焘《外台秘要方》和孙思邈《备急千金要方》为据，列举几条，以作对照。

凡诸月晦朔、节气、上下弦望日，血忌、反支日，皆不可针灸。（《医心方》）

立春、春分、立夏、夏至、立秋、秋分、立冬、冬至，右日，忌不可针灸治病也。（《医心方》）

1 郝春文编著：《英藏敦煌社会历史文献释录》第 3 卷，社会科学文献出版社，2003，第 287 页。
2 [日] 丹波康赖撰，赵明山等注释：《医心方》，辽宁科学技术出版社，1996，第 110—112 页。
3 宋神秘：《明清历日中的针灸禁忌研究》，《自然科学史研究》2021 年第 3 期。

凡天下大风、大阴、大雨、大雷电霹雳，则日月无光，人气大乱，阴阳不通，血气不行，当是之时不可灸刺伤之。(《医心方》)

凡五离日：戊申、己酉，天地离；壬申、癸酉，鬼神离；甲申、乙酉，人民离；丙申、丁酉，江河离；庚申、辛酉，禽兽离。右日，忌不可针灸。(《医心方》)[1]

每月六日、十五日、十八日、二十二日、二十四日、小尽日、甲辰、庚寅、乙卯、丙辰、辛巳、五辰、五酉、五未、八节日前后各一日。若遇以上日并凶，不宜灸之。(《外台秘要方》)[2]

戊午、甲午，此二日大忌刺出血，服药针灸皆凶。(《备急千金要方》)

甲子、壬子、甲午、丙辰、丁巳、辛卯、癸卯、乙亥，此日忌针灸。(《备急千金要方》)[3]

可见，传世医药典籍中，有关针灸禁忌的描述名目繁多，歧义频出，令人眼花缭乱，莫衷一是。不同的时日系统往往衍生出不同的针灸禁忌，尤其是四时、八节、二十四气和每月朔望晦日、上弦、下弦等，皆不得针灸。这些禁忌固然在阴阳术数知识中不乏有其合理性，但在实际的社会生活层面恐怕很难操作和执行。如此纷繁复杂的时日宜忌，自然在具注历日中是不能被吸收的，因而编者只能化繁就简，最终选择通俗易懂、简单易行的一句“血忌日不针灸出血”来概括。

综上所述，自唐代以来，历日文化中出现了“人神”的注记，并成为历注中必不可少的重要内容。敦煌具注历日中，S.2404、S.276、P.4996、P.3403、P.2591、P.2973、P.2623、P.2705、P.3247、BD16365 等卷均有“人神”标注的信息，其意旨在强调人神所在部位“不可针灸出血”。人神蕴涵的针灸学宜忌，在唐

1 [日] 丹波康赖撰，赵明山等注释：《医心方》，第 110—112 页。

2 高文柱校注：《外台秘要方校注》，第 1420 页。

3（唐）孙思邈著，李景荣等校释：《备急千金要方校释》，第 638 页。

宋的医学典籍如孙思邈《备急千金要方》《千金翼方》、王焘《外台秘要方》和丹波康赖《医心方》等著中多有记载，从中不难看出古代医学视野中的人神移动及衍生的针灸禁忌甚为复杂，大致有行年、十二部、十干、十二支、十二时和逐日人神等多种类型。但从敦煌历日和传世历书（如《南宋会天历》《明大统历》和《清时宪书》等）来看，中国古代历日中的“人神”标注始终是随着每月三十日而逐日移动身体部位的类型[1]。此种“逐日人神所在”将相对通俗易懂、简单易行的针灸学知识编入历日中，为民众的求医疗病提供些许参照。在敦煌写本中，此种类型的“人神”又见于P.2675《新集备急灸经》和S.5737《灸经明堂》中，同时在S.6054、S.6157《五兆卜法》和《六十甲子历》中也有抄录，体现出“人神”兼具医疗和占卜双重属性的实质。因此可以说，敦煌历日中的“人神”标注，正是中古医疗、阴阳占卜文化及相关医学知识向具注历日渗透的反映。

1 赵贞：《国家图书馆藏BD16365〈具注历日〉研究》，《敦煌研究》2019年第5期。

第七章
敦煌历序中的时日宜忌申论

中古时代完整的历日，通常由历序和正文两部分组成[1]。以往学界对于历日的关注，多是正文内容（如日序、干支五行、建除、九宫、神煞、宜忌事项、节气、物候、漏刻、蜜日注等）的讨论[2]，而缺乏对历序文本的深入分析。本章即在整体关照中古历日的基础上，以敦煌具注历日为主要素材，探讨历序的性质、内容及社会文化意义，并对历序中的时日杂忌予以重点讨论。

一、敦煌历序的内容与性质

据不完全统计，敦煌具注历日中存有历序的写本有 P.2765、P.3555、S.2404、P.3247、BD14636、S.681v+Дx.1454v+Дx.2418v、S.95、P.2623、S.612、S.6886v、S.1473+S.11427v、P.3403、S.4634v、P.3054P1、P.3507 等 15 件，其中 P.3247、S.95、

---

1 日本奈良正仓院收藏有奈良时代的具注历，其内容由历序、历日、历跋等部分组成。"历序的内容包括对这一年的日数、方角神的方位和历注的解说；历日的内容包括从正月一日到十二月晦日为止每一天的宿曜与各种吉凶注记，例如每日可以做的事情等；历跋的内容包括上一年十一月一日奏历时历博士等人的署名等。具注历的形式与历注的项目等都是与历法书一起由中国传来的。"参见［日］山下克明：《发现阴阳道——平安贵族与阴阳师》，梁晓弈译，社会科学文献出版社，2019，第 143 页。

2 王重民：《敦煌本历日之研究》，《东方杂志》第 34 卷第 9 号，1937；又见王重民：《敦煌遗书论文集》，中华书局，1984，第 116—133 页；施萍亭：《敦煌历日研究》，敦煌文物研究所编：《1983 年全国敦煌学术讨论会文集》文史遗书编上，甘肃人民出版社，1987，第 305—366 页；邓文宽：《敦煌古历丛识》，《敦煌学辑刊》1989 年第 2 期，第 107—118 页；见氏著《敦煌吐鲁番天文历法研究》，甘肃教育出版社，2002，第 105—122 页；［法］华澜：《敦煌历日探研》，李国强译，中国文物研究所编：《出土文献研究》第 7 辑，上海古籍出版社，2005，第 196—253 页。

S.6886v、P.3403 四个写卷的历序和正文相对较为完整，以此为据，试对历序的内容和性质予以说明。

1. 历日名称和撰者。除 P.2765 首题“甲寅年历日”外，其他历日名称一般为“厶厶年厶厶岁具注历日并序”或“厶厶年厶厶岁具注历日一卷并序”。历日的撰者，S.2404、P.3247、BD14636、S.95、P.2623 均署名翟奉达，官衔为随军参谋或州学博士。S.1473+S.11427v《宋太平兴国七年壬午岁（982 年）具注历日》的撰者为押衙知节度参谋翟文进，P.3403《宋雍熙三年丙戌岁（986 年）具注历日》则为押衙知节度参谋安彦存编纂。这些编纂者由于都是曹氏归义军官员，因而从性质上说，这 7 件历日都是沙州归义军的自编历书。唯有 S.612《宋太平兴国三年戊寅岁（978 年）应天具注历日》是“王文坦请司天台官本勘定大本历日”[1]，性质上应是来自中原的历书。

历日名称后通常小字注有干支纳音和全年日数。如 S.95、P.3403 注有“干火支土纳音土，凡三百五十四日。”S.612 注“干土支木纳音是土，凡三百五十五日。”S.P10 题“中和二年具注历日，凡三百八十四日，太岁壬寅。干属水，支属木，纳音属金。”[2]S.1473 注为“干水支火纳音木，凡三百八十四。”全年三百八十四日，可知该年必有闰月。

表 7-1　敦煌具注历日题名对

卷号	历日名称	干支纳音	全年日数	编撰（纂）者及职衔
S.P10	中和二年（882 年）具注历日	干属水，支属木，纳音属金	凡三百八十四日	剑南西川成都府樊赏家历

1 S.612《大宋国太平兴国三年（978 年）应天具注历日》，图版见中国社会科学院历史研究所等编：《英藏敦煌文献（汉文佛经以外部份）》第 2 卷，四川人民出版社，1990，第 72—75 页；录文见郝春文编著：《英藏敦煌社会历史文献释录》第 3 卷，社会科学文献出版社，2003，第 282 页。

2 S.P10《中和二年（882 年）具注历日》，图版见中国社会科学院历史研究所等编：《英藏敦煌文献（汉文佛经以外部份）》第 14 卷，四川人民出版社，1995，第 249 页。

续表

卷号	历日名称	干支纳音	全年日数	编撰（纂）者及职衔
P.3555B	贞明八年岁次壬午岁（922年）具注历日一卷并序	干水支火，纳音土	▩	节度押衙□
S.2404	同光二年甲申岁（924年）具注历日并序[1]	干木支金，纳音水	凡三百五十四日	节度押衙守随军参谋翟奉达撰上
P.3247	大唐同光四年（926年）具注历［日］一卷并序	干火支土，纳音土	凡三百八十四［日］	随军参谋翟奉达
BD14636	大唐天成三年戊子岁（928年）具注历日一卷并序	干土支水，纳音火	凡三百八十日	随军参谋翟奉达撰上
S.95	显德三年丙辰岁（956年）具注历日并序	干火支土，纳音土	凡三百五十四日	登仕郎守州学博士翟奉达纂上
P.2623	显德六年已未岁（959年）具注历日并序	干土支土，纳音火	凡三百五十四日	朝议郎检校尚书工部员外行沙州经学博士兼殿中侍御史赐绯鱼袋翟奉达撰
S.612	大宋国太平兴国三年应天具注历日戊寅岁（978年）	干土支木，纳音土	凡三百五十五日	王文坦请司天台官本勘定大本历日
S.1473	太平兴国七年壬午岁（982年）具注历日并序	干水支火，纳音木	凡三百八十四日	押衙知节度参谋银青光禄大夫检校国子祭酒翟文进撰
P.3403	雍熙三年丙戌岁（986年）具注历日并序	干火支土，纳音土	凡三百五十四日	押衙知节度参谋银青光禄大夫检校国子祭酒兼监察御史安彦存纂

2. 历日的内容及功用。P.3403《宋雍熙三年丙戌岁（986年）具注历日并序》载："夫历日者，是阴阳之纲纪，造化之根原。敬授人时，尅定律管。二仪交泰，即有易变之殊。八节推迁，四时更改。观七十二候要理，审廿四气差移，显示一年日晨，知月朔之大小；无亏昏晓，定昼夜之短长。紫白二方，修造吉庆，但依三百五十四晨，足下检吉定凶。公私最要，无过于历日也，日往

1 S.2404 历日名称已残，补录据邓文宽：《敦煌天文历法文献辑校》，江苏古籍出版社，1996，第374页。

月来，如(而) 成一岁。”[1] 大意是说，历日的编纂始终体现着历法学“敬授人时”的成果，其核心内容是各种时间要素的安排，如四时八节（四立、二分二至）、二十四节气、七十二物候、每月大小、昼夜漏刻与时长以及九宫方色等内容。历日的功用是对全年日数“检吉定凶”，这大概与每日栏下的神煞及宜忌事项有关。“公私最要，无过于历日”，说明历日对于官民百姓的公私活动都有一定的指导意义。

需要说明的是，上述历序文字也见于 S.95、S.1473+S.11427v、P.2623 等卷，内容大同小异，文字出入不大。略有差异的是，各历的全年日数或有不同，大致有三百五十四辰、三百五十五辰、三百八十四辰和三百八十辰之区别。相比之下，S.2404、BD14636 的历序文字略有不同。BD14636（北新 836）《大衍历序》曰：

> 夫历日者，是阴阳之纲纪，造化之根源，元塊未分，混为一气。玄黄乃判，故立二仪。然则昼见金乌，宵呈玉兔，阴阳有序。昏晓无亏，廿四气成规，七十二候方列。运移寒暑，宜辩吉凶。日往月来，须明祸福。今故注一年之善恶□终篇并列于卷也。[2]

此件序文尽管也提到了昼夜时长、二十四节气和七十二物候等历注内容，但重点强调了历日“宜辩吉凶”“须明祸福”和“注一年之善恶”的特点，突显了历日“检吉定凶”的功用。S.2404《后唐同光二年甲申岁（924 年）具注历日并序》提到了“运移寒暑，宜辩吉凶”“备杂忌以终篇，兼有《周易》爻象，令知轨则”，似乎强调了历日“杂忌”的特别意义，即为人们趋吉避凶的社会

---

1 P.3403《宋雍熙三年丙戌岁（986 年）具注历日并序》，图版见上海古籍出版社等编：《法藏敦煌西域文献》第 24 册，上海古籍出版社，2002，第 96—101 页；录文见邓文宽：《敦煌天文历法文献辑校》，江苏古籍出版社，1996，第 588—641 页。

2 BD14636（北新 836）《大衍历序》，图版见中国国家图书馆编：《国家图书馆藏敦煌遗书》131 册，北京图书馆出版社，2012，第 130 页；录文见邓文宽：《敦煌天文历法文献辑校》，第 422—425 页；《国家图书馆藏敦煌遗书·条记目录》，第 9 页。

活动提供了一种规则。

相较而言，P.2765《唐大和八年甲寅岁（834年）历日》对于农业生产具有一定的指导意义。该历序文写道："夫为历者，自故常窥，诸州班（颁）下行用，尅定四时，并有八节。若论种莳，约次行用，修造亦然。恐犯神祇，一一审自详察，看五姓行下。沙州水总一流，不同山川，惟须各各相劝，早农即得善熟，不怕霜冷，免有失所，即得丰熟，百姓安宁。"[1] 这是吐蕃时期敦煌自编的本土历日，序文指出，诸如种莳、修造等活动，都要仔细详察，远避各种神煞，依照五姓阴阳法则行事。该件由于是本土自编历日，融合了沙州的山川、河流和气候霜冷等实际情况，因而对沙州的农业生产起到有效的指导作用。只要民众不违农时，按照历日规定的时令秩序进行农业生产，即能取得五谷丰熟、百姓安宁的年景。

表 7-2　敦煌写本所见历序对照表

序号	P.3403《宋雍熙三年丙戌岁（986年）具注历日并序》	写卷异同说明
①	夫历日者，是阴阳之纲纪，造化之根原。敬授人时，尅定律管。二仪交泰，即有易变之殊。八节推迁，四时更改。	S.95、P.2623无"敬授人时，尅定律管"；S.4634v仅有一句"夫历日者，是造化之艮（根）元，阴阳之纲纪"；P.3247仅有"夫历日者是阴阳秘法"九字。
②	观七十二候要理，审廿四气差移，显示一年日晨，知月朔之大小；无亏昏晓，定昼夜之短长。	S.4634v作"亦是吉将凶神、廿四气、七十二候、四时八节历数巡行"。
③	紫白二方，修造吉庆，但依三百五十四晨，足下检吉定凶。	S.1473作"三百八十四晨"，P.2623作"凡三百五十四晨"，S.95作"修造免冲凶地，凡三百五十四晨"。
④	公私最要，无过于历日也。日往月来，如成一岁。	S.95作"公私最要，无过于历日也。金乌运转，玉兔巡行，如成其岁"。

1 P.2765《唐大和八年甲寅岁（834年）历日》，图版见上海古籍出版社等编：《法藏敦煌西域文献》第18册，上海古籍出版社，2001，第129—131页；录文见邓文宽：《敦煌天文历法文献辑校》，第140—153页。

3. 太岁及诸神将所在方位。一般来说，历序特别强调："凡人年内造作，举动百事，先须看太岁及已下诸神将并魁罡，犯之凶，避之吉。"又说："右件太岁已下，其地不可穿凿动土，因有破坏，事须修营。其日与岁德、月德、岁德合、月德合、天赦、天恩、母仓并者，修营无妨。"（P.2623）[1]S.4634v《历序》云："凡人年内造作，举起土百事，先看岁得（德）、月得（德），及与下之，若得魁刚（罡），则宜避之；若天恩、母仓、天赦无妨。"[2]此件虽未提及太岁及有关神将，但对年内造作和举动百事的避忌法则，实际上与 S.2404、P.2623、P.3403 等写卷相同。

历序中提到的"太岁及已下诸神将"，如大将军、太阴、岁刑、黄幡、豹尾、九卿、三公、博士、蚕官、力士等，名目繁多，统称为"年神"。这些年神的所在方位与历日本年的干支相对应，且随着历年的干支变化而相应调整，具体排列规则，陈遵妫、邓文宽曾制作《年神方位表》予以说明[3]，此处不赘。这里仅以 S.612《宋太平兴国三年戊寅岁（978 年）应天具注历日》为据，对触犯太岁已下神煞方位引起的吉凶福祸，逐录如下：

太岁在寅，犯之主妨家长，大凶。将军在子，犯之长子有逆，及损田蚕。

太阴在子，犯之不益家母。岁煞在丑，犯之妨子孙、六畜，凶。

岁刑在巳，犯之主有官灾、疾病。岁破在申，犯之不益，散财物。

黄幡在戌，切忌嫁娶及求鸡犬。豹尾在辰，不宜婚娶及害六畜。

---

1 P.2623《显德六年己未岁（959 年）具注历日并序》，图版见上海古籍出版社等编：《法藏敦煌西域文献》第 16 册，上海古籍出版社，2001，第 325 页；录文见邓文宽：《敦煌天文历法文献辑校》，第 506—507 页。

2 S.4634v《历序》，图版见中国社会科学院历史研究所等编：《英藏敦煌文献（汉文佛经以外部份）》第 6 卷，四川人民出版社，1992，第 181 页；录文见关长龙：《敦煌本数术文献辑校》，中华书局，2019，第 121—122 页。

3 邓文宽：《敦煌古历丛识》，《敦煌学辑刊》1989 年第 2 期，第 107—118 页；见氏著《敦煌吐鲁番天文历法研究》，甘肃教育出版社，2002，第 105—122 页；邓文宽：《敦煌天文历法文献辑校》附录二《年神方位表》，第 736—737 页；陈遵妫：《中国天文学史》，上海人民出版社，2016，第 1177 页。

灾煞在子，犯之灾祸及有损折。丧门在辰，犯之不宜子孙，亦不问病。

五鬼在寅，主有疾病、财物散失。劫煞在亥，犯之主财物不利，大凶。

吊客在子，不宜问病及赴士丧。白虎在戌，勿入山林，提防伤损。

力士在巽，犯之主伤损及六畜。蚕官在戌，犯之主损田蚕不利。

蚕命在亥，犯之豢养不兴，损蚕。蚕室在乾，犯之主田蚕有损。

岁德中宫戊，合［德］在癸，宜于戊、癸上取土，修之吉。

官符在午，不宜修书，主有官事。病符在丑，此方犯之，主有疾病。

死符在未，主有田暴，不宜问病。奏书在艮，此方上宜修造、迁移，百事大吉。

畜官在午，主有官灾，及损六畜。大耗在申，犯之主有财物散失。

小耗在未，提防奴婢、财物散失。博士在坤，此方上宜修造、起土，百事大吉。

伏兵在壬，犯之主有阴私之事。大祸在癸，多主惊疑，提防论讼。

年大煞在午，犯之主有刑伤之厄。年黑方在坤，犯之大凶。

破败五鬼在离，破败人间煞，其位莫须工，不惟财物散，家破疾如风。[1]

或可参照的是，日本京都大学藏《大唐阴阳书》“八宫神”载：“大岁方犯，屋造口舌起。大阴所犯，起葬。大将军在方犯，死丧家亡。岁刑土犯，烧已。岁破土破犯，马大(犬）死亡。岁煞犯土，产业不成。黄幡土犯，腫病牛大死。豹尾土犯，子孙大死。”[2] 显然是触犯“太岁已下诸神将”招致灾祸的另一种解释。

---

1 郝春文编著：《英藏敦煌社会历史文献释录》第 3 卷，第 283—284 页。

2 东京天文台藏《大唐阴阳书》“凡八宫神方”云：“大岁方犯，屋造口舌起。大阴所犯，死葬。大将军在犯，死表（丧）家亡。岁刑土犯，烧亡。岁破，马大（犬）死亡。岁煞土犯，产业不成。黄幡土犯，腫物病午（牛）大死。豹尾土犯，子死。”除了个别字词略有差异外，两者对于触犯“八宫神”的记载基本相同。

4.年九宫。历序中还有年九宫的绘图（往往用朱笔）。九宫又称九宫算、九宫色，是把《洛书》方阵的格数，加上颜色名称，分配在年、月、日和时，再考虑五行生克，用以鉴定人事吉凶的方法。汉徐岳《数述记遗》云："九宫算，五行参数，犹如循环。"甄鸾注曰："九宫算者，即二四为肩，六八为足，左三右七，戴九履一，五居中央。"但至唐代，此种九宫算已经开始用颜色来代替，即按照一黑、二白、三碧、四绿、五黄、六白、七赤、八白、九紫的对应方式来搭配。作为历注中的重要元素，九宫有年九宫、月九宫和日九宫之分。年九宫通常置于历序中，月九宫见于每月之首，日九宫则注于每日之下。S.2404《后唐同光二年甲申岁（924年）具注历日并序》云："九宫之中，年起五宫，月起四宫，日起二宫。"描述的正是该年年九宫、月九宫和日九宫，它们的中宫数字分别是5、4、2，对应的颜色是黄、绿、白。P.3403《宋雍熙三年（986年）具注历日并序》"今年年起六宫，月起五宫，日起九宫"，可知该年年九宫、月九宫和日九宫对应的中宫数字和颜色分别是6白、5黄、9紫。

按照历序的描述，"九方色之中，但依紫白二方修造，法出贵子，加官改职，横得财物，所作通达，合家吉庆。"又附有《三白诗》一首（S.1473+S.11427v、P.3403）：

> 上利兴功紫白方，碧绿之［地］患痈疮。黄赤之方遭疾病，黑方动土主凶丧。五姓但能依此用，一年之内乐堂堂。章呈君子，千年保守。遇人起造乖星历，凶日害主阎罗责。即招使者唤君来，铜枷铁仗棒君脊。[1]

这里"上利兴功紫白方"，与前引"紫白二方，修造吉庆"正相呼应，说明紫白二方利于起土修造。而其他方色，或患疾病、痈疮，或主凶丧，俱为不吉之兆。对此，P.3555B、S.2404、S.681+Дx.1454v+Дx.2418v、S.95、P.2623

1 S.1473+S.11427v《宋太平兴国七年（982年）具注历日并序》，录文见郝春文、赵贞编著：《英藏敦煌社会历史文献释录》第7卷，社会科学文献出版社，2010，第37—38页；邓文宽：《敦煌天文历法文献辑校》，第591页；关长龙：《敦煌本数术文献辑校》，中华书局，2019，第113页、第119页。

历序也有描述：

若犯绿方，注有损伤，或从高坠下，及小儿、奴婢、妊身者，厄。

若犯黑方，注有哭声、口舌，损伤财物、六畜，凶。

若犯碧方，注有损胎、惊恐、疾病，凶。

若犯黄方，注有斗诤，及损六畜，疾病，凶。

若犯赤方，注多死亡、惊恐、怪梦，凶。[1]

需要说明的是，历序中有关“九宫方色”吉凶福祸的解释，应当适用于年九宫和月九宫。至于日九宫，现有材料中尚未有九宫图的描绘，从 S.2404、S.3454v 和 BD16365 所见的日九宫数字来看，其排列规则与年九宫、月九宫一样，依然是按照九、八、七、六、五、四、三、二、一的顺序倒转的[2]。

二、敦煌历序中的时日“杂忌”

在社会实践和应用层面，无论官方还是民间，历日提供的都是社会生活中“检定吉凶”和选择宜忌的诸多指南。中国历日文化中，通常将时日依照不同的性质和标准，划分为不同的系统。不同系统界定下的时日，也相应地形成了各种各样的“杂忌”。具体来说，历日对时间属性的界定，既有来自干支、五行、建除等要素的组合，还有来自诸多年神、月神、日神的种种限制。诸多神煞（月虚、九焦、九坎、天李、往亡、血忌等）往往对时日和方位施加一定的影响，尤其是日神的渗透，使得干支纪日呈现出礼俗文化信仰的意义，进而对人们的立身行事和社会生活有所规范和制约。由此，历日在术数学的时空背景中也形成了一些阴阳杂忌，同样对人们的日常行事施加影响。

1 S.2404《甲申岁（924 年）具注历日》，图版见中国社会科学院历史研究所等编：《英藏敦煌文献（汉文佛经以外部份）》第 4 卷，四川人民出版社，1991，第 68—69 页；录文见郝春文等编著：《英藏敦煌社会历史文献释录》第 12 卷，社会科学文献出版社，2015，第 26 页；关长龙：《敦煌本数术文献辑校》，第 83—84 页。

2 赵贞：《国家图书馆藏 BD16365〈具注历日〉研究》，《敦煌研究》2019 年第 5 期，第 86—95 页。

1. 七曜直日（S.1473、P.3403、S.2404）

第一蜜，太阳直日，宜出行，捉走失，吉事重吉，凶事重凶。

第二莫，太阴直日，宜纳财、治病、修井灶门户，吉。忌见官，凶。

第三云汉，火直日，宜买六畜、合火、下书契、合市，吉。忌针灸，凶。

第四嘀，水直日，宜入学、造功德，一切工巧皆成，人畜走失自来，吉。

第五温没斯，木直日，宜受法，忌见官，市口马、着新衣、修门户，吉。

第六那颉，金直日，宜见官、礼事、买庄宅、下文状、洗头，吉。

第七鸡缓，土直日，宜典庄田、市买牛马，利加万倍，修仓库，吉。[1]

敦煌具注历日中，经常看到每隔七日有朱笔“蜜”（或“密”）字注记，这些“蜜”字标注的日期为日曜日或太阳直日，也即星期日。按照日曜（蜜）、月曜（莫）、火曜（云汉）、水曜（嘀）、木曜（温没斯）、金曜（那颉）和土曜（鸡缓）的顺序，月曜莫日为星期一，火曜、水曜、木曜、金曜、土曜分别为星期二、星期三、星期四、星期五、星期六。简言之，现今通行的星期制即源于七曜直日。七曜的时日宜忌，也见于P.2693《七曜历日一卷》和P.3081《七曜日吉凶推法》。相较而言，具注历日中的七曜宜忌更为通俗晓畅，简单易懂，方便人们趋吉避凶。

2. 神煞日

应当看到，历序的择吉避凶很大程度上由“日神”的属性所决定。敦煌历序中，常见的“日神”有50多种。如天恩、天赦、母仓、天门、天尸、天破、天李、地李、天罡、河魁、地囊、往亡、归忌、血忌、章光、九丑、九焦、九

1 S.1473+S.11427v《宋太平兴国七年壬午岁（982年）具注历日并序》，录文见郝春文、赵贞编著：《英藏敦煌社会历史文献释录》第7卷，第38页。

坎、八魁、复日、七鸟、八龙、月虚、阴煞、大败、反击等。[1]这些名目繁多、职司各异的"日神"对干支纪日的性质作了区分，由此衍生出时日的吉凶宜忌特征。大略言之，天恩为皇天施恩吉日，宜施恩赏、布政事；天赦为皇天赦宥吉日，宜缓刑狱、雪冤枉、施恩惠；母仓宜养育群畜、栽植种莳……如此等等。更多的神煞，其性质多为不宜之事：

月虚日不煞生祭神（S.2404、S.681+Дx.1454v+Дx.2418v、S.95、P.2623、S.1473、P.3403）。

八魁日不开墓（S.2404、S.681+Дx.1454v+Дx.2418v、S.95、P.2623、S.1473、P.3403）。

复日不为凶事（S.2404、S.681+Дx.1454v+Дx.2418v、S.95、P.2623、S.1473、P.3403）。

重复日，不可为凶事，必重凶，吉重吉。复宜用吉事（《大唐阴阳书》）。

九焦、九坎日不种莳及盖屋（S.2404、S.681+Дx.1454v+Дx.2418v、S.95、P.2623、S.1473、P.3403）。

九焦、九坎日不种莳、纳财及六畜（P.2765）。

厌对、九焦、九坎日不种莳（P.3054P1）。

天李、地李日不嫁娶及入官论理（S.2404）。

天李、地李日不祭祀及入官论理（S.681+Дx.1454v+Дx.2418v、S.95、P.2623、S.1473、P.3403、P.3054P1）。

厌对及往亡日不远行、出兵（S.2404）。

往亡日不拜官、移徙，不呼女娶妇、远行、归家（P.2765）。

往亡日不远行及归家、掘墓、移徙（S.681+Дx.1454v+Дx.2418v、

---

1 邓文宽：《敦煌具注历日选择神煞释证》，《敦煌吐鲁番研究》第8卷，中华书局，2005，第167—206页。

S.95、P.2623、S.1473、P.3403）。

往亡日不远行、不拜官、移徙、嫁娶、呼女，并凶（P.3054P1）。

往亡日，其日不可远行、拜官、移徙、呼女、娶妇、家祀，大凶(《大唐阴阳书》)。

血忌日不煞生及针炙出血（S.2404）。

血忌日不煞生祭神及针炙出血（S.681+Дx.1454v+Дx.2418v、S.95、P.2623、S.1473、P.3403）。

血忌日不煞生、不出血，犯之凶（P.3054P1）。

血忌日，其日不可行杀戮及针刺、出血，大凶（《大唐阴阳书》）。

归忌日不归家及召女呼妇（S.2404、P.3555B、S.681+Дx.1454v+Дx.2418v、S.95、P.2623、S.1473、P.3403）。

归忌日不归家（P.3054P1）。

归忌日，其日不可远行、归家、移徙、呼女、娶妇，大凶（《大唐阴阳书》）。

八龙、七鸟、九虎、六蛇日不嫁娶（S.2404）。

章光、天门、九丑及天尸日不出行及出师（S.2404）。

章光、天门、天尸、天破日不出师（S.681+Дx.1454v+Дx.2418v、S.95、P.2623、S.1473、P.3403）。

九丑日不出军（S.681+Дx.1454v+Дx.2418v、S.95、P.2623、S.1473、P.3403）。

□□、九丑、八魁日不出军（P.3054P1）。

煞阴、大败日不出兵战斗（S.2404、S.681+Дx.1454v+Дx.2418v、S.95、P.2623、S.1473、P.3403）。

四（五）墓日不出行（S.2404）。

反击日不攻伐（S.681+Дx.1454v+Дx.2418v、S.95、P.2623、S.1473、

P.3403）。

地囊日不动土（S.2404、S.681+Дx.1454v+Дx.2418v、S.95、P.2623、S.1473、P.3403）。

大时日不安墓（S.2404）。

灭、没日不涉深水及乘船（S.2404、S.681+Дx.1454v+Дx.2418v、S.95）。

灭、没日不涉深水及行船（S.95、P.2623、S.1473、P.3403）。

灭、没日不涉深水、江河（P.2765）。

灭、没日不涉江河大水，凶（P.3054P1）。

魁罡日不举百事（S.2404、S.681+Дx.1454v+Дx.2418v、S.95、P.2623、S.1473、P.3403、P.3054P1）。

需要说明的是，灭日、没日作为官方历法中推算闰月位置或与置闰法有关的专门术语，[1] 同样有不宜之事：“不涉深水乘船”。正如华澜所说，灭、没日的禁忌总是与水有关，如无近深水，无涉大小河流，不乘舟等。[2] 历序中“往亡”不远行及归家，这是中古时代人们日常生活的普遍通识。无论是汉简历谱，还是敦煌具注历日，历家术士对于“往亡”的标注都非常重视。[3] 吐鲁番台藏塔所出《唐永淳三年历日》称：“往亡日□右其日不可远行、拜官、移徙、呼女、娶妇、归家。”[4] 大致与敦煌历日的记载相同。但在军事及兵法中，“往亡”则意味着“不利行师”“不可出军”。东晋义熙六年（410 年）二月丁亥：“刘裕悉众攻城”，有将士劝说：“今日往亡，不利行师”。刘裕却说：“我往彼亡，

1 曲安京：《为什么计算没日与灭日》，《自然科学史研究》第 24 卷第 2 期，2005，第 190—195 页。

2 ［法］华澜：《敦煌历日探研》，李国强译，中国文物研究所编：《出土文献研究》第 7 辑，第 217 页。

3 晏昌贵：《敦煌具注历日中的“往亡”》，《魏晋南北朝隋唐史资料》第 19 辑，2002，第 226—231 页；余欣：《“往亡”、“归忌”再探》，《神道人心：唐宋之际敦煌民生宗教社会史研究》，中华书局，2006，第 291—303 页。

4 荣新江等主编：《新获吐鲁番出土文献》，中华书局，2008，第 259 页。

何为不利”，命四面围攻，一举攻陷城池。[1]无独有偶，唐元和十二年（817 年）九月，李愬将攻蔡州吴房，诸将曰“今日往亡”，李愬反驳说：“吾兵少，不足战，宜出其不意。彼以往亡不吾虞，正可击也。”遂发兵前往，克其外城，斩首千余级。[2]北宋兵法著作《武经总要》载：“凡往亡及日月蚀，并不可出军，归忌亦不宜用。”可知“往亡”出军确为兵法大忌，但刘裕、李愬反其道而行，出其不意，进而取得胜利，这说明行军出师当以时机、士气为先，绝不能拘泥于阴阳俗忌而延误战机。

地囊作为日神，旨在强调不宜动土。P.2765《唐大和八年（834 年）历日》二月二日癸未木定、三月三日甲寅水开均注“不煞生，地囊”，说明地囊也不宜煞生。其排列规则，S.P6《唐乾符四年（877 年）具注历日》“推地囊法”曰：“正月庚子庚午，二月癸未癸酉，三月甲子甲寅，四月己卯己丑，五月戊午戊辰，六月己巳己未，七月丙申丙寅，八月丁卯丁巳，九月戊午戊辰，十月庚戌庚午，十一月辛未辛酉，十二月乙未乙酉。”[3]地囊在一年十二月都有分布，各月均有不宜动土之日。P.2615《诸杂推五姓阴阳等宅图经》有“推宅内土公、伏龙、飞廉、地囊日法”，其中提到“右已前土公、伏龙、飞廉、地囊所在之处，不得动土修造，切忌，慎之。”[4]历日中还有太岁、将军、土公、日游等神煞对动土修造的日辰与方位作了专门规定（详后）。概言之，太岁、将军、土公、日游、伏龙、地囊诸神所在之处，或所游之日，不得动土修造。

1《资治通鉴》卷 115 安帝义熙六年，中华书局，1956，第 3626 页。

2《资治通鉴》卷 240 宪宗元和十二年，第 7739 页。

3 S.P6《唐乾符四年（877 年）具注历日》，图版见中国社会科学院历史研究所等编：《英藏敦煌文献（汉文佛经以外部份）》第 14 卷，第 244 页。

4 P.2615《诸杂推五姓阴阳等宅图经》，图版见上海古籍出版社等编：《法藏敦煌西域文献》第 16 册，上海古籍出版社，2001，第 270—279 页；录文见关长龙：《敦煌本数术文献辑校》，第 746 页；关长龙：《敦煌本堪舆文书研究》，中华书局，2013，第 307 页。

3. 朔晦弦望蜜日

朔日不会客及歌乐（S.2404、S.681v+Дх.1454v+Дх.2418v、S.95、P.2623、S.1473、P.3403）。

晦日不裁衣（S.2404）。

晦日不裁衣及动乐（S.681v+Дх.1454v+Дх.2418v、S.95、P.2623、S.1473、P.3403）。

望日不祭神及煞生（S.2404）。

上、下弦日不举小事（S.2404）。

弦望日不合酒酢及煞生（S.95、P.2623、S.1473、P.3403）。

弦望日不合酒酢及煞生、行船（S.681v+Дх.1454v+Дх.2418v）。

蜜日不问病（S.2404）。

蜜日不吊死问病（S.681v+Дх.1454v+Дх.2418v、S.95、P.2623、S.1473、P.3403）。

或可参照的是，《大唐阴阳书》云："廿四气并朔望弦晦、建除执破危闭，右件轻凶，亦不可用之，与上吉并者用之无妨。但其晦日准利用解除、除服吉也。"

4. 建除日

建宜入学，不开仓（S.1473）。建日不开仓（S.2404）。

除宜针灸，不出血（S.1473）。除日不出财（S.2404）。

满宜纳财，不服药（S.1473）。满日不服药（S.2404）。

平宜上官，不修渠（S.1473）。平日不修沟（S.2404）。

定宜作券，不诉讼（S.1473）。定日不作辞（S.2404）。

执宜求债，不伐废（S.1473）。执日不发病（S.2404）。

破宜治病，不求师（S.1473）。破日不会客（S.2404）。

危宜安床，不远行（S.1473）。危日不远行（S.2404）。

成宜纳礼，不拜官（S.1473）。成日不词讼（S.2404）。

收宜纳财，不安葬（S.1473）。收日亦不远行（S.2404）。

开宜治目，不塞穴（S.1473）。开日不送丧（S.2404）。

闭宜塞穴，不治目（S.1473）。闭日不治目（S.2404）。

5. 十二地支日

历序中的十二日杂忌，主要见于S.2404、S.1473、S.4634v三个写卷，可以参照的是，P.3984v+D195v《百忌历》亦收录了十二地支杂忌。比如“辰不哭泣”，贞观六年（632年）就有一件典型事例：这年四月辛卯，襄州都督邹襄公张公谨卒。翌日壬辰，太宗“出次发哀”，有司以“辰日忌哭”阻拦，太宗说：“君之于臣，犹父子也，情发于衷，安避辰日！”遂恸哭举哀。元人胡三省解释说：“彭祖百忌，辰不哭泣。”[1] 由此来看，敦煌所出唐代历日中的时日宜忌与中原流行的阴阳“拘忌”不谋而合，呈现出共通性的些许特征。

表7-3 十二地支日杂忌对照表

历序（S.2404、S.1473、S.4634v）	S.612v	**百忌历**（P.3984v+D195v）[2]
子日不卜问（S.2404、S.1473）、子日不占闻（问）（S.4634v）	子日不卜问，怪语非良	子不卜问，反受其殃；亦不受物
丑日不买牛（S.2404、S.1473、S.4634v）	丑日不买牛，子孙不昌	丑不冠带，不还故乡，不利兄弟，令人贫
寅日不祭祀（S.2404、S.1473）	寅日不祭祀，鬼来反殃	寅不布藉，鬼神不享
卯日不穿井（S.2404、S.1473、S.4634v）	卯日不穿井，百泉不通	卯不凿井，百泉不通
辰日不哭泣（S.2404、S.1473、S.4634v）	辰日不哭泣，有伤重丧	辰不哭泣，必有重丧；亦不屠煞嫁娶
巳日不迎女（S.2404）、巳日不迎妇（S.1473）、巳日不煞生（S.4634v）	巳日不纳妇，不宜姑嫜	巳不破券书，二人俱亡；亦不迎女，不宜姑嫜
午日不盖屋（S.2404、S.1473、S.4634v）	午日不改（盖）屋，失火多殃	午不架屋，必见火光；又不买马，必绝绊缰

1《资治通鉴》卷194太宗贞观六年，第6096页。

2 P.3984v+D195v《百忌历》，录文见关长龙：《敦煌本数术文献辑校》，第50—51页。

续表

历序（S.2404、S.1473、S.4634v）	S.612v	**百忌历**（P.3984v+D195v）
未日不服药（S.2404、S.1473、S.4634v）	未日不服药，药毒反伤	未不服药，毒应沸肠
申日不裁衣（S.2404、S.1473、S.4634v）	申日不裁衣，衣生祸殃	申不安床，鬼居其旁；又不裁衣、远行，不祥
酉日不会客（S.2404、S.1473）	酉日不会客，客必斗伤	酉不买□，还自□伤；又不会客，主人□□
戌日不养犬（S.2404、S.1473）	戌日不养狗，狗必上床	戌不买狗，狗必上床；又不度□，必有凶亡
亥日不育猪及不伐（罚）罪人（S.2404）、亥日不育猪及罚罪人（S.1473）	亥日不迎日（娶），必忧死亡	亥不嫁娶，必煞姑嫜，又不迎妇

需要说明的是，P.3984v+D195v《百忌历》还收有十干的杂忌，此处一并逐录如下：

甲不开仓，钱财耗亡；又不治宅，必空室。

乙不种树，千岁不长；又不吊，必有亡失。

丙不治□，火光□祸，百鬼在旁。

丁不剃头，头多生疮；又不洗头。

戊不度田，必重相伤。

己不□

庚不经络，其身受殃。

辛不作酱，一人不尝。

壬不决水，家逢外丧；又不书契，口舌竞起。

癸不狱讼，两相害妨。[1]

1　关长龙：《敦煌本数术文献辑校》，第50—51页。

三、历序中有关“修造动土”的法则

历序中非常重视对本年“修造动土”注意事项的强调与说明。除了前面提到的太岁及已下诸神将的规范外，《三白诗》提到的“上利兴功紫白方”“紫白二方，修造吉庆”，[1] 以及“地囊日不动土”“魁罡日不举百事”的杂忌，都对年内造作和动土修营提出了一定的要求。此外，历序中收录的“太岁、将军同游日”“土公游日”“伏龙游法”和五姓修造法等，都从不同的角度强调了“修造动土”的禁忌与法则。

1. 太岁、将军同游日（S.2404、S.1473、P.3043）

P.3403《宋雍熙三年丙戌岁（986年）具注历日并序》曰：“太岁、将军同游日：常以甲子日东游，己巳日还；丙子日南游，辛巳日还；庚子日西游，乙巳日还；壬子日北游，丁巳日还。戊子日中游，癸巳日还。犯太岁妨家长，犯太阴妨家母，犯将军煞男女。太岁所游不在之日，修营无妨。”[2] 太岁、将军的这种游日法，又见于S.P6、S.2404、S.612和S.1473中，可知在敦煌历日中并不少见。P.3594《三元宅经（一）》绘有“推太岁游图法”，图中太岁出游文字与以上历日相同。图下配有文字：“太岁、太阴常同游，游后本位地修造吉，告还日且停，如作未了，更代（待）后游日重作。方其太岁游在之处，不须修造动土，审看慎之，大吉；不忌之，损家长，大凶。”[3] 简言之，即是民间常说的“太岁头上不能动土”。然而，如此流传较广的术数“知识”，传世本《大宋宝祐四年丙辰岁会天万年具注历》并未收录。不过，明代大统历附有“太岁已

1 P.3054P1《年次未详历日序》：“凡人修造，但看年及逐月九宫九方色，若宜白方、紫方修造，大吉；若逢黑、碧、赤、绿等方，不□触犯，切须慎之。审看九宫九方色，即德（得）修造，又不用四月修造。绿是魁罡年月，切须慎之。”图版见上海古籍出版社等编：《法藏敦煌西域文献》第21册，上海古籍出版社，2002，第191页；录文见关长龙：《敦煌本数术文献辑校》，第124页。

2 邓文宽：《敦煌天文历法文献辑校》，第589—590页；关长龙：《敦煌本数术文献辑校》，第118页。

3 P.3594《三元宅经（一）》，图版见上海古籍出版社等编：《法藏敦煌西域文献》第26册，上海古籍出版社，2002，第39—41页；录文见关长龙：《敦煌本数术文献辑校》，第785页。

下神煞出游日”条目，出游日期、方位与回还时间，均与P.3403相同，说明这种游日法在后世历日中还是有一定的保留和传承空间。

2. 土公游日

S.1473+S.11427v《宋太平兴国七年壬午岁（982年）具注历日并序》“土公游日”条：“甲子日北游，庚午日还；戊寅日东游，甲申日还；甲午日南游，庚子日还；戊申日西游，甲寅日还。太岁、土公等所游不在之日，修营无妨。”[1]S.2404《甲申岁（924年）具注历日》“凡土公”文字略同，唯末尾一句题：“凡土公本位恒在中庭，每有游日之方，不得动土，犯之凶。”[2]再次强调游日之方不得修造动土。又见P.3594《三元宅经（一）》绘有“宅内土公法”九宫格，格内文字与S.1473、S.2404基本相同。P.2964《三元宅经（二）》亦绘“土公出游图”，并说“出游之方不得起土造作、移徙、嫁娶、修门户，百事皆须避之，大吉，向之者凶”“又土公在日亦不得起土，大忌”。[3]P.2615《诸杂推五姓阴阳等宅图经》“推宅内土公、伏龙、飞廉、地囊日法”亦有土公出游日，内容大致与S.1473、S.2404相同。其下“土公移法”云：“春在灶，夏在门，秋在井，冬在宅。”[4]又见S.P6《唐乾符四年丁酉岁（877年）具注历日》“土公”条，其下仅有“春灶，秋井，夏门，冬宅”八字，性质上与P.2615“土公移法”相同。

3. 伏龙游法

S.2404《同光二年甲申岁（924年）具注历日》载：“凡宅内伏龙游法：正月一日在中庭，去堂六尺，六十日；三月一日在堂门内，一百日；六月

1 郝春文、赵贞编著：《英藏敦煌社会历史文献释录》第7卷，第37页；关长龙：《敦煌本数术文献辑校》，第112—113页。

2 郝春文等编著：《英藏敦煌社会历史文献释录》第12卷，第25页；关长龙：《敦煌本数术文献辑校》，第83页。

3 P.2964《三元宅经（二）》，图版见上海古籍出版社等编：《法藏敦煌西域文献》第20册，上海古籍出版社，2002，第272页；录文见关长龙：《敦煌本数术文献辑校》，第792—793页。

4 关长龙：《敦煌本数术文献辑校》，第745页。

十一日移在东垣，六十日；八月十一日在四隅，一百日；十一月廿一日移在灶内，卌日。伏龙所在之处，不得动土穿地，若犯者，则伤家长。”[1] 这里“宅内伏龙”，一曰“宅龙”。S.612《宋太平兴国三年戊寅岁（978年）应天具注历日》“宅龙”条：“正月、二、三、八月在灶，四月、五月在大门，六月、七月在墙，九月在房，十月在室，十一月、十二月在堂。右件宅龙所在，切宜回避，吉。”[2] 不难看出，在这两件历日中，出现了两种完全不同的伏龙游走方式。所幸的是，这两种伏龙游法在P.2615《诸杂推五姓阴阳等宅图经》中都有收录：

伏龙法：正月、二月、八月在灶，四月、五月在大门，六月、七月在墙离（篱），九月在房，十月在室，十一月、十二月在堂。

又一法：伏龙年年之中移经八处：右正月一日庭中起，周而复始。伏龙正月移在中庭，去堂六尺，六十日；三月一日在堂门内，一百日；六月十一日移在东垣，六十日；八月十一日移在四隅，一百日；十一月廿一日移在灶内，卌日，周还。正月一日在堂（庭）也。[3]

伏龙游走的第二种方法，又见于P.3594《三元宅经（一）》“推伏龙法”：

正月一日，[庭] 中伏六十日；三月一日，堂中伏一百日；六月十一日，东北伏六十日；八月十一日，西南伏一百日；十一月廿一日，灶下伏卅（卌）日。右犯之灭门，慎之。[4]

本件还绘有伏龙图，伏龙的游走和移动统一用“伏”字来描述。伏龙行经的“东垣”和“四隅”，本件分别用东北和西南两个方位词来替换。另一件写本P.3602v绘有伏龙、庭、堂、灶四图，并配有文字：“正月一日灶（庭）前

1 郝春文等编著：《英藏敦煌社会历史文献释录》第12卷，第25页；关长龙：《敦煌本数术文献辑校》，第83页。

2 郝春文编著：《英藏敦煌社会历史文献释录》第3卷，第289页。

3 关长龙：《敦煌本数术文献辑校》，第745—746页。

4 关长龙：《敦煌本数术文献辑校》，第786页。

六十日”“三月一日在堂一百日”“六月十一日在东北六十日”“十一月廿一日灶下卌日”[1]。尽管这些写本的用词略有差异，但大致可以看出本件的推伏龙法，应是伏龙游走的第二种方式。总之，不论伏龙游走到底是何种方式，P.2615《诸杂推五姓阴阳等宅图经》都强调：“右已前土公、伏龙、飞廉、地囊所在之处，不得动土修造，切忌，慎之”。作为在宅内土中潜伏的神祇，伏龙一年四季在庭、堂、东垣、四隅、灶等处有规律地游走，它所在的位置，不得动土触犯，否则将有灭门之祸[2]。

4. 五姓修造利年月法

历序中还有“推五姓利年月法”（S.2404、S.681v+Дx.1454v+Дx.2418v）、“推五姓年月吉凶法”（S.1473），S.P6《乾符四年丁酉岁（877年）具注历日》附有“五姓起造图”“五姓修造日”等，都涉及五姓修造吉凶事宜的选择。所谓五姓，是基于阴阳五行来判断吉凶的基础原理，将人之姓氏尽归于宫商角徵羽五音分类，并以此来规范婚丧嫁娶、修造等日常生活[3]。与五音密切相关的“五姓”原本在风水术或《宅经》中加以应用，但后来被广泛运用到日常生活的其他领域中，以致在具注历日中也有“五姓”的渗透[4]。为便于对照，现以S.2404、S.681v+Дx.1454v+Дx.2418v和S.1473为据，特制作五姓修造利年月表如下。

---

1 P.3602v《三元宅经（三）》，图版见上海古籍出版社等编：《法藏敦煌西域文献》第26册，上海古籍出版社，2002，第64—65页；录文见关长龙：《敦煌本数术文献辑校》，第795页。

2 余欣：《神道人心：唐宋之际敦煌民生宗教社会史研究》，中华书局，2006，第204页。

3［法］茅甘：《敦煌写本中的“五姓堪舆法”》，《法国学者敦煌学论文选萃》，中华书局，1993，第249—256页；［日］高田时雄：《五姓说之敦煌资料》，《敦煌·民族·语言》，钟翀等译，中华书局，2005，第328—358页。

4 赵贞：《中古历日社会文化意义探析——以敦煌所出历日为中心》，《史林》2016年第3期，第64—75页。

表 7-4　五姓修造利年月对照表

五姓	S.2404	S.681v+Дx.1454v+Дx.2418v	S.1473
宫姓	宫姓今年大利，造作、修造大吉。利月：四月、五月、七月、八月，大吉。	宫姓今年大利，修造大吉。利月：四月、五月、八月，大吉。	宫姓今年大利，起造大吉，月宜四月、五月、七月、八月，大利；六月、十二月，小利，起造小吉。
商姓	商姓今年大利，造作百事大吉。利月：宜用三月、九月、八月、十月，大吉。	商姓今年鬼贼，修造平平。利月：三月、八月、十月。	商姓今年鬼贼，起造不吉，月宜三月、九月、十一月，大利，起造大吉；七月、八月小利。
角姓	角姓今年小利，修造、造作小吉。利月：宜用四月、五月、正月、二月、十月，吉。	角姓今年大利，修造大吉。利月：四月、五月、十月，大吉。	角姓今年大利，起造大吉，月宜四月、五月、十月、十一月，大利，起造大吉；正月小利，起造小吉。
徵姓	徵姓今年小利，造作小吉。利月：宜用正月、二月、六月、七月，吉。	徵姓今年小利，修造亦吉。利月：二月、六月、四月、五月，大吉。	徵姓今年小利，起造小吉，月宜正月、二月、十一月，大利；四月、五月小利，起造小吉。
羽姓	羽姓今年大利，造作大吉。利月：宜用正月、二月、七月、八月，吉。	羽姓今年起造妨妻财。利月：宜用二月、八月、十月，修造吉。	羽姓今年害妻财，起造不吉，月宜正月、七月、八月，大利；十月、十一月小利。

5. 魁罡日不举百事

魁罡即天罡、河魁的统称，魁罡日不举百事，自然不得修造动土。唐代道士桑道茂说：“天罡、河魁者，月内凶神也，所值之日百事宜避。”建中元年（780 年）九月，将作奏宣政殿廊坏，因十月魁冈，暂时未可修补。德宗反驳说：“但不妨公害人，则吉矣。安问时日！”诏命有司即刻修葺。胡三省注曰：“阴阳家拘忌，有天冈、河魁。凡魁冈之月及所系之地，忌修造。”[1] 魁、冈（罡）之月忌修造，自然也在“不举百事”之列，这在敦煌历序中多有描述。P.2623《后周显德六年己未岁（959 年）具注历日》谓：“今年三月天罡，九月河魁，魁罡

1《资治通鉴》卷 226 德宗建中元年，第 7289 页。

者，切须禁忌修造。若固犯违者，国及家大凶。”[1]S.1473+S.11427v《宋太平兴国七年壬午岁（982年）具注历日》云：“今年二月天罡，八月河魁，魁罡之月切不得修造动土，大凶。”[2]P.3403《宋雍熙三年丙戌岁（986年）具注历日》称：“今年六月天罡，十二月河魁，魁罡之月切不得修造动土，大凶。”[3]

四、总结

以上有关历序性质、功用及“杂忌”的一般描述，并非历序内容的全部。诸如P.3247、S.95中的“人神所在”，S.2404中的“葛仙公礼北斗法”、S.612中的“十二元神”“九曜歌咏法”及“周公八天出行图”等，其实都是历序的一部分内容。固然历序的书写遵循一定的体例和格式，但由于时代的不同和编纂者的差异，历序收录的术数学知识及编纂时的先后次序亦各有详略侧重，因而很难达到整齐划一的地步。即使翟奉达一人主持编纂的6部历日（S.560、S.2404、BD14636、P.3247、S.95、P.2623），它们的历序从内容到编排也呈现出一定的差异性。

对于历日而言，历序不仅是历日的组成部分，而且还是历日的总则和纲领，总体上起着提纲挈领的作用。一方面，从形而上的角度来说，历序首先要强调历法学“敬授民时”的性质，历日的编纂要遵行天道自然规律，反映四时节气推移，感知物候变化，体味阴阳纲纪和万物造化根源。另一方面，从形而下的层面来看，历序又始终基于本年神煞活动的时间和方位规律，“检吉定凶”，提醒人们谨慎行事，远避神煞，防范各种时日杂忌，为民众准确理解历日的时间属性以及在此基础上安排人们的日常社会生活提供指南和依据。天李、地李日不诉讼论理，往亡日不远行、不出师，血忌日不煞生、不针灸出

1 邓文宽：《敦煌天文历法文献辑校》，第507页；关长龙：《敦煌本数术文献辑校》，第98页。

2 郝春文、赵贞编著：《英藏敦煌社会历史文献释录》第7卷，第37页；关长龙：《敦煌本数术文献辑校》，第113页。

3 邓文宽：《敦煌天文历法文献辑校》，第590页；关长龙：《敦煌本数术文献辑校》，第118页。

血，归忌日不归家……如此等等。每一种神煞都从时间层面对人们的社会活动给予规范和约束，最终达到趋吉避凶的目的。

历序既为历日之总则和锁钥，对于解读历日的社会文化意涵起着不可或缺的作用。然而，如此重要的历序，在后世历书中似乎很难看到。比如，传世本《大宋宝祐四年丙辰岁（1256 年）具注历》，正文前有太岁已下诸神方位及十二月大小和二十四节气时刻[1]，姑且视为该历的“历序”内容。明代大统历日中，历首有十二月大小和二十四节气时刻，其后绘有“年神方位之图”。历尾附有纪年、天恩吉日、天赦吉日、母仓吉日、天德合、太岁已下神煞出游日、逐日人神所在不宜针灸、百忌日、祀灶日、洗头日、游祸日、天火日、上朔日、嫁娶周堂图、五姓修宅等条[2]，这些附录条目是解读大统历日历注信息的必要参考，可以视为大统历日的有益补充。清代时宪书大体因袭了明代大统历日的格式，尾部所附纪年、百忌日、嫁娶周堂图、五姓修造等条，内容全然与大统历日相同。这些附于历书尾部的诸多条目，汇集了古代的阴阳占卜技法和术数学“知识”，主要起着补充或解释历书的作用，某种程度上是另一种形式的“历序”文本。

---

1 该件历首题：“大宋宝祐四年丙辰岁会天万年具注历，太岁在丙辰，干火支土纳音属土，凡三百五十四日。岁德在东南丙位，合在辛，丙辛上取土及宜修造。大将军在子，太阴在寅，岁刑在辰，岁破在戌，岁殺在未，黄幡在辰，豹尾在戌，黄白碧 绿白白 紫黑赤 太岁已下诸神其地各有所忌，如有隳坏事须修营，择其日与岁德、月德、岁德合、月德合、天恩、天赦、母仓并者，修营无妨。”参见（宋）荆执礼等撰：《宝祐四年会天历》，阮元编：《宛委别藏》第 68 册，江苏古籍出版社，1988 年影印本，第 1 页。

2 参见《大明成化十五年岁次己亥大统历》，《国家图书馆藏明代大统历日汇编》第 1 册，北京图书馆出版社，2007，第 381—384 页。

第八章
中古历日“阴阳杂占”探论——以S.P6为中心

中古历日中还渗透着许多“阴阳杂占”的社会民俗文化内容。《唐六典·太卜署》载:“凡阴阳杂占，吉凶悔吝，其类有九，决万民之犹豫:一曰嫁娶，二曰生产，三曰历注，四曰屋宅，五曰禄命，六曰拜官，七曰祠祭，八曰发病，九曰殡葬。”[1]这说明凡有关婚娶、丧葬、发病、镇宅等事项的推占，俱属“阴阳杂占”之列，它们在中古历日中多有渗透。以S.P6《乾符四年丁酉岁（877年）具注历日》为例，该历不仅保存了二月十日至十二月三十日的历注信息，还收录了镇宅符、十二相属灾厄法、推十干得病日法、周公五鼓逐失物法、吕才嫁娶图、五姓修造法等二十多项“阴阳杂占”内容。这些反映阴阳五行学说和中古术数文化的特别“知识”，在以往有关敦煌占卜文书和术数文献的研究中屡有提及，有时甚至被学者视为敦煌术数文献的组成部分。日本学者山下克明说，“阴阳五行学说是对中国各家思想、宗教与学术产生广泛影响的基础性思想”“它更为人所知的一面是在其实际应用中，即占卜术、天文、历法等占卜未来吉凶的术数领域发挥作用”[2]。这在中古历日的“阴阳杂占”内容中亦有充分反映。严格说来，学界对敦煌历日中的“杂占”知识给予了高度重视，并

1（唐）李林甫等撰，陈仲夫点校:《唐六典》卷14《太卜署》，中华书局，1992，第413页。

2［日］山下克明:《发现阴阳道——平安贵族与阴阳师》，梁晓弈译，社会科学文献出版社，2019，第27—28页。

保质保量地完成了文本的整理与辑校工作[1]，这为进一步深入探讨“杂占”文本的属性及其关联的礼俗文化信仰打下了坚实的基础。本章即在梳理S.P6中杂占条目的基础上，探察杂占文本与占卜文书和术数文献的关联，进而揭示阴阳占卜知识和术数文化向具注历日渗透的趋势。

一、S.P6《乾符四年丁酉岁（877年）具注历日》的性质

S.P6为印本历日，分栏排印，从上至下共有四栏，第一、二栏存有二月十日至十二月三十日历日，涉及月大小、月建、月九宫、月神煞、蜜日注、节气、物候及吉凶宜忌等内容。第三、四栏则为与历日相关的“杂占”条目，可以视为阴阳术数知识的汇编。严敦杰最早用历法学知识，推算乾符四年的月朔、闰月、各节气干支（平气）等，俱与S.P6符合，进而指出S.P6《乾符四年具注历日》“用《宣明历》推算毫无疑义”[2]，其性质应是来自中原王朝的历书，且被学界认为“是我国现存最早的印本历书之一”[3]。邓文宽据该历末尾题记及历注内容有不少错误的情况，认为S.P6是敦煌某位姓翟的州学博士根据中原历改造而成的[4]。2013年，邓文宽撰文指出，唐乾符四年敦煌使用的仍是當地自编的写本历日，而S.P6这件印本中原历日，“是后来翟奉达从某种途径获得并作为制历参考使用的”[5]。或可补充者，S.P6的裱补纸有两行题记：

1. 四月廿六日都头守州学博士兼御史中丞翟写本。

1 邓文宽：《敦煌本〈唐乾符四年丁酉岁（877年）具注历日〉“杂占”补录》，《敦煌学与中国史研究论集——纪念孙修身先生逝世一周年》，甘肃人民出版社，2001，第135—145页；[日] 西澤宥綜：《敦煌曆學綜論》，上卷，美装社，2004，第316—329页；关长龙辑校：《敦煌本数术文献辑校》，中华书局，2019，第55—73页。

2 严敦杰：《跋敦煌唐乾符四年历书》，中国社会科学院考古研究所编：《中国古代天文文物论集》，文物出版社，1989，第243—251页。

3 中国社会科学院考古研究所编著：《中国古代天文文物图集》，文物出版社，1980，第121页。

4 邓文宽：《敦煌天文历法文献辑校》，第198—233页。

5 邓文宽：《两篇敦煌具注历日残文新考》，见《敦煌吐鲁番研究》第13卷，上海古籍出版社，2013，第197—201页。

2. 报麴大德永世为父子，莫忘恩也。（朱笔）

这两行文字，以往学者普遍认为书写于 S.P6 末尾。然细审图版，此题记书写于历日的裱补纸上，因而在性质上恐与《乾符四年历日》（S.P6）关涉不大。其中“麴大德”，又见于背面题写的四行文字：

1. 翟都头赠送东行

2. 麴大德，且充此文书一本。后若再来之日，

3. 更有要者，我不惜与也。但则莫改行相，

4. 永为父子之义也。[1]

从题记来看，翟都头已与麴大德（麴姓高僧）约为父子之谊。为了感激这位麴姓高僧的恩情与厚爱，翟都头向东行的麴大德赠送“文书一本”，但此“文书”是否为历书，尚未可知，故据此来推断 S.P6 的来源与性质，目前来看根据略显不足。

通常而言，学界对于敦煌历与中原历的比较，主要聚焦于月建大小和朔日干支的异同，由此大致得出敦煌历的朔日干支较中原历或早一日、或晚一日的认识[2]。以此标准来看，S.P6 的历注内容固然有不少错误（比如蜜日的标注），但月建大小（含闰二月）和二十四节气的标注与张培瑜《三千五百年历日天象》、

---

1 ［日］藤枝晃：《敦煌曆日譜》，《東方學報》第 45 期，1973，第 395—396 页。邓文宽：《敦煌天文历法文献辑校》，江苏古籍出版社，1996，第 225 页；关长龙辑校：《敦煌本数术文献辑校》，第 73 页。需要说明的是，题记中的“翟写本”，藤枝晃释作“翟昷本”，认为“翟昷”即翟再温（字奉达）。按，BD14636（北 836）《逆刺占一卷》尾题：“于时天复贰载岁在壬戌四月丁丑朔七日，河西敦煌郡州学上足子弟翟再温记，再温字奉达也。”其后抄有“三端俱全大丈夫”诗三首，诗后亦有题记，“幼年作之，多不当路，今笑，今笑！已前达走笔题撰之耳。年廿作，今年迈见此诗，羞煞人！羞煞人！”（中国国家图书馆编：《国家图书馆藏敦煌遗书》第 131 册，北京图书馆出版社，2010，第 122 页）若以天复二年（902 年）翟奉达“年廿”而论，可知翟奉达生于唐中和三年（883 年）。如此来看，将“翟都头”比定为翟奉达，则上述题记显然与 877 年历日并无关系。当然，还有一种情况，“翟都头”并非翟奉达，而是另有其人。

2 王重民：《敦煌本历日之研究》，《东方杂志》第 34 卷第 9 号，1937；又见王重民：《敦煌遗书论文集》，中华书局，1984，第 116—133 页；施萍亭：《敦煌历日研究》，敦煌文物研究所编：《1983 年全国敦煌学术讨论会文集》文史遗书编上，甘肃人民出版社，1987，第 305—366 页；见施萍婷：《敦煌习学集》，甘肃民族出版社，2004，第 66—95 页；邓文宽：《敦煌天文历法文献辑校》附录一《中原历、敦煌具注历日比较表》，第 701—735 页。

王双怀《中华通历》（隋唐五代卷）完全相同，由此进一步推知，S.P6 的朔日干支与中原历也完全相同。这说明 S.P6《乾符四年丁酉岁（877 年）具注历日》就是一部不折不扣的中原历日。

不仅如此，S.P6 所附“杂占”条目中，收有“周公五鼓”“周公出行”“八门占雷”和“周堂用日”等内容，这些“杂占”知识和技法图文并茂，言简意赅，在敦煌自编的历日中未曾收录，但却在部分中原历日中尚能见到。比如“周公五鼓”“周公出行”和“八门占雷”均见于 S.P12《上都东市大刀家印具注历日》[1]，该件印制于长安东市的大刀家店铺，因而是名副其实的中原历日。至于“周堂用日”，尽管在唐宋历日中很少看到（S.P6 除外），但却广泛出现于元代授时历日、明代大统历日和清时宪书中。由此不难看出，S.P6 对于后世历日的深刻影响。当然，这与 S.P6 是中原历的性质密不可分。

表 8-1　S.P6 月建大小和节气对照表

月建大小		二十四节气	S.P6	中华通历[2]	三千五百年历日天象[3]
正月大	壬寅	立春	正月十四丙戌	正月十四丙戌	正月十四丙戌
		雨水	正月卅日壬寅	正月三十壬寅	正月三十壬寅
二月大	癸卯	惊蛰	二月十五丁巳	二月十五丁巳	二月十五丁巳
		春分	二月卅日壬申	二月三十壬申	二月三十壬申
闰二月小	癸卯	清明	闰二月十五丁亥	闰二月十五丁亥	闰二月十五丁亥
三月大	甲辰	谷雨	三月一日壬寅	三月一日壬寅	三月一日壬寅
		立夏	三月十七戊午	三月十七戊午	三月十七戊午
四月小	乙巳	小满	四月二日癸酉	四月二日癸酉	四月二日癸酉
		芒种	四月十七戊子	四月十七戊子	四月十七戊子
五月大	丙午	夏至	五月三日癸卯	五月三日癸卯	五月三日癸卯
		小暑	五月十九己未	五月十九己未	五月十九己未

1 赵贞：《S.P12〈上都东市大刀家印具注历日〉残页考》，《敦煌研究》2015 年第 3 期。

2 王双怀编著：《中华通历》（隋唐五代卷），陕西师范大学出版总社，2018，第 299 页。

3 张培瑜：《三千五百年历日天象》，大象出版社，1997，第 241 页。

续表

月建大小		二十四节气	S.P6	中华通历	三千五百年历日天象
六月小	丁未	大暑	六月四日甲戌	六月四日甲戌	六月四日甲戌
		立秋	六月十九己丑	六月十九己丑	六月十九己丑
七月小	戊申	处暑	七月五日甲辰	七月五日甲辰	七月五日甲辰
		白露	七月廿日己未	七月二十己未	七月二十己未
八月大	己酉	秋分	八月七日乙亥	八月七日乙亥	八月七日乙亥
		寒露	八月廿二庚寅	八月廿二庚寅	八月廿二庚寅
九月小	庚戌	霜降	九月七日乙巳	九月七日乙巳	九月七日乙巳
		立冬	九月廿二庚申	九月廿二庚申	九月廿二庚申
十月大	辛亥	小雪	十月九日丙子	十月九日丙子	十月九日丙子
		大雪	十月廿四辛卯	十月廿四辛卯	十月廿四辛卯
十一月小	壬子	冬至	十一月九日丙午	十一月九日丙午	十一月九日丙午
		小寒	十一月廿四辛酉	十一月廿四辛酉	十一月廿四辛酉
十二月大	癸丑	大寒	十二月十日丙子	十二月十日丙子	十二月十日丙子
		立春	十二月廿六壬辰	十二月廿六壬辰	十二月廿六壬辰

二、S.P6 所附“杂占”与敦煌占卜文书的互证

前已提及，S.P6《乾符四年丁酉岁（877 年）历日》的第三、四栏附有镇宅符、推地囊法、六十甲子宫宿法、吕才嫁娶图、推游年八卦法、太岁将军同游日、日游所在法、五姓修造日等二十多项内容。这些“杂占”条目既然附于历日之下，说明这些阴阳术数知识对于解读历日的社会文化意涵起着不可或缺的作用。我们知道，中古历日除了“敬授民时”和纪日序事的政治文化功用外，还为民众的日常社会生活起着“检吉定凶”的指导作用。简言之，即为民众的“择吉”需要提供参考。但准确来讲，在写本时代，庶民大众接受教育的程度以及他们的文化素养尚不能估计过高，民众能否真正读懂具注历日的要义并直接从中获取“择吉”的指导，恐怕还得有赖于这些“杂占”条目中汇总的阴阳占卜技术和术数知识。要言之，这些“杂占”可以视为历日的补充和注释，对于解读历日的社会文化意义至关重要。如果我们将具注历日比作民众常日必读

的一种“经典”知识，那么这些“杂占”无疑就是解读这种“经典”知识的“注疏”。正像儒家经典《十三经注疏》的生成、流传一样，随着时代的演进，经典与注疏合而为一，这些“杂占”内容逐渐被“历日”所统涵并最终融入具注历日中了。

1. 镇宅符

S.P6 中有两幅镇宅符，图文并茂。一幅排印于第一栏“闰二月”月序之后，且题有文字：“凡人宅舍不安，多有虚耗，但取本姓未日朱书之，常置□大□吉。”[1] 另一幅编排于“推丁酉年五姓起造图”下方，其后文字曰：“凡人频年□随所为不□，宅舍不安，多有虚耗，宜用立春日、本姓利日，朱书此符于中庭，高一丈二尺，文一。”[2] 或可参照的是，P.2615《诸杂推五姓阴阳等宅图经》“镇宅”条同样图文并茂，其下文字：“凡人家宅不安，朱书此符，皆长一尺二寸，以一丈竿子头县（悬）之庭中，皆令大吉。急急如律令。”[3] 仔细比较，这三幅镇宅符的构造基本相同，大致借用了“大”“天”“日”（或“口”）、“月”“鬼”等汉字，尤其是“鬼”字，在各种禳灾祈福的符箓中经常看到，几乎贯穿了所有符咒、符箓形制的始终。至于镇宅文字，上述三“符”虽然略有不同，但在朱书此符、悬挂中庭和安定宅舍方面有异曲同工之妙。

2. 推地囊法

地囊作为日神之一，旨在强调不宜动土。S.P6 中绘有“推地囊法图”，题曰：“凡修造地动，逐月下看日辰，犯之，牢索一尺，损之大凶。”该图由内外两圆

1 中国社会科学院历史研究所等编：《英藏敦煌文献（汉文佛经以外部份）》第 14 卷，四川人民出版社，1995，第 244 页。

2 中国社会科学院历史研究所等编：《英藏敦煌文献（汉文佛经以外部份）》第 14 卷，第 245 页；关长龙辑校：《敦煌本数术文献辑校》，第 69 页。

3 上海古籍出版社、法国国家图书馆编：《法藏敦煌西域文献》第 16 册，上海古籍出版社，2001，第 278 页；关长龙辑校：《敦煌本数术文献辑校》，第 744 页。

组成，内圆分为十二等份，依次排列十二月；外圆分为二十四等份，即每月对应两个干支。按照这种编排方式，该图文字可释读为：

正月庚子庚午，二月癸未癸酉，三月甲子甲寅，四月己卯己丑，五月戊午戊辰，六月己巳己未，七月丙申丙寅，八月丁卯丁巳，九月戊午戊辰，十月庚戌庚午，十一月辛未辛酉，十二月乙未乙酉。[1]

地囊各月所在的干支日辰，P.2615《诸杂推五姓阴阳等宅图经》“推地囊日”也有收录，文字与 S.P6 相同，且特别强调说：“地囊所在之处，不得动土修造，切忌，慎之”[2]。

3. 六十甲子宫宿法

S.P6 中“六十甲子宫宿法”为列表的形式，覆盖了自兴元元年（784 年）至乾符四年（877 年）共计 97 年的纪年干支、纳音和男、女命宫。概由于此，邓文宽指出，六十甲子宫宿法“不啻是一份古代的年表，其余多是星命家的说教。”[3] 中古时代的历日文化中，有“三元甲子”的说法。一般来说，上元甲子起于隋仁寿四年（604 年），中元为唐麟德元年甲子岁（664 年），下元甲子为开元十二年（724 年），共计 180 年。至唐兴元元年甲子岁（784 年）又为上元，会昌四年甲子岁（844 年）为中元，天祐元年甲子岁（904 年）为下元，形成新一轮的三元甲子。依此循环，往复不绝。由此来看，S.P6 中的“六十甲子宫宿法”实际上涵盖了上元甲子（60 年）和中元甲子（37 年）的纪年。

六十甲子宫宿法的作用有二：一是以甲子为序进行纪年，即干支纪年；二是通过“宫宿法”进行禄命占卜。“宫”指九宫，有男、女之分，即通过男、女九宫的数字进行命理的推占。S.612v《宋太平兴国三年戊寅岁（978 年）具注历日》云：“一岁戊寅土，太平兴国三年，男二宫，女一宫生。”S.1473《宋

1 中国社会科学院历史研究所等编：《英藏敦煌文献（汉文佛经以外部份）》第 14 卷，第 244 页。

2 上海古籍出版社、法国国家图书馆编：《法藏敦煌西域文献》第 16 册，第 278 页；关长龙辑校：《敦煌本数术文献辑校》，第 746 页。

3 邓文宽：《敦煌天文历法文献辑校》，第 226 页。

太平兴国七年壬午岁（982年）具注历日》："今年生男，起七宫，女起五宫。"P.3403《宋雍熙三年壬午岁（986年）具注历日》："今年生男起三宫，女起九宫。"这些都是男、女九宫数字的描述。P.2482v《推男女生宫法》曰："男起生宫一四七，女起生宫二八五，男五寄二，女五寄八。男兴元甲子起七上元，会昌甲子起一中元，天祐甲子起四下元。女兴元甲子起五，会昌甲子起二，天祐甲子起八。"[1]该件对三元甲子的男、女九宫数作了描述，这实际上也是推算男、女九宫的一般法则。

为便于讨论，兹以兴元元年至贞元十五年的表格为例：

表8-2　兴元元年至贞元十五年男女九宫对照表

贞元	贞元	贞元	贞元	贞元	贞元	贞元	兴元
十四年 戊寅 十五年 己卯	十二年 丙子 十三年 丁丑	十年甲戌 十一年 乙亥	八年壬申 九年癸酉	六年 庚午 七年 辛未	四年戊辰 五年己巳	二年丙寅 三年丁卯	元年甲子 元年乙丑
土	水	火	金	土	木	火	金
一二	三四	五六	七八	九一	二三	四五	六七
二一	九八	七六	五四	三二	一九	八七	六五

此表共有5行，第1行为年号，第2行为干支纪年，第3行为干支五行纳音，第4行是男九宫数，第5行则为女九宫数。以"兴元"年号为例，兴元元年甲子（784年）和贞元元年乙丑（785年），五行纳音均为"金"。若以男女九宫而言，兴元元年男起七宫，女起五宫。贞元元年男起六宫，女起六宫。贞元二年男起五宫，女起七宫。贞元三年男起四宫，女起八宫……若从右向左横向来看，随着纪年的依次推进，第4行男九宫的数字却按照九八七六五四三二一的顺序逆行递减。但第5行女九宫正好相反，按照

1 上海古籍出版社、法国国家图书馆编：《法藏敦煌西域文献》第15册，上海古籍出版社，2001，第256页；关长龙辑校：《敦煌本数术文献辑校》，第1367页。

一二三四五六七八九的次序顺行递增。天文学史专家陈遵妫总结说："男宫逐年减一，一之后为九，女宫逐年加一，九之后为一。"[1] 如此循环往复，在"六十甲子宫宿法"中有明确反映。

或可参照的是，S.612v《宋太平兴国三年戊寅岁（978 年）具注历日》附有"六十相属宫宿法"，同样结合了纪年和男、女九宫的内容。其文曰：

一岁戊寅土，太平兴国三年，男二宫、女一宫生。

二岁丁丑水，太平兴国二年，男三、女九宫生。润（闰）七月。

三岁丙子水，太平兴国元年，男四、女八宫〔生〕。

四岁乙亥火，开宝八年，男五、女七宫生。

五岁甲戌火，开宝七年，男六、女六宫〔生〕，润（闰）十月。

六岁癸酉金，开宝六年，男七、女五宫生。

七岁壬申金，开宝五年，男八、女四宫〔生〕，润（闰）二月。

八岁辛未土，开宝四年，男九、女三宫生。

九岁庚午土，开宝三年，男一宫、女二宫生。

……

五十七壬午木，天祐十五（九）年，男四、女八宫〔生〕。

五十八辛巳金，天祐十八年，男五宫、女七宫生。

五十九庚辰金，天祐十七年，男六、女六宫生。润（闰）六月。

六十己卯土，天祐十六年，男七、女五宫生。[2]

不难看出，上述"宫宿法"以男女生人年岁递增顺序来排列，始于一岁，即太平兴国三年戊寅岁（978 年）生人，终于六十岁，即天祐十六年己卯岁（919 年）生人。其后的男九宫也随着年岁的增长而递增，至九宫后又按照一至九的次序运行。女九宫的情况正好相反，随着年岁的递增而递减，至一宫后

1 陈遵妫：《中国天文学史》，上海人民出版社，2016，第 1170 页注④。

2 郝春文编著：《英藏敦煌社会历史文献释录》第 3 卷，社会科学文献出版社，2003，第 293—301 页。

又按照九至一的倒叙排列。考虑到这种“宫宿法”是一种倒叙的纪年方式，可知本件中的男、女九宫的次序变化，实际上与S.P6“六十甲子宫宿法”完全相同。再看《大明成化十五年岁次己亥（1479年）大统历》中“纪年”的记载：

成化十五年己亥木，一岁，猪，男五宫，女七宫，闰十月。

成化十四年戊戌木，二岁，狗，男六宫，女六宫。

成化十三年丁酉火，三岁，鸡，男七宫，女五宫，闰二月。

成化十二年丙申火，四岁，猴，男八宫，女四宫。

成化十一年乙未金，五岁，羊，男九宫，女三宫，闰六月。

成化十年甲午金，六岁，马，男一宫，女二宫。

成化九年癸巳水，七岁，蛇，男二宫，女一宫。

成化八年壬辰水，八岁，龙，男三宫，女九宫。

……

永乐二十一年癸卯金，五十七岁，兔，男七宫，女五宫。

永乐二十年壬寅金，五十八岁，虎，男八宫，女四宫，闰十二月。

永乐十九年辛丑土，五十九岁，牛，男九宫，女三宫。

永乐十八年庚子土，六十岁，鼠，男一宫，女二宫，闰正月。[1]

显然，《大统历》的纪年也是按照倒叙的方式排列的。以成化十五年（1479年）生人为一岁算起，至永乐十八年（1420年）生人为六十岁，故此处纪年共有六十条。每条包含年号干支、五行纳音、年岁、属相、男九宫、女九宫，有时还有闰月的信息。除了属相外，《大统历》的纪年序列性质上与S.612v相同，因而是名副其实的“六十属相宫宿法”。只是不知何故《大统历》还是摒弃了这种题名，而代之以“纪年”来涵盖“六十属相宫宿法”，似乎更为强调这种“宫宿法”的纪年功能。但不管怎样，都不能否认S.612v中的“六十属

1 北京图书馆出版社古籍影印室编：《国家图书馆藏明代大统历日汇编》第1册，北京图书馆出版社，2007，第381—384页。

相宫宿法”对明代《大统历》有着直接的影响，而追究“宫宿法”的来历，似乎与 S.P6 有着无法割裂的关系。

4. 九宫八变立成法

底本仅有一图，题有“凡五宫生人，与二宫同用”。图中分别以生气、福德、天医、皈魂、游魂、绝体、绝命、五鬼为中宫，其前后左右皆有九宫数字，由此形成八个九宫图形。结合 P.2830《推人游年八卦图》和 S.P6 中“游年八卦法”（详后），可知生气、福德、绝命、五鬼等俱为游年八卦爻变时的专称，它们居于某一方位，表达着一定的吉凶象征意义。明人熊宗立编纂的《类编历法通书大全》（简称《通书大全》）卷 7《男女合婚》“吕才云”：“合得生气、天医、福德为上吉，子孙昌盛……如遇绝体、游魂、归魂者，称之中等，可以较量轻重而言之。命取命卦，通和月中少忌，然后可以成婚。婚姻之事理无十全，但得中平之上者，用之亦吉；若遇五鬼之婚，于男女多主挠搅，口舌相连；若遇绝命之婚，祸必深重，于男女各有忧亡。使命卦和悦，又得九吉相当，亦不宜为其婚也。”[1] 这是假托唐代阴阳大师吕才而将游年八卦用于男女合婚的一般论述。概言之，男女合婚得生气、天医、福德为上佳之选。如遇绝体、游魂、皈魂为中平之上，婚姻尚可。若遇五鬼、绝命，则不宜合婚。

那么，男女合婚如何能够获得生气、天医、福德等这些命卦呢？按照《通书大全》的描述，“男女两宫之数合卦，假如一命在一宫，一命在四宫，即合成生气，其余仿此例”[2]，即结合男、女九宫数来确定具体命宫。对此，S.P6 和《通书大全》提供了男女命宫组合的多种模式，有助于增进对生气、天医、福德的理解。相较而言，《通书大全》的男女命宫数字显然远比 S.P6 复杂。

1（元）宋鲁珍通书，（元）何士泰历法，（明）熊宗立类编：《类编历法通书大全》，《续修四库全书》1062 册《子部・术数类》，上海古籍出版社，2002，第 288—289 页。

2《类编历法通书大全》，第 288 页。

表 8–3　S.P6 和《通书大全》命宫对照表

<table>
<tr><th>命宫</th><th colspan="2">生气</th><th colspan="2">福德</th><th colspan="2">天医</th><th colspan="2">皈魂</th><th colspan="2">游魂</th><th colspan="2">绝体</th><th colspan="2">绝命</th><th colspan="2">五鬼</th></tr>
<tr><td rowspan="4">S.P6</td><td colspan="2">三九</td><td colspan="2">四九</td><td colspan="2">二四</td><td colspan="2">三四</td><td colspan="2">二九</td><td colspan="2">三四</td><td colspan="2">三七</td><td colspan="2">二三</td></tr>
<tr><td colspan="2">六七</td><td colspan="2">六八</td><td colspan="2">三六</td><td colspan="2">六七</td><td colspan="2">三八</td><td colspan="2">二六</td><td colspan="2">六九</td><td colspan="2">四六</td></tr>
<tr><td colspan="2">八二</td><td colspan="2">七二</td><td colspan="2">九七</td><td colspan="2">九八</td><td colspan="2">七四</td><td colspan="2">八七[1]</td><td colspan="2">八四</td><td colspan="2">九八</td></tr>
<tr><td colspan="2">四一</td><td colspan="2">三一</td><td colspan="2">八一</td><td colspan="2">二一</td><td colspan="2">六一</td><td colspan="2">九一</td><td colspan="2">二一</td><td colspan="2">七一[2]</td></tr>
<tr><td rowspan="4">通书大全</td><td>六七</td><td>一四</td><td>六八</td><td>一三</td><td>六三</td><td>一八</td><td>六六</td><td>一一</td><td>六一</td><td>一六</td><td>六二</td><td>一九</td><td>六九</td><td>一二</td><td>六四</td><td>一七</td></tr>
<tr><td>七六</td><td>二八</td><td>七二</td><td>二七</td><td>七九</td><td>二四</td><td>七七</td><td>二二</td><td>七四</td><td>二九</td><td>七八</td><td>二六</td><td>七三</td><td>二一</td><td>七一</td><td>二三</td></tr>
<tr><td>八二</td><td>三九</td><td>八六</td><td>三一</td><td>八一</td><td>三六</td><td>八八</td><td>三三</td><td>八三</td><td>三八</td><td>八七</td><td>三四</td><td>八四</td><td>三七</td><td>八九</td><td>三二</td></tr>
<tr><td>九三</td><td>四一</td><td>九四</td><td>四九</td><td>九七</td><td>四二</td><td>九九</td><td>四四</td><td>九二</td><td>四七</td><td>九一</td><td>四三</td><td>九六</td><td>四八</td><td>九八</td><td>四六</td></tr>
</table>

5. 推十干得病日法

这是一种以十天干为据进行疾病推占及禳除病患的占卜方式。敦煌写本发病书中（P.2856），收录了多种疾病推占方式，大致有推十二日得病法、推十二时得病法、推十二祇得病法、推五子日病法、推四方神头胁日得病法、推十干病法等，总体依据时日的不同划分，形成了多种不同时间系统的疾病推占。比如 P.2856《发病书》“推十干病法”：

甲乙日病者青色［人］凶，非其色吉，戊己日小重，庚辛日小差，头宜西首，吉。

丙丁日病者赤色人凶，非其色吉，庚辛日小重，壬癸日小差，头宜西（北）首，吉。

戊己日病者黄色人凶，非其色吉，壬癸日小重，甲乙日小差，头宜东首，吉。

庚辛日病［者］白色人凶，非其色吉，甲乙日小重，丙丁日小差，头宜南首，吉。

1 “八七”，底本作“六十”，此据《类编历法通书大全》校改。

2 “七”，底本作“二”，据《类编历法通书大全》校改，底本“二”当为“七”之形讹。

壬癸日病［者］黑色人凶，非其色吉，丙丁日小重，戊己日小差，头宜东首，吉。

右件病人皆以器盛火（水），去［头］五寸置之，大吉。[1]

此件发病书强调“非其色吉”，似表明与五行对应的五方色反而会给人带来病患，禳除病患的方式也比较简单，并没有随着十干的变化而有所不同，而是始终固定在“以器盛水，去头五寸置之”，看起来略显单一。相比之下，S.P6中的“推十干得病日法”有两处变化：一是图文并茂，依次绘有甲乙鬼形、丙丁鬼形、戊己鬼形、庚辛鬼形和壬癸鬼形。二是占辞精炼且明确提到鬼的姓名。简言之，S.P6中的疾病推占，旨在表达十干日得病，很大程度上是由于鬼神作祟的缘故。其文曰：

甲乙鬼形：甲乙病者，鬼起天宝，东南来，呼名，青纸解送即差。

丙丁鬼形：丙丁日病，名丑得良，呼名，与赤纸，钱财解送立差。

戊己鬼形：戊己日病，鬼名冯有言，书名黄纸，钱财送之便差。

壬癸鬼形：壬癸病者，鬼名田得春，书名，与黑传（钱）财，解送之立差。

庚辛鬼形：庚辛［日］病，鬼田有春，与白传（钱）财，呼名，解送即差。[2]

1　上海古籍出版社、法国国家图书馆编：《法藏敦煌西域文献》第19册，上海古籍出版社，2001，第141页；关长龙辑校：《敦煌本数术文献辑校》，第1211页。

2　中国社会科学院历史研究所等编：《英藏敦煌文献（汉文佛经以外部份）》第14卷，第246页。

敦煌发病书中的鬼名，主要见于“推初得病日鬼法”（P.2856）：“卜男女初得病日鬼名是谁，若患状相当者，即作此鬼形，并书符厌之，并吞及著门户上，皆大吉。书符法用朱沙，闭气作之。”以酉日、戌日为例，“酉日病者，[鬼]名耆耆，绿面非（绯）身恃气，俄吐舌而行。令人狂颠，四支沉乱，不别亲疏。以其形厌之，即去。此符朱书，病人吞之，并著门户上及卧处，吉；戌日病者，鬼名石擊，□眉，生两翅，手持刀而逢人即斫人。病人腹泻，耳聋，恶口。以其形厌之，即去。此符朱书，病人身上著及吞之，门户上，大吉。”[1]本件中，酉日鬼名耆耆，戌日鬼名石擊，亥日鬼名东僧，但在另一件发病书中（S.1468），“酉日病［者］，鬼姓学名少杨”“戌日病者，鬼姓清名仲卿”“亥日病者，鬼姓刘名伯子”[2]。由此看来，敦煌发病书中至少存在着两种不同文本系统的《推初得病日鬼法》。

具体到十干日疾病推占，涉及鬼神作祟及鬼神姓名的发病书并不多见。唯P.3556v《推十干》有相关描述：

> 甲乙日病者，鬼姓起名天宝，令人头痛。以青帋身，呼名求之，吉。
>
> 丙丁日病者，鬼姓田名良，令人吐逆，以赤帋身，呼名求之，差。
>
> 戊己日病者，鬼姓冯名有言，令人恍惚。以黄帋身，呼名求之，差。
>
> 庚辛日病者，鬼姓□名之春，令人心痛。以白帋身，呼名求之，吉。
>
> 壬癸日丙者，鬼姓王名互生，令人心狂。以黑帋身，呼名求之，吉。[3]

此件的文本结构显然与S.P6比较接近，文句看起来差异较大，但甲乙鬼

1 上海古籍出版社、法国国家图书馆编：《法藏敦煌西域文献》第19册，第138—139页；关长龙辑校：《敦煌本数术文献辑校》，第1199—1202页。

2 郝春文、赵贞编著：《英藏敦煌社会历史文献释录》第7卷，社会科学文献出版社，2010，第19—20页。

3 上海古籍出版社、法国国家图书馆编：《法藏敦煌西域文献》第25册，上海古籍出版社，2002，第259页；关长龙辑校：《敦煌本数术文献辑校》，第1244页。

姓名起天宝、戊己鬼姓名冯有言亦与 S.P6 相合，因此就性质而言，P.3556v《推十干》与 S.P6 中“推十干得病日法”可能源出同一系统，只是在流播与传抄过程中出现了析分。尽管如此，仍然不能否认两者具有一定的互证、对校和参考价值。

6. 周公五鼓逐失物法

“周公五鼓逐失物法”应是后世编纂而托名“周公”的一部失物、走失占卜文献。现知敦煌历日中，S.P6、S.P12、S.612 中都有涉及五鼓逐失物法的内容。其中 S.P12 仅存部分占辞，S.612 附有“五鼓图”，唯 S.P6 图文并茂，既有五鼓图，又有相关占辞，其文曰：

> 凡大月从上数至下，小月从下数至上，到失物日止。值圆画，急求得，迟不得。至长画，失物走者得脱。至短画，失物日亡者不逐自来，走者不觅自至。唯在志心，万不失［一］。[1]

可见，周公五鼓占法的核心是圆、长、短三种形式的数值笔画，在失物、走失的占卜中，它们分别代表着“急求得”、“得脱”和“不逐自来”、“不觅自至”三种结果。又 P.2572 绘有两幅五鼓图，残存“五故（鼓）卜走失法：月大从上数，月小从下□”诸字[2]，强调的虽然是走失，但其卜法与性质，应与 S.P6 中周公五鼓逐失物法类似。或可参照的是，P.3602v《神龟推走失法》亦有五鼓图和相关占辞：

> 大月从上向下数之，至失时止；小月从小向上数之，至失时止。数值长画者，走失下（不）可捉得。数值罗城者，走失急捉得。数值短画者，走失不捉自来，万无一失。[3]

1 中国社会科学院历史研究所等编：《英藏敦煌文献（汉文佛经以外部份）》第 14 卷，第 246 页。

2 上海古籍出版社、法国国家图书馆编：《法藏敦煌西域文献》第 16 册，第 42 页；关长龙辑校：《敦煌本数术文献辑校》，第 1185 页。

3 上海古籍出版社、法国国家图书馆编：《法藏敦煌西域文献》第 26 册，第 64 页；关长龙辑校：《敦煌本数术文献辑校》，第 1184 页。

此件标题含有“神龟”，但若将“罗城”理解为“圆画”，则其占法中的长画、圆画和短画三种数值，分别代表着“不可捉得”“急捉得”和“不捉自来”三种结果[1]。据此，本件“神龟推走失法”的性质，无疑与“周公五鼓逐失物法”完全相同。此外，杏雨书屋藏羽56V题有“卜卦：右件卜法，大月从上数，小月”诸字[2]，推测亦应是周公五鼓卜法中的文字。

表 8–4　五鼓图形对照表

S.P6	S.612	P.2572	P.3602v
			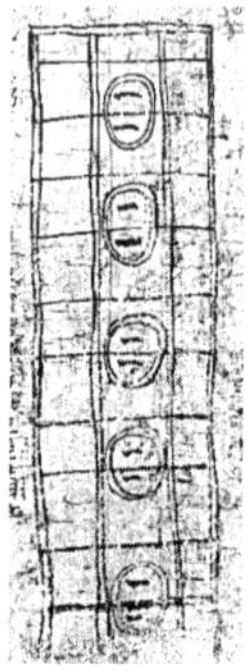

7. 八门占雷

此条图文并茂，系用上图下文格式编排。上栏图有内外两层，题曰：“内行图，外占雷”，是说内层图用于出行占卜，外层图用于“占雷”即年岁光景的推占。下栏文字为占辞，其文曰：

雷起天门，人民不安；起水门，五谷火（大）贱；起鬼门，人民暴亡；起木门，五谷不成；起风门，多风雨；起火门，其年大旱；起石门，注损田苗；起金门，同铁贵。[3]

1 黄正建：《敦煌占卜文书与唐五代占卜研究》（增订版），中国社会科学出版社，2014，第133页；赵贞：《S.P12〈上都东市大刀家印具注历日〉残页考》，《敦煌研究》2015年第3期。

2［日］武田科学振兴财团编集：《杏雨书屋藏敦煌秘笈》影片册一，はまや印刷株式会社，2009，第362—363页。

3 中国社会科学院历史研究所等编：《英藏敦煌文献（汉文佛经以外部份）》第14卷，第246页。

显而易见，“外占雷”是通过雷起天门、水门、鬼门、木门、风门、火门、石门、金门来预言年岁善恶、五谷丰歉和物价贵贱等情况，故有“八门占雷”的说法。此种占法，也见于 S.P12《上都东市大刀家印具注历日》，虽然仅存左半，但也是上图下文，图文并茂。韩鄂《四时纂要》还记载了一种“八卦占雷”，通过雷声起于乾、坤、坎、离、巽、震、艮、兑八卦方位来“卜五谷之贵贱”，进而与“八门占雷”联系起来[1]。

再看“内行图”。内层圆圈的“八天”及对应日期，从根本上说是为出行的吉凶推占服务的。按顺时针方向排列，内圆依次为天门，一日、九日、十七、廿五；天贼，二日、十日、十八、廿六；天财，三日、十一、十九、廿七；天阳，四日、十二、廿、廿八；天宫，五日、十三、廿一、廿九；天阴，六日、十四、廿二、卅日；天富，七日、十五、廿三；天盗，八日、十六、廿四。通过这样的归类和编排，每月 30 日依次被分配于“八天”中，且始终以八日为周期，循环分布。由此，每相隔为“八”的日期具有相同的占卜意象，而每一日的出行吉凶，都可以从“八天”中知晓。

“八天”的占卜意象，敦煌写本 S.612、S.5614、BD10335 以及藏文本 S.6878v 都有描述。S.612《宋太平兴国三年戊寅岁（978 年）具注历日》“周公八天出行图”云：

天门：一日、九日、十七、廿五日，所求大吉。

天贼：二日、十日、十八、廿六，伤害，凶。

天财：三日、十一、十九、廿七日，百事吉。

天阳：四日、十二、廿、廿八日，出行平。

天宫：五日、十三、廿一、廿九日，开通吉。

天阴：六日、十四、廿二、卅日，主水灾，凶。

1 赵贞：《S.P12〈上都东市大刀家印具注历日〉残页考》，《敦煌研究》2015 年第 3 期。

天富：七日、十五、廿三日，求财吉。

天盗：八日、十六、廿四日，主劫害，凶。[1]

可以看出，“八天”的占卜事项其实并不限于出行，还涉及求财、举动百事等。就吉凶意象而言，天门、天财、天宫、天富对应的奇数日期俱为吉兆。而偶数中的吉日，仅限于天阳对应的四日、十二日、廿日和廿八日，其他偶数日期俱为凶兆。再看 S.5614《占周公八天出行择日吉凶法》的记载：

1. 每月一日、九日、十七日

2. 行日，大吉，得财。十一日、三日、十九日、廿七日是天财日，出

3. 吉。十三日、五日、廿一日、廿九日是［天］宫日，小吉，出行恐失

4. 廿三日是天富日，出行觅财、求官，四路□

5. 天阳日，出行平安，大吉，得官禄。十八日、二日、十

6. 伤折，或逢贼劫剥。十四日、六日、廿二日是天阴

7. 官事起。十六日、八日、廿四日是［天］盗日，出行[2]

本件对于“八天”的排列，采用了“吉日在前，凶日在后”“奇数在前，偶数在后”的原则，首先描述吉兆的奇数“四天”（天门、天财、天宫、天富）；其次为偶数的天阳，也是吉兆；最后则为凶兆的偶数“三天”（天贼、天阴、天盗）。这种处理方式，大致比较符合民众趋吉避凶的社会实际，某种程度上正是择吉文化传统深厚积淀的产物。

8. 洗头日

对于身体关照中的洗头，S.P6 有专门的规定：“（每月）三日、八日富贵，九日加官，十日招财，十一、十二日目明，十五、廿日大吉，廿四日招财，

1 郝春文编著：《英藏敦煌社会历史文献释录》第 3 卷，第 288—289 页。

2 中国社会科学院历史研究所等编：《英藏敦煌文献（汉文佛经以外部份）》第 8 卷，四川人民出版社，1992，第 150 页；关长龙辑校：《敦煌本数术文献辑校》，第 177—178 页。

S.P6 中八门占雷图

S.P12“八门占雷”残页

廿六日有酒食。已上日吉，余日凶。”[1] 有关洗头的择吉，S.612《宋太平兴国三年（978 年）应天具注历日》也有描述：“每月一日、三日、五日、七日、九日、十一日、十三日、十五日、十七日、十九日、廿一日、廿三日、廿五日、廿七日、廿九日，已上日用之吉。亦宜使子、丑、申、酉、戌、亥，大吉。”[2] 似乎每月奇数日都适宜于洗头。P.2661v《诸杂略得要抄子》：“凡洗头、沐浴，子、丑、未、酉、亥吉。”[3] 大致与 S.612 比较接近。S.6886v《宋太平兴国六年辛巳岁（981 年）具注历日》还有“洗”字的标注，即正月三日辛丑、十五癸丑、廿七乙丑、二月五日癸酉、十九日丁亥、廿一己丑、廿九丁酉、三月三日庚子、四月十七甲申、廿九丙申、五月一日丁酉、十七癸丑、廿九乙丑、六月七日癸酉、廿一丁亥、廿三己丑、七月一日丙申、五日庚子、八月十七甲申、廿九丙申、九月三日庚子、十月廿一丁亥、廿三己丑、十一月一日丁

1 中国社会科学院历史研究所等编：《英藏敦煌文献（汉文佛经以外部份）》第 14 卷，第 244 页。
2 郝春文编著：《英藏敦煌社会历史文献释录》第 3 卷，第 288 页。
3 关长龙：《敦煌本数术文献辑校》，第 1274 页。

酉、十七癸丑、廿九乙丑、十二月十九甲申等，皆注有“洗”字[1]，表明是该年洗头的吉日。传世本《大宋宝祐四年丙辰岁（1256年）会天万年具注历》“沐浴”的标注[2]，基本也限定于子、丑、申、酉、亥日，这与S.612、P.2661v中的“洗头”吉日完全一致。

值得注意的是，明代官方颁行的大统历日中也有“洗头日”的说明：“每月宜用三日、四日、八日、九日、十日、十一日、十三日、十四日、十五日、二十二日、二十三日、二十六日、二十七日及申、酉、亥、子日。不宜伏、社、建、破、平、收日。”[3]清代《时宪书》和敕修的《协纪辨方书》亦收录“洗头日”，内容与明代大统历相同。由此可见，“洗头日”进入具注历日，绝非历家术士的随意兴致所为，而应根植于民众实际的择吉需要，说明“检吉定凶”的具注历日对于庶民大众的社会生活确有一定的指导作用，突显出历日实用性强的特点。

历日之外，敦煌藏文写本P.3288V（1）《沐浴洗头择吉日法》、德藏吐鲁番汉文文献Ch.3821v《剃头良宿吉日法·洗头吉日法》均有“洗头”吉日的记

1 中国社会科学院历史研究所等编：《英藏敦煌文献（汉文佛经以外部份）》第11卷，四川人民出版社，1994，第213—217页；邓文宽：《敦煌天文历法文献辑校》，第530—556页。

2 南宋《宝祐四年具注历》中，正月十七日己酉、二十九日辛酉、二月十日壬申、十三日乙亥、二十二日甲申、二十五日丁亥、三月六日丁酉、十七日戊申、十八日己酉、二十日辛亥、二十一日壬子、二十九日庚申、三十日辛酉、四月二日癸亥、三日甲子、十五日丙子、二十七日戊子、五月六日丙申、九日己亥、十八日戊申、二十二日辛亥、六月一日庚申、四日癸亥、十三日壬申、十四日癸酉、十六日乙亥、二十五日甲申、二十六日乙酉、二十八日丁亥、二十九日戊子、七月二十日己酉、二十三日壬子、八月三日辛酉、六日甲子、十四日壬申、十七日乙亥、二十六日甲申、二十九日丁亥、九月九日丙申、二十一日戊申、二十二日己酉、二十四日辛亥、十月三日庚申、四日辛酉、六日癸亥、十六日癸酉、十九日丙子、二十八日乙酉、十一月一日戊子、十日丁酉、二十一日戊申、二十四日辛亥、十二月三日庚申、六日癸亥、十五日壬申、十八日乙亥、十九日丙子、二十七日甲申等，俱有“沐浴”的标注。参见荆执礼：《宝祐四年会天历》，阮元编：《宛委别藏》第68册，江苏古籍出版社，1988年影印本，第1—54页。

3 参见《大明成化十六年岁次庚子大统历》，北京图书馆出版社古籍影印室编：《国家图书馆藏明代大统历日汇编》第1册，第415页。

载，陈于杜、张福慧和游自勇有专门研究[1]。此外，Дx.1064+Дx.1699+Дx.1700+Дx.1701+Дx.1702+Дx.1703+Дx.1704《推皇太子洗头择吉日法》也是一部专门推占洗头吉日的专书，该件残损过甚，首部4行曰：“凡每月三日、八日洗头，□日□十日□廿日□日得□已上日吉。余别日及阴日洗头凶，慎之。”[2]从残存文字来看，该件有关洗头吉日的描述，主旨应与 S.P6 契合。不仅如此，该件还记载了十二日洗头择吉日法：

子日洗头，令人有好事及得财，吉；丑日洗头，令人富贵，宜六畜；寅日洗头，令人死不上堂，凶；卯日洗头，令人髮白更黑，大吉；辰日洗头，令人起事数数被褥；巳日洗头，令人宜远行无忧；午日洗头，令人破伤生疮，凶；未日洗头，令人髮美长好，吉；申日洗头，令人见鬼，凶；酉日洗头，令人得酒食；戌日洗头，令人死伤；亥日洗头，令人□贵。[3]

不难看出，十二日洗头中，寅、午、申、戌日皆为不吉，这与前引 S.612 所说的“子、丑、申、酉、戌、亥（日洗头），大吉”还是略有出入。此种择吉日法之外，《推皇太子洗头择吉日法》还提供了一种方法：

□六月七日、七月七日、八月一日□九日、廿日、十月十一日、十一月十四日、廿日、十二月一日，并大吉利，余日即凶恶。

又法：正月五日洗头，至老不入狱，不被官嗔；二月八日洗头，至老不入狱；三月廿六日、廿一日洗头，令人高迁；四月十二日洗头，令人长□；□廿日洗头，令人眼明；六月八日洗头，令人富贵长命；七月七

1 陈于杜、张福慧：《敦煌古藏文写本 P.3288V（1）〈沐浴洗头择吉日法〉题解与释录——P.3288V 研究之一》，《敦煌学辑刊》2019 年第 2 期；游自勇：《敦煌吐鲁番汉文文献中的剃头、洗头择吉日法》，《文津学志》第 15 辑，国家图书馆出版社，2021，第 229—236 页；张福慧、陈于杜：《敦煌藏文写本 P.3288V（1）〈沐浴洗头择吉日法〉的历史学研究》，《中国藏学》2022 年第 4 期。

2 俄罗斯科学院东方研究所等编：《俄藏敦煌文献》第 7 册，上海古籍出版社，1996，第 294 页。

3《俄藏敦煌文献》第 7 册，第 294 页；关长龙：《敦煌本数术文献辑校》，第 1266 页。

日、廿一日洗头，令人不死□；八月廿一日洗头，令人大吉贵；九月九日、十九日洗头，人颜色好；十月四日、十一日洗头，令人[大吉]贵；[十一月]□日洗头，□十□洗头，□富贵；□[1]

显然，以上是一年十二月中洗头吉日的汇总，是另一种更为具体的洗头吉日。若结合历日来看，对于“洗头”这一常日活动，人们也尝试了多种“择吉”的探索，进而选取了一种简单易行、通俗易懂和民众易于操作的洗头吉日，并最终被编入具注历日中[2]，由此成为民众“沐浴更衣”时的必要参考。这应当是S.P6“洗头日”的生成过程。

9. 推七曜直用日法立成

七曜即日曜、月曜、火曜、水曜、木曜、金曜和土曜，这是中古时代传入中国的一种外来纪日方法，现今通行的星期制即源于此。按照粟特康居的译名，七曜直日又分别称为蜜日、莫日、云汉日、嘀日、温没斯日、那颉日和鸡缓日，它们的时日宜忌，在S.P6、S.1473、S.2404、P.3403等历日文献中俱有记载。或可参照的是，P.2693《七曜历日一卷》、P.3081《七曜日吉凶推法》亦有七曜直日的内容。相较而言，与历日文本最为接近的内容，莫过于P.3081中“七曜日忌不堪用等”：

蜜日不得吊死、问病、出行、往亡、殡葬、斗竞、咒誓，速见耻辱，凶。

莫日不得裁衣、冠带、剃头、剪甲、买奴婢、六畜及欢乐，凶。

云汉日不得聚会作乐、结交朋友、合火下及同财、迎妻纳妇，凶。

嘀日不得出行，未曾行处不合去，冠带、沐浴、著新衣，凶。

---

1 《俄藏敦煌文献》第7册，第294—295页；关长龙：《敦煌本数术文献辑校》，第1267页。

2 游自勇认为，《洗头吉日法》这类占卜书籍原本应是独立存在的，9世纪以后其内容散见于具注历日和日常生活类书中。随着历书、民用类书的广泛传播，原本单独存在的占卜书籍渐次消失，其内容由于已经渗入百姓的日常生活当中，因而获得了更为长久的生命力。参见游自勇：《敦煌吐鲁番汉文文献中的剃头、洗头择吉日法》，《文津学志》第15辑，第229—236页。

鬱没斯日不得恶言啾唧、奸非盗贼、吊死、问病、斗讼，凶。

那颉日不得合和汤药、往亡、殡葬、哭泣、兴易，凶。

鸡换日不得出财，一出不回，作欢乐聚会、赏歌舞音声，凶。[1]

两相对比，七曜的宜忌，S.P6、P.3403 等历日更多强调的是“宜”，即适宜作某事；P.3081 描述的是“不得”或“忌不堪用”，即不宜作某事，故而各条均以“凶”字收尾。此外，该件还有七曜日得病望、七曜日失脱逃走禁等事、七曜日生福禄刑推、七曜日发兵动马法、七曜日占出行及上官、七曜日占五月五日直等六条，俱为七曜占的文本内容[2]。

10. 推男女小运行年灾厄法

此条按照“左文右图”顺序排列。右侧有天门地户图，内方外圆，外层的圆周排列着六十甲子纳音，强调“至戌亥为天门，至辰巳为地户”“男忌天门，女忌地户”。内层的方框内题写“男女行年至黑星，忧疾病至重厄。至赤星，有口舌［事］非，有横事，官灾厄。至连星，夫妻刑害，官灾连累之厄。”并强调“男一岁从丙寅顺行，女一岁从壬申逆数”。

左侧为行年自寅至丑十二支及对应的十二神、占辞和避忌月份。按照隋萧吉《五行大义》的记载，游年凡有三名，即游年、行年和年立。游年以“运动不住为义”，行年即年立，“以立住为义”。二者的区别是，“游年从八卦而数，年立从六甲而行”。而六甲的推演，“男从丙寅左行，女从壬申右转，并至其年数而止”[3]，正与本条强调的“男一岁从丙寅顺行，女一岁从壬申逆数”契合。实际上，传世志书和敦煌文献中题名“行年”的阴阳典籍并不少见，如《新唐书·艺文志》著录的王叔政《推太岁行年吉凶法》，《宋史·艺文志》收录的《行

1 上海古籍出版社、法国国家图书馆编：《法藏敦煌西域文献》第 21 册，上海古籍出版社，2002，第 259—260 页；关长龙辑校：《敦煌本数术文献辑校》，第 143 页。

2 赵贞：《〈宿曜经〉所见“七曜占”考论》，《人类学研究》第 8 卷，浙江大学出版社，2016，第 282—309 页；见氏著《敦煌文献与唐代社会文化研究》，北京师范大学出版社，2017，第 293—323 页。

3 ［日］中村璋八：《五行大義校注》（增订版），汲古書院，1998，第 203 页。

年起造九星图》《行年五鬼运转九宫法》《大行年入局韬钤》《大行年推禄命法》等，以及 P.3724v《推九天行年灾厄法》、P.3779《推九曜行年灾厄法》、P.3838《推九宫行年法》等，俱为禄命推占著作。

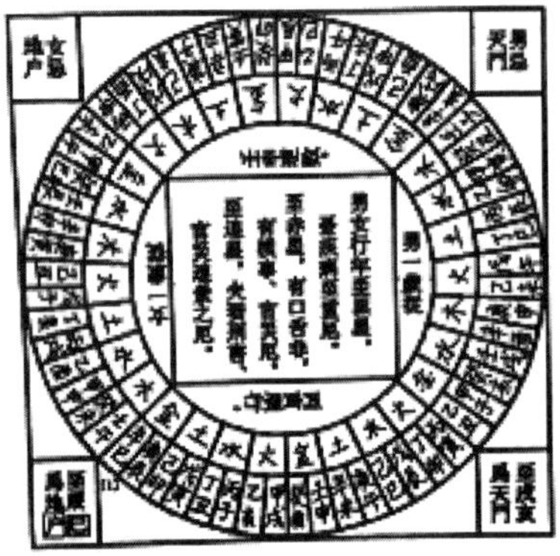

S.P6 中天门地户图[1]

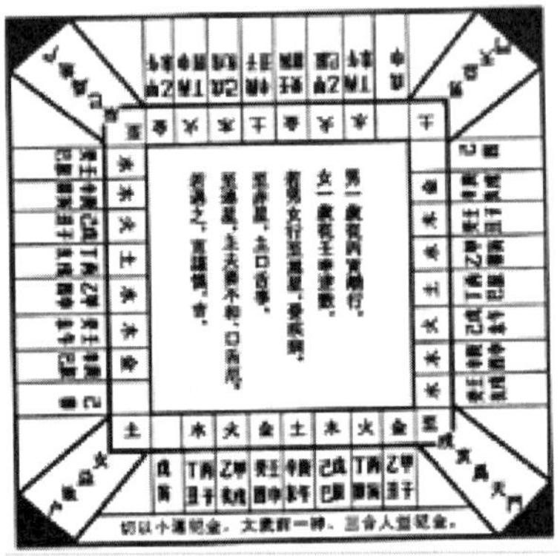

S.612 中天门地户图

需要说明的是，S.612《宋太平兴国三年戊寅岁（978 年）具注历日》附有“推小运知男女灾厄吉凶法”，亦是“左文右图”格式编排，其占辞虽然较为简省，但主旨大致与 S.P6 相同。现制作表格，进一步比较 S.P6 和 S.612 的异同。

表 8–5　推男女小运行年灾厄法对照表

名称	推男女小运行年灾厄法（S.P6）	推小运知男女灾厄吉凶法（S.612）
天门地户图	男一岁从丙寅顺行，女一岁从壬申逆数。男女行年至黑星，忧疾病至重厄。至赤星，有口舌［事］非，有横事，官灾厄。至连星，夫妻刑害，官灾连累之厄。	男一岁从丙寅顺行，女一岁从壬申逆数。若男女行至黑星，忧疾病。至赤星，主口舌事。至连星，主夫妻不和、口舌厄。若遇之，宜谨慎，吉。 切以小运犯金，太岁前一神，三合人并犯金。
占辞	行年至寅，寅为功曹，有贵人征司。忌正月、七月。	至寅为功曹，主喜。忌正月、七月。

1 图片采自关长龙辑校：《敦煌本数术文献辑校》，第 67 页、第 107 页。

续表

名称	推男女小运行年灾厄法（S.P6）	推小运知男女灾厄吉凶法（S.612）
占辞	行年至卯，卯为天冲，有离别之厄。忌二月、八月。	至卯为太冲，主厄。忌二月、八月。
	行年至辰，辰为天罡，有疾病重厄。忌三月、九月。	至辰为天罡，主疾病。忌三、九［月］。
	行年至巳，巳为太一，切忌官灾、口舌。忌四月、十月。	至巳为太一，生（主）灾厄。忌四、十月。
	行年至午，午为胜先，合有喜事。己（忌）五月、十一月。	至午为胜先，大吉。忌五月、十一月。
	行年至未，未为小吉，田蚕大收吉。忌六月、十二月。	至未为小吉，主喜。忌六、十二月。
	行年至申，申为传送，宜出行在外，忌正月、七月。	至申为传送，出行吉。忌正、七月。
	行年至酉，酉为从魁，有蛇鼠作怪。忌二月、八月。	至酉为从魁，主灾。忌二月、八月。
	行年至戌，戌为何（河）魁，有鬼魅为灾。忌三月、九月。	至戌为河魁，主灾厄。忌三、九月。
	行年至亥，亥为登明，所作皆成，吉。忌四月、十月。	至亥为登明，大吉。忌四月、十月。
	行年至子，子为神后，造作无咎，吉。忌五月、十一月。	至子为神后，百事吉。忌五、十一月。
	行年至丑，丑为大吉，钱财不失，吉。忌六月、十二月。	至丑为大吉，主损财。忌六、十二月。
备注		今年但是亥、卯、未人犯金神，歌曰：若言小运犯金神，凡事都来不可论。举意尽皆多抑塞，求财望（妄）动必迍迍。父身得病需看子，子运灾衰救没因。夫病忽然妻见服，定知灾祸在逡巡。

需要说明的是，表格中的功曹、太冲、天罡、太一、神后、大吉等，为六壬十二鬼神。《五行大义》卷 5《第二十论诸神》：“六壬所使十二神者，神后主子，水神；大吉主丑，土神；功曹主寅，木神；太冲主卯，木神；天刚主辰，土神；太一主巳，火神；胜先主午，火神；小吉主未，土神；传送主申，金神；从

魁主酉，金神；河魁主戌，土神；微（徵）明主亥，水神。”[1] 这种与十二支对应的十二神占法，也见于P.3222B《六壬式》中，性质上应属“式占”之类。

11. 推游年八卦法

此条分上下两栏，采用“上图下文”方式编排，上栏为游年八卦图，又分为上、下两层，各有游年八卦图八幅，题有“上宫男，下宫女”，可知八卦游年图有男女之别。按照从右向左的顺序，上层或上宫八图依次为离、坤、兑、乾、坎、艮、震、巽八卦，此为男子游年八卦图。下层或下宫八图依次为坎、艮、震、巽、离、坤、兑、乾八卦，即为女子游年八卦图。下栏为占辞，依次对应上图八卦，共有八条，每条旨在描述本宫、生气、天医、福德、绝体、游魂、五鬼、绝命等命宫方位。

表 8–6　游年八卦对照表

分类	游年八卦图	游年八卦图释文[2]
上宫男		离：一岁、[八]、十六、廿四、三十二、卌、卌八、五十六、六十四、七十二、八十一
		坤：二岁、九、十七、廿五、三十三、卌二、卌九、五十七、六十五、七十三、八十二
		兑：三岁、十、十八、廿六、三十四、卌三、五十、五十八、六十六、七十四、八十三
		乾：四岁、十一、十九、廿七、三十五、卌四、五十一、五十九、六十七、七十五、八十四

1 [日] 中村璋八：《五行大義校注》，第172页。

2 释文参考了关长龙《敦煌本数术文献辑校》（第69页）中“推游年八卦法”的制图。

续表

分类	游年八卦图	游年八卦图释文
上宫男		坎：五岁、十二、廿、廿八、三十六、卌五、五十二、六十、六十八、七十六、八十五
		艮：六岁、十三、廿一、廿九、三十七、卌六、五十三、六十一、六十九、七十七、八十六
		震：七岁、十四、廿二、三十、三十八、卌七、五十四、六十二、七十、七十八、八十七
		巽：[八] [岁]、十五、廿三、卅一、卅九、[卌] [八]、五十五、六十三、七十一、[七] [十] [九]、[八] [十] [八]、九十五
下宫女		坎：一岁、八、十六、廿四、卅二、卌、卌八、五十六、六十四、七十二、八十
		艮：十五、廿三、卅一、卅九、[卌] [七]、五十五、六十三、七十一、七十九
		震：七、十四、廿二、卅、卅七（八）、卌七、五十四、六十二、七十、七十八
		巽：六、十三、廿一、廿九、卅七、卌六、五十三、六十一、六十九、七十七
		离：五、十二、[廿]、廿八、卅六、卌五、五十二、六十、六十八、七十六

续表

分类	游年八卦图	游年八卦图释文
下宫女		坤：四、十一、十九、廿七、卅五、卌四、五十一、五十九、六十七、七十五
		兑：三、十、十八、廿六、卅四、卌二、五十、五十八、六十六、七十四
		乾：二、九、十七、廿五、卅三、卌一、卌九、五十七、六十五

再看下栏的占辞，按照上述游年八卦的顺序，重点是命宫方位的描述：

离：本宫正南，生气正东，天医正西，福德东南，绝体正北，游魂西南，五鬼东北，绝命西北。

坤：本宫西南，生气东北，天医东南，福德西北，绝体正西，游魂西南，五鬼正东，绝命正北。

兑：本宫正西，生气西北，天医正南，福德西南，绝体东北，游魂东南，五鬼正北，绝命正东。

乾：本宫西北，生气正西，天医正东，福德东北，绝体西南，游魂正北，五鬼东南，绝命正南。

坎：本宫正北，生气东南，天医东北，福德正东，绝体正南，游魂西北，五鬼正西，绝命西南。

艮：本宫东北，生气西南，天医正北，福德西北，绝体正西，游魂正东，五鬼正南，绝命东南。

震：本宫正东，生气正南，天医西北，福德正北，绝体东南，游魂东北，五鬼西南，绝命正西。

巽：本宫东南，生气正北，天医西南，福德正南，绝体正东，游魂正西，五鬼西北，绝命东北。[1]

作为“占辞”的核心内容，这些命宫方位的标识到底有何吉凶意义？P.2830《推人游年八卦图》或许能提供一些启示，现以“离”卦为例：

䷝离家火，一、八、十六、廿四、卅二、卌、五十六、六十四、七十二、八十一、八十八、九十六、一百四、一百十二、一百廿。

游年在离，南方。其年之中，宜姓侯、吕、董交通，吉。其年病者□□，与东北神愿不赛，所以遭口舌。

祸害在艮，东北方。若有寡男子并小儿来时，大凶，□□。

绝命在乾，西北方。乾为老公，忌九月戌日，不宜向西北方吊问□忌西北修造，亦有断后鬼修灶不次，故使此病□

生气在震，正东。取青衣师看病，青药，有肉乾辅，大吉。□以铁二斤悬在西北角上。离神姓冯，家（字）仲[2]□

可以看出，“离家火”的年龄数字，大致与 S.P6 中“上宫男”离卦图相同。其下四句中，“游年在离”即为本宫，位于正南方，祸害在东北方，绝命在西北方，生气在正东，它们都有一定的吉凶象征意义，正说明游年八卦中的命宫方位具有一定的占卜价值，或传输出某种意象的吉凶祸福。考虑到上述四句大致与离卦占辞中“本宫正南，生气正东”“五鬼东北，绝命西北”对应，可知 S.P6 中“推游年八卦法”占辞的方位描述，原本亦有标识吉凶祸福的意义，只是它们被历家术士编入历日时，一些表达具体占卜意象的语词也被一并剔除了。

需要说明的是，日本的《阴阳杂书》中同样有游年八卦的记载，每卦的卦名和年龄数字亦与 S.P6 相同，所不同者，“其种类包括游年、祸害、绝命、鬼吏等凶方与生气、养着等吉方，以及凶日的衰日”。诸如游年、祸害、绝命、鬼吏、生气、养着、衰日等，并非命宫术语，而是方位避忌的描述。具体来

1 中国社会科学院历史研究所等编：《英藏敦煌文献（汉文佛经以外部份）》第 14 卷，第 246—247 页；关长龙辑校：《敦煌本数术文献辑校》，第 69—70 页。

2 上海古籍出版社、法国国家图书馆编：《法藏敦煌西域文献》第 19 册，第 18 页；关长龙辑校：《敦煌本数术文献辑校》，第 1350 页。

说，游年的方位忌营造、嫁娶、迁居及远行；绝命、鬼吏的方位忌迁居、嫁娶、生产；生气的方位则修造、迁居、疗病等万事皆吉；养着的方位有利于养病，万事皆吉；衰日则忌万事，诸事不宜[1]。

三、S.P6 中的“合婚”和五姓修造

S.P6 中的阴阳杂占，内容广泛，涉及的阴阳技术和术数知识比较庞杂，种类繁多，上文已有部分论述。总体来看，该印本历日渗透较多的是禄命、婚嫁和五姓修造三方面，禄命部分上文已有揭示，以下试对婚嫁推占和五姓修造试作论述。

1. 十二相属灾厄法

S.P6 是现知十二相属进入历日的最早文献。该件“十二相属灾厄法”分为上下两栏，图文并茂，上栏绘有十二相属图[2]，且被冠以“吉”（鼠、蛇、猴）、“黄幡”（牛）、“三丘”（虎）、“灾煞”（兔）、“六合”（龙）、“将军”（马）、“五鬼”、“豹尾”（羊）、“太岁”（鸡）、“六害”（狗）和“年驿马”（猪）等词。其中太岁、将军、黄幡、豹尾、灾煞、五鬼为年神[3]；“三丘”为六壬神煞，常与“五墓”相提并称，并成为阴阳家禄命、生死、疾病推占的专门术语之一[4]。“六合”指子与丑合，寅与亥合，卯与戌合，辰与酉合，巳与申合，午与未合[5]。“六害”，萧吉《五行大义》卷 2《第十二论害》：“相害者，逆行相逢于十二辰，两两相害，

---

1 ［日］山下克明：《发现阴阳道——平安贵族与阴阳师》，梁晓弈译，社会科学文献出版社，2019，第 99—100 页。

2 S.612《宋太平兴国三年戊寅岁（978 年）具注历日》绘有“十二元神真形图”，内中十二元神的冠冕各有对应相属，汇总起来即为十二相属。这或许可以视为十二相属进入历日的另一种形式。

3 邓文宽：《敦煌天文历法文献辑校》附录二《年神方位表》，第 736—737 页。

4 P.3081v 抄有“推人三丘五墓知人生死十二月忌日”条：“三丘五墓临病，可讨治之，慎。春三月，三丘亥，五墓午。夏三月，三丘巳，五墓卯。秋三月，三丘寅，五墓未。冬三月，三丘申，五墓丑。”参见上海古籍出版社、法国国家图书馆编：《法藏敦煌西域文献》第 21 册，上海古籍出版社，2002，第 263 页；关长龙辑校：《敦煌本数术文献辑校》，第 1256—1257 页。

5 S.612v《失名占书》，郝春文编著：《英藏敦煌社会历史文献释录》第 3 卷，第 312 页；［日］中村璋八：《五行大義校注》，第 72—73 页。

名为六害。戌与酉，亥与申，子与未，寅与巳，卯与辰，是六害也。”[1]至于“驿马”，S.612v《失名占书》“推驿马法”曰：“寅午戌驿马在申，巳酉丑驿马在亥，申子辰驿马在寅，亥卯未驿马在巳。”[2]S.6157《禄命书》“推驿马合法”：“凡人行至驿马合者，君子求官必得禄位，大吉；小人求名身易得，吉。”[3]清代敕修《协纪辨方书》引《神枢经》曰：“驿马者，驿骑也，其日宜封赠官爵，诏命公卿，远行赴任，移徙迁居。”[4]总之，历家术士将这些神煞与十二相属联系起来，究竟表达怎样的寓意，值得进一步探究。

再看下栏文字，这是十二相属对应的简单占辞，其文曰：

子生人，不宜与午生人同财及为夫妻，厄五月十一月。

丑生人，不宜与未生人同财及为夫妻，厄六月十二月。

寅生人，不宜与申生人同财及为夫妻，厄正月七月。

卯生人，不宜与酉生人同财及为夫妻，厄二月八月。

辰生人，不宜与戌生人同财及为夫妻，厄三月九月。

巳生人，不宜与亥生人同财及为夫妻，厄四月十月。

午生人，不宜与子生人同财及为夫妻，厄五月十一月。

未生人，不宜与丑生人同财及为夫妻，厄六月十二月。

申生人，不宜与寅生人同财及为夫妻，厄正月七月。

酉生人，不宜与卯生人同财及为夫妻，厄二月八月。

戌生人，不宜与辰生人同财及为夫妻，厄三月九月。

亥生人，不宜与巳生人同财及为夫妻，厄四月十月。[5]

---

1 ［日］中村璋八：《五行大義校注》，第 81 页。

2 郝春文编著：《英藏敦煌社会历史文献释录》第 3 卷，第 311 页。

3 中国社会科学院历史研究所等编：《英藏敦煌文献（汉文佛经以外部份）》第 10 卷，四川人民出版社，1994，第 107 页；关长龙辑校：《敦煌本数术文献辑校》，第 1305 页。

4《协纪辨方书》卷 6《义例四》，《四库术数类丛书》（九），上海古籍出版社，1991，第 310 页。

5 中国社会科学院历史研究所等编：《英藏敦煌文献（汉文佛经以外部份）》第 14 卷，第 244—246 页；关长龙辑校：《敦煌本数术文献辑校》，第 59—61 页。

有关十二属相的推占，敦煌所出汉文本 P.3398、P.4058v、S.6157 以及藏文本《推十二时人命相属法》（P.t.127、I.O.741/ch.80.IV）均有描述，兹以“子生鼠相人”为例，试作比较：

P.3398《推十二时人命相属法第卅五》：子生鼠相人，命属北方黑帝子，日料黍三石五十（斗）一升，宜著黑衣，有病宜复（服）黑药，大厄子午之年，小厄五月十一月，不得吊死问病，不宜共午生人同财出入[1]。

P.4058v《推十二相属法》残存鼠、牛、大虫（虎）、兔相图四幅，占辞四条，其第一条：子生鼠相人，命属北方黑帝子，料黍三石五斗一升，宜著黑衣，有病宜服黑药，大厄子午之年，小厄五月十一月，不得吊死问病，□共午生人同财。[2]

S.6157《推十二相属法》残存鼠相图，其文曰：子生鼠相人，命属北方黑帝子，日料黍米三石二斗一升，宜著黑衣，有□[3]

P.t.127《推十二时人命相属法》：鼠年生人者，星宿为东方大帝之子，命相落于鼠年之上，俸粮每日黍一舍（一仓库？一屋？）；衣服宜穿红色，病时宜服红色药。为人心地善良，名声逐年提高，有福德且贤能；其危险厄运者，仲夏月与仲冬月两月之内不宜探视病人，吊唁死者；鼠与马不合[4]。

由此可见，就子生鼠相人而言，汉文、藏文《十二相属法》的占辞结构及内容基本近似（或雷同），大体涉及命属、日料、大厄、小厄及有关宜忌，内容显然要比 S.P6 丰富一些。相比之下，S.P6 中的子年生人，除了不宜与午年生人“同财”外，还强调不宜与相属为马的人“为夫妻”。《五行大义》

1 上海古籍出版社、法国国家图书馆编：《法藏敦煌西域文献》第 24 册，上海古籍出版社，2002，第 77—80 页；关长龙辑校：《敦煌本数术文献辑校》，第 1340—1343 页。

2 上海古籍出版社、法国国家图书馆编：《法藏敦煌西域文献》第 31 册，上海古籍出版社，2005，第 54 页；关长龙辑校：《敦煌本数术文献辑校》，第 1344—1346 页。

3 中国社会科学院历史研究所等编：《英藏敦煌文献（汉文佛经以外部份）》第 10 卷，第 107 页；关长龙辑校：《敦煌本数术文献辑校》，第 1305 页。

4 陈于杜：《区域社会史视野下的敦煌禄命书研究》，民族出版社，2012，第 395—396 页。

卷 2《第十三论冲破》曰：“冲破者，以其气相格对也。冲气为轻，破气为重……支冲破者，子午冲破，丑未冲破，寅申冲破，卯酉冲破，辰戌冲破，巳亥冲破。此亦取相对，其轻重皆以死生言之。”[1] S.612v《失名占书》“十二支相冲法”：“子午卯酉冲破，兼为四仲。寅申巳亥，为四孟。辰戌丑未，为四季。”[2] 即言十二地支中，子午相对，互为冲破，故不能同财，自然也不宜男女婚配。进一步来说，十二相属中互相冲破者，如鼠与马、牛与羊、虎与猴、兔与鸡、龙与狗、蛇与猪，皆不宜婚配，这是中古社会婚姻择吉的属相禁忌。

2. 周堂用日图

此条绘图一幅，内圆中仅一“中”字，外圆顺行依次为夫、姑、堂、妐、弟、灶、厨、妇八字。题曰：“凡大月从妇顺数，小月从夫逆行，值堂、厨、灶，余者皆不吉。”[3] P.2905《推择日法第八》云：“凡周堂法，大月从户右行，小月从寡左［行］，到用日止。值公妨公，值姑妨姑嫜，值户大吉，值寡妨夫，值灶大吉，值路阳大吉，值爵富贵高迁，值富资财百陪（倍）。”[4] 黄正建指出，该件中的八种称呼即公、户、灶、爵、姑、寡、陆阳、富，与 S.P6 和清代《协纪辨方书》（翁、第、灶、妇、姑、夫、厨、堂）有很大不同，认为该文书内容的撰写时代一定早于 S.P6 即唐乾符四年（877 年），并推断嫁娶周堂法基本定型于唐代末期[5]。

1 ［日］中村璋八：《五行大義校注》，第 83—84 页。

2 郝春文编著：《英藏敦煌社会历史文献释录》第 3 卷，第 311 页。

3 中国社会科学院历史研究所等编：《英藏敦煌文献（汉文佛经以外部份）》第 14 卷，第 246 页。

4 上海古籍出版社、法国国家图书馆编：《法藏敦煌西域文献》第 19 册，第 382—383 页；关长龙辑校：《敦煌本数术文献辑校》，第 176 页。

5 黄正建：《敦煌占婚嫁文书与唐五代的占婚嫁》，项楚、郑阿财主编：《新世纪敦煌学论集》，巴蜀书社，2003，第 274—293 页；见《敦煌占卜文书与唐五代占卜研究》（增订版），中国社会科学出版社，2014，第 227—246 页。

表 8-7 周堂八卦方位对应表

周堂	翁	姑	第	灶	厨	堂	妇	夫
八卦	乾	坤	坎	艮	巽	兑	震	离
方位	西北	西南	正北	东北	东南	正西	正东	正南

周堂用日的内涵寓意，清人解释说："乾为父，老翁也，故翁居乾位。坤为母，姑婆也，故姑居坤位。坎，第宅也，宅居北而南向，故第居坎位。艮为灶，丙火之长生也，故灶居艮位。巽为厨，万物洁齐之所，故厨居巽位。兑为堂内堂也，处于公婆之间者也，故堂居兑位。妇居于震者，东方生气之主，而妇人在厨灶之间以主中馈者也。夫为离位者，南方离明之位也。夫居离而妇居震，木火之相资，以妇而助夫，以水而生火，有雷火之象焉。大月顺从夫，小月逆从妇者，阳从夫之阳，顺。阴从妇之阴，逆也，亦天尊地卑，夫面南离妇立东房之意也。"[1] 据此，周堂用日的八种称呼、所居方位及排列次序均与八卦寓意密切相关，原本较为复杂，但在婚嫁推占的社会实践中，八卦元素渐次为人们所剔除，由此在诸多占婚嫁方式中，周堂用日反而成为一种简单易行的婚嫁选择方法，所以才被编入历日中，流传很广，至元代时已更名为"婚嫁周堂"，元代的民用百科全书《事林广记》、民间通书以及吐鲁番发现的蒙古文《授时历》残叶中都有"婚嫁周堂图"[2]。明代《大统历日》《类编历法通书大全》及《大清时宪书》《协纪辨方书》等也绘有"嫁娶周堂图"，图文并茂，题文曰："凡选择嫁娶日，大月从夫顺数，小月从妇逆数，择第堂厨灶日用之。如遇翁姑，而无翁姑者，亦可用。"[3] 与唐代的周堂用日图相比，嫁娶周堂图中夫妇的位置

1（清）缪之晋辑：《大清时宪书笺释》，《续修四库全书》1040 册《子部·天文算法类》，上海古籍出版社，2002，第 704 页。

2 何启龙：《〈授时历〉具注历日原貌考——以吐鲁番、黑城出土元代蒙古文〈授时历〉译本残叶为中心》，见《敦煌吐鲁番研究》第 13 卷，上海古籍出版社，2013，第 263—289 页。

3 北京图书馆出版社古籍影印室编：《国家图书馆藏明代大统历日汇编》第 1 册，第 383 页；（清）缪之晋辑：《大清时宪书笺释》，《续修四库全书》1040 册《子部·天文算法类》，第 657—706 页。

与顺序发生了变化，但共同点是遇到堂、厨、灶为吉，而遇到翁、姑、夫、妇为凶。唯有“第”，最初为凶，最迟至明代已转化为吉了。总之，我们从周堂用日到嫁娶周堂的演进中，不难看出唐代历日对后世历书的深刻影响。

表 8-8　周堂用日、嫁娶周堂对照表

S.P6《周堂用日图》	大统历中《嫁娶周堂图》
妇 厨　　夫 灶　　　姑 第　　堂 妐	夫 厨　　姑 妇　　　堂 灶　　翁 第

3. 吕才嫁娶图

吕才，官署太常博士、太常丞，精通阴阳、方技、音乐等学，贞观十五年（641 年），受诏整理阴阳学典籍，撰成《阴阳书》53 卷[1]，对于当时的宅经、禄命、葬法学说多有批判。据学者研究，吕才《阴阳书》内容广泛，包罗葬法、卜宅、禄命、历法、嫁娶、星占等，“乃综合性占筮书”[2]。作为太常卿官员，吕才对于男女合婚及婚姻礼法甚为重视。认为婚姻是合二姓之好，“兴万世之始也”“夫妇之道，乃天地之大义，风化之本源”“偶配生成，必致昌益之道”[3]。正由于此，吕才对男女合婚及婚嫁推占颇有精研，后世阴阳术数典籍如《类编历法通书大全》《协纪辨方书》等多以“吕才云”论及合婚，对吕才言论常有征引。敦煌所出占婚嫁文书 P.2905《推择日法第八》提到，“吕才云，有（右）件婚礼、年命、择月日等同一也，但取三从二逆，则可用之，苦无妨碍。若觅总吉，百年不遇一件，师亦不能为之，主人便入疑惑，审而详之，取吉多而用

1 吕才《阴阳书》的卷数，诸家史籍并不统一。《旧唐书・经籍志》作五十卷，《旧唐书・吕才传》《唐会要》《新唐书・艺文志》作五十三卷，《资治通鉴》作四十七卷。本文以《旧唐书》本传“勒成五十三卷，并旧书四十七卷”为据。

2 孙猛：《日本国见在书目录详考》，上海古籍出版社，2015，第 1550 页。

3 吕才：《进大义婚书表》，见《全唐文》卷 160，中华书局，1983，第 1635 页。

也。”[1] 由此可见，吕才在婚嫁推占方面造诣颇深，成就突出，故而后世阴阳书往往有所征引。

S.P6 中“吕才嫁娶图”采用上图下文的形式编排，共有八图。每图画一圆周，圆周内书写天干或地支，并用弧线将相关干支连接起来，圆周正中写有“吉”字。每图下有四言四句占辞。

第 1 图[2]，甲⌒己，乙⌒庚，丙⌒辛，戊⌒癸，丁⌒壬（符号⌒表示相合关系）。

此图表示十天干间的 5 组相合关系，占辞曰“干合为婚，五男二女。夫妻久长，法居印绶”，宜合婚嫁娶。

第 2 图，寅⌒子⌒戌，亥⌒酉⌒未，申⌒午⌒辰，巳⌒卯⌒丑。

此图是以子午卯酉为中心的地支相合。占辞仅存三字，据其格式可复原为“□□□□，□□□□，夫□（妻）□□，车马□□”，宜合婚嫁娶。

第 3 图，辰⌒子⌒申，丑⌒酉⌒巳，戌⌒午⌒寅，未⌒卯⌒亥。

此图是以子午卯酉为中心的另一种地支相合，占辞为“三五合婚，夫妻保爱。男孝女贞，永无离背”，宜合婚嫁娶。

第 4 图，丑⌒亥，戌⌒申，未⌒巳，辰⌒寅

此图为四组地支相合，占辞为“四检□□，命合□□。夫妻□□，男□□□”。

---

1 上海古籍出版社、法国国家图书馆编：《法藏敦煌西域文献》第 19 册，第 382—383 页；关长龙辑校：《敦煌本数术文献辑校》，第 176 页。

2 采自关长龙辑校：《敦煌本数术文献辑校》，第 64—65 页。以下同，不另出校。

第5图，子⌒巳，丑⌒午，卯⌒申，午⌒亥，寅⌒酉，丑⌒申

此图为六组地支相合，占辞为“支合相取，命会天星。百年并老，夫贵妻贞”，宜合婚嫁娶。

第6图，申⌒丑，亥⌒辰，寅⌒未，巳⌒戌

此图为四组地支相合，占辞为“八通□□，子孙孝义。夫妻恩和，终身吉利”，宜合婚嫁娶。

第7图，子⌒丑，寅⌒亥，卯⌒戌，辰⌒酉，巳⌒申，未⌒午

此图为六组地支相合，占辞为“支合夫妻，命合天亲。二男五女，多足金银”，宜合婚嫁娶。

第8图，寅⌒戌，丑⌒巳，辰⌒申，未⌒亥

此图为四组地支相合，占辞为“八开为婚，五男二女。奴婢不□，金玉满堂”，宜合婚嫁娶。

需要说明的是，以上所述吕才婚嫁图，传世典籍未见收录，考虑到吕才《阴阳书》是一部综合性占筮书，笔者推测，此条“吕才婚嫁图”及以下“同属婚姻”可能都是吕氏《阴阳书》中的内容。

4. 同属婚姻

此条亦是男女合婚方面的描述，总体原则是“同属相取，福禄自随。相生即吉，相克不宜”，强调属相相同，五行相生者宜于合婚，反之不吉。其下将合婚情况分为三刑、六害、四绝、惆怅、夹角、勾校、岁星、四极、冲破九种，并用十句五言“占辞”总结说：

> 三刑婚最忌，六害不宜□。四绝多伤绝，惆怅足悲场（伤）。夹角

妨男女，勾校自刑殃。岁星有产厄，四极寿子长。相冲须大忌，不久见分张。[1]

这十句占辞中，除了四极（酉午子卯）寓意“寿子长”较为吉利外，其余诸句均为不吉。前引《类编历法通书大全》引“吕才云”：“合得生气、天医、福德为上吉，子孙昌盛，不避冲刑、害绝、钩绞、岁星、惆怅、夹角及胎胞，有犯月内诸凶，并无忌也。”[2]正说明冲刑（即冲破、三刑）、害绝（六害、四绝）、钩绞、岁星、惆怅、夹角等，俱为男女合婚定局中的诸凶，故需远避之。考虑到六害、冲破又见于“十二相属灾厄法”，笔者推测，此条“同属婚姻”与前举“十二相属灾厄法”关系密切，它们同属男女合婚推占中的内容，甚至有可能是吕才《阴阳书》的组成部分。

5. 五姓修造

S.P6 中的五姓修造，见于“推丁酉年五姓起造图”“五姓安置门户井灶图”“五姓修造日”三条。“五姓”是基于阴阳五行来判断吉凶的基础原理，将人之姓氏尽归于宫商角徵羽五音分类，并以此来规范婚丧嫁娶等日常生活。[3]与五音密切相关的“五姓”原本在风水术或《宅经》中加以应用，但后来被广泛运用到日常生活的其他领域中，以致在具注历日中也有“五姓”的渗透。比如农事活动中的种莳，S.P6 中“五姓种莳法”条曰：“禾，用巳、酉、丑日吉；麦，用卯、亥日大吉；豆，用子、寅、丑日吉；床，卯日、戌日吉；乔，申、酉日吉；稻，未日、午日吉；葱韭苽茄，用寅、卯日大吉。”[4]这些种莳吉日似乎适用于所有五姓。唯 S.612 中“五姓祭祀神在吉日”，依次描述宫、商、角、徵、

1 中国社会科学院历史研究所等编：《英藏敦煌文献（汉文佛经以外部份）》第 14 卷，第 244 页。

2（元）宋鲁珍通书，（元）何士泰历法，（明）熊宗立类编：《类编历法通书大全》，《续修四库全书》1062 册《子部 · 术数类》，上海古籍出版社，2002，第 288—289 页。

3［法］茅甘：《敦煌写本中的“五姓堪舆法”》，《法国学者敦煌学论文选萃》，中华书局，1993，第 249—256 页；［日］高田时雄：《五姓说之敦煌资料》，见氏著《敦煌 · 民族 · 语言》，钟翀等译，中华书局，2005，第 328—358 页。

4 中国社会科学院历史研究所等编：《英藏敦煌文献（汉文佛经以外部份）》第 14 卷，第 246 页。

羽五姓的祭祀吉日，正是五姓或五音用于祭祀活动的体现。

但与种莳、祭祀相比，“五姓”用于修造活动更为常见。这在S.2404、S.681、S.1473、P.3403 等历日所见“推五姓利年月法”中均有生动反映。简言之，历日对修造吉日的描述，往往与“五姓”学说联系起来。比如 S.P6 中“五姓修造日”条曰：

修宅，用甲子、乙丑、甲午、戊申，吉。

起土，甲子、己卯、天恩、母仓，大吉。

移徙，用甲子、乙丑、丁卯、壬辰。

修门，甲子、甲午、壬午、癸巳。

修井，甲子、甲午、庚午、乙巳。

灶，乙亥、乙酉、庚子、甲午。

碓磑，甲子、甲戌、丙子、丙申。

修厕，丙子、壬子、己卯、丁卯。

扫舍，壬午、丙子、天赦，大吉。

上梁，甲子、甲午、己巳、壬子。

破拆，辛巳、壬辰、辛卯、癸未。

杂修，甲子、乙巳、辛卯、己卯。[1]

以上有关五姓修造的吉日，P.2615《诸杂推五姓阴阳等宅图经》“五姓杂修造日法”也有类似的表述[2]，只不过稍显简略，其中也有若干差异。相比之下，S.P6 似乎更为强调甲子日在大多数情况下都比较适合修造事宜。我们知道，

1 中国社会科学院历史研究所等编：《英藏敦煌文献（汉文佛经以外部份）》第 14 卷，第 246 页。

2 P.2615“五姓杂修造日法”条：“修宅，甲子、甲午日；起土，天恩、母仓日；移徙，乙丑、壬辰日；修门，甲子、甲午日；修井，甲子、乙巳日；作厕，丙子、丁卯日；修灶，乙亥、乙酉日；修碓磑，甲子、甲戌日；扫舍，壬午、天赦日吉；上梁，己上（卯）、己巳日吉；破拆，辛未、辛卯日。杂修，甲子、乙丑。右前件修造日，审看之，为得天赦日总吉，次得天恩、母仓日亦吉。”参见关长龙：《敦煌本堪舆文书研究》，第 303—304 页。

甲子是六十干支的开始，在历法学中还有一元复始的意义。《旧唐书·傅仁均传》载："夫理历之本，必推上元之岁，日月如合璧，五星如连珠，夜半甲子朔旦冬至。"[1] 由于年始于冬至，月始于朔旦，日始于夜半，故历法学通常假定以甲子那天恰好是夜半朔日冬至，作为历元起算的开始[2]。冬至既为一年之始，那么作为"十一月甲子朔旦冬至之日"的甲子实际上具有了除旧布新和一元复始的内涵，自然也被赋予了吉庆祥和的意义。根据史籍记载，武王伐纣即在甲子日；杨坚建立隋朝，应天受命也在甲子日，开皇时期编纂的第一部历法《开皇历》也称为《甲子元历》；之后，李渊起兵举事、进封唐王、登基称帝也都在甲子日[3]。此外，历法学推崇三元甲子，赋予其甲子吉庆、甲子大吉的意义。由此，甲子日适宜修造自然也是十分合理了。

五姓修造在历日中的渗透，除了前举 S.2404、S.681、S.1473、P.3403 等历日外，P.2765《唐大和八年甲寅岁（834 年）历日》也有"五姓"吉凶的有关描述。该卷《历序》提到，"若论种莳，约次行用，修造亦然。恐犯神祇，一一审自祥（详）察，看五姓行下。"在正文中，也多次强调五姓"用之凶"。兹以正月为例，试列举几条：

> 正月一日，加冠、结婚、入学、移徙、修宅、碓硙、种莳、斩草、门户、仓、厕。宫商二姓用之凶。
>
> 四日，祭祀、拜官、结婚、移徙、修宅、治病、解除、斩草吉。宫徵二姓用之凶。
>
> 七日，祭祀、加冠、拜官、移徙、修宅吉。宫羽用之凶。
>
> 九日，祀灶、葬、治病吉，移徙、坏垣、破屋。宫商用之凶。
>
> 廿四日，入学、移徙、起土、斩草吉。修碓硙、井、灶、仓。商羽用

1《旧唐书》卷 79《傅仁均传》，中华书局，1975，第 2713 页。

2 赵贞：《唐宋天文星占与帝王政治》，北京师范大学出版社，2016，第 215—216 页。

3 赵贞：《李渊建唐中的"天命"塑造》，《唐研究》第 25 卷，北京大学出版社，2020。

之凶。

廿五日，祭祀、加冠、结婚、修宅、斩草、移徙、竖柱、仓、厕。宫徵二姓用之凶。

廿七日，拜官、修宅。角羽用之凶。

廿八日，造作、修治、起土、谢宅。角羽二姓用之凶。[1]

以上这些事项固然多为吉庆，但对于“五姓”而言并不完全适用，“宫商二姓用之凶”“宫羽用之凶”“角羽用之凶”等，表明那些在某日适宜某事的情况，可能仅适用于五姓中的“三姓”，而对另外“二姓”来说往往“用之凶”，故而需要避忌。在这些具体事项中，诸如修宅、碓硙、种莳、斩草、门户、仓、厕、造作、修治、起土等，大致都可以视为修造活动，它们的吉凶选择同样要考虑“五姓”的因素。又 S.P6 中“推丁酉年五姓起造图”云：

今年宫羽得大利，起造拾财益人口；商姓小利，年起造亦吉；徵姓起造害财；角姓切忌修造，凶。宫徵羽三月九月墓，凶吉□不用；商角姓六月十二月墓。[2]

可以看出，五姓中宫、商、羽三姓当年“起造”俱为吉利，而徵、角二姓则不宜修造。为进一步说明五姓宅的方位布局，历日还配有“五姓安置门户井灶图”，对宫、商、角、徵、羽五姓宅第的庭院布局作了总体概括，并以当年修造“得大利”“拾财益人口”的宫姓为例，附有《宫姓宅图》，形象地描绘出宫姓人家中大门、便门、厨、佛堂、仓库、井、碓硙、厕、马坊、鸡栖、羊[圈]、猪 [栏] 等屋舍安置的具体方位。如大门在南方丁位，仓库在西方辛位，猪栏在北方亥位，羊圈在北方癸位等，这些布局大体与“五姓安置门户井灶图”相一致。

1 上海古籍出版社、法国国家图书馆编：《法藏敦煌西域文献》第 18 册，上海古籍出版社，2001，第 129—131 页；邓文宽：《敦煌天文历法文献辑校》，第 140—145 页。

2 中国社会科学院历史研究所等编：《英藏敦煌文献（汉文佛经以外部份）》第 14 卷，第 245 页。

考虑到P.3594《三元宅经》有“推五姓墓月法”“推五姓祭祀修造月日法”，P.3281v《阴阳五姓宅经》有“五姓安置场地法”“五姓移徙法”，P.2615《诸杂推五姓阴阳等宅图经》更是收录“推五姓以定吉凶八卦图法”“五姓安佛堂地法”“五姓安井吉地”“五姓安楼台地”“五姓安场地法”“五姓安门开户法图”“五姓杂修造日法”“凡五姓合阴阳置门法”“五姓合阴阳置仓库法”等条目，我们可以认为，历日中的五姓修造元素显然是编者为满足日常生活中民众的“起造”与择居需要，进而对《宅经》文献进行加工、改造与吸收的客观产物，在一定程度上也反映了《宅经》向具注历日渗透的必然趋势。

表 8-9　五姓安置门户井灶图（S.P6）

五姓	大门	便门	井	灶	佛堂	磑	仓	厕	马	牛	羊	猪
宫	丁	庚	巳	酉	酉	甲	辛	亥	巳	癸	癸	亥
商	庚	乙	巳	子	酉	甲	辛	壬	午	申	癸	亥
角	丙	甲	辰	子	酉	寅	申	壬	丁	庚	癸	□
徵	丁	甲	酉	辰	丑	庚	辛	亥	申	申	癸	□
羽	甲	庚	丙	子	酉	寅	申	壬	申	子	癸	子

那么“五姓”或“五音”究竟是如何确立和区分的？唐代阴阳大师吕才对当时颇为流行的五姓学说予以批判，“至于近代师巫，更加五姓之说。言五姓者，谓宫、商、角、徵、羽等。天下万物，悉配属之，行事吉凶，依此为法。至如张、王等为商，武、庚等为羽，欲似同韵相求。及其以柳姓为宫，以赵姓为角，又非四声相管。其间亦有同是一姓，分属宫商，后有复姓数字，徵羽不

别。验于经典，本无斯说，诸阴阳书，亦无此语，直是野俗口传，竟无所出之处。”吕才抨击五姓学说是“野俗口传，竟无所出之处”“此则事不稽古，义理乖僻者也”[1]。但这种批判收效甚微，五姓学说反而在术数文化中愈演愈烈，流传很广。敦煌所出《诸杂推五姓阴阳等宅图经》的两个写卷（P.2615、P.3492）题为“朝散大夫太常卿博士吕才推卅六宅□并八宅阴阳等宅”，即托名为吕才编纂。而在历日文化中，五姓学说亦渗透其中，无有停绝。比如明代大统历日中，即有“五姓修宅”一条：

> 宫姓属土，今年害财，宜六、七、八、十二月，不宜三、九月。
>
> 商姓属金，今年小通，宜七、八、十、十一月，不宜六、十二月。
>
> 角姓属木，今年小通，宜正、二、十、十一月，不宜六、十二月。
>
> 徵姓属火，今年气绝鬼贼，宜正、二、四、五月，不宜三、九月。
>
> 羽姓属水，今年大通，宜正、二、十、十一月，不宜三、九月。[2]

清《时宪书》由于因袭了大统历日的格式和体例，因而也有五姓修宅的条目。清人注释说：“凡人各有姓，凡姓各有所属。姓之所属惟五，宫、商、角、徵、羽，五音是也，故曰五姓。五音姓氏修造，各有宜忌年月，择其所宜中月用事则吉，不宜之月则忌之。”[3]可谓是对五姓学说的最佳解释。

至于五姓对应的姓氏，敦煌本《宅经》（P.2615、P.2632）和传世《类编历法通书大全》《大清时宪书笺释》皆有著录，现列表对照，从中增进对五姓学说的认知和理解。

1《旧唐书》卷 79《吕才传》，第 2720—2721 页。

2 参见《大明成化十五年岁次己亥（1479 年）大统历》，北京图书馆出版社古籍影印室编：《国家图书馆藏明代大统历日汇编》第 1 册，第 384 页。

3（清）缪之晋辑：《大清时宪书笺释》，《续修四库全书》1040 册《子部・天文算法类》，第 704 页。

表 8-10 敦煌《宅经》与《大清时宪书笺释》五姓对应表

五姓	诸杂推五姓阴阳等宅图经（P.2615、P.2632）[1]	大清时宪书笺释[2]
宫姓属土	阴、叶、范、冯、阚、廉、阎、任、稷、严、邯、益、刘、孔、園、郑、夫、宋、谢、孙、审、仇、屈、我、和、苗、牛、宿、游、明、富、陵、曲、咸、鲍、幸、蘭、彦、满、司徒、柳、陆、宫、沙、中、要、伏、谈、雄、南、宗、业、牢、口、九、冬、郸、丰、门、季、仲、隗、氾、摄（P.2615）	孙安乐、冯始平、沈吴兴、严天水、魏巨鹿、陶济阳、水吴兴、范高平、彭陇西、凤郃阳、任乐安、酆京兆、鲍上党、岑南阳、倪千乘、殷汝南、明吴兴、计京兆、谈广平、宋京兆、熊江陵、屈临海、闵陇西、童雁门、林河西、丘河南、应汝南、支鄱阳、宗京兆、郁黎阳、鞠吴兴、封渤海、松东莞、隗余杭、蓬长乐、仲中山、宫太原、仇南阳、甘渤海、针河西、景晋阳、幸雁门、司顿丘、韶太原、蓟内黄、薄雁门、白南阳、屠陈留、蒙安定、鬱太原、雙天水、贡广陵、逄谯国、冉武陵、桂天水、牛陇西、农雁门、晏齐郡、阎太原、充赞皇、茹河内、容敦煌、戈临海、暨渤海、都黎阳、耿高阳、满河东、寇上谷、广丹阳、阙下邳、夔京兆、隆南阳、勾平阳、敖谯国、融南康、简范阳、空弱丘、沙汝南、乜晋阳、丰括阳、荆广陵、红平昌、游广平、恒谯国、居渤海、仰汝阳、权天水、栢谯国、公括阳、鹿河南、酒江陵、钦太原、栗黎阳、蹇山阳、奄内黄、欧阳渤海、东方平原、大叔东平、公孙高阳、仲孙高阳、闾丘顿丘、水丘吴兴、南门河南、折中京兆、豆卢范阳
	阴、采、氾、冯、阚、廉、阎、任、稷、严、邯、益、刘、孙、审、仇、屈、我、和、苗、牛、宿、明、富、陵、曲、谢、门、熊、峦、魂、戚、汲、封、甘、咸、鲍、幸、蘭、彦、满、司徒、柳、陆、宫、和、闾、求、梧、舍、沙、中、要、伏、谈、雄、南、叶、牢、口、九、冬、郸、丰、门、季、仲、舟、隗、宋、左（P.2632）	

1 上海古籍出版社、法国国家图书馆编：《法藏敦煌西域文献》第 16 册，第 272—280 页；上海古籍出版社、法国国家图书馆：《法藏敦煌西域文献》第 17 册，上海古籍出版社，2001，第 12—15 页；关长龙辑校：《敦煌本数术文献辑校》，第 720—761 页。

2（清）缪之晋辑：《大清时宪书笺释》，《续修四库全书》1040 册《子部・天文算法类》，第 704—705 页。

续表

五姓	诸杂推五姓阴阳等宅图经（P.2615、P.2632）	大清时宪书笺释
商姓属金	张、王、梁、唐、阳、索、常、何、荆、左、程、风、路、姚、上管（官）、庄、□、□、康、郎、扈、威、□、仓、处、向、党、章、广、尚、赏、桑、叶、贺、车、掌、令狐、强、长、蔡、丁、蒋、石、颜、雷、安、山、邢、蘭、卢、景、韩、谢、郝、啖、付、襄、伤、白、英、柏、会、度、葙、房、剧、羌、方、庆、展、辰、西、即、藉、屠、裴、夏、井、南、家、傅、成、黄、合（P.2615）	王太原、蒋乐安、杨弘农、何庐江、张清河、戚东海、谢陈留、相魏郡、章河间、潘荥阳、葛顿丘、奚谯国、郎山中、昌汝南、花东平、方河南、柳河东、雷冯翊、贺广平、汤中山、邬颍川、安武威、常平原、康京兆、元河南、平河内、黄江夏、姚吴兴、邵博陵、湛豫章、汪平阳、狄天水、臧东海、伏太原、成上谷、茅东海、庞始平、项鲁国、祝太原、梁安定、杜京兆、阮陈留、席安定、麻上谷、强天水、贾威武、路内黄、危晋江、江淮阳、颜鲁国、郭太原、徐东海、骆内黄、蔡济阳、樊上党、万扶凤、柯济阳、卢范阳、莫巨鹿、房清河、解平阳、杭余杭、左济阳、崔博陵、钮吴兴、程安定、嵇谯国、邢河间、滑下邳、裴河东、荣上谷、惠扶凤、邴平阳、糜汝南、巫平阳、牧弘农、山河内、全京兆、班扶凤、伊太原、暴魏郡、郈平原、鄂武昌、籍广平、蔺中山、阴始平、能太原、苍武陵、党冯翊、申魏郡、郤济阳、桑黎阳、寿京兆、通西河、冀渤海、尚上党、温太原、柴平阳、慕敦煌、习东阳、向河内、庾济郡、衡历门、匡晋阳、文雁门、欧平阳、巩山阳、库内黄、巢彭城、关陇西、查汝南、盖汝南、益冯翊、蒯襄阳、傅清河、羊太山、郗山阳、阚天水、南汝南、商京兆、佘雁门、叶南阳、鄞汝南、留安南、铎鄱阳、介河内、庆河内、长河南、苌魏郡、拔琅琊、过高平、靖临海、附南阳、谯京兆、万俟兰陵、上官天水、夏侯谯国、赫连渤海、公羊顿丘、轩辕郈阳、令狐太原、长孙济阳、濮阳博陵、东平河东、鲜于太原、拓跋颍川、贺兰河东、司寇平昌、青阳荥阳
	王、梁、唐、阳、索、张、常、荆、左、程、风、路、姚、上官、庄、康、郎、威、仓、向、章、尚、桑、贺、掌、强、长、赏、葵（蔡）、蒋、石、颜、安、卢、景、韩、郝、啖、襄、白、楨（柏）、度、剧、庆、展、藉、葛、骆、屠、裴、夏、井、南、家、傅、成、合（P.2632）	
角姓属木	庞、翟、朱、窦、公孙、沐、卫、毛、侯、董、隻、所、孔、桑、门、毕、鍾、蒋、管、五、繒、巢、禹、玉、西郭、院、穆、赵、曹、进、乐、红、雍、周、崔、古、雙、宗、寇、高、妻、嚣、坎、官、须、成、车、左、向、萧、尧、廉、银、兵、刀、邵、卜固、粟、曲、随、原、涿、行、尚、牛、屈、东方、富、劳、烛、蒙、竺、贵、笃、漏、沙（P.2615）	赵天水、周汝南、朱沛国、孔鲁国、曹谯国、华武陵、金彭城、邹范阳、俞江夏、廉河东、乐南阳、和汝南、萧河南、董陇西、高渤海、虞陈留、裘渤海、洪敦煌、陆河南、家京兆、乌颍川、焦中山、秋天水、刘彭城、郜京兆、印冯翊、怀河内、从东莞、索武威、乔梁国、雍京兆、濮鲁国、艾天水、弘太原、国下邳、侯中山、车京兆、宓平昌、晁京兆、密太原、曲陈留、革济阳、药汝南、虢新平、岳冯翊、敬平阳、戢东平、虑会稽、钟离会稽、澹台太山

续表

五姓	诸杂推五姓阴阳等宅图经（P.2615、P.2632）	大清时宪书笺释
徵姓属火	李、史、陈、□、田、郭、郑、基（綦）母、贾、丁、秦、登（邓）、麴、申、宁、载、薪、辛、鲁（曾）、齐、邵、尹、段、应、礼、直、纪、伏、荀、薛、万、訾、黎、滕、已、费、晋、柴、采、六、时、岐、伊、见（儿）、支、施、师、单、荀、西方、巩、言、知、弦、娲、子、士、咸、诸、律、质、宁、列、报、生、刁、密、班、竺、宰、解（P.2615）	钱彭城、李陇西、郑沛国、陈颍川、秦天水、尤吴兴、施吴兴、窦扶风、云琅琊、史京兆、唐晋阳、薛河东、滕南阳、罗豫章、毕河南、郝太原、时陇西、皮天水、齐汝南、尹天水、祁太原、米京兆、戴谯国、纪高阳、舒京兆、蓝汝南、季渤海、娄谯国、刁弘农、锺颍川、田雁门、昝太原、管平昌、经范阳、子颍川、丁济阳、宣始平、贲宣城、邓南阳、单南阳、诸琅琊、石威武、吉冯翊、荀河内、甄中山、芮平原、井扶风、段京兆、巴平阳、宁济郡、乐西河、厉平阳、黎京兆、宿东平、咸汝南、赖颍川、卓西河、池西平、闻吴兴、莘天水、翟南阳、谭弘农、劳松江、姬南阳、宰西河、郦新蔡、边陇西、郏武陵、别京兆、庄天水、瞿松阳、连上党、宦中山、易太原、慎天水、廖武威、终南阳、禄扶风、东平阳、利河南、师太原、聂河东、冷京兆、訾渤海、辛陇西、那天水、竺东海、逯广平、姜天水、真上谷、员天水、智鲁国、晋平阳、练河东、曾天水、新河东、巩山阳、祭河南、司马河内、诸葛琅琊、尉迟太原、申屠京兆、司徒赵郡、司空顿丘、西门晋阳、独孤高平、讫千魏郡、屈南武陵、北门京兆、呼延监石、屈突河内、东门济阳、斛斯武威
	李、史、陈、田、郑、基（綦）母、贾、丁、秦、邓、麴、申、宁、载、薪、辛、曾、齐、邵、尹、段、应、礼、直、纪、伏、荀、薛、万、訾、黎、滕、已、费、晋、柴、采、六、时、岐、伊、儿、支、施、师、单、荀、漆、西方、粟、巩、言、知、弦、娲、子、士、咸、诸、律、质、宁、[列]、[报]、[生]、刁、密、班、竺、宰（P.2632）	
羽姓属水	吴、吕、表（袁）、彭、马、孟、贾、淳于、燕、褚、黄、荣、郭、鲁、牟、巫、平、邴、楚、步、虞、徐、盈、武、温、胡、霍、苏、扈、潘、卜、欧阳一云商、鲍、阅、鱼、受（臾）、如、汝、皮、[夏]侯、卫（P.2615）	吴渤海、褚河南、卫河东、许高阳、吕河东、喻江夏、苏武功、鲁扶风、韦京兆、马扶风、袁汝南、费江夏、于河南、卞济阳、伍安定、余下邳、卜西河、顾武陵、孟平昌、穆河南、毛河西、禹陇西、贝清河、梅汝南、夏会稽、胡安定、霍太原、缪兰陵、包上党、翁监官、於京兆、羿济阳、储河东、汲清河、富济郡、弓太原、谷上谷、戎江陵、武太原、苻琅琊、詹河间、束南阳、龙武陵、蒲河内、胥琅琊、扶京兆、堵河东、扈京兆、燕范阳、浦京兆、鱼冯翊、古新安、步高阳、殳武陵、沃太原、蔚琅琊、越晋阳、饶平阳、曾扶风、养山阳、鞠山阳、须渤海、后东海、苗东阳、祖范阳、盛广陵、凌河间、夔京兆、龚武陵、涂豫章、楚新平、来河内、旅南安、牟平昌、璩黎阳、母巨鹿、靳西河、皇甫京兆、公冶鲁国、宗政彭城、淳于河南、单于千乘、宇文赵郡、慕容敦煌、闻人河内
	吴、吕、表（袁）、彭、马、孟、贾、淳于、燕、褚、黄、荣、郭、解、鲁、牟、巫、平、楚、步、虞、徐、盈、武、温、胡、霍、苏、扈、潘、卜、欧阳、鲍、于、阅、巢（鱼）、浸、如、汝、皮、何、员、夏侯、卫（P.2632）	

若将敦煌本《宅经》（简称敦煌本）与《大清时宪书笺释》（简称传世本）两相对照，可以看出，宋、冯、沈、范、屈、鲍、仇等为宫姓，张、王、梁、谢、常、康、姚、黄等为商姓，赵、朱、周、高、曹、车、乐等为角姓，李、陈、郑、齐、史、秦、尹等为徵姓，吴、吕、卫、袁、孟、马、楚等为羽姓，这是两者的共通之处。P.3403《宋雍熙三年壬午岁（986 年）具注历日》“宫姓今年小墓修造不吉”，大概是说，诸如宋、冯、沈、范等姓氏，一概不宜修造。

但仔细对校，两者对于“五姓”的区分与归属还是有明显区别。如“井”姓，敦煌本归为商姓，传世本归为徵姓；又如“刘”，敦煌本归为宫姓，传世本归为角姓……总体来看，传世本的编排显然更为合理，每个姓氏后都有郡名，大致是中古时代士族郡望的积淀和延续。对于姓氏中的复姓，同样按照五音，统一编排于五姓末尾。相比之下，敦煌本的编排稍显凌乱，往往出现同一个姓氏前后重出的情况。如“和”，属宫姓，前后重复出现；“竺”，既见于角姓，又见于徵姓；“牛”，在宫姓和角姓中皆有所见；尤为混乱的是“左”姓，传世本归为商姓，而敦煌本在宫姓、商姓、角姓中均有收录……所有这些都反映出敦煌本在“五姓”归属的问题上模糊不清，同一姓氏由于分属不同“五姓”，进而出现相互抵牾的情况。

四、总结

总体来看，作为一件印本历日，S.P6 分栏编排，图文并茂，信息量极大，无论对于历日形制还是术数文化都有重要的参考价值。尤其是该件历日中配有数十幅图像，或上图下文，或右图左文，图文对照，相映成趣，开启了中古历日随文配图的编纂方式，一方面丰富了具注历日的基本内容（诸如十二相属灾厄法、推游年八卦法等条，其配图信息实际上已超出了文字所能表述的内容），另一方面也加深了民众对于历日文化的准确理解。联系 S.P10《唐中和二年（882 年）剑南西川成都府樊赏家印本历日》中的“推男女九曜星图”，S.P12《上都东市大刀家印具注历日》中的残“八门占雷”图，以及S.612《宋太平兴国三年戊寅岁（978年）具注历日》中的“十二元神真形各注吉凶图”，似表明随文配图是敦煌所出中原历日的普遍特征之一。

从内容来看，S.P6是一件“非典型性”历日，该历中的“六十甲子宫宿法”、八门占雷、周公五鼓逐失物法、洗头日、周堂用日图、推游年八卦法、五姓修造、“太岁将军同游日”“日游所在法”等条，多见于元明清的历日中。《傅与砺文集》卷7《书邓敬渊所藏大明历后》：“右邓君敬渊所藏至元十四年丁丑岁大明具注历一本，盖国朝混一天下始颁正朔之制也。其十二月下所注与今授时历小异而加详焉……若八门占雷、五鼓卜盗、十干推病、八卦勘婚，凡以使民勤事力业趋吉避凶者，亦莫不备至。”[1] 在这部体现元授时历法的《具注历》中，凡有关民众生产生活及“趋吉避凶”的内容，莫不记载。其中“八门占雷、五鼓卜盗、十干推病、八卦勘婚”，也见于S.P6诸条中，且图文并茂，由此不难看出，晚唐中原历日对于后世历书的深刻影响。晚唐五代，民间私造、印历之风屡禁不止，应与私家历日普遍渗透的“趋吉避凶”“阴阳杂占”内容有很大关系。

不仅如此，S.P6中充斥的“阴阳杂占”其实还是中古术数知识和占卜技法的大杂烩。其中的镇宅术、推地囊法、九宫八变立成法、推十干得病日法、推七曜直用日法立成、推男女小运行年灾厄法、十二相属灾厄法、吕才嫁娶图、同属婚姻等条，多与敦煌占卜文书相呼应，诸如宅经、发病书、婚嫁书、推十二时人命相属法、七曜占、禄命占、失物占、出行占等术数知识，都在S.P6中有所渗透。尤其是题名为“太常卿博士吕才”编纂的P.2615《诸杂推五姓阴阳等宅图经》，在S.P6的镇宅术、推地囊法、五姓修造等条中多有互证和呼应。这说明具注历日渗透的“阴阳杂占”内容，应是编者结合民众的社会生

1《北京图书馆古籍珍本丛刊》第92册，书目文献出版社，1991年影印本，第721页。

活实际，进而对中古时期的阴阳术数文献进行采摘、撷取和加工的最终结果，并通过历日体现的时间秩序，对人们的日常生活和各种活动（如公务、医疗、农事、丧葬）施加影响，从而达到“决万民之犹豫”的效果。因此，在某种程度上，具注历日丰富多彩的社会文化具有中古社会“百科全书”的象征意义。

第九章
国家图书馆藏 BD16365《具注历日》研究

新近出版的《国家图书馆藏敦煌遗书》第 146 册中，刊布了两件《具注历日》残片，编号分别为 BD16365A 和 BD16365B，尺寸为 5.7×25.6 厘米(A 片)，7.1×25.6 厘米(B 片)。据整理者介绍，这两件历日残片是从 BD09655 号背《金光明最胜王经卷四》揭下来的裱补纸，推断为公元 9—10 世纪的归义军时期写本[1]。邓文宽先生是敦煌天文历法研究的专家，他撰文指出 BD16365 中涵有卦气、日九宫和二十八宿等信息，应为唐乾符四年(877 年)具注历日[2]。鉴于邓文是“解题式”的先行研究，总体比较简略，对于卦气、日九宫和二十八宿注历等问题并没有深入探究，因而有重新申论的必要。

一、BD16365 文字释读与校录

现参照《国家图书馆藏敦煌遗书·条记目录》(简称《条记目录》)的释文，重新释读、校录如下。先看 BD16365A，现存文字 6 行：

1 ▭夜卌六刻

1 中国国家图书馆编：《国家图书馆藏敦煌遗书》第 146 册，北京图书馆出版社，2012，第 117 页；《国家图书馆藏敦煌遗书·条记目录》，第 55 页。

2 邓文宽：《两篇敦煌具注历日残文新考》，见《敦煌吐鲁番研究》第 13 卷，上海古籍出版社，2013，第 197—201 页；《对两份敦煌残历日用二十八宿作注的检验——兼论 BD16365〈具注历日〉的年代》，《敦煌研究》2023 年第 5 期。

2 □ 丙辰土建[一]，鸣鸠拂其羽[二]，修车、解厌吉。六壁，在震宫。

3 □ 丁巳土除，辟夬，合德、母仓，修造、拜官、符、解镇吉。五奎，在震宫。

4 □ 戊午火满，望，天李[三]、九丑、母仓，修宅、拜官、符、解镇吉。四娄，在震宫。

5 □ 己未火平[四]，罡[五]三胃，在震宫。

6 □ 庚申木定[六]，□ 二昴[七]，在巽宫[八]。

校记：

[一]“丙”，据六十甲子补。

[二] 此历原作“戴胜降于桑”，后涂去以示删除，复于左侧改作“鸣鸠拂其羽”。

[三]“李”，《条记目录》释作“字”。

[四]“己未火平”，据历日体例补。

[五]“罡”，原卷残存一角，不易辨识，《条记目录》释作“□”，根据魁、罡的标注原则，三月平日为“罡”（参见邓文宽《敦煌天文历法文献辑校》附录七，江苏古籍出版社，1996年，第742页），又此件为三月历日（详后），故释作“罡”。

[六]“庚申木定”，据历日体例补。

[七]“二昴”，据历日体例补。

[八]“宫”，据历日体例补。

需要说明的是，此件历日中“壁”(壁)“奎”“娄”“胃”等二十八宿均为朱笔。首行残存朱笔行间文字，《条记目录》释为“不廿一□四□”，此不取。参照S.2404《具注历日》中星宿、漏刻用朱笔标注的体例，笔者据残存左半字形释作“夜卌六刻”[1]。尾行残存四五字，惜漫漶不识，参照此历的格式及日游位置，可释作“昴在巽宫”。再看BD16365B，该片存7行文字：

1 十九日辛卯木开[一]□病、修宅、斩吉[二]。七参，在坎宫，在足。

2 廿日壬辰水闭[三]，小暑至[四]，□六井，坎宫，在内跨。

3 廿一日癸巳水建[五]，天门[六]，拜官、立柱[七]、造车、修井吉[八]。五鬼，在太微宫，在手小指。

4 廿二日甲午金除[九]，下弦，侯大有内[一〇]，天赦。四柳，在太微宫，在外踝。

5 廿三日乙未金满[一一]，合德、九焦、九坎，入财、解厌吉。三星，在太微宫，在肝。

6 廿四日丙申火平[一二]，□魁[一三]□二张，在太微宫，在手阳明。

7 廿五日丁酉火定[一四]，□一翼[一五]，在太微宫[一六]，在足阳明[一七]。

校记：

[一]“十九日辛”，据逐日人神所在位置补，详见后。

[二]“斩”，《条记目录》释作“□”。

[三]“廿日壬”，据逐日人神所在位置补；“闭”，《条记目录》释作“□”。

[四]原卷“小暑至”前抄有“芒种五月节”，但已涂去，故不录。

[五]“廿一日癸”，据逐日人神所在位置补。

[六]“门”，《条记目录》释作“河”。

[七]“柱”，《条记目录》释作“枉”。

1 可以参照的是，P.3403《具注历日》“三月十日”条注有“昼五十四刻，夜四十六刻”，亦为朱笔，双行书写。

[八]“井”，《条记目录》释作“片”。

[九]“廿二日甲”，据逐日人神所在位置补。

[一〇]“侯”，《条记目录》释作“倿”。

[一一]“廿三日乙”，据逐日人神所在位置补。

[一二]“廿四日丙申火平”，据逐日人神所在位置及建除排列规则补。

[一三]“魁”，原卷仅存右半一角，漫漶不识，《条记目录》释作“□”，根据魁、罡的标注原则，四月平日为“魁”（邓文宽《敦煌天文历法文献辑校》附录七，第 742 页），又此件为四月历日（详后），故释作“魁”。

[一四]“廿五日丁酉火丁”，据逐日人神所在位置及建除排列规则补。

[一五]“一翼”，据历日体例补。

[一六]“在太微宫”，据日游规则补。

[一七]“在足阳明”，据人神所在位置补。

从字迹和格式来看，此件（残片 B）与残片 A 书法相同，为同一人抄写。历日中“参”“井”“鬼”“柳”“星”“张”等俱属二十八宿，也是朱笔书写，因此可以肯定，BD16365 中 A、B 两残片原为同一具注历日写卷，只是后来由于某种原因被一分为二了。

我们看到，B 片各行都有“诸日人神所在”的信息，这为推定 B 片的具体日期提供了证据。《唐六典》卷 14《太卜署》载：“凡历注之用六，一曰大会，二曰小会，三曰杂会，四曰岁会，五曰除建，六曰人神。”[1] 由此可知，“人神”是历注中必不可少的重要内容。敦煌所出具注历日中，S.2404、S.276、P.4996、P.3403、P.2591、P.2973B、P.2623、P.2705 等卷中均有每日人神所在位置的标注，而且各月的“人神”题名均为朱笔。从目前的材料来看，人神位置的移动固然

1（唐）李林甫撰，陈仲夫点校：《唐六典》卷 10《太卜署》，中华书局，1992，第 413 页。

有行年、十二部、十干、十二支、十二时和逐日等不同标准[1]，但在中国古代历日中采用的始终是从一日至三十日的“逐日人神所在”系统。比如传世本《大明成化十五年岁次己亥（1479 年）大统历》“诸日人神所在不宜针灸”条云：

一日在足大指，二日在外踝，三日在股内，四日在腰，五日在口，六日在手，七日在内踝，八日在腕，九日在尻，十日在腰背，十一日在鼻柱，十二日在发际，十三日在牙齿，十四日在胃脘，十五日在徧身，十六日在胸，十七日在气冲，十八日在股内，十九日在足，二十日在内踝，二十一日在手小指，二十二日在外踝，二十三日在肝及足，二十四日在手阳明，二十五日在足阳明，二十六日在胸，二十七日在膝，二十八日在阴，二十九日在膝胫，三十日在足趺。[2]

以上诸日人神所在位置，敦煌具注历日（S.95、S.612、P.2765、P.3247v）的描述大体相同。稍有差异者，八日“在腕”，敦煌本作“长腕”；十四日在“胃脘”，敦煌本作“胃管”。[3]而传世本《大宋宝祐四年丙辰岁（1256 年）会天万年具注历》中的人神标注与敦煌本完全相同。由此看来，不论敦煌具注历日，还是传世本历书，都采用了从一日至三十日的“人神”标注模式。正由于此，参照具注历日“人神”的所在位置，可知 B 片为某月十九至二十五日历日，据此可将 B 片中日期校补完整。

现在来看 A、B 两片的内容。A 片第 2 行“鸣鸠拂其羽”，B 片第 2 行“小暑至”，均属七十二物候范畴。此二物候在敦煌具注历日 S.276、S.95、S.1439、S.1473+S.11427v、P.2583、P.2591、P.2973B、P.3248、P.3284、P.3555B、P.3900、

1 人神所在位置的不同分类，唐宋时期的医书如《千金翼方》《外台秘要方》《医心方》等均有记载。《外台秘要方》卷 39《年神旁通并杂忌旁通法》著录了“推行年人神法”“推十二部人神所在法”“日忌法”“十干人神所在法”“十二支人神所在法”“十二时人神所在法”“十二祇人神所在法”等多种系统。参见（唐）王焘撰，高文柱校注：《外台秘要方校注》，学苑出版社，2011，第 1417—1421 页。

2 北京图书馆出版社古籍影印室编：《国家图书馆藏明代大统历日汇编》第 1 册，北京图书馆出版社，2007，第 381—382 页。

3 邓文宽：《敦煌天文历法文献辑校》附录九《逐日人神所在表》，第 744 页。

P.4996、P.3403 等写卷中也有收录。从这些历日的标注来看，“鸣鸠拂其羽”无一例外地注于星命月中的三月，“小暑至”则注于四月中旬、下旬和五月上旬。[1] 而在南宋宝祐四年（1256 年）会天历中，此二物候分别注于三月二十三日和四月二十九日。[2] 考虑到目前所见历日中尚未有“小暑至”标注于五月下旬的情况，那么可推知 A、B 两片是某年三月、四月历日。

表 9-1　敦煌具注历日所见物候标注表

敦煌具注历日	鸣鸠拂其羽	小暑至
P.3900《唐元和四年（809 年）历日》		闰四月八日
P.2583《唐长庆元年（821 年）历日》	三月十八日	
S.1439v《唐大中十二年（858 年）历日》	三月七日	四月十三日
P.3284《唐咸通五年（864 年）历日》	三月十二日	四月十八日
S.P6《唐乾符四年（877 年）历日》	三月六日	
P.4996《唐景福二年（893 年）历日》		五月九日
P.3248《唐乾宁四年（897 年）历日》	三月十七日	四月廿三日
罗振玉旧藏《唐乾宁四年（897 年）历日》		四月廿三日
P.2973B《唐光化三年（900 年）历日》		四月廿六日
P.3555B《后梁贞明九年（923 年）历日》	三月廿四日	五月一日
P.3247《后唐同光四年（926 年）历日》	三月九日	四月十五日
S.276《后唐长兴四年（933 年）历日》	三月廿五日	五月二日
P.2591《后晋天福九年（944 年）历日》		五月二日
S.95《后周显德三年历日（956 年）历日》	三月十日	四月十五日
S.1473+S.11427v《宋太平兴国七年（982 年）历日》	三月廿七日	五月四日
P.3403《宋雍熙三年（986 年）历日》	三月十一日	四月十七日

二、BD16365 内容探究

与敦煌所出其他历日相较，BD16365 包涵卦气、日九宫、二十八宿和日

1 唯一的例外是，P.3900 注于闰四月八日。

2（宋）荆执礼等编：《宝祐四年会天历》，（清）阮元辑：《宛委别藏》第 68 册，江苏古籍出版社，1988，第 16 页、第 21 页。

游等历注信息，对于全面了解敦煌具注历日的形制以及探察中国古代历日文化的发展演变都有十分重要的参考价值。

1. 卦气。如 A 片第 3 行“辟夬”是《周易》六十四卦中第 43 卦，B 片第 4 行“侯大有内”是六十四卦中第 14 卦。如所周知，汉代的易学家孟喜最早提出“卦气说”，将《周易》六十四卦与二十四节气、七十二物候相配合。北魏时张龙祥主修《正光历》，明确将各月对应的卦象排列出来，比如三月对应“讼、豫、蛊、革、夬”5 卦，四月有“旅、师、比、小畜、乾”5 卦，而五月则与“大有、家人、井、咸、姤”5 卦相联系[1]。在此基础上，唐代僧一行《大衍历》完整地把六十四卦与二十四节气、七十二物候配合起来[2]。这样一来，每一节气包含 3 个物候（初候、次候、末候）和 3 个卦象（初卦、中卦、终卦），而且各物候与卦象之间都建立了特定的对应关系。比如谷雨三月中，作为次候的“鸣鸠拂其羽”与中卦“辟夬”相配合；小满四月中，作为末候的“小暑至”与终卦“侯大有内”建立了对应关系。

表 9–2 《大衍历》所见部分节气、物候、卦象表[3]

常气月中节，四正卦	初候	次候	末候	初卦	中卦	终卦
谷雨三月中，震六三	萍始生	鸣鸠拂其羽	戴胜降于桑	公革	辟夬	侯旅内
小满四月中，震六五	苦菜秀	靡草死	小暑至	公小畜	辟乾	侯大有内
冬至十一月中，坎初六	丘蚓结	麋角解	水泉动	公中孚	辟复	侯屯内
大雪十一月节，兑上六	鹖鸟不鸣	虎始交	荔挺生	侯未济外	大夫蹇	卿颐

此外，五代后周显德中，王朴撰成《钦天历》，内中分别著录了二十四节气与七十二物候和六十四卦配合的“气候图”和“爻象图”。如果将二十四节

1（北齐）魏收：《魏书》卷 107 上《律历志上》，中华书局，1974，第 2679 页。

2 乐爱国：《略论〈周易〉对中国古代历法的影响》，《周易研究》2005 年第 5 期。

3 表格制作资料，参见《新唐书》卷 28 上《历志四上》，中华书局，1975，第 640—641 页。

气视为纽带，不难看出这两幅图也能建立对应关系。同样，以谷雨三月中和小满四月中为例：

气候图：谷雨三月中，萍始生，鸣鸠拂其羽，戴胜降于桑。
爻象图：谷雨震六三，公革，辟夬，候旅内。

气候图：小满四月中，苦菜秀，靡草死，小暑至。
爻象图：小满震六五，公小畜，辟乾，候大有内。[1]

很显然，《钦天历》中物候与卦象的对应关系，与僧一行的《大衍历》相同。不惟如此，北宋建隆四年（963 年）司天少监王处讷修撰的《应天历》中也附有“卦气图”[2]，其内容、格式与《大衍历》完全相同。我们注意到，南宋宝祐四年（1256 年）会天历中也有卦气的标注。如三月十八日注“谷雨三月中，萍始生，震六三，公革”；四月三日注“立夏四月节，蝼蝉鸣，震九四，侯旅外”；四月十九日注“小满四月中，苦菜秀，震六五，公小畜”；五月五日注“芒种五月节，螳螂生，震上六，侯大有外”；五月二十日注“夏至五月中，鹿角解，离初九，公咸”[3]。仔细观察，不难发现《会天历》除了立春、雨水没有物候、卦气标注外，其它二十二气节中，初候、初卦和节气均注于同一日。因此，就性质而言，《会天历》的标注仍是《大衍历》和《应天历》所见“卦气图”的传承和延续，由此不难看出《大衍历》对后世历法的深刻影响。

2. 日九宫。九宫又称九星术、九宫算、九宫色，是把《洛书》方阵的各数，加上颜色名称，分配在年、月、日和时，再考虑五行生克，用以鉴定人事吉凶的方法[4]。作为历注中的重要元素，九宫有年九宫、月九宫和日九宫之分。年九宫通常置于历序中，月九宫见于每月之首，日九宫则注于每日之下。如 P.3403

1（宋）欧阳修：《新五代史》卷 58《司天考一》，中华书局，1974，第 700—701 页。
2《宋史》卷 68《律历志一》，中华书局，1977，第 1503—1505 页。
3（宋）荆执礼等编：《宝祐四年会天历》，（清）阮元辑：《宛委别藏》第 68 册，第 15—24 页。
4 陈遵妫：《中国天文学史》，上海人民出版社，2016，第 1185—1191 页。

《宋雍熙三年丙戌岁（986 年）具注历日并序》“今年年起六宫，月起五宫，日起九宫”[1]，描述的正是年九宫、月九宫和日九宫，它们的中宫数字分别是6、5、9。同样的材料还见于 S.1473+S.11427v《宋太平兴国七年壬午岁（982 年）具注历日并序》“今年年起八宫，月起六宫，日起一宫”。邓文宽根据年九宫、正月九宫与年干支的对应关系，推算出该年应“年起一宫，月起八宫”[2]，它们的中宫数字分别为 1、8、1。长期以来，国内外学者对年九宫、月九宫都作了深入讨论[3]，但对日九宫的探究明显不够[4]，在此笔者结合 BD16365A、B 两残片的记载，试对日九宫略作说明。

根据笔者的理解，A 片 2—6 行下“六、五、四、三、二”和 B 片 1—7 行下“七、六、五、四、三、二、一”的数字，就是日九宫的标注。或可参照的是，S.2404《后唐同光二年甲申岁（924 年）具注历日并序》正月条：

莫一日辛丑土闭，祭风伯，合德、归忌，塞穴、取土、解吉。二虚，在内紫微宫，在足大指。

二日壬寅金建，天门、煞阴、不将，嫁娶、加官、拜谒、移徙吉。昼卌五刻，夜五十五刻。[一]［危]，在内紫微宫，在外踝。

三日癸卯金除，大时，治病、嫁娶、祭祀、斩草、符镇吉。九室，在内太庙宫，在股内。[5]

1 邓文宽：《敦煌天文历法文献辑校》，第 590 页。

2 邓文宽：《敦煌天文历法文献辑校》，第 585 页。

3 施萍亭：《敦煌历日研究》，《1983 年全国敦煌学术讨论会文集》“文史·遗书编”，甘肃人民出版社，1987，第 305—366 页；陈遵妫：《中国天文学史》，第 1185—1191 页；［法］茅甘：《敦煌写本中的“九宫图”》，［法］谢和耐等：《法国学者敦煌学论文选萃》，耿昇译，中华书局，1993，第 301—311 页；邓文宽：《敦煌残历定年》《敦煌古历丛识》《敦煌历日与当代东亚民用“通书”的文化关联》，见《邓文宽敦煌天文历法考索》，上海古籍出版社，2010，第 104—136 页、第 153—176 页；［法］华澜：《敦煌历日探研》，李国强译，中国文物研究所编：《出土文献研究》第 7 辑，上海古籍出版社，2005，第 221—224 页；［日］薮内清：《斯坦因敦煌文献中的历书》，薮内清：《中国的天文历法》，杜石然译，北京大学出版社，2017，第 144—152 页。

4 前揭陈遵妫《中国天文学史》、华澜《敦煌历日探研》对日九宫曾有讨论，可参看。

5 郝春文等编著：《英藏敦煌社会历史文献释录》第 12 卷，社会科学文献出版社，2015，第 29 页。其中“一”“危”二字，为笔者校补。

比照国际敦煌学项目（IDP）网站上的彩图，可知正月一日、三日下方“虚”“室”二宿均为朱笔，这两星宿前分别有“二”和“九”两个数字，结合“日游”（在内紫微宫、在内太庙宫）和“人神”（在足大指、在股内）的信息，不难看出，此件的历注内容与BD16365B大致相同，其中“二”和“九”就是日九宫的标注。S.2404中的《历序》提到：“九宫之中，年起五宫，月起四宫，日起二宫”[1]，表明该年的中宫是5，正月的中宫是4，正月一日的中宫是2，这与“一日辛丑土闭”下的数字“二”正相契合。此外，无论年九宫，还是月九宫，其排列都是按照九、八、七、六、五、四、三、二、一的顺序倒转的[2]。这个排列规则对于日九宫来说同样适用。以S.2404为例，正月一日二宫，正月二日一宫，正月三日九宫，正月四日八宫，以下依次类推。据此可将该历正月二日脱漏的“一危”二字校补完整。同样道理，BD16365中A、B两片各行所见“七、六、五、四、三、二、一”的数字，正是日九宫倒转排列的反映。

值得注意的是，S.3454v《历日残片》中也有日九宫的信息，该片仅存三行，其文字如下：

1 在子中孚　十八日己亥木闭三，大会、重，裁衣、盖屋、塞穴。

2 月煞复　十九日庚子土建二，大会岁对，破屋、治病、扫舍、天李。

3 在未未济　廿日辛丑土除一　荔挺出，大会岁对、皈（归）忌，裁衣、拜官、嫁娶、葬［吉］。[3]

按照“卦气说”的解释，第1行“中孚”、第2行“复”属于冬至十一月

1 郝春文等编著：《英藏敦煌社会历史文献释录》第12卷，第25页、第29页。

2 邓文宽：《敦煌古历丛识》，《邓文宽敦煌天文历法考索》，第124页。他指出九宫图形是敦煌残历定年的一种依据。如果能确定某月九宫，便可反推出正月九宫，然后找出年地支范围。假如某历残存六月以后，六月为六宫，则其前五月为七宫，四月为八宫，三月为九宫，二月为一宫，正月为二宫，正月二宫对应的年地支是巳、亥、寅、申，这便是该历的年地支范围。

3 中国社会科学院历史研究所等编：《英藏敦煌文献（汉文佛经以外部份）》第5卷，四川人民出版社，1992，第98页。

中气的初卦和中卦，第3行“未济”则为大雪十一月节气的初卦，而“荔挺出”刚好是大雪节气对应的末候。由此来看，“中孚”“复”和“未济”3卦其实正是卦气注历的反映。邓文宽在“解题”中说，“然建除十二客之下所注一、二、三不见于其他敦煌具注历日，不知为何项内容”[1]。华澜先生指出此件中的“三、二、一”应是十八、十九、廿日的九宫数字[2]。唯一不同的是，此处的3个九宫数字被前移至“建除”之后罢了，其顺序显然也是倒转排列的。

那么，这些代表“九宫”的数字标注有何吉凶意义呢？历日中的九宫图是将白、黑、碧、绿、赤、黄、紫七种颜色按照一定的规则分配到九宫格中，并通过一白、二黑、三碧、四绿、五黄、六白、七赤、八白、九紫的组合，建立颜色与数字的对应关系。如前举S.2404《具注历日》年九宫图中，其中宫是黄色，对应数字五，月九宫图的中宫是绿色，对应数字四，正由于此，《历序》才有“年起五宫，月起四宫”的说法。反过来说，这些标示九宫的数字又与特定的颜色相对应，而在具注历日的描述中不同的颜色又呈现出不同的吉凶宜忌意义。如S.2404、S.95、P.3403《历序》云：

> 九方色之中，但依紫、白二方修造，法出贵子，加官受职，横得财物，婚姻酒食，所作通达，合得吉庆。
>
> 若犯绿方，注有损伤，或从高坠下，及小儿、奴婢妊身者，厄。
>
> 若犯黑方，注有哭声口舌，损伤财物六畜，凶。
>
> 若犯碧方，注有损胎、惊恐、疾病，凶。
>
> 若犯黄方，注有斗诤及损六畜，疾病，凶。
>
> 若犯赤方，注多死亡、惊恐、怪梦，凶。[3]

不难看出，九方色中只有紫、白二色合得吉庆，其它碧、绿、黄、赤、黑

---

1 邓文宽：《敦煌天文历法文献辑校》，第677—678页。此历的编号为S.3454v，邓文宽误作P.3454v。

2 ［法］华澜：《敦煌历日探研》，李国强译，第223页。

3 郝春文等编著：《英藏敦煌社会历史文献释录》第1卷，科学出版社，2001，第143页；《英藏敦煌社会历史文献释录》第12卷，第26页。

五色皆为凶祸。又因为白色对应的数字为一、六、八，因而在九方色的分配中出现了三白的现象。S.1473+S.11427v、P.3403《历序》中就有《三白诗》的描述，其文曰：

上利兴功紫白方，碧绿之地患痈疮。黄赤之方遭疾病，黑方动土主凶丧。五姓但能依此用，一年之内乐堂堂。章呈君子，千年保守。愚人起造乖星历，凶日害主阎罗责。即招使者唤君来，铜枷铁仗（杖）棒君脊[1]。

此歌诀肯定了紫、白二色的吉祥意义，告诫民众要遵照星历的宜忌行事。否则不仅会招致“凶日害主”的灾祸，而且还要遭受冥界阎罗铜枷铁杖的惩处。总之，通过九方色吉凶宜忌的解读，九宫数字也相应地与人事活动中的吉凶祸福联系起来。

绿	紫	黑
碧	黄	赤
白	白	白

年九宫（S.2404）

碧	白	白
黑	绿	白
赤	紫	黄

月九宫（S.2404）

3. 二十八宿。BD16365 中 A、B 两片还有二十八宿的标注。如 A 片注有“壁（壁）、奎、娄、胃、昴”五宿，B 片注有“参、井、鬼、柳、星、张、翼”七宿，且均为朱笔。前已指出，B 片为某年四月十九至二十五日历日，又十九日干支辛卯，注为参宿，由此逆推，可知四月一日，干支为癸酉，历注氐宿。三月末（二十九日或三十日）干支为壬申，历注亢宿。又 A 片第 4 行“戊午火满”为望日，说明三月戊午为十五或十六日[2]。如果戊午是三月十五日，可推知三月为小建，共 29 天，朔日为甲辰，历注亢宿；若戊午是三月十六日，说明三月

1 邓文宽：《敦煌天文历法文献辑校》，第 562—563 页、第 591 页；郝春文、赵贞编著：《英藏敦煌社会历史文献释录》第 7 卷，社会科学文献出版社，2010，第 38 页。

2 敦煌历书中也有十四日、十七日注为望日的情况。如 P.3284v《唐咸通五年（864 年）历日》中，正月十七日注为“望”，四月十四日亦注“望”日；P.3247《后唐同光四年丙戌岁（926 年）具注历日》中，正月十四、三月十四、五月十四、六月十四、八月十四均为“望”。若三月戊午为十四或十七日，四月已知又为癸酉朔，那么三月末（晦日）壬申当为二十八日或三十一日，这显然不符合古历大建三十日，小建二十九日的通例，因而将三月戊午视为十四日或十七日的情况完全可以排除。

为大建，共 30 天，朔日为癸卯，历注角宿。翻检陈垣《二十史朔闰表》，在归义军时期（848—1036 年）满足四月朔日癸酉的年份共有四个：即唐大中十年(856 年)、中和二年(882 年)、后梁乾化三年(913 年）和宋太平兴国五年(980 年）[1]。又 B 片四月廿三日乙未注为“星”宿，按照二十八宿注历“密日者乃房、虚、星、昴四宿”的规则[2]，则此日当为“密日”（蜜日）或日曜日。不过，依据陈垣《日曜表》进行复核，发现上述四个年份的四月二十三日都不是“蜜日”。这提示我们，A、B 两片中的星宿标注或许并没有遵循“蜜日”注于房、虚、星、昴四宿的规则，毕竟敦煌具注历中也有“蜜日”标注错误的情况[3]。如前举 S.2404 历日中，正月辛丑朔，其下注有“虚”宿，按照二十八宿注历的规则，正月一日当为“蜜”日，但实际的“日曜日”为此前的庚子日，辛丑日为星期一。或许为纠正此次二十八宿注历的错误，编者翟奉达在此日上方添加了“莫”字，作为辛丑日为星期一的标识。因此，S.2404 的星宿标注实际上延迟了一日，正确的注历应是庚子虚（蜜日）—辛丑危（莫日）—壬寅室（云汉日）—癸卯壁（嘀日）[4]。另一方面，如学者指出，敦煌具注历中的朔日干支与中原历对照时常会出现一两日的差异[5]，因此，用敦煌历中的朔日干支来检索《二十史朔闰表》并据此定年时，就得充分考虑敦煌历与中原历的朔闰差异。

鉴于敦煌历的朔日与中原历常有一两日的误差，我们姑以中原历四月壬申

---

1 陈垣：《二十史朔闰表》，中华书局，1962，第 107 页、第 110 页、第 113 页、第 119 页。

2《钦定协纪辨方书》卷 36《伏断日密日裁衣日》，四库术数类丛书（九），上海古籍出版社，1991，第 1014 页。

3 施萍亭指出，“蜜”日注是检验年代推断是否准确的标尺，但不可否认，敦煌具注历中“蜜”日的标注也存在错误的情况。《敦煌历日研究》，参见《1983 年全国敦煌学术讨论会文集》文史・遗书编，第 305—366 页。

4［法］华澜：《简论中国古代历日中的廿八宿注历》，见《敦煌吐鲁番研究》第 7 卷，中华书局，2004，第 410—421 页。

5 王重民：《敦煌本历日之研究》，见氏著《敦煌遗书论文集》，中华书局，1984，第 116—133 页；施萍亭：《敦煌历日研究》，见《1983 年全国敦煌学术讨论会文集》文史・遗书编，第 305—366 页；邓文宽：《中原历、敦煌具注历日比较表》，《敦煌天文历法文献辑校》附录一，第 701—735 页；《邓文宽敦煌天文历法考索》，第 110 页。

朔（相比中原历，敦煌历晚一日）为参照，检索《二十史朔闰表》，可知归义军时期有乾符四年（877 年）、后晋天福四年（939 年）和北宋景德三年（1006 年），均为四月壬申朔[1]。以《日曜表》来复核，发现只有乾符四年的四月乙未是“蜜”日（公元 877 年 6 月 9 日），邓文宽据此将 BD16365 定为《唐乾符四年丁酉岁具注历日》[2]，这当然是对的。但不可否认，敦煌历日中还存在朔日干支比中原历朔早一日的情况[3]，比如敦煌历四月癸酉朔、中原历甲戌朔。比照《二十史朔闰表》，可知归义军时期符合条件的年份有唐景福元年（892 年）、后汉乾祐二年（949 年）和宋大中祥符九年（1016 年）[4]。同样以《日曜表》来复核，只有景福元年四月乙未(即公元 892 年 5 月 21 日）为蜜日，亦符合“星”宿的标注。据此，似乎也不能排除 BD16365 为《唐景福元年壬子岁（892 年）具注历日》的可能性。

表 9–3　唐乾符四年和景福元年蜜日对照表

<table>
<tr><th>纪年</th><th colspan="2">四月历朔</th><th>乙未</th><th>公历</th><th>蜜日</th></tr>
<tr><td rowspan="2">乾符四年（877 年）</td><td>中原历</td><td>壬申</td><td>四月廿四日</td><td rowspan="2">877 年 6 月 9 日</td><td rowspan="2">日曜表 7 第 1 年（《二十史朔闰表》第 241 页）</td></tr>
<tr><td>敦煌历</td><td>癸酉</td><td>四月廿三日</td></tr>
<tr><td rowspan="2">景福元年（892 年）</td><td>中原历</td><td>甲戌</td><td>四月廿二日</td><td rowspan="2">892 年 5 月 21 日</td><td rowspan="2">日曜表 3 第 4 年（《二十史朔闰表》第 234 页）</td></tr>
<tr><td>敦煌历</td><td>癸酉</td><td>四月廿三日</td></tr>
</table>

传世历书中的二十八宿注历，最早见于《大宋宝祐四年丙辰岁（1256 年）会天万年具注历》，此历系太史局保章正荆执礼主持修造的官颁历日。从岁首

1 陈垣:《二十史朔闰表》，第 109 页、第 117 页、第 122 页。

2 邓文宽:《两篇敦煌具注历日残文新考》，第 197—201 页。

3 比如 P.3247《后唐同光四年丙戌岁（926 年）历日》中，二月、四月、六月、七月、八月朔日干支，敦煌历较中原历均早一日。参见邓文宽《敦煌天文历法文献辑校》附录一，第 724 页。

4 陈垣:《二十史朔闰表》，第 111 页、第 116 页、第 123 页。

正月一日癸巳水［平］注“柳”，至岁末十二月二十九日丙戌土收注“室”[1]，全年的二十八宿注历十分连续完整，中间没有任何遗漏。出土历日文献中，以俄藏黑水城文书TK297最具代表性，该件一度被认为是二十八宿连续注历的最早历日实物，邓文宽考证为《宋淳熙九年壬寅岁（1182年）具注历日》，并指出自1182年至二十世纪末的1998年，中国传统历日以二十八宿注历是长期连续进行的，也未发生过错误[2]。以后，法国学者华澜又据S.2404中出现的“虚”“室”二宿，将二十八宿注历的时代提前至后唐同光二年（924年）[3]。考虑到S.2404《具注历日》仅存正月一至四日，其下星宿标注是否连续不得而知。相比之下，BD16365中A、B两片的二十八宿是连续标注的，至少从现存文字来看中间没有任何遗漏。而且，基于星宿标注的连续性特点，我们可将三月、四月的星宿标注和九宫数字推补完整。因此，就历注而言，BD16365是敦煌写本中唯一连续标注二十八宿的具注历日，其定年不论是乾符四年（877年）还是景福元年（892年），无疑都是出土文献中二十八宿连续注历的最早历日实物。

4. 日游。BD16365A中所见“震宫”（第2—5行）、“巽宫”（第6行），以及B片中“坎宫”（第1—2行）、“太微宫”（第3—7行），还是“日游”所在位置的说明。S.P6《唐乾符四年丁酉岁（877年）具注历日》“日游所在法”条：“夫日游神，天上太一游历之使，常以癸巳之日游房堂之内一十六日，不得安床、立帐、生产并修造，凶。从己酉日出外四十四日，所在不可于其方出行、起土、移徙、修造、忌，吉。”[4]这就是说，日游神是天上太一的使者，按

1（宋）荆执礼等编：《宝祐四年会天历》，（清）阮元辑：《宛委别藏》第68册，第1—54页。

2 邓文宽：《传统历书以二十八宿注历的连续性》，《历史研究》2000年第6期。

3［法］华澜：《简论中国古代历日中的廿八宿注历》，《敦煌吐鲁番研究》第7卷，中华书局，2004，第413—414页；［法］华澜：《敦煌历日探研》，李国强译，第214页。

4 中国社会科学院历史研究所等编：《英藏敦煌文献（汉文佛经以外部份）》第14卷，四川人民出版社，1995，第246页。

照六十甲子纪日的周期游历，其中自癸巳至戊申的十六日，该神一直在房堂之内移动，而从己酉至壬辰的四十四日，该神则始终出游在外。[1] 敦煌具注历日中，日游神的标注目前所见有两种类型：

第一种类型是“日游在内”，除了上述癸巳至戊申的 16 日外，还包括各月天干在戊、己的所在之日。这在 S.1473+S.11427《宋太平兴国七年壬午岁（982 年）具注历日》、P.3403《宋雍熙三年丙戌岁（986 年）具注历日》、S.3985+P.2705《宋端拱二年己丑岁（989 年）具注历日》中有明确记载。传世本《南宋宝祐四年（1256 年）会天历》的日游标注尽管形式上采用了“日游在房内北”“日游在房内中”“日游在房内南”“日游在房内西”“日游在房内东”的术语，但实质上与敦煌本“日游在内”的形制相同[2]。在此基础上，《大明正统十三年岁次戊辰（1448 年）大统历》进一步对“日游在房内”作了总结：“每遇癸巳、甲午、乙未、丙申、丁酉日，在房内北；戊戌、己亥日，在房内中；庚子、辛丑、壬寅日，在房内南；癸卯日在房内西；甲辰、乙巳、丙午、丁未日在房内东；戊申日在房内中。己酉日出外游四十四日。”[3]《大清时宪书笺释》称：“按日游神，惟十六日在房内，分占东、西、南、北、中五方，其所在占方不宜安产室、扫舍宇，设床帐。自己酉后四十四日，出游在外，不占，五方无忌。”[4] 不难看出，后世有关“日游神”特征的描述，基本上脱胎于敦煌本历日（S.P6）。

第二种类型，日游的标注采用“在内”和“在外”两种形式。所谓“在内”共有 16 日，具体包括“在内太微宫”（5 日）、“在内紫微宫”（5 日）、“在内太庙宫”（1 日）和“在内御女宫”（5 日）；“在外”共 44 日，按照《周易》八

---

1 [法] 华澜：《敦煌历日探研》，李国强译，第 225 页。

2 稍有区别的是，作为日游在内的起始之日癸巳，《宝祐四年会天历》注为“日游入房内北”，至于日游出外的起始日己酉，《会天历》则注为“日游在房内出”。

3 北京图书馆出版社古籍影印室编：《国家图书馆藏明代大统历日汇编》第 1 册，第 93 页。

4（清）缪之晋辑：《大清时宪书笺释》，《续修四库全书》1040 册《子部・天文算法类》，上海古籍出版社，2002，第 657—706 页。

卦的方位分为“在外艮宫”（6日）、“在外震宫”（5日）、“在外巽宫”（6日）、“在外离宫”（5日）、“在外坤宫”（6日）、“在外兑宫”（5日）、“在外乾宫”（6日）和“在外坎宫”（5日）[1]。这在S.276《后唐长兴四年癸巳岁（933年）具注历日》、P.2973《唐光化三年庚申岁（900年）具注历日》和S.2404《后唐同光二年甲申岁（924年）具注历日》中有生动反映。本件（BD16365）中的震宫、巽宫、坎宫和太微宫，正是日游标注的第二种类型。或可参照的是，唐代医家王焘在《外台秘要方》中绘有《日游图》一幅，并说“常以癸巳日入内宫一十六日，至己酉日出，癸巳、甲午、乙未、丙申、丁酉在紫微北宫。戊戌、己亥、庚子、辛丑、壬寅、在［太］［岁］南宫。癸卯一日在天庙西宫。甲辰、乙巳、丙午、丁未、戊申在御女东宫。”[2]除了“太岁”“天庙”的术语与敦煌本“太微”“太庙”略有差异外，其它不论日游神在“内宫”还是“在外”，都与敦煌本所见的移动方位和出游法则完全相同（参见下图）。

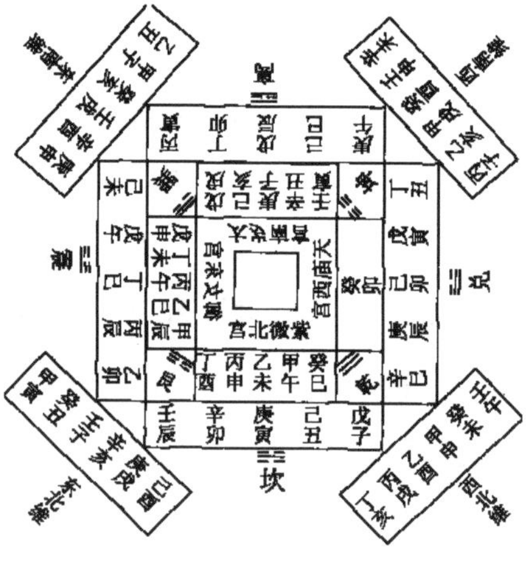

（王焘撰，高文柱校注：《外台秘要方校注》，第1209页）

1 邓文宽依据S.276和P.2973制作了《六十甲子日游神表》，华澜也作有《日游神游历表》，可一并对照参看。详见邓文宽：《敦煌天文历法文献辑校》附录四，第739页；［法］华澜：《敦煌历日探研》，第225页。

2（唐）王焘撰，高文柱校注：《外台秘要方校注》卷33《推日游法一首并图》，第1209页。

日游标注的吉凶宜忌意义，S.P6从日游神“在内”和“出外”两方面作了区分。即日游在内期间，不得在所处方位“安床、立帐、生产并修造”；日游在外时，不可在其游历方位“出行、起土、移徙、修造”。王焘《外台秘要方》云：“右日游在内，产妇宜在外，别于月空处安帐产，吉……右日游在外，宜在内产，吉。凡日游所在内外方，不可向之产，凶。”[1]可见，在医家眼中，不论日游在内或是日游在外，其所在方位都不宜安床帐生产。又前举P.3403、S.3985+P.2705《具注历日》称：“右件人神所在之处，不可针灸出血。日游在内，产妇不宜屋内安产帐及扫舍，皆凶。”[2]传世本《大明成化十五年岁次己亥（1479年）大统历》也说：“日游神所在之方，不宜安产室、扫舍宇、设床帐。”[3]重申了妇女生产中安床设帐的禁忌。如果说“人神”的排列旨在说明“所在不宜针灸”的话，那么“日游”的标注显然是在强调妇女生产的宜忌。因此可以说，“人神”和“日游”的出现，正是中古医疗文化及医学知识向具注历日渗透的反映。

三、BD16365《具注历日》的学术价值

综上所述，BD16365《具注历日》尽管残缺严重，但A、B两残片保存的历注信息却十分重要。与敦煌发现的其他具注历日相比，该件中的卦气、日九宫、二十八宿尤为引人注目。诚然，卦气的注历可能在S.3454v中已有出现，但实际上并未引起学者的重视；日九宫虽然在S.2404、S.1473+S.11427v和P.3403的《历序》中有所提及，但真正标注的只有S.3454v和S.2404两件文书；至于二十八宿注历，此前敦煌历日中仅见于S.2404，且只有并不连续的“虚”“室”两宿。相比之下，BD16365中出现了壁（壁）、奎、娄、胃、昴、参、井、鬼、柳、星、张、翼等12宿，一定程度上丰富了二十八宿注历的内

1（唐）王焘撰，高文柱校注：《外台秘要方校注》，第1210页。

2 邓文宽：《敦煌天文历法文献辑校》第641页、第660页。

3 北京图书馆出版社古籍影印室编：《国家图书馆藏明代大统历日汇编》第1册，第381页。

容。无论出土文献中的具注历日，还是传世本历书，将卦气、日九宫和二十八宿这三种历注要素收录于同一文本中的情况其实并不多见。比如，俄藏黑水城文书 TK297《西夏乾祐十三年壬寅岁（1182 年）具注历日》、俄 Инв No.5469《西夏光定元年辛未岁（1211 年）具注历日》以及《宋宝祐四年（1256 年）会天历》中都有卦气和二十八宿的要素，但却没有日九宫的信息。更有甚者，明代官方颁行的《大统历》中仅有二十八宿注历的内容，而没有卦气和日九宫的相关信息。这些现象表明，“日九宫”作为历注要素，在中国古代历日文化的发展中很可能是昙花一现，转瞬即逝，其中的缘由何在，值得我们深思。同样，作为两项历注内容，“卦气”和第二种类型的“日游”为何在《大统历》中已被摒弃？对于这些问题的回答，尚待对历日文化的进一步探究。从这个意义来说，BD16365 对于全面了解具注历日的形制、历注要素的复杂内容以及探察中国古代历日文化的发展演变都有十分重要的参考价值。

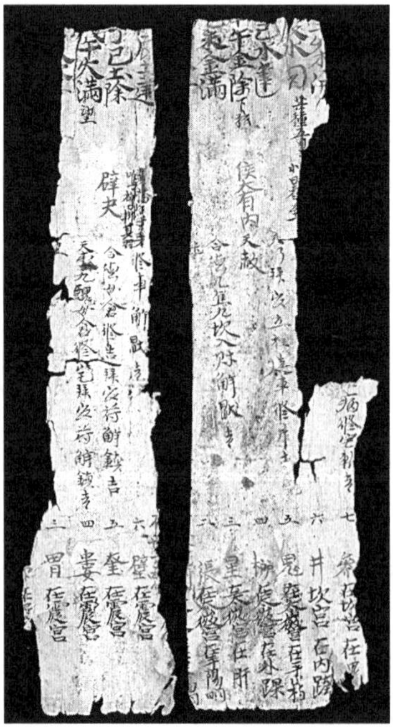

附图 BD16365A、B（《国家图书馆藏敦煌遗书》146 册，117 页）

第十章
中古历日的整体特征及影响

中古时期的历日，虽然传世典籍的记载比较匮乏，但基于敦煌吐鲁番出土历日文献，[1]其内容“总括看来，迷信和科学内容参半”。[2]一方面，历日中的朔闰、月建、节气、物候、昼夜漏刻和日出入时刻，始终体现着历法学“敬授民时”的成果，其科学性显而易见。另一方面，历日中又不可避免地掺杂着有关吉凶宜忌、“阴阳杂占”和术数文化的诸多内容，其“迷信”成份也毋庸置疑。

---

1 根据邓文宽的整理，敦煌出土历日文献（含残片）约有60多件。参见邓文宽辑校：《敦煌天文历法文献辑校》，江苏古籍出版社，1996；邓文宽：《敦煌三篇具注历日佚文校考》，《敦煌研究》2000年第3期；邓文宽：《莫高窟北区出土〈元至正二十八年戊申岁（1368年）具注历日〉残页考》，《敦煌研究》2006年第2期；邓文宽：《跋日本“杏雨书屋”藏三件敦煌历日》，黄正建主编：《中国社会科学院敦煌学回顾与前瞻学术研讨会论文集》，上海古籍出版社，2012，第153—155页；邓文宽：《两篇敦煌具注历日残文新考》，见《敦煌吐鲁番研究》第13卷，上海古籍出版社，2013，第197—201页；吐鲁番出土历日，现在可考的有《阚氏高昌永康十三年（478年）、十四年（479年）历日》《高昌延寿七年（630年）历日》《唐显庆三年（658年）历日》《唐仪凤四年（679年）历日》《唐永淳二年（683年）历日》《唐永淳三年（684年）历日》《唐神龙元年（705年）历日序》《开元八年（720年）历日》《明永乐五年丁亥岁（1407年）具注历日》等九件，还有Ch.1512、Ch.3330、Ch.3506、Ch/U.6377、U.284、Mainz.168、MIK Ⅲ 4938、MIK Ⅲ 6338等残片。参见邓文宽：《吐鲁番新出〈高昌延寿七年（630年）历日〉考》《跋吐鲁番文书中的两件唐历》《吐鲁番出土〈唐开元八年具注历〉释文补正》《吐鲁番出土〈明永乐五年丁亥岁（1407年）具注历日〉考》，见氏著《敦煌吐鲁番天文历法研究》，甘肃教育出版社，2002，第228—261页；荣新江主编：《吐鲁番文书总目（欧美收藏卷）》，武汉大学出版社，2007，第126页、第270页、第284页、第363页、第703页；荣新江、李肖、孟宪实主编：《新获吐鲁番出土文献》，中华书局，2008，第158—159页、第258—263页；荣新江、史睿主编：《吐鲁番出土文献散录》，中华书局，2021，第208—215页；刘子凡：《黄文弼所获〈唐神龙元年历日序〉研究》，《文津学志》第15辑，国家图书馆出版社，2021，第190—196页。

2 邓文宽：《敦煌文献中的天文历法》，《文史知识》1988年第8期；见氏著《敦煌吐鲁番天文历法研究》，第1—8页；《邓文宽敦煌天文历法考索》，上海古籍出版社，2010，第21—28页。

英国历史学家屈维廉说："恢复我们祖先的某些真实的思想和感受，是历史家所能完成的最艰巨、最微妙和最有教育意义的工作。"[1] 今天来看，历日中即使是"迷信"的内容，也值得学界进一步了解和探究，以便更为客观地接近中古时代民众"真实的思想和感受"，更为准确地透视中古社会的"知识、思想和信仰状况"。

一、中古历日的整体特征

第一，从形制来说，中古历日有简本历日和繁本具注历日之分。简本历日在形式上又有直读和横读的区分。前者如《阚氏高昌永康十三年（478年）、十四年（479年）历日》《北魏太平真君十一年（450年）、十二年（451年）历日》和《唐开成五年（840年）历日》，皆采用自右向左、从上至下的竖直书写和读法。简本横读历日见于《高昌延寿七年庚寅岁（630年）历日》，其编制形式与汉简历谱的编册方式相同[2]。繁本具注历日通常分栏书写，亦遵循自右向左、从上至下的竖直读法，一般有干支五行建除、弦望和社奠伏腊、节气和物候、逐日神煞和宜忌事项、漏刻、人神、日游、蜜日注等八栏。大略言之，简本更多呈现的是"纪日"特征，而繁本则展示的是"序事"功能。从简本历日到繁本具注历日的发展[3]，反映出中古历日历注要素的不断迭加与补充。与此相应，历日内容也随着历注要素的渐趋添加而变得愈来愈丰富。

第二，从写本学的角度来看，"朱墨分布，具注历星"是中古历日撰述的

1 何兆武主编，刘鑫等编译：《历史理论与史学理论：近现代西方史学著作选》，商务印书馆，1999，第632页。

2 柳洪亮：《新出麴氏高昌历书试析》，《西域研究》1993年第2期；邓文宽：《吐鲁番新出〈高昌延寿七年历日〉考》，《文物》1996年第2期。

3 陈昊指出，"历日"作为历书的自题名，唐代一直使用到唐武宗时期，自唐僖宗时期以后则使用"具注历日"。唐前期官方历日中已有吉凶宜忌的内容，全国范围内的历书形制基本统一，这种形制一直延续到敦煌吐蕃和归义军时期。参见陈昊《"历日"还是"具注历日"——敦煌吐鲁番历书名称与形制关系再讨论》，《历史研究》2007年第2期。

基本形制。事实上这种“朱墨分布”的特点是中古写本中比较常见的一种书写体式，因而在户籍、令式表（P.2504）、佛经、占卜文书、医籍等文献中经常能看到朱墨书写的使用。杏雨书屋藏羽40R《新修本草》残卷提到：“右朱书《神农本经》，墨书《名医别录》，新附者条下注言‘新附’，新条注称‘谨案’。”[1]可见，朱墨分书的体例对本草学著作的甄别提供了可靠的依据。敦煌具注历日中，“朱墨分布”的特点很大程度上体现在有关日期和事项的朱笔标注上。比如，历日中诸如九宫、岁首、岁末、蜜日、漏刻、日游、人神、人日、藉田、启源祭、祭川原、社、奠、祭风伯、祭雨师、初伏、中伏、后伏、腊等信息，俱有朱笔注记，而其他主体内容则多用墨笔写成。就功用而言，这些朱笔主要起着一种标识、警示、提醒和校勘作用。如果说岁首、岁末、蜜日、三伏日、腊日等的朱笔是出于“纪日”提醒的话，那么藉田、社、奠、风伯、雨师等的朱笔，更多的是基于“序事”的考虑。总括来说，历日中的这些朱笔注记起着一种“纪日序事”的功能。

第三，从材料来看，敦煌吐鲁番所出历日文献是探讨中古历日的主体资料，其中呈现的历日素材有中原、敦煌和吐鲁番三种类型，在文本载体上正处于写本向印本过渡的阶段。尤其是敦煌历日文献，除了敦煌当地的自编历日外，还有来自传抄中原历日的情况。以往学者注重从朔闰和月建大小两方面区分敦煌历与中原历的差异[2]，但似乎忽视了印本历日的特殊性。具体来说，S.P6《乾符四年具注历日》并非敦煌自编历书，而应是来自中原地区的历日。S.P10

1 ［日］武田科学振兴财团编集：《杏雨书屋藏敦煌秘笈》影片册一，はまや印刷株式会社，2009年影印本，第271页。

2 比如朔日，两者常有一至二日的差别。闰月也很少一致，敦煌历通常比中原历或早或晚一至二月。参见王重民：《敦煌本历日之研究》，《东方杂志》第34卷第9号，1937；见氏著《敦煌遗书论文集》，中华书局，1984，第116—133页；施萍亭：《敦煌历日研究》，敦煌文物研究所编：《1983年全国敦煌学术讨论会文集》文史遗书编上，甘肃人民出版社，1987，第305—366页；施萍婷：《敦煌习学集》，甘肃民族出版社，2004，第66—125页；邓文宽：《中原历、敦煌具注历日比较表》，《敦煌天文历法文献辑校》附录一，江苏古籍出版社，1996，第701—735页。

是剑南西川成都府樊赏家印本历日，S.P12是上都(长安）东市大刀家印本历日，这三件印本历日显然都属于中原历日。此外，我国发现的现存最早雕版印刷品——Дx.2880《唐大和八年甲寅岁（834年）历日》，“不大可能是在敦煌本土雕印的，似应由外地流入”[1]。写本历日中，S.612《大宋国太平兴国三年戊寅岁（978年）应天具注历日》题有“王文坦请司天台官本勘定大本历日”，可知亦为中原历日。以上S.P6、S.P10、S.P12和S.612四件中原历，以及归义军节度押衙守随军参谋翟奉达编撰的S.2404《同光二年甲申岁（924年）具注历日并序》，都有相应的配图，图文并茂，可谓是历日形制发展的一大亮点。比如S.P10中的“推男女九曜星图”[2]，S.P12中的“周公五鼓图”“八门占雷图”，S.P6配有“十二相属图”“十干得病鬼形图”“五姓安置门户井灶图”等数十幅，令人眼花缭乱，这或许是印本时代的产物。写本历日中，S.2404配有“葛仙公礼北斗图”“申生人猴相本命元神图”，S.612配有“十二元神真形各注吉凶图”，体现出浓厚的宗教文化背景。[3]至于其他写本历日，多配有年九宫和月九宫图，

葛仙公礼北斗图（S.2404）

申生人猴相本命元神图（S.2404）

---

1 邓文宽：《敦煌吐鲁番天文历法研究》，甘肃教育出版社，2002，第216—217页。

2 现存S.P10残历中并无配图，据残存文字“推男女九曜星图”推断，该历原本当有相应的插图。

3 赵贞：《敦煌文书中的“七星人命属法”释证——以P.2675 bis为中心》，《敦煌研究》2006年第2期。

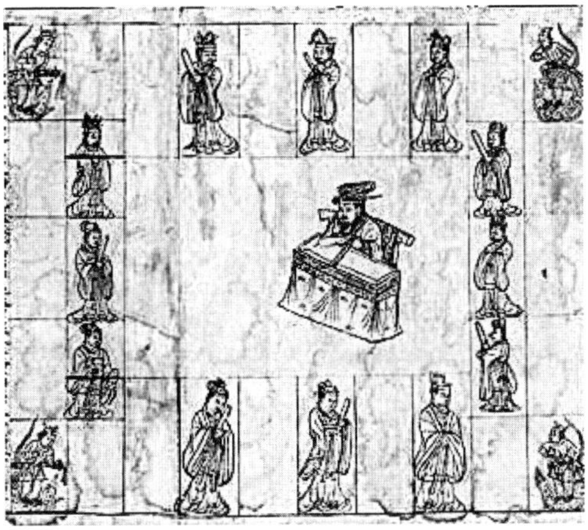

十二元神真形各注吉凶图（S.612）

姑且视为一种简单的图文对照形式。总之，图文之间的左右参照或上下呼应，使得中古历日呈现出更为丰富多彩的社会文化内容。

第四，就功用而言，中古历日除了“敬授民时”，指导农业生产，以及安排国家政务与传统祭礼的时间节奏外，还对官民百姓的日常生活有切实的指导作用。比如，天宝十三载（754年）交河郡长行坊的料供给，即以历日规定的每月日数为据，“为正月、二月历日未到，准小月支，后历日到，并大月，计两日料”。[1]交河郡地处边疆，距离长安5030里，[2]未能及时收到官方历日，故对大月、小月不甚了解情有可原。李益《书院无历日以诗代书问路侍御六月大小》[3]表明，人们对于每年大月、小月知识的认知，似乎主要依赖于历日的规定。一旦手中没有历日，官民往往普遍无所适从。乃至晚唐“僖宗入蜀”之际，蜀地民众即有“争月之大小尽”的纠纷[4]。白居易《十二月二十三日作兼呈晦叔》

1 唐长孺主编：《吐鲁番出土文书》［肆］，文物出版社，1996，第487页。

2 西州交河郡至长安的道路里程，《通典》记为“五千二（三）百六十五里”，《元和郡县图志》谓“五千三十里”，《旧唐书·地理志》作“五千五百一十六里”，《太平寰宇记》则为“五千三百六十七里”。本文即以《元和郡县图志》为据。有关唐宋地理志书所记西州至长安里程，严耕望曾制作表格予以辨析。参见严耕望：《唐代交通图考》第2卷《河陇碛西区》，北京联合出版公司，2021，第424页。

3（清）彭定求等编：《全唐诗》卷283，中华书局，1960，第3221页。

4（宋）王谠撰，周勋初校证：《唐语林校证》，中华书局，1987，第671页。

诗云："案头历日虽未尽，向后唯残六七行"[1]，说明每年岁末颁布的历日已是官员案头的必备之物。裴廷裕《东观奏记》载：

> 河东节度使刘瑑在内署日，上深器异。大中十一年，上手诏追之，令乘递赴阙。初无知者，瑑奏发太原，人方信之。既至，拜户部侍郎、判度支。十二月十七日，次对，上以御案历日付瑑，令于下旬择一吉日。瑑不谕旨，上曰："但择一拜官日即得。"瑑跪奏："二十五日甚佳。"上笑曰："此日命卿为相。"秘无知者。[2]

这则"择日拜官"的故事，适可与具注历中的加官、拜官、加冠、冠带等事项相契合。结合腊日皇帝赏赐大臣口脂、新历一轴的惯例，[3]可知历日仍是象征着官场中有司官员获得朝廷赏识、赢得帝王信任的物品，甚至还是天子御案的必备之物。当然，从形而下的层面来说，中古历日的社会功能，更多体现在对民众日常社会生活的规范与约束。诚如具注历日中的诸多宜忌事项，大致与民众的日常生活息息相关。比如出行、移徙，官禄方面的拜官、拜谒、见官[4]，婚姻中的结婚、嫁娶，丧葬中的葬埋、殡葬、斩草，教育中的入学、学问，医药中的治病、疗病、服药、经络，身体方面的洗头、剃头、沐浴、剪爪甲、除手足爪、除手甲、裁衣，仪式方面的祭祀、祭灶、升坛、解除、符镇、镇厌、解镇、厌胜，修造方面的修宅、造车、修车、修井灶、修碓磑、修垣，土建方面的起土、伐木、上梁、立柱、盖屋、筑城郭、培城郭，家务方面的扫舍、塞穴、作灶、安床、安床帐、和酒浆、破屋、坏屋舍、坏墙舍，生财方面的市

1（唐）白居易撰，顾学颉校点：《白居易集》卷 31，中华书局，1999，第 691 页。

2（唐）裴廷裕撰，田廷柱点校：《东观奏记》，中华书局，1994，第 105 页。

3 刘禹锡《为淮南杜相公谢赐历日面脂口脂表》云："臣某言：中使霍子璘至，奉宣圣旨，存问臣及将士、官吏、僧道、耆寿、百姓等，兼赐臣墨诏及贞元十七年新历一轴，腊日面脂、口脂、红雪、紫雪并金花银合二、金棱合二。"（宋）李昉等编：《文苑英华》卷 596，中华书局，1966，第 3093 页。

4 或可参照的是，秦简《日书》"入官良日"（甲本）、"入官"（乙本）的篇目，内中有"利入官""利以临官立政"（官吏执行政务）的良日记载，可见拜官、见官吉日的选择其实由来已久。参见［日］工藤元男：《睡虎地秦简所见秦代国家与社会》，［日］广濑熏雄、曹峰译，上海古籍出版社，2018，第 178—179 页。

买、入财、纳财、奴婢六畜，农事方面的种莳、藉田、通渠、通河口等，[1]几乎覆盖了民众生活的方方面面。仔细考虑，这些事项并未与国家的政治、礼法、军事、征伐、诉讼、刑狱等有任何关涉，[2]正说明历日中呈现的逐日吉凶宜忌，从根本上是为庶民大众的日常生活服务的。[3]

二、中古历日的形成过程

如果从“长时段”的视角来看，中古历日的形成及历注要素的丰富，经历了术数文化的渐次迭加和有关知识的“层累”过程。随州孔家坡汉墓竹简所见的汉景帝后元二年（前 142 年）历日，以 60 支简排历，册首从右至左横排六十干支用以纪日，起于“乙亥”，终于“甲戌”。纪日干支之下自上往下依次分为六栏，各栏从右往左，并自上往下转栏排列全年月份并注明月大小，起于“十月”，至于“九月”。同时注有节气（立春、夏至、冬至）、初伏、中初（伏）、腊、出种等事项。[4]该历以十月为岁首，九月为岁末，应是以秦颛顼历为据而编排的历日。降至两汉，历谱的内容可分为两部分：一部分为朔闰、月大小及八节伏腊，一部分为有关日之吉凶、禁忌的建除、反支、血忌、八魁、归忌等事，“乃是占家所用”[5]。1997 年吐鲁番洋海 1 号墓出土的《阚氏高昌永康十三

1 选择活动的分类，参考了［法］华澜《略论敦煌历书的社会与宗教背景》一文，见《敦煌与丝路学术文化讲座》第 1 辑，北京图书馆出版社，2003，第 175—191 页。

2 南宋宝祐四年丙辰岁（1256 年）会天万年具注历中，宜忌事项中有训练军旅、阅武训兵、举兵攻伐、出军讨伐、训教师旅、出兵攻伐、临政视事等内容，说明这部官修历日对于当时的军国大事具有一定的指导作用。参见（宋）荆执礼撰：《宝祐四年会天历》，（清）阮元编：《宛委别藏》第 68 册，江苏古籍出版社，1988，第 1—54 页。

3 较为典型的是，S.6886v《宋太平兴国七年辛巳岁（981 年）具注历日并序》有 20 多条“洗”字的注记，应是该年洗头吉日的标注。此外，此历还有“马平水身亡”（六月廿六）、“开七了”（七月三日）、“二七”（七月十日）、“三七”（七月十七日）、“四七”（七月廿四）、“五七”（八月一日）、“六七”（八月八日）、“七七”（八月十五）、“百日”（十月七日）的注记，这是出于祭奠、超度逝者（马平水）的考虑，故而对七七斋、百日斋的时间依次作了特别标注。历日对民众日常社会生活的影响，由此可见一斑。

4 湖北省文物考古研究所、随州市考古队编：《随州孔家坡汉墓简牍》，文物出版社，2006，第 35 页、第 117—122 页、第 191—194 页。

5 陈梦家：《汉简缀述》，中华书局，1980，第 239 页。

年（478 年）、十四年（479 年）历日》保存了永康十三年十一月、十二月和永康十四年正月共计三月的历日，每月按天干（甲、乙、丙、丁、戊、己、庚、辛、壬、癸）分成三列十行，天干字体较大，书写一次，每一天干下有三列干支纪日，且与建除十二客配合，依次排列，中间有小寒、大寒节气的注记[1]。同墓出土的古写本《甲子推杂吉日法》曰[2]：

1 移徙，甲寅、乙卯、丙寅大吉。祠祀，甲申、丙申大吉。

2 □□，戊申、庚申、丙申大吉。祀灶，己丑、辛丑、丁丑大吉。

3 [　　　　　]庚子、辛丑、乙丑大吉。治舍盖屋，壬子、丙戌、庚子大吉。

4 [　　　　　]□卯、庚申、辛卯大吉。治碓磨，丙申、丁酉、水卯大吉。

5 [　　　　　]□辛巳、丁巳、乙巳大吉。裁衣，乙[卯]、□□、□卯大吉。

6 [　　　　　][奴]婢，戊寅、丁卯吉。[　　　　]

7 [　　　　　]辛未、水未吉。[　　　　]

（余白）

陈昊通过对此件择吉文书和上件历日的字迹比定，"尤其是从其中多次出现的干支文字如甲、乙、丑、卯、辛、戌等写法的相同性来看，可以肯定这是同一个人的笔迹，但不能肯定是同一文书。"[3] 或可注意的是，第 4 行"水卯"、第 7 行"水未"，对应的干支是"癸卯""癸未"，这显然是为避"癸""珪"讳而改，此种情况在北魏太平真君十一年（450 年）、十二年（451 年）历日和

1 荣新江、李肖、孟宪实主编：《新获吐鲁番出土文献》，中华书局，2008，第 158—159 页；田可：《吐鲁番洋海 1 号墓阚氏高昌永康历日再探》，《西域研究》2021 年第 4 期。

2 荣新江、李肖、孟宪实主编：《新获吐鲁番出土文献》，第 160—161 页。

3 陈昊：《吐鲁番洋海 1 号墓出土文书年代考释》，见《敦煌吐鲁番研究》第 10 卷，上海古籍出版社，2007，第 11—20 页。

S.613《西魏大统十三年（547年）计帐》中亦有反映[1]。但问题是，既然两件时代大致相近的文书是同一笔迹，为何在历日中仍用“癸”字而没有避讳？陈昊推测“历书与选择文书确实是配合使用”，且考虑到移徙、祠祀、治碓磨、裁衣等事项全部见于敦煌吐鲁番历日，“因此说它是后来历注的渊源，应该不错”。[2]这为我们理解中古历日中逐日吉凶宜忌的形成提供了很好的启示。

仔细剖析，历日的核心要素是甲子纪日，在此基础上，不断添加五行、建除、神煞等术数元素，使得甲子纪日（或干支纪日）被赋予了一定的吉凶涵义。生活在社会中的人们，总是在一定的时间内从事生产和社会交往活动，由于甲子纪日已然具有特定的吉凶宜忌内涵，因而人们的日常生活自然也与时日宜忌联系起来。事实上，敦煌本《六十甲子历》即是一部以干支纪日为据进行各类事项推卜的占书，每一干支都有适宜人们日常生活的具体事项：

庚子，义日，入官、□□□□□百事大吉。

辛丑，保日，入官、亲（视）事、移徙、嫁娶、祠祀、冠带、市买、内六畜、起土、立屋、盖屋，吉。

壬寅，保日，入官、亲（视）事、移徙、嫁娶、祠祀、冠带、市买、内六畜、起屋，并吉。

癸卯，保日，入官、亲（视）事、移徙、嫁娶、祠祀、冠带、市买、六畜、起土、立屋，吉利。

乙巳，入官、亲（视）事、移徙、嫁娶、祠祀、冠带、宜市买、内六畜、起土、作屋，并吉。

丙午，专日，入官、移徙、嫁娶、立屋，吉。

丁未，保日，入官、亲（视）事、移徙、嫁娶、祠祀、所冠、带宝、

1 邓文宽：《敦煌古历丛识》，《敦煌学辑刊》1989年第2期；见氏著《敦煌吐鲁番天文历法研究》，第105—122页；《邓文宽敦煌天文历法考索》，第121—136页。

2 陈昊：《吐鲁番洋海1号墓出土文书年代考释》，见《敦煌吐鲁番研究》第10卷，第11—20页。

内六畜、起土，玄武盖乃至，皆大吉。

戊申，保日，入官、视事，吉。

己酉，入官、视事，吉。

庚戌，义日，入官、视事、祠祀、内六畜、移徙、嫁娶，百事大吉利。

辛亥，保日，入官、新（视）事、移徙、嫁娶、祠祀、冠带、市买、内六畜、起土、立屋、盖屋，富，吉。

癸丑，保日，入官、亲(视）事、嫁娶、祠祀、立屋、出行，百事吉。

甲寅，专日，入官、亲（视）事、移徙，皆吉。

乙卯，入官、亲(视）事、移徙、立屋、嫁娶、祠祀，所有行皆吉利。

丙辰，保日，入官、亲（视）事、移徙、立屋、嫁娶、祠祀、冠带、市买、纳六畜、起土、盖屋，吉利。

戊午，义日，入官、亲（视）事、祠祀、纳六畜、移徙、嫁娶，百事吉。

己未，专日，入官、亲（视）事、移徙，吉。

乙酉，义日，入官、亲（视）事、祠祀、移徙、嫁娶、老（修）宅，百事凶。

丙戌，制日，入官、亲（视）事不吉，嫁娶、内六畜奴婢、出行吉，受寿为凶。[1]

理论上干支纪日共有六十条，但现存《六十甲子历》并不完整，多数干支的占卜意象已残缺不全。不难看出，六十甲子按照其性质可分为义日、保日、专日、制日、困日五类，每类有十二干支，皆有适宜从事的事项，其中除了“视事”略显生疏外，其他事项均见于敦煌具注历日中。吐鲁番洋海出土的高

1 关长龙：《敦煌本数术文献辑校》，中华书局，2019，第3—48页。

昌早期写本《易杂占》载：

1 义日：甲子、丙寅、己巳、辛未、壬申、______□、庚辰、□□______

2 ______□□□凡此日为义日。义日可以□□□□□

3 ______来，贾市，入室、娶妇、祠

4 ______事，为吉也。

5 保日：丁丑、丙戌、甲午、庚子、□（壬）寅、水卯、乙巳、丁未、戊申、己酉、辛

6 亥、丙辰，凡此日为保日。保日可以种树、筑室、盖屋、娶妇、祠祀、冠

7 带、入官、入舍、行来、贾市、取陪，所为皆吉。

8 制日：乙丑、甲辰、壬午、戊子、庚寅、辛卯、水巳、乙未、丙申、丁酉、己亥、

9 甲戌，凡此日为制日。制日可以为吏、临官、立政、入室、妻

10 娶、饮食、谒请、谋事、行作、贾市、徙居，吉。内寄者去，凶。

11 困日：庚午、丙子、戊寅、辛巳、己卯、水未、甲申、乙酉、丁亥、水丑、□（壬）

12 戌、壬辰，凡此日为困日。困日不可举百事，忧己有福，不卑有过，□吉。

13 专日：戊辰、戊戌、丙午、壬子、甲寅、乙卯、丁巳、己未、庚申、辛酉、水亥、

14 己丑，凡此日为专日。专日不可内财及责，祠祀、嫁娶、入官、室

15 奴婢、六畜、行作、谋事、见贵人、请谒皆可，吉。不可分异，凶。

16 义、保、制、困、专：子生母曰义，母生子曰保，母

17 胜子曰制，子胜母曰困，子母相生曰专。[1]

显而易见，六十甲子纪日根据五行的相生、相胜原理，分为义、保、制、困、专五类，每类统涵十二干支。义日的干支有残缺，余欣、陈昊复原为甲子、丙寅、己巳、辛未、壬申、丁卯、癸酉、乙亥、庚辰、辛丑、庚戌、戊午，大致可以信从。但与敦煌本《六十甲子历》对照，还是略有差异[2]。但不管怎样，这种对于六十甲子性质的划分，为吉凶事项的选择提供了一种依据。义日、保日、制日的“可以”事宜和困日、专日的“不可”事项，与《六十甲子历》中的诸多事项一样，大多见于敦煌吐鲁番历日文献的逐日宜忌活动中，这说明具注历日的编撰，一定程度上汲取了《六十甲子历》的有关内容。

当然，中古历日的内容比较复杂，除了逐日宜忌事项外，还有很多历注内容都是渐次迭加和渗透的。《唐六典》提到历注的六种要素，即大会、小会、杂会、岁会、除建和人神，大致是官颁历注的内容。但实际上，中古历日的历注要素总体来说由简单到到繁芜，由单一到多元，随着时代的演进越来越复杂。除了传统的五行、建除等对干支日期有所限定外，还有来自年神、月神、日神等不同系统的神煞，都对有关干支纪日施加影响。不仅如此，一些术数文化或阴阳占卜知识也不断向历日渗透，并最终被编入历日文本中。比如九宫、五姓十二生肖、五姓阴阳、吕才嫁娶图、周堂用日图，甚至失物占、出行占、发病书等，仍能明显地看到占卜文书的痕迹。与此同时，医药系统的人神、日游，以及民俗系统的十二生肖和信仰系统的“本命元神”等（S.612），都不同程度地渗入具注历日中，由此进一步对人们的日常社会生活予以规范。

---

1 荣新江、李肖、孟宪实主编：《新获吐鲁番出土文献》，第152—153页；余欣、陈昊：《吐鲁番洋海出土高昌早期〈易杂占〉考释》，见《敦煌吐鲁番研究》第10卷，第57—84页。

2 比如庚子、乙酉，敦煌本《六十甲子历》均为义日，而《易杂占》分别归属为保日和困日。

三、中古历日的定位与影响

中古历日在中国古代历日文化中究竟占据何种地位，其对后世历日(历书)有何深远影响？从文本载体来说，中古历日正处于从写本时代向印本历日、刻本历书发展的过渡阶段，因而在中国古代的历日文化中具有承前启后的转折意义。

中古历日的八栏书写格式，或者说八项内容（干支纳音、建除，弦、望、社、伏、腊等注记，节气物候，昼夜漏刻，逐日吉凶注，人神，日游，蜜日注等）[1]，奠定了后世历日的基本形制。

1. 以历注而论，卦气和二十八宿注历是中古历日发展中出现的“新生事物”。尽管卦气的标注，目前仅见于BD16365的“辟夬”“侯大有内”和S.3454中的“中孚”“复”“未济”。但这些“卦气”作为一种历注要素的新生事物，对于后世历日有显著影响。比如俄藏黑水城历日残片中，多有“卦气”的标识。最具典型性的是，Инв.No.5469《西夏光定元年辛未岁（1211年）具注历日》注有“侯归妹内”“侯归妹外”“大夫无妄”“卿明夷”“公困”等5个卦象[2]。当然，全年历日“卦气”的标注情况，以南宋《宝祐四年丙辰岁（1256年）具注历》最为完整。

二十八宿注历，中古历日中目前仅见于S.2404、BD16365、MIK Ⅲ 4938和MIK Ⅲ 6338四件写本。S.2404仅注有“虚”“室”二宿，中间遗漏了“危”宿。BD16365中A、B两片共注有十二宿，分别是壁、奎、娄、胃、昴、参、井、鬼、柳、星、张、翼宿，中间“毕”“觜”二宿已残，尽管如此，BD16365仍是现知中古写本中唯一连续标注二十八宿的具注历日，也是出土文献中二十八

---

1 荣新江：《敦煌学十八讲》，北京大学出版社，2001，第295页。

2 俄罗斯科学院东方研究所圣彼得堡分所等编：《俄藏黑水城文献》第6册，上海古籍出版社，2000，第316—318页。

宿连续注历的最早历日实物[1]。MIK Ⅲ 4938 残存东方七宿中角、亢、氐、房四宿以及南方七宿中轸宿的星神像与星图，唯星图残缺严重。MIK Ⅲ 6338 存有轸、角、亢、氐、房、心、尾七宿，各宿均有星图和星神像；另十二宫中残存双女宫、天秤宫和天蝎宫图像[2]。此后，出土历日文献中，黑水城所出 X37《宋绍圣元年（1094 年）具注历》[3]、TK297《西夏乾祐十三年壬寅岁（1182 年）具注历日》[4]、Инв.No.5229《西夏光定元年辛未岁（1211 年）具注历日》[5]、Инв.No.5285《西夏光定元年辛未岁（1211 年）具注历日》[6]、Инв.No.5306《西夏光定元年辛未岁（1211 年）具注历日》[7]、Инв.No.5469《西夏光定元年辛未岁（1211 年）具注历日》[8]、Инв.No.8117《西夏光定元年辛未岁（1211 年）具注历日》[9]、Инв.No.2546《具注历日》[10]、Дх.19001+Дх.19003《具注历日》[11]、M1·1291 [F13:W87]《元刻本至正十七年（1357 年）授时历残片》[12]、Ch.3506《明永乐五年丁亥岁（1407 年）具注历日》等[13]，俱有二十八宿注历的内容。传世历日则以《宋宝祐四年丙辰岁（1256 年）具注历》为始，二十八宿注历遂成为此后

1 赵贞：《国家图书馆藏 BD16365〈具注历日〉研究》，《敦煌研究》2019 年第 5 期。

2 [法] 华澜：《简论中国古代历日中的廿八宿注历——以敦煌具注历日为中心》，《敦煌吐鲁番研究》第 7 卷，中华书局，2004，第 410—421 页；荣新江、史睿主编：《吐鲁番出土文献散录》，中华书局，2021，第 211—213 页。

3《俄藏黑水城文献》第 6 册，第 328 页。

4 俄罗斯科学院东方研究所圣彼得堡分所等编：《俄藏黑水城文献》第 4 册，上海古籍出版社，1997，第 385—386 页。

5《俄藏黑水城文献》第 6 册，第 315 页。

6《俄藏黑水城文献》第 6 册，第 315 页。

7《俄藏黑水城文献》第 6 册，第 316 页。

8《俄藏黑水城文献》第 6 册，第 316—318 页。

9《俄藏黑水城文献》第 6 册，第 326 页。

10《俄藏黑水城文献》第 6 册，第 300 页。

11 俄罗斯科学院东方研究所圣彼得堡分所等编：《俄藏敦煌文献》第 17 册，上海古籍出版社，2001，第 313—314 页。

12 塔拉、杜建录、高国祥主编：《中国藏黑水城汉文文献》第 8 册，国家图书馆出版社，2008，第 1610 页。

13 邓文宽：《吐鲁番出土〈明永乐五年丁亥岁（1407 年）具注历日〉考》，《敦煌吐鲁番研究》第 5 卷，北京大学出版社，2001，第 263—268 页；荣新江、史睿主编：《吐鲁番出土文献散录》，中华书局，2021，第 214—215 页。

历日一以贯之的基本法则，自然明清历书也不例外。

2. 以神煞而论，见于中古历日的有年神、月神和日神之分。比如年神，有岁德、太岁、岁破、大将军、奏书、博士、力士、蚕室、蚕官、蚕命、丧门、太阴、官符、白虎、黄幡、豹尾、病符、死符、劫杀、灾杀、岁杀、伏兵、岁刑、大杀、飞廉、害气、三公、九卿、九卿食客、畜官、发盗、天皇、地皇、人皇、丧门、生符、王符、五鬼等名目；月神有天德、月德、合德、月厌、月煞、月破、月刑和月空[1]；至于日神，见于《历序》的约有 50 多种，如天恩、母仓、天赦、天李、地李、天罡、河魁、地囊、往亡、归忌、血忌、章光、九丑、九焦、九坎、八魁、月虚、反击等。这些神煞从不同的层面对年、月、日等时间要素予以规范，赋予一定的吉凶意义，提醒人们在实际的生活中趋吉避凶。尽管今天看来，这些神煞俱是毫无根据的迷信俗忌，但在中国古代确有相当顽固的生命力，以致在明清时期的历书中仍能看到这些纷繁复杂的神煞名称。

3. 以选择活动而论，前举中古历日的诸多事项，如官禄、身体、仪式、婚姻、丧葬、医疗、修造、土建、教育、农事、出行、家务、生财等有关活动，大致均见于后世历日。不过，历日的发展也是与时俱进，有时也会根据实际的社会需要和时势变化增添相应的宜忌事项。比如在俄藏黑水城历日文献和南宋宝祐四年具注历日中，也会看到一些反映军国、时政的活动。如训习戎师、讨击□战、开拓疆境、攻击城池、兴发土工、训卒练兵、兴发军师、攻讨城寨等，这些事项固然与敦煌历日较多关涉民众生活的视角有所不同，但论其时日宜忌的基本结构，实质上仍是脱胎于中古历日的。

中国古代的历日，发展至中古时代，其内容和形制基本定型。尤其是诸多术数元素一旦进入中古历日，就成为繁本历日的必要组成部分，此后在历日文

1 邓文宽：《敦煌天文历法文献辑校》附录二《年神方位表》、附录三《月神方位日期表》，江苏古籍出版社，1996，第 736—738 页。

化中被固定下来。比如九宫，东汉徐岳《数术记遗》已有“九宫算，五行参数，犹如循环”的认识。北朝数学家甄鸾解释说，“九宫者，即二四为肩，六八为足，左三右七，戴九履一，五居中央。五行参数者，设位之法依五行已注于上是也。”[1] 至唐代，九宫始以颜色来代替，即一白、二黑、三碧、四绿、五黄、六白、七赤、八白、九紫，并被编入历日中，且有年九宫、月九宫和日九宫的区分，后世历日遂相沿袭，无有停绝。又如五姓学说和宅经，尽管贞观中太常博士吕才曾极力批判，但历家还是将五姓宅经知识予以简化，进而以“五姓修造”的形式编入历日中。在此基础上，延伸出“五姓利年月法”“五姓种莳法”“五姓祭祀神在吉日”之类的条目，甚至在吐蕃时期敦煌自编的历日中仍然强调“一一审自祥（详）察，看五姓行下”。[2] 又如婚嫁书和周堂用日图，作为民间合婚、婚嫁推占的需要被移入历日中（S.P6）。至于“人神”和“日游”，则是针灸和妇女生产禁忌的凝练，同样被嫁接到历日文本中，进而作为一种简单易行的医疗文化知识，为庶民大众的求医问药提供参考。总之，诸如九宫、五姓学说、占婚书和人神等，作为中古历日文化的组成部分，由于能够契合民众择吉、医疗的需求，因而具有相当的稳定性和延续性，后世历书也大多因袭了这些历日要素，这在明代大统历和清时宪书中都有明确反映。

应当看到，中国古代历日的发展也是与时代的演进同步并行的，历日的内容也会随着时势的发展而相应有所调整。比如南宋宝祐四年具注历，不仅增加了宋代国忌（帝后忌日）的注记，而且其神煞和选择事项也有些许补充，凸显了这一时期历日对于朝廷军国时政的指导作用。随着科技的进步和天文历法之学的发展，明大统历和清时宪书将二十四节气加时辰刻的推算移至历首，而将吉凶推占的若干历注（如逐日人神、日游、嫁娶周堂图、五姓修宅、洗头日、

1（汉）徐岳撰，（北周）甄鸾注：《数术记遗》，《景印文渊阁四库全书》第797册，台湾商务印书馆，1986，第168页。

2 上海古籍出版社等编：《法藏敦煌西域文献》第18册，上海古籍出版社，2001，第129—131页；邓文宽：《敦煌天文历法文献辑校》，第140—153页。

太岁已下神殺出游日等）移至历尾[1]，方便民众随时参照和查询。这些形式上的调整和内容上的变化，万变不离其宗，始终是根植于中古历日的。从这个意义来说，中古历日的内容和形制，基本奠定了后世历日（历书）的框架和格式，因而在中国古代历日文化中占有十分重要的地位。

1 参见《大明成化十六年（1480 年）岁次庚子大统历》，见北京图书馆出版社古籍影印室编：《国家图书馆藏明代大统历日汇编》第 1 册，北京图书馆出版社，2007，第 385—416 页。

附　录
归义军时期阴阳术数典籍的传抄与占卜实践

近20年来，敦煌术数文献作为敦煌遗书的“最后一块宝藏”受到了学界的高度重视。特别是黄正建《敦煌占卜文书与唐五代占卜研究》[1]、马克主编《中世纪中国的占卜与社会——法国国家图书馆与大英图书馆所藏敦煌写本研究》[2]两书的出版，掀起了敦煌占卜文书研究的热潮。最具代表性的是兰州大学敦煌学研究所推出的一系列分类整理与校录成果，涉及梦书、相书、宅经、葬书、五兆卜法、葬书、禄命书、发病书、乌鸣占等方面[3]，是开掘唐宋时期敦煌民众知识、思想和信仰状况的重要材料[4]。在此基础上，关长龙结合此前研究堪舆文书的经验[5]，对敦煌占卜文书作了全面、系统的整理，并兼及历日、符箓和星神

1 黄正建：《敦煌占卜书与唐五代占卜研究》（增订版），中国社会科学出版社，2014年。

2 Marc Kalinowsk，*Divination et société dans la Chine médiévale. Etudedes manuscripts de Dunhuang de La Bibliothèdquenationale de France et du British Museum*，Bibliothèque nationale de France，2003.

3 郑炳林、羊萍：《敦煌本梦书》，甘肃文化出版社，1995；郑炳林：《敦煌写本解梦书校录研究》，民族出版社，2004；郑炳林、王晶波：《敦煌写本相书校录研究》，民族出版社，2004；陈于柱：《敦煌写本宅经校录研究》，民族出版社，2007；金身佳：《敦煌写本宅经葬书校注》，民族出版社，2007；王晶波：《敦煌写本相书研究》，民族出版社，2010；王祥伟：《敦煌五兆卜法文献校录研究》，民族出版社，2011；陈于柱：《区域社会史视野下的敦煌禄命书研究》，民族出版社，2012；王晶波：《敦煌占卜文献与社会生活》，甘肃教育出版社，2013；郑炳林、陈于柱：《敦煌占卜文献叙录》，兰州大学出版社，2014；房继荣：《敦煌本乌鸣占文献研究》，甘肃人民出版社，2016；陈于柱：《敦煌吐鲁番出土发病书整理研究》，科学出版社，2016。

4 余欣利用占卜文书进行民生宗教社会史的建构，已有成功的范例。参见氏著《神道人心：唐宋之际敦煌民生宗教社会史研究》，中华书局，2006。

5 关长龙：《敦煌本堪舆文书研究》，中华书局，2013。

画像资料，最终凝结为《敦煌本数术文献辑校》[1]一书，堪称敦煌占卜文书整理与校注的集大成之作，为学界充分了解这批阴阳术数文献的原貌与性质提供了很大方便。然而，与文本整理的诸多成果相比，学界对于占卜文书的研究总体来看并不充分。比如这批占卜文书蕴涵的有关“知识和技术”，是否仅限于学理层面的文本传抄，还是确有一定的实践指导意义？换言之，这批数量颇丰的阴阳术数典籍对于敦煌民众的社会生活究竟有何实际层面的影响？对于这些问题的追索与检讨，此前学界并没有很好的呼应与关照。本文在梳理归义军时期阴阳术数典籍传抄的基础上，结合敦煌民众的社会生活，尝试对阴阳典籍的社会文化价值略作讨论。

一、归义军时期阴阳术数典籍的传抄与整理

据黄正建统计，现存敦煌占卜文书有280件左右，其数量超过了“儒典”文献[2]。尽管大部分占卜文书没有题记，时代不详，但从有确切纪年及依据正背关系而推定年代的写本来看，这批阴阳术数文献大多抄写于归义军时期，也说明“检吉定凶”的占卜行为在归义军时期颇为流行。按照关长龙的理解，历日文献似亦可纳入“数术”之列，由此阴阳术数文献的数量更为可观。这批数量颇丰的术数文献不仅是建构敦煌民众日常社会生活的重要素材，而且与阴阳术数元素相关的“知识和技术”无疑也是归义军时期敦煌文化的重要组成部分。

结合学界的研究成果，笔者初步汇总了阴阳典籍中可以考定年代的38

---

1 关长龙辑校：《敦煌本数术文献辑校》，中华书局，2019年。

2 黄正建指出，现存占卜文书大约有318件，包括重复统计的约40件，“因此严格地说，现存敦煌占卜文书应该只有280件左右”。又据王晶波统计，敦煌占卜文献的卷号为366号，经过拼接缀合与内容区分，可形成264件，“如将一个写卷或写本抄写几种不同的占卜文献都算作一件，那么抄写有占卜文献的写卷或写本的数量是193件”。参见黄正建：《敦煌占卜文书与唐五代占卜研究》（增订版），中国社会科学出版社，2014，第2—3页；王晶波：《敦煌占卜文献与社会生活》，甘肃教育出版社，2013，第5页。

个卷号[1]，内容涉及卜法、占候、式占、易占、梦书、相书、禄命、宅经、葬书、乌鸣占、杂占（占疾病、占婚嫁、占失物、占怪）、符咒等类别，基本上涵盖了敦煌占卜文书的主要内容。除了 S.2729v 和 P.2797 属于吐蕃时期外，其它 36 个卷号均抄于归义军时期。不难看出，这一时期阴阳术数典籍在沙州的广泛传抄与普遍流行，它们对于敦煌民众社会生活的影响之大也就不难理解了。

归义军时期，阴阳典籍的传抄以咸通年间（860—874 年）最为集中，诸多术数文献如《易三备》《六壬式》《发病书》《解梦书》《五姓宅经》《甲子历》《天文符》《乌鸣占》《占卜手决》等，在咸通中俱有传抄。颇具典型性的是 P.2675v《阴阳书》，该件抄于咸通二年（861 年）十二月，系归义军衙前通引并通事舍人范子盈、阴阳氾景询二人所抄，大体涉及年人神、日人神、十二日人神、十二时人神等内容。该件正面题“新集备急灸经一卷，京中李家于东市印”，可知应是范子盈、氾景询二人依据长安城东市李家铺子印行的《灸经》而抄写的。《灸经》序云：“今略诸家灸法，用济不愈，兼及年、月、日等人神，并诸家杂忌，用之请审详，神验无比。”[2] 说明这部《灸经》汇集了当时简易可行的灸法医方和“诸家杂忌”，使用起来效果良好，“神验无比”。另一方面，P.2675v《阴阳书》所抄的年人神、日人神、十二日人神等内容，恰为《灸经》序言提到的“年、月、日等人神”及诸家灸法、杂忌，这表明 P.2675v《阴阳书》或为正面《新集备急灸经》的有益补充，或为《灸经》的有机组成部分[3]。如果考虑到“新集”二字又见于张氏归义军前期编撰的《新集文词九经钞》《新集吉凶书仪》等作品中，那么 P.2675《新集备急灸经》的成书同样反映了张氏归义军汇集、新编诸多文化典籍的背景。正如郑炳林

1 有时写卷的正背两面可能抄录不同的占卜文书，但统计时仍计为一个卷号。

2 上海古籍出版社等编：《法国国家图书馆藏敦煌西域文献》第 17 册，上海古籍出版社，2001，第 195 页。

3 P.2675v《阴阳书》，马继兴定名为《新集备急灸经》（乙本），指出其文字与甲本残文基本相同，但个别文字略多于前者。参见马继兴等：《敦煌医药文献辑校》，江苏古籍出版社，1998，第 524 页。

所说，归义军收复敦煌后，在文化事业上面临的最大问题是典籍匮乏，中原传来的既不能满足当地需要，又与当地风俗习惯存在着一定差异。同时为了教授生徒，当时敦煌文士中出现了一股编书热。一种冠以“新集”，一种加以“略出”[1]。当时署名“新集”的典籍还有《新集天下姓望氏族谱》《新集文词教林》《新集杂别纸》《新集书仪》《新集严父教》《新集周公解梦书》等，凸显了沙州归义军在图书编纂和恢弘文教方面取得的重要成果。从这个意义来说，《新集备急灸经》即为咸通二年（861 年）张氏归义军整理、编纂医药典籍的产物。

鉴于 P.2675《新集备急灸经》兼有医药和术数的双重属性，因而可以认为张氏归义军在咸通年间整编文化典籍的同时，也带动了阴阳术数典籍的传抄与整理，这或许可以解释咸通时代阴阳术数书籍较前何以广为流布与传抄。P.4667c（Pt.2207v）《数术书目登记簿》云：

1 咸通六年七月五日分付庆庆：《冢图经》一卷。《破葬决》一卷。《明堂》一卷。

2《式决》一卷。借《神符本》一卷，含禄命，付了。《宅经》一卷，在高师。

3 文书目录在《式决》背。[2]

这里“分付”庆庆的不论是归义军官方、寺院还是其他民众，本件文书无疑都是咸通年间沙州地区阴阳术数典籍管理若干实况的反映。“庆庆”即为具体的书籍管理者。第 3 行“文书目录在《式决》背”，说明阴阳典籍的管理也有统一的登记和编目流程。在这些书目中，《冢图经》和《破葬决》属于葬书。

---

1 郑炳林、羊萍：《敦煌本梦书》，甘肃文化出版社，1995，第 247 页。

2 图版参见 IDP，录文参见关长龙：《敦煌本数术文献辑校》，第 1421 页。

《明堂》为医学针灸典籍[1]。《式决》为《式法手决》，性质或与 P.2632《手决一卷》类似。《神符本》“含禄命”，推测当是杂有符图和禄命内容的书籍。显而易见，这些阴阳典籍统一交由“庆庆”保管。另外，还有一卷《宅经》“在高师”，说明这卷《宅经》尚在一位高姓的阴阳师（或风水先生）手中，透露出高姓阴阳先生借阅、研读《宅经》的细节。联系同卷中抄有《益算经》《阴阳五姓宅经》《符篆》《天文符》等阴阳知识的情况，同时比照抄于咸通八年（867年）左右的 P.3281《阴阳五姓宅经》、P.3281《周公解梦书》和 P.3685+P.3281《六十甲子历》，不难看出，咸通年间张氏归义军在阴阳术数典籍的传抄方面成效显著，篇目明晰，一定程度上促进了敦煌社会阴阳术数知识的传递与流播。与此相应，P.4667 较为客观地反映了归义军在阴阳书籍传抄方面的些许成果，某种程度上也揭示了敦煌社会在阴阳术数典籍管理中有关登记、编目与保管的实际情况。

张氏归义军对阴阳术数典籍的整理，最为明确的记载见于乾宁三年（896年）。S.2263《葬录卷上并序》云：

> 忽遇我归义军节度使，蓝（览）观前事，意有慨焉。厶今集诸家诸善，册（删）除淫秽，亦有往年层（曾）学，昔岁不问，所录者多取汉丞相方朔之要言，所阙者与事理如唱之七十二条，勒成一部，上中下与（以）为三卷。事无不尽，理无不穷，后诸达解者，但依行用，得真无假。于时大唐乾宁三年五月　日　下记。[2]

1《明堂》为医学经脉、针灸类典籍。《隋书》卷 34《经籍志三》“医方”类收录的“明堂”著作有：《明堂孔穴》五卷，《明堂孔穴图》三卷，《明堂孔穴图》三卷（梁有《偃侧图》八卷，又《偃侧图》二卷），《神农明堂图》一卷，《黄帝明堂偃人图》十二卷，《明堂虾蟆图》一卷，《黄帝十二经脉明堂五脏人图》一卷（中华书局，1973，第 1040 页、第 1047 页）。《旧唐书》卷 47《经籍志下》收录“明堂经脉二十六家，凡一百七十三卷”，其中冠有“明堂”的书籍有：《黄帝明堂经》三卷，《明堂图》三卷，秦承祖撰。《黄帝内经明堂》十三卷，《黄帝十二经脉明堂五藏图》一卷，《黄帝十二经明堂偃侧人图》十二卷，《黄帝明堂》三卷，《黄帝内经明堂类成》十三卷，杨上善撰。《黄帝明堂经》三卷，杨玄孙撰注（中华书局，1975，第 2046—2047 页）。

2 郝春文等编著：《英藏敦煌社会历史文献释录》第 11 卷，社会科学文献出版社，2014，第 398—399 页；关长龙：《敦煌本数术文献辑校》，第 859—860 页。

此次主持阴阳术数典籍（《葬书》）整理的是张忠贤，官署“归义军节度押衙兼参谋守州学博仕（士）将仕郎”。张忠贤是张承奉时期久负盛名的历日学者，P.4996+P.3476《唐景福二年岁丑岁（893 年）具注历日》尾题“吕定德写，忠贤校了”，即为张忠贤编校历日的记录。P.4640v《归义军布纸破用历》记载，己未年（899 年）十一月廿七日，“支与押衙张忠贤造历日细纸叁帖”，表明庚申年（900 年）历日也是由押衙张忠贤主持编造的。然不幸的是，张忠贤在 900 年去世，归义军的历日编撰工作始交由押衙邓音三负责。大概由于张忠贤多年来一直主持归义军的历日编纂事务，在阴阳术数方面无疑有较为深厚的造诣，加之深受节度使张承奉的信任，故而受命主持阴阳术数典籍的整理工作。

张忠贤整理阴阳典籍的目的，《葬录序》提到“货路（赂）求名，破灭真宗，商（伤）害能德。能德既无，恣行非法。非法既盛，邪道日兴”“或有学者不任师轨，不覩政文，壇（擅）作异谋，目（慕）求名利，或（惑）乱人心”[1]。说明当时归义军境内有学者凭藉非法邪门的阴阳知识擅作权谋，打击贤德，追逐名利，惑乱民众，这些行为实与蛊惑人心的旁门左道并无二致，因而对于那些“往年曾学”的阴阳知识确有删定整合的必要。有鉴于此，张忠贤汇集诸家阴阳典籍中的精华，“删除淫秽”，收录了相传汉代东方朔的许多经典论述，最终纂成上中下三卷本《葬书》一部，“事无不尽，理无不穷”，正本清源，“得真无假”，以便后来者皆可以放心使用。

张忠贤整理《葬书》的依据，正如序中所说，“多取汉丞相方朔之要言”。我们知道，东方朔为西汉名臣，著述颇丰，其人性格诙谐，言辞敏捷，滑稽多智，后世多有美谈。汉唐时代，托名东方朔撰述的术数学著作也层出不穷。《隋书·经籍志》“五行”类收有“东方朔岁占一卷”“东方朔占二卷，东方朔书二卷，

1 郝春文等编著：《英藏敦煌社会历史文献释录》第 11 卷，第 398—399 页；关长龙：《敦煌本数术文献辑校》，第 859—860 页。

东方朔书钞二卷，东方朔历一卷，东方朔占候水旱下人善恶一卷”。又有“杂占梦书一卷”下注“东方朔占七卷”[1]。这些冠名“东方朔”的著作，大概晚唐时期已流传到敦煌，因而可能成为张忠贤选编、摘录“汉丞相方朔之要言”的重要依据。实际上，隋唐时期阴阳书籍流传甚广，歧义频出，错讹颇多，众说纷纭，莫衷一是。仁寿二年（602 年），隋文帝“诏尚书左仆射杨素与诸术者刊定阴阳舛谬”[2]。贞观十五年（641 年），唐太宗又“以《阴阳书》近代以来渐致讹伪，穿凿既甚，拘忌亦多”，命太常博士吕才与学者十余人“共加刊正”“削其浅俗，存其可用者”，勒成五十三卷，并旧书四十七卷[3]。在刊正阴阳书籍的过程中，吕才“以典故质正其理”，对当时流行的禄命拘忌多有驳斥，招致阴阳术士“皆恶其言”，但是识者“皆以为确论”[4]。前事不忘，后事之师。杨素、吕才的“刊定舛谬”无疑有厘定阴阳学说，统一思想文化的意义。相比之下，张忠贤将阴阳书籍的文化内涵与“王教风移”“伤害能德”“擅作异谋”“邪道日兴”联系起来。由此，对于术数典籍的整理就被赋予了巩固归义军政权以及构建沙州地域文化的重要意义。

换个角度来看，张忠贤对《葬书》的整理，其实也反映出归义军节度使张承奉对阴阳术数典籍及阴阳学的重视。这一时期传抄的术数文献，还有《卜葬书》《逆刺占》《失物占》《西秦五州占》《易占书》等，其中尤以两个写卷 BD14636、P.2859《逆刺占》最具代表性。前者为天复二年（902 年）“州学上足子弟”翟再温（翟奉达）所抄，后者为天复四年（904 年）“州学阴阳子弟”吕弁均书写。尽管“上足子弟”和“阴阳子弟”的性质不明，但翟、吕二人无

1《隋书》卷 3《经籍志三》，第 1030 页、第 1035 页、第 1038 页。《旧唐书》卷 47《经籍志下》“五行”收录“东方朔占书一卷”。第 2043 页。

2《隋书》卷 2《高祖纪下》，第 48 页。

3《旧唐书》卷 79《吕才传》，第 2720 页。

4《资治通鉴》卷 196 太宗贞观十五年（641 年）四月条，第 6165—6167 页；《旧唐书》卷 79《吕才传》，第 2720 页。

疑都是归义军官学教育中的学生。这两名来自沙州的州学生抄录了同一底本的《逆刺占》，似乎透露出归义军的官学教育中亦有阴阳知识和术数学的内容。按照黄正建的理解，逆刺占是一种预测来卜者所卜何事及其吉凶的占卜术[1]。《隋书·经籍志》曾收录逆刺占类书籍4部，即逆刺一卷（京房撰）、逆刺占一卷、逆刺总决一卷和周易逆刺占灾异十二卷（京房撰）[2]。另《旧唐书·经籍志》收有"逆刺三卷，京房撰"一部[3]，《新唐书·艺文志》收录《逆刺》三卷和费直撰《费氏周易逆刺占灾异》十二卷两部[4]。考虑到逆刺占兴起于南北朝的时代背景，这些题名汉代易学大师京房所撰的逆刺著作皆为伪托[5]。Дx.2637《逆刺占》云："凡用十二逆刺预占来人吉凶之意，太一式□□雷公式，行兵之事；六壬式，世间布功之事。逆次(刺）者，京房之所作□，一则殊于卜蓍，二乃异于龟书。察人来情，考□□有诸卜问，如视掌中。"[6]表明敦煌地区传抄的这种预占"来人吉凶"或"豫知前事"的占卜术，同样托名为京房所作，在学脉上体现出与传世典籍的一致性。

曹氏归义军时期，阴阳术数文献的传抄同样盛行，经久不衰。一方面，张氏归义军卓有成效的阴阳术数典籍整理为曹氏时期阴阳学的发展打下了坚实的基础。尤其是培养了诸如翟奉达这样的阴阳、历日学者，在曹氏时期仍然从事占卜文献的传抄和具注历日的编纂等事务。另一方面，曹氏时期伎术院的良好运行培养了一些阴阳术数人才，比如抄写了《阴阳五姓宅经》（P.2615）的伎术子弟董文员就是其中之一。此外，曹氏时期僧道人员无论在阴阳术数典籍的文本传抄方面，抑或有关占法、择吉的具体实践中，都发挥

1 黄正建：《敦煌占卜文书与唐五代占卜研究》（增订版），第138页。
2《隋书》卷34《经籍志三》，第1030页、第1033页。
3《旧唐书》卷47《经籍志下》，第2042页。
4《新唐书》卷59《艺文志三》，中华书局，1975，第1552页。
5 刘永明：《敦煌占卜与道教初探——以P.2859文书为中心》，《敦煌学辑刊》2004年第2期。
6 俄罗斯科学院东方研究所等编：《俄藏敦煌文献》第9册，上海古籍出版社，1998，第306页。

着不可替代的作用。总体来看，曹氏归义军在宅经、禄命、卜法、发病书、占候、相书、梦书、杂占、易占、占怪等术数文献的传抄中都取得了显著的成绩。

敦煌占卜文书抄写年代推定表[1]

阴阳术数典籍	性质	题记或备注	纪年
S.2729v《玄象西秦五州占》	占候	大蕃国庚辰年五月廿三日沙州	800 年
P.2797《相书》	相书	同卷抄有《己酉年历日》	“己酉年”即 829 年
P.3322《六壬式》	式占	庚辰年正月十七日学生张大庆书记之也	860 年
P.2675v《阴阳书》《七星人命属法》	禄命	咸通二年岁次辛巳十二月廿五，衙前通引并通事舍人范子盈、阴阳氾景询二人写记	861 年
P.2856《发病书》	占疾病	咸通三年壬午岁五月写发病书记	862 年
S.6349+P.4924《易三备》	易占	于时岁次甲申六月丙辰十九日甲戌申时写记	864 年
P.4667v《益算经》	卜法	同卷抄有阴阳术数书目，题写“咸通六年七月五日分付庆庆”	865 年
P.4667《阴阳五姓宅经》	宅经		
P.4667《符箓》	符咒		
P.4667《天文符》			
P.3281《阴阳五姓宅经》	宅经	卷中抄有《马通达状稿》，此状写于咸通八年	867 年
P.3281《周公解梦书一卷》	梦书		
P.3685+P.3281《六十甲子历》	禄命		
P.3888《乌鸣占》	杂占	咸通十一年岁次庚寅二月廿八日记	870 年

1 敦煌占卜文书的抄写年代，本文主要依据写本题记、同卷其他文书和正背关系三种方式予以推定，实际上也是学界惯常采用的断代方法。尽管这些定年有时并非完全准确和详备，但大体亦能反映归义军时期阴阳术数文献的传抄情况。有关敦煌文献的定年，可参看张秀清：《敦煌文献断代方法综述》，《敦煌学辑刊》2008 年第 3 期；张涌泉：《敦煌写本文献学》第 18 章《敦煌文献的断代》，甘肃教育出版社，2013，第 613—643 页。

续表

阴阳术数典籍	性质	题记或备注	纪年
P.2632《手决一卷》	占候	咸通十三年八月廿五日于晋昌郡写记	872年
P.2632v《阴阳五姓等宅图经》	宅经		
S.6333《天勾大禁图》	占婚嫁	同卷抄有“肃州防戍都状上，右盖缘防戍有限，遂”诸字	“肃州防戍都状”又见于S.389、S.2589，可知此件抄于884年以后
P.3492v《相书》	相书	同卷抄有《唐光启四年（888年）具注历日》	888年
P.3492v《诸杂推五姓阴阳等宅图经》	宅经		
P.2832A《易占》	易占	背面抄有《大顺二年辛亥岁具注历日》	891年
S.2263《葬录卷上并序》	葬书	于时大唐乾宁三年五月日下记、归义军节度押衙兼参谋守州学博士将仕郎张忠贤集	896年
P.3476v+P.4996v《失物占》	失物占	正面历日题“乾宁叁年丙辰润月廿三日比丘僧寿写书记”	896年
P.3288《立（玄）象西秦五州占》	占候	背面杂写“乾宁三年丙辰岁归义军节度押衙”及张球撰《张怀政邈真赞并序》标题	896年
S.3877《卜葬书》	葬书	同卷抄有乾宁四年卖舍契、天复九年卖地契	897—907年
上图017b《失物占》	失物占	同卷抄有分家书、丁丑年雇驴契	“丁丑年”为917或977年，归义军时期写本
上图017b《卜葬书》	葬书		
BD14636(北836)《逆刺占一卷》	逆刺占	于时天复贰载岁在壬戌四月丁丑朔七日，河西敦煌郡州学上足子弟翟再温记，再温字奉达也	902年
P.2859《逆刺占一卷》	逆刺占	州学阴阳子弟吕弁均本是、天复肆载岁在甲子浃钟润三月十二日吕弁均书写也	904年
P.2915b《纳甲卦法》	易占	同卷愿文后有题记“天复四年甲子岁二月廿三日诸杂斋文壹卷”	904年
P.3782+S.557《灵棋卜法》	卜法	灵棋卜法一卷，殿下锡本。已前都计百廿四卦。壬申年写了，范捂记	“壬申年”为912年

续表

阴阳术数典籍	性质	题记或备注	纪年
P.2536v《乙巳占》	占候	同光贰年甲申岁	924 年
P.3105《先贤周公解梦书》	梦书	同卷背面抄有《衙内汉唐衍鸡状》	据状文“令公”可知为曹氏归义军写本
P.3556v《推十干》	发病书	同卷抄有“清泰三年归义军节度留后使曹元德舍施疏”、“显德六年曹保昇牒”及邈真赞多件	959 年后曹氏归义军写本
P.2482v《京房八宫卦》	易占	同卷抄有“天福八年九月十五日题记”，正面有“于时大晋开运三年十二月丁巳三日己未题记”	943—946 年
P.3175《纳音甲子占人性行法》	禄命	天福十四年戊申岁十月十六日报恩寺僧愿德写讫耳	天福十四年为己酉岁，疑“戊申岁”为 948 年
P.2661v《占人手痒目润耳鸣等法》	杂占	岁月日时州学上足子弟尹安仁书	“州学上足子弟”又见于 BD14636，可知为归义军时期写本
P.2621v《占耳鸣耳热心惊面热目润等法》	杂占	同卷正面《事森》尾题“戊子年四月十日学郎员义写书故记”	“戊子年”为曹氏归义军的 923 或 983 年
P.3398《周公卜法》《推人十二时耳鸣热足痒手掌痒等法》	卜法	辛亥年四月廿壹日三界寺法律	“辛亥年”指 891 或 951 年
P.3398《推十二时人命相属法》	禄命		
P.4778+P.3868《管公明卜法》	卜法	翟员外寻过	“翟员外”即翟奉达，可知为归义军时期写本
P.2682《白泽精怪图》	占怪	已前三纸无像。道昕记，道僧并摄，俗姓范。《白泽精怪图》一卷，卌一纸成	归义军时期写本
P.2615《诸杂推五姓阴阳等宅图经一卷》	宅经	□（伎）□（术）子弟董文员写记通览	后梁乾化、贞明之际，归义军时期
P.3390《占气色图》	相书	同卷抄有《孟受上祖浮图功德记并序》，后有题记作乾祐三年及《张安信邈真赞》等	950 年

续表

阴阳术数典籍	性质	题记或备注	纪年
S.8516v《五兆要诀略》	卜法	同卷抄有广顺二年、广顺三年曹元忠帖	952、953 年
P.3908《新集周公解梦书》	梦书	同卷杂抄有丙寅年残契	“丙寅年”指 966 年
P.4071《灵州白衣术士康遵课》	禄命	开宝七年十二月十一日灵州大都督府白衣术士康遵课	974 年
P.3507《诸杂推阴阳五姓等宅图经》	宅经	同卷粘贴《宋淳化四年具注历日》	993 年

二、归义军时期阴阳术数典籍的传抄人员

归义军时期，阴阳术数典籍的传抄比较广泛，大抵涵盖了敦煌占卜文书的主要类别。而抄写者的身份，现有材料表明有学生、伎术子弟、阴阳人、行军参谋、州学博士、僧道人员等。P.3322《推占书》首缺尾全，存有占贼来否、占远行人知死生、占遗物知可得不、占遗人市买得不、占见鸟鸣、推厄年、占鬼祟、占病轻重、推男女一年中有何厄、占病、占一岁中厄等条，尾题“庚辰年正月十七日学生张大庆书记之也”[1]，说明此件正是学生时代的张大庆所抄。池田温以为“庚辰”指 860 年[2]，应是。张大庆又见于 P.3451《张淮深变文》、S.367《沙州伊州地志》、P.3485《目莲变文》背题记和 Ch.00296 中。据 P.3451 记载，张大庆为“尚书”张淮深麾下行军参谋，他曾以“季秋西行，兵家所忌”为由劝阻张淮深讨伐回鹘[3]。

1 上海古籍出版社等编：《法藏敦煌西域文献》第 23 册，上海古籍出版社，2002，第 184—187 页。

2 ［日］池田温：《中国古代写本识语集录》，东京大学东洋文化研究所，1990，第 423 页。

3 黄征、张涌泉校注：《敦煌变文校注》，中华书局，1997，第 193 页。

归义军时期，还有一类被称为“子弟”的特殊学生[1]，见于文献的有“上足子弟”“阴阳子弟”和“伎术子弟”。前已提到，BD14636、P.2859《逆剌占一卷》分别由州学上足子弟翟再温、州学阴阳子弟吕弁均所抄，翟、吕二人都是归义军官学教育中的学生。又有 P.2661v《占人手痒目润耳鸣等法》首题“岁月日时州学上足子弟尹安仁书”，可知此件占卜文书亦为州学学生尹安仁抄写。

P.2615《诸杂推五姓阴阳等宅图经一卷》首题“□（伎）□（术）子弟董文员写记通览。朝散大夫太常卿博士吕才推卅六宅▭并八宅阴阳等宅。”[2] 据此，此件《宅经》的抄写者是董文员，他依据的底本是吕才推定的宅经。联系贞观十五年唐太宗诏令太常博士吕才整理阴阳杂书的背景，董文员参照的底本或许正是吕才刊正后的《宅经》定本。董文员的身份，英藏绢画 Ch.xxxviii.005《二观世音菩萨图》题有“[清] 信弟子兼伎术子弟董文员一心供养”[3]，说明此时董文员正是伎术院中研习阴阳卜筮的学生。中国国家博物馆藏《观世音菩萨毗沙门天王图》题记：“清信佛弟子董文员先奉为先亡父母神生净土，勿落三途，次为长兄僧议渊染患，未蒙抽减，凭佛加威，乞祈救拔。

1 敦煌吐鲁番文献中的“子弟”，在不同的时空背景中其内涵并不相同。（1）色役。如王永兴指出，唐朝时期有些徭役由某些官吏子弟或勋官子弟来担任，“子弟”就成为一种色役的代名词。西村元佑认为“傔人”与“子弟”都可以视为是与军事警察有关的色役，两者都由出身于良家而又有身份的人来就役。（2）兵役。孙继民认为“子弟”是一种具有特定含义，由各类官员子弟（荫子）和部分勋官（可能还包括前资官）充任的兵役。程喜霖指出，“城傍子弟”是唐代前期边州城傍部落的兵役，或主要指胡人兵役。《通鉴》所言“西州豪杰子弟”亦为城傍杂胡和突厥部落中的精英。（3）归义军政权中的衙前子弟（P.3146、P.2641、S.2474），即在归义军使府衙内充侍服役的官员子弟，高启安认为是归义军衙内地位较高的军官和文职人员。（4）BD14636、P.2661v 中的“州学上足子弟”，P.2859 中的“州学阴阳子弟”，P.2615 中的“伎术子弟”，均为归义军官学教育（州学或伎术院）中的学生。参见王永兴：《敦煌唐代差科簿考释》，《历史研究》1957 年第 12 期；[日] 西村元佑：《通过唐代敦煌差科簿看唐代均田制时代的徭役制度》，见 [日] 周藤吉之等：《敦煌学译文集——敦煌吐鲁番出土社会经济文书研究》，姜镇庆、那向芹译，甘肃人民出版社，1985，第 1101 页；孙继民：《〈唐大历三年曹忠敏牒为请免充子弟事〉书后》，见《敦煌吐鲁番研究》第 2 卷，北京大学出版社，1996，第 234 页；高启安：《唐五代敦煌饮食文化研究》，民族出版社，2004，第 186 页；程喜霖：《吐鲁番文书所见唐西州城傍与城傍子弟》，见束迪生等编：《高昌社会变迁及宗教演变》，新疆人民出版社，2010，第 84—100 页。

2 上海古籍出版社等编：《法藏敦煌西域文献》第 16 册，上海古籍出版社，2001，第 270 页。

3 大英博物馆监修：《西域美术——英国博物馆所藏斯坦因收集品》第 1 册，讲谈社，1982，图 24—2。

敬画大慈大悲救苦观世音菩萨及北方大圣毗沙门天王供养。时庚寅年七月十五日题，董文员。”[1] 这里“庚寅年”为930年，董文员当时27岁[2]，他在该年的盂兰盆节做佛事功德，即绘制、供养观世音菩萨和毗沙门天王，显然已是一位至为虔诚的佛教信徒。日本和泉市久保惣记念美术馆《十王经图赞》榜题：“辛未年十二月十日书画毕，年六十八，弟子董文员供养。”又BD8007v《付笔历》：“平康王万端（?）笔子五十五束付与唐阇梨，都司书手董文员（押）。”[3] 这位在都司（都僧统司）供职的书手与伎术子弟董文员是否为同一人，尚难判断，存疑待考。

归义军时期，阴阳术数典籍的传抄者还有节度参谋和州学博士。冯培红指出，唐末五代藩镇幕府中参谋“必以阴阳技术者处之”，沙州归义军中的参谋即从事阴阳、占卜、丧葬、历日等事务[4]。前举张承奉时期的历日学者张忠贤，官署“节度押衙兼参谋守州学博士”，主持阴阳典籍的整理，S.2263《葬录》即为张忠贤所抄。另一位官署“节度押衙守随军参谋”“行军参谋”“州学博士”“沙州经学博士”的官员翟奉达先后编纂S.2404《甲申岁（924年）具注历日》、P.3247v《后唐同光四年（926年）具注历日》、BD14636《后唐天成三年（928年）具注历日》、S.560《后晋天福十年（945年）具注历日》、S.95《后周显德三年（956年）具注历日》和P.2623《后周显德六年（959年）具注历日》6部[5]，是归义军时期历日编纂方面成就最大的学者。作为精通阴阳术数之学的官员，翟奉达也参与了阴阳术数典籍的传抄。P.4778+P.3868《管公明卜法》尾题“翟员外寻过”。联系天津艺术博物馆藏193号《后周显德五年（958

1 史树青主编：《中国历史博物馆藏法书大观》第12卷，上海教育出版社，2001，第56图，第102页。

2 王惠民：《敦煌佛教与石窟营建》，甘肃教育出版社，2017，第135—137页。

3 中国国家图书馆编：《国家图书馆藏敦煌遗书》第100册，北京图书馆出版社，2008，第123页。

4 冯培红：《唐五代参谋考略》，《复旦学报》2013年第6期。

5 翟奉达的生平事迹，陈菊霞有详细考证。参见《敦煌翟氏研究》，民族出版社，2012，第261—295页。

年）抄佛说无常经》“夫检校尚书工部员外郎翟奉达忆念”[1] 和 P.2623《具注历日》首题“朝议郎检校尚书工部员外行沙州经学博士兼殿中侍御史赐绯鱼袋翟奉达撰”[2]，可知“翟员外”即为检校尚书工部员外郎职衔的翟奉达，“寻过”盖指访求过录而成。据此，P.4778+P.3868《管公明卜法》当是翟奉达于后周显德五至六年（958—959 年）所抄。

归义军时期的节度参谋，见于敦煌写本的还有邓传嗣、翟文进和安彦存。邓传嗣官署“押衙知随军参谋”（S.1563），他是否参与阴阳术数活动，因材料所限并不清楚。翟文进的职衔为“押衙知节度参谋银青光禄大夫检校国子祭酒”，是继翟奉达之后主持历日编纂事务的官员，《宋太平兴国七年（982 年）具注历日》（S.1473）即为翟文进所撰。翟文进之后，接替归义军历日工作的官员为安彦存，他编纂了《宋雍熙三年（986 年）具注历日》，这是现知敦煌所出历日文献中最为完整的一件，其官衔为“押衙知节度参谋银青光禄大夫检校国子祭酒兼御史大夫”。作为归义军节度参谋，安彦存与张忠贤、翟奉达一样，同样精通阴阳术数之学。P.2873《安彦存等呈归妹坎卦卜辞》：

1 ［　　　］卦，君子归妹，婚礼聚会。庶人归妹，
2 ［　　　］嫁娶之义。内妇平安，所为皆吉。
3 ［　　　］蛇。二爻发动，主有口舌及灶君为害。［　　　］
4 　　夫人得纯坎十月卦，君子得坎，
5 ［　　　］相染。坎是坑坎之名，运为求财
6 ［　　　］□烦闷之事，此卦先忧后吉。
7 ［　　　］月日，参谋安彦存等呈上。[3]

---

1 上海古籍出版社、天津市艺术博物馆编：《天津市艺术博物馆藏敦煌文献》第 4 册，上海古籍出版社，1997，第 86 页。

2 上海古籍出版社等编：《法藏敦煌西域文献》第 16 册，上海古籍出版社，2001，第 325 页。

3 上海古籍出版社等编：《法藏敦煌西域文献》第 19 册，第 226 页；关长龙：《敦煌本数术文献辑校》，第 221—222 页。

据第 7 行“呈上”，可知此件的性质为参谋安彦存的上状，状文的内容是向上司如实呈报归妹卦（第 1—3 行）、坎卦（第 4—6 行）的占卜内涵和吉凶意象。安彦存对于此二卦象的解说和占辞，显然属于易占的范畴，透露出安彦存对于阴阳术数的掌握，并不是理论层面的文本传抄与研读，而是已经深入到技术层面的占卜实践中，凸显出安彦存对易卦推占方面的精熟，这与唐末五代节度参谋“精通术数”的总体特征正相契合。

归义军时期，传抄阴阳典籍的还有寺院僧人。P.3476v+P.4996v《失物占》的正面为《唐景福二年癸丑岁（893 年）具注历日》，其中九月十八、十九日题有“乾宁叁年丙辰润月廿三日比丘僧寿写书记”，其书法、墨迹与《失物占》相同，据此推测，该卷《失物占》当抄于乾宁三年（896 年），抄写者为比丘僧寿。P.3175《纳音甲子占人性行法》尾题“天福十四年戊申岁十月十六日报恩寺僧愿德写讫耳”，可知此件为报恩寺僧人愿德抄写。天福十四年为乾祐二年，干支己酉，此处“戊申岁”当为乾祐元年（948 年）。P.3398 为册子本，有界栏，分栏抄写，依次抄有《周公卜法》《推十二时人命相属法》《推人十二时耳鸣热足痒手掌痒等法》，尾题“辛亥年四月廿壹日三界寺法律”，说明该卷为三界寺高僧所抄，抄写时间为 891 或 951 年。又见 P.2682《白泽精怪图》尾题：“已前三纸无像。道昕记，道僧并摄，俗姓范。《白泽精怪图》一卷，卌一纸成。”可见这位范姓僧人也参与了《精怪图》的抄录工作。

有迹象表明，沙州归义军还设有从事阴阳占卜的专职人员。前举 P.2675v《阴阳书》《七星人命属法》的抄写者为“衙前通引并通事舍人范子盈、阴阳氾景询”。这里“阴阳”，或为阴阳人，因与“衙前通引并通事舍人”相提并称，可知氾景询为张氏归义军（张议潮）设置的阴阳占卜人员[1]。P.2859《逆刺占一卷》抄写者为吕弁均，其身份为“州学阴阳子弟”，当为沙州官学教育中研习

1 S.6704《大般若波罗蜜多经》卷第四百廿四题有“氾景询写记之”。此处“氾景询”是否与“阴阳范景询”为同一人，存疑待考。

阴阳占卜的学生。考虑到归义军置有培养礼仪、阴阳、历法、占卜等方面专门人才的机构——伎术院，不难推知沙州归义军应有常设的术士占卜人员——卜师或阴阳师[1]。P.4640v《归义军布纸破用历》载，已未年（899年）五月二日，都押衙罗通达传处分，“支与卜师悉兵略等二人各细布壹疋”。五月廿八日，“支与退浑卜师纸伍张”[2]。这里的“卜师”虽为退浑（吐谷浑）人，但性质应与P.4667c（Pt.2207v）中保存《宅经》的“高师”相同，即归义军常设的阴阳占卜人员。又见S.2620v《阴阳人神智状抄》云：

1 阴阳人神智。伏缘神智逐日参拜本分，今缘自从四月

2 廿日德（得）大患疾，至今行动不得。昨官家处分，

3 恐惧前条不合于时限，特望虞候仁恩

4 照［察］知闻。[3]

状文中，阴阳人神智因身体患疾，行动不便，乃至接到官家命令也无法遵行，因而呈状，请求虞候仁恩照察，代为关照。比照P.4640v中衙官、押衙“传处分”的情况，第2行“官家处分”当指归义军府衙的命令或吩咐。结合晚唐五代藩镇幕府普遍设置阴阳人的现象[4]，笔者以为，神智应是听命且服务于归义军府衙的阴阳人[5]，他的职责是“逐日参拜本分”，大概要履行每日参拜官家并为官家提供阴阳占卜服务的义务。S.3330v《神智与某使君书抄》：“又神智遇然果报，少年习学阴阳，见少多事，廿人宜皆先交说。十二月夫人交看，占

1 S.4400《敦煌王曹延禄镇宅文》“遣问阴阳师卜”，此阴阳师为归义军节度使曹延禄主持镇宅活动，应为归义军常设的阴阳占卜人员。上博48（41379）《曹元深祭神文》“当时良师巽择”及《押衙邓存庆镇宅文》“今请良师下石一百一十九斤”中，“良师”的性质应与阴阳师相同。

2 上海古籍出版社等编：《法藏敦煌西域文献》第32册，上海古籍出版社，2005，第259页、第261页。

3 郝春文等编著：《英藏敦煌文献社会历史文献释录》第13卷，社会科学文献出版社，2015，第134页。

4《旧唐书》卷143《朱滔传》载：“（朱）滔至瀛州，杀骑将蔡雄、杨布，以其前锋先败；又杀阴阳人尹少伯，以其言举兵必胜故也。”（第3898页）此处尹少伯即为幽州镇阴阳人，他曾预言“举兵必胜”，熟料朱滔大败而还，遂迁怒于尹少伯，随即尹少伯为朱滔所诛杀。

5 黄正建怀疑阴阳人神智“似供职于寺院或是为寺院服务的”。参见《敦煌占卜文书与唐五代占卜研究》（增订版），第96页。

其吉凶，至今不断。今则神智数件修书……恐怕不能微。至到三月，夫人交看书，占其吉凶，至今不断。细从十二月先看晋昌，后看宅内，日祟不断，音响不绝。正月看书。使君至到四月再得敦煌，至后看守，望再得。不禾，将军马死，禾地厄。又看三月廿六日从右回去，瓜州大厄。”[1] 神智既然指导使君、夫人“占其吉凶，至今不断”，说明他在敦煌当地应是一位久负盛名、占验丰富的阴阳术士。

三、归义军时期阴阳术数典籍的占卜实践

从根本上说，阴阳术数典籍的传抄、研习和运用都是为了满足人们固有的一种趋吉避凶的需要。尤其在古代社会中，择吉的观念对于官民百姓的日常社会生活有着广泛的影响。比如官禄、教育、医药、出行、婚姻、丧葬、仪式、农事、纳财、修造、土建、家务以及与身体相关的裁衣、剃头、沐浴、除手足甲等，都有时日宜忌的规范和要求，这在敦煌具注历日中有生动具体的反映。抄于晚唐五代的《燕子赋》（甲本）写道：“仲春二月，双燕翱翔，欲造宅舍，夫妻平章。东西步度，南北占详。但避将军太岁，自然得福无殃……卜胜而处，遂托弘梁。”后文又写道：“夫妻相对，气咽声哀：‘不曾触犯豹尾，缘何横罹鸟灾？’”[2] 这里“占详”和“卜胜”说明燕子夫妇营造宅舍时进行了相关的占卜，大概依照《宅经》的法则来具体实施。“将军”“太岁”和“豹尾”俱为《历日》所言“神煞”，凡起土修造皆需远避之。P.3403《宋雍熙三年（986 年）具注历日》载：“凡人年内造作，举动百事，先须看太岁及以下诸神将并魁、罡，犯之凶，避之吉。今年太岁在丙戌，大将军在午，太阴在申，岁刑在未，黄幡在戌，豹尾在辰……今年金神七煞在寅、卯、午、未、子、丑六位之地，切须

1 郝春文等编著：《英藏敦煌社会历史文献释录》第 15 卷，社会科学文献出版社，2017，第 549 页；中国社会科学院历史研究所等编：《英藏敦煌文献（汉文佛经以外部份）》第 5 卷，四川人民出版社，1992，第 48 页。

2 黄征、张涌泉校注：《敦煌变文校注》，第 376 页。

回避即吉。”[1]S.4288《佛说八阳神咒经》云：“若有善男子善女子兴为之法，先读此经三遍，筑墙动土，安立家宅，南堂北堂，东序西序，厨舍客屋，门户井灶，碓磑库藏，六畜阑圂，日游月煞，将军太岁，黄幡豹尾，五土地神，青龙白虎，朱雀玄武，六甲禁讳，十二诸神，土尉伏龙，一切鬼魅，皆悉隐藏，远屏四方，形消影灭，不敢为害，甚大吉利，获福无量。”[2]可见，安立家舍只有避开将军、太岁、黄幡、豹尾等神将，才能获福无量。事实上，燕子夫妇正是按照这样的“法则”来营造宅舍，它们的活动某种程度上即是敦煌民众社会生活中动土修造、相宅起舍场景的写照。

杨秀清曾指出，在敦煌大众的日常生活中，上梁立木、修房建屋要选择时间、地点，嫁女娶妇要选择良辰吉日，安葬死者要选择风水宝辰，发生疾病要占卜病因和治疗方法，出门远行要选择方向、时辰，出现问题要进行镇压、解除……数术有如此深远而又广泛的影响。数术如同佛教一样，作为主流文化的一部分，支配着唐宋敦煌大众的社会生活[3]。如杨氏所说，数术作为一种把握现实生活和预测未来吉凶的知识与技术，其目的也在于建立一种日常生活的秩序。无疑，这种生活秩序的构建，是与官民百姓在社会生活中的占卜实践息息相关的。

1. 军事。P.2962《张议潮变文》：“仆射（张议潮）闻吐浑王反乱，即乃点兵，凿凶门而出，取西南上把疾路进军。”这里“凶门”，根据项楚先生解释，是指古代将帅出征，凿开一扇西向的门，由此出发，以表誓死不归的决心[4]。《旧唐书·李听传》载，李听担任邠宁节度使时，邠州衙厅隳毁，属吏拘泥于

1 上海古籍出版社等编：《法藏敦煌西域文献》第24册，上海古籍出版社，2002，第96页；邓文宽：《敦煌天文历法文献辑校》，江苏古籍出版社，1996，第588—589页。

2 黄永武主编：《敦煌宝藏》第35册，新文丰出版公司，1982，第184页。

3 杨秀清：《数术在唐宋敦煌大众生活中的意义》，《南京师大学报》2012年第2期；《数术：敦煌大众的宇宙观及其支配下的秩序观》，见氏著《唐宋时期敦煌大众的知识与思想》第四章，甘肃人民出版社，2022，第96—166页。

4 项楚：《敦煌变文选注》（增订本），中华书局，2019，第235页。

阴阳宜忌，皆言不利修葺，李听驳斥说："帅臣凿凶门而出，岂有拘于巫祝而隳公署耶？"[1] 推究李听的这一说辞，可知"凿凶门而出"实乃兵法大忌，然而张议潮反其道而行，抱着必死的决心领军出战，置之死地而后生，最终将吐谷浑部众一举击溃。P.3451《张淮深变文》载：尚书（张淮深）听闻回鹘王子"领兵西来，犯我疆场"，于是整齐精兵准备讨伐，参谋张大庆越班启奏说："金□□□，兵不可妄动。季秋西行，兵家所忌。"认为此时不宜向西用兵。但尚书对诸将说："□（回）□（鹘）失信，来此窥窬。军志有言：兵有事不获而行之，□□□事不获矣！但持金以厌王相，此时必须剪除。"[2] 张淮深依据五行王相理论，认为秋季金王，正是金行旺盛之际，因而可以用兵。于是"当即引兵"，同样"凿凶门而出"，风驰电掣，分兵十道，齐突穹庐，白刃交麾，回鹘大败。

2. 婚嫁。P.2551v《年命相尅不和文》云："开元十八年十八日，钊（刘）元谋男大子悉先取（娶）阴智周女无边为新妇。自娶以来为年命相尅不和，可合（后缺）"[3]。这里"年命相尅"为占卜术语，S.P6《唐乾符四年（877 年）具注历日》"同属婚姻"条："同属相取，福禄。相生即吉，相尅不宜。"既然属相相尅不宜婚姻，那么年命相尅更是不吉了。尽管从合婚来看，刘元谋男和阴智周女的婚姻并不可取，但毋庸置疑的是，P.2551v 提供了盛唐时代婚嫁占卜的实例。不唯如此，敦煌写卷中保存了婚姻推占的数件文书（P.2905、S.2729v、S.4282、P.3288 等），黄正建曾有精细解读[4]，此处不赘。或可补充的是，P.2905《推择日法第八》曰："吕才云，有（右）件婚礼年命、择月日等同一也。但取三从二逆，则可用之。若无妨碍若觅总吉，百年不遇一件，师

1《旧唐书》卷 133《李听传》，第 3684 页。

2 黄征、张涌泉校注：《敦煌变文校注》，第 193 页。

3 上海古籍出版社等编：《法藏敦煌西域文献》第 15 册，上海古籍出版社，2001，第 311 页。

4 黄正建：《敦煌占婚嫁文书与唐五代的占婚嫁》，项楚、郑阿财主编：《新世纪敦煌学论集》，巴蜀书社，2003，第 274—293 页；见氏著《敦煌占卜文书与唐五代占卜研究》（增订版），第 227—246 页。

亦不能为之。主人便入疑惑，审而详之，取吉多而用也。”[1]前已提及，吕才是唐朝久负盛名的阴阳学专家，贞观十五年曾主持阴阳书籍的刊正工作。正由于此，阴阳术数典籍多有假托吕才修撰而流传者，本件占婚嫁文书或为其中一例。又 S.P6《唐乾符四年（877 年）具注历日》著录“吕才嫁娶图”，其下绘图八幅，每图皆有占辞。如“干合为婚，五男二女，夫妻长久，法居印绶”“三五合婚，夫妻保爱，男孝女贞，永无离背”等[2]。这些托名吕才撰述的婚嫁推占书籍，说明沙州流传的婚嫁占法应与中原内地的阴阳术数之学同出一源。此外，S.P6 还有“周堂用日图”，题曰“凡大月从妇顺数。小月从夫逆行，值堂、厨、灶，余者皆不吉”。此处“周堂用日”又见于 P.2905（周堂法），后世的具注历日如《元授时历》《明大统历》《清时宪历》以及《协纪辨方书》也有收录。如果考虑到具注历日对于民众社会生活的指导意义，那么“周堂用日图”在具注历中长时段的延续与保留，从根本上说仍是基于民众占婚嫁的实际需要。

3. 丧葬

笔者曾撰文指出，归义军时期敦煌民众的葬地，通常选择在临近河渠水源且地势稍高的“北原”或“南原”之上，这与 P.2615《推五姓阴阳等宅图经》和 S.5645《司马头陀地脉诀》强调的地势（地形）和流水要素亦相契合[3]。Φ279《卜葬书》云：“癸酉生男，七十五。右今月廿七日夜亥时死，合妨辛巳生人六十七、乙亥生人七十三。招魂用今日辰后巳前便，破布及木等吉。葬用今月七日卯后辰前，入棺殡殓、随丧成服吉。岁道于城东南、西北二角之地往，于殡埋者无忌。举柩出丧，去门七步破瓦吉。衰殃用今月一日巳时，东

1 上海古籍出版社等编：《法藏敦煌西域文献》第 19 册，上海古籍出版社，2001，第 383 页。

2 关长龙：《敦煌本数术文献辑校》，第 64 页。

3 赵贞：《唐宋之际敦煌民众葬地略说》，见《归义军史事考论》，北京师范大学出版社，2010，第 307—315 页。

南、西北两道出，同妨长女、飞鸟之属。今月八日辰。”[1] 此件是某葬师给一位七十五岁去世的老人卜葬时所写的安葬宜忌，文书中多次提到的今月某日某时、今日某时，强调了招魂、入殓、殡埋、送葬等丧事细节，较为客观地反映了归义军时期丧葬占卜的真实面貌。

归义军时期的丧葬占卜实践，可以上博48（41379）《曹元深祭神文》为例，其文曰：“重启诸神百官等，今既日好时良，宿值天仓，主人尊父大王灵柩，去乙未年二月十日，于此沙州莫高乡阳开之里。依案阴阳典礼，安厝宅兆，修营坟墓，至今月十九日毕功葬了。当时良师巽择，并皆众吉，上顺天文，下依地理，四神当位，八将依行，倾亩足数，阡陌无差，麒麟、凤凰，章光、玉堂，各在本穴，功曹、传送，皆乘利道，金匮、玉堂，安图不失，明堂炳烛，百神定职。加以合会天仓，百福所集，万善来臻。”[2] 不难看出，曹议金去世后，其子曹元深完全按照阴阳典礼来“安厝宅兆”“修营坟墓”。经过良师（阴阳师或风水先生）的相宅卜卦，最终选择了一处上顺天文、下依地理，且有四位吉神护佑[3]，“百福所集，万善来臻”的风水宝地。

4. 择吉。清《协纪辨方书》卷三《总论》：“举事无细大，必择其日辰义欤，曰敬天也。”明确指出择日的本意是“敬天”。但术士们往往打着“敬天”的旗号，“如曰若是则福，不若是则祸，则术士之曲说而非其本原也”。这就是说，术士们曲意解说，要求人们按照某种方式行事，这样福瑞就会降临。相反，若不遵照灾祸必定相伴而生。推究其实，这些说法乃是阴阳术士的歪曲解释，而并非择日的本来涵义。荀悦《申鉴》曰：“或问时群忌，曰此天地之数也，非吉凶

1 俄罗斯科学院东方研究所圣彼得分所等编：《俄藏敦煌文献》第5册，上海古籍出版社，1994，第91页。

2 郝春文：《〈上海博物馆藏敦煌吐鲁番文献〉读后》，《敦煌学辑刊》1994年第2期；余欣：《唐宋敦煌墓葬神煞研究》，《敦煌学辑刊》2003年第1期。

3 四位吉神即麒麟、凤凰、章光、玉堂，它们在六甲八卦冢方面用于卜定吉穴，在亡人下葬时还有引道、跃途、启路、回车的作用。参见金身佳：《敦煌写本P.3281〈卜葬书〉中的麒麟、凤凰、章光、玉堂》，《敦煌学辑刊》2005年第4期。

所从生也。夫知其为天地之数，则固修身者所当顺也。知其非吉凶所从生，则一切拘牵谬悠之说具废，而所为顺之避之者亦必有道矣。”[1] 其意是说，择吉的本来涵义是“天地之数”，即顺应天道和天地自然的运行法则，而并不是吉凶福祸产生的根源。正因为如此，君子应当通过择吉来顺应天道，修身养性，取法自然。术士们的那些拘泥时忌、牵强附会的荒谬解说自然也应该摒弃了。

荀悦对于术士吉凶观念的驳斥并非特例，诸如东汉思想家王充、唐代太常博士吕才等，他们对于吉凶宜忌都有类似的表述。然而这些认识多停留于文本或理论层面，在社会实践层面，趋吉避凶的观念早已根深蒂固，成为一种人们惯常拥有的实际需要和自然希冀的心理需求。若以操作性而言，择吉的要素主要取决于“时间和空间”，时间指具体的年月日时，选择术中则有对应的年神、月神、日神等神煞，它们赋予时日吉凶祸福的象征意义；空间则是与五行相关的具体方位，如五方、八方等。一般来说，时日与方位往往又与五行、八卦、纳音、神煞等元素相纠合，进而影响阴阳占卜的结果及时日宜忌的吉凶特征。于是看起来，“所有日常活动的成败以至个人的命运皆取决于宇宙运动的时间和空间秩序”[2]。不过，相较而言，人们似乎更为关注时日要素对于择吉结果的影响，这在中古时代的具注历日中有明确反映。以P.3403《宋雍熙三年(986年)具注历日》为例，该件中出现的数十项人事活动如加官、拜官、拜谒、升坛、祭祀、入学、学问、冠帶、解除、解镇、解厌、符解、符厌、符镇、墓殡、斩草、葬埋、除服、嫁娶、结婚、修造、修宅、修灶、修井、修堤防、修碓磑、筑城墎、培城墎、起土、立柱、伐木、上梁、造车、种莳、市买、奴婢、入财、内财、井碓、通渠、出行、鱼猎、移徙、治病、疗病、服药、安床（帐）、扫舍、破屋、坏屋、坏垣、坏墙、塞穴、裁衣、沐浴、洗头、除手足甲等，都有时日宜忌的规定，某种程度上正是择吉活动从观念走向实践的反映。

1《钦定协纪辨方书》卷三《总论》，四库术数类丛书（九），上海古籍出版社，1991，第200页。

2 王爱和：《中国古代宇宙观与政治文化》，中华书局，2012，第111—112页。

比如修造，国图藏 BD13145 残片保存了择吉的有关细节，其文曰：

1 就说修造因缘，寻到院请师僧看

2 之。今年金神七煞，并在子丑两位，不得

3 修建。若也欲得修时，择得月日，终是

4 不多稳便取好。直到来年甚利，便并

（后缺）[1]

从内容来看，此件似是寺院修建择日文书。“师僧”大概是寺院中的术士或阴阳人。按照他的卜择推算，该年“不得修建”，即使侥幸择得吉日，终究也是“不多稳便”，相反来年大利，比较适合修造事宜。师僧指出，今年不宜修建，根本原因在于“金神七煞”位于子丑两位。P.3403《宋雍熙三年丙戌岁（986 年）具注历日》载：“今年金神七煞在寅卯午未子丑六位之地，切须回避即吉。”[2] 赵彦卫《云麓漫钞》将金神七杀（煞）归为“支凶神”之一。洪迈《夷坚支志》庚卷六“金神七煞”：“吴楚之地俗尚巫师，事无吉凶，必虑禁忌。然亦有时而效验者，如居舍修营，或于比近改作，必尽室迁避，谓之出宫，最所畏者金神七煞之类，各视其名数以禳之。”[3] 可见，凡修造起舍，改作屋宇，俱要远避金神七煞这位凶神。《珞琭子赋注》引李仝曰：“从劫煞数至亡神，亦是七煞之数，又有巳酉丑金神七煞。若人生日月时遇之多官灾，行运及太岁遇之，亦有官司事口舌。”[4] 可以看出，金神七煞作为凶神恶煞，对世人禄命同样带来不利影响，因而要尽量远避之。

寺院的修建择吉，又见于浙敦 154（浙博 129）《某寺修舍告疏》，疏文曰：

1 ______□（伏）愿照知，各请回避他方，勿令侵害僧众。今为

2 常住油梁已经几岁，伏缘屋舍摧（摧）坏，未曾再修，今选天赦之

1 BD13145《修建择吉文书》，《国家图书馆藏敦煌遗书》第 112 册，第 109 页(图)；《调剂目录》，第 31 页。

2 邓文宽：《敦煌天文历法文献辑校》，第 589 页。

3（宋）洪迈：《夷坚志》，中华书局，1981，第 1185 页。

4《景印文渊阁四库全书》第 809 册，台湾商务印书馆，1986，第 118 页。

日，宜用

3 良时，下手动圻。起土已后，伏愿百神远避，五土潜形，莫搅扰于合寺人

4 人，勿恼害于上下大小。比望土作了毕，灾难不侵。或有旧居鬼魅，速出

5 他方。伏惟

6 尚飨！[1]

此件是寺院为修葺屋舍、动圻起土而向神灵祭拜、宣读的告疏，希冀诸多神祇护佑当寺僧众“灾难不侵”。疏文中特别提到，寺院选择在良辰吉时的“天赦之日”破土动功。《星历考原》卷三“天赦”条引《天宝历》曰：“天赦者赦过宥罪之辰也……其日可以缓刑狱、雪冤枉、施恩惠。若与德神会合，尤宜兴造。”[2] 正由于天赦日“尤宜兴造”，自然也是起土修造的吉日，因而寺院选择于此日祭拜神灵，修葺屋舍。不难推想，天赦日的确定，大概也是“师僧”卜择推算的结果。

5. 占眼润、耳热。S.2144《韩擒虎话本》云：“前后不经两旬，忽觉神赐(思)不安，眼［润］耳热，心口思量，升厅而坐。”[3] 这里“眼润耳热”，指眼皮自跳，耳轮发热，民间通常认为是发生某种事情的征兆[4]。张鷟《游仙窟》：“昨夜眼皮润，今朝见好人。”即为眼润的预兆。敦煌变文 P.2653《燕子赋》：“［吾］昨夜梦恶，今朝眼润，若不私斗，尅被官嗔。”[5]S.328《伍子胥变文》：“行得廿余里，遂乃眼润［耳］［热］，［遂］［即］画地而卜，占见外甥来趁。”[6] 根据十二时和

1 黄征、张崇依：《浙藏敦煌文献校录整理》，上海古籍出版社，2012，第 551 页。
2《钦定星历考原》卷三《天赦》，四库术数类丛书（九），上海古籍出版社，1991，第 41 页。
3 黄征、张涌泉：《敦煌变文校注》，第 304 页。
4 项楚：《敦煌变文选注》（增订本），第 28 页。
5 黄征、张涌泉：《敦煌变文校注》，第 376 页。
6 黄征、张涌泉：《敦煌变文校注》，第 5 页。

左右的不同，眼润、耳热的占卜意象也有差异。如戌时耳热，左有喜事，右有不吉人呼之事。眼润，左有口舌事，右有喜庆事；亥时耳热，左有忧之事，行人请之，右有得横财事；目润，左有远行事，右有妇女口舌之事[1]。其他时日的占卜，P.2661v《占耳鸣耳热心惊面热目润等法》、P.2621v《占耳鸣耳热心动惊面热目润等法》、P.3398、BD15410v《推人十二时耳鸣耳热足痒手掌痒等法》以及 P.3685+P.3281《六十甲子历》等写卷都有详细记录，兹不赘述。或可留意者，据《伍子胥变文》可知，伍子胥在逃亡途中尚能“画地而卜”“占见外甥来趁”。于是“用水头上攘之，将竹插于腰下，又用木屐倒着，并画地户天门”，并念咒语：“捉我者殃，趁我者亡，急急如律令。”以此来禳除逃亡缉捕之祸。他的外甥子永“少解阴阳”，此时亦“画地而卜”“占见阿舅头上有水，定落河傍；腰间有竹，塚墓成荒；木屐倒着，不进傍徨。若着此卦，必定身亡。”[2] 这里“画地而卜”，项楚认为“就地画些爻卦等图文，据以占卜吉凶”[3]。尽管这种占卜方式脱胎于易占，但在操作上简单易行，方便灵活，因而在归义军时期的占卜中比较流行。

6. 镇厌。归义军时期的诸多镇宅、设醮祭神文书，不仅是探讨敦煌地区民间信仰的珍贵资料，而且也是了解沙州官民占卜实践的重要素材。综合分析 S.6094+S.9989《洪润乡百姓高延晟祭宅神文》、S.8516G1+S.8682v+S.8682+S.10556/9993+S.11388Av+S.11387《押衙邓存庆镇宅文》[4]、上博 48《曹元深祭神文》[5]《曹延禄镇宅文》（S.4400、P.2649、P.2624v、P.2573P2+S.9411v）[6] 等写卷的文本结构和内容，试对镇厌的内涵略作总结。

1 关长龙：《敦煌本数术文献辑校》，第 1106—1107 页。

2 黄征、张涌泉：《敦煌变文校注》，第 5 页。

3 项楚：《敦煌变文选注》（增订本），第 29 页。

4 刘永明：《两份敦煌镇宅文书之缀合及与道教关系探析》，《兰州大学学报》2009 年第 6 期。

5 郝春文：《〈上海博物馆藏敦煌吐鲁番文献〉读后》，《敦煌学辑刊》1994 年第 2 期；余欣：《唐宋敦煌墓葬神煞研究》，《敦煌学辑刊》2003 年第 1 期。

6 王卡：《敦煌道教文献研究——综述、目录、索引》，中国社会科学出版社，2004，第 238—241 页。

镇厌，当为“镇谢解厌”（P.2649《曹延禄镇宅文》）的省称，为祛除灾祟而进行的设醮、祭神及祈福活动。镇厌一作镇压，P.4640v《归义军布纸破用历》记载，己未年（899 年）六月“廿四日镇压用粗纸贰拾张”。《高延晟祭宅神文》“今日屈请□压已后，宅舍安宁，凶神恶鬼远离他乡”，《押衙邓存庆镇宅文》“如法镇压，一镇以后”云云，都说明镇压或等同于镇厌。敦煌具注历日所见宜忌事项中，解除、解镇、解厌、符厌、符镇等活动，俱为禳除灾祟的有关仪式，其寓意当与镇厌、镇压较为相近。

镇厌的文本结构与内容，可以 S.4400《敦煌王曹延禄镇宅文》为例：

谨请中央黄帝、怪公怪母、怪子怪孙，谨屈请天地、风伯雨师、五道神君、七十九怪，一切诸　神并愿来降此座。主人再拜添酒。

维大宋太平兴国九年岁次甲申二月壬午朔廿一日壬寅，敕归义军节度使特进检校太师兼中书令敦煌王曹，谨于百尺畔，有地孔穴自生，时常水入无停，经旬亦不断绝，遂使心中惊愕，意内惶怍，不知是上天降祸，不知是土地变出。伏覩如斯灾现，所事难晓于吉凶，怪异多般，只恐暗来而搅扰。遣问阴阳师卜，检看百怪书图，或言宅中病患，或言家内死亡，或言口舌相连，或言官府事起，无处避逃，解其殃祟。谨择良月吉日，依法备充书符，清酒杂菓，乾鱼鹿肉，钱财米飰，是事皆新，敬祭于五方五帝、土地阴公、山川百灵，一切诸神已后。伏愿东方之怪还其东方，南方之怪还其南方，西方之怪还其西方，北方之怪还其北方，中央之怪还其中央，天上之怪还其天梁，地下之怪入地深藏，怪随符灭，入地无妨。更望府主之遐受，永无灾祥，宫人安乐，势力康强，社稷兴晟，万代吉昌。或有异心恶意，自受其殃，妖精邪魅，勿令害伤，兼及城人喜庆，内外恒康，病疾远离，福来本乡。更有邪魔之恶寇，密投钦伏之尚方。今将单礼，献奉神王，转灾成福，特请降尝。

伏惟　　尚飨！[1]

此件镇宅文作于太平兴国九年（984年）二月廿一日，其结构大致包括请神、占怪、致祭、镇厌和祈福等内容。文中的“主人”“府主”即敦煌王曹延禄。他得知百尺畔下“有孔穴自生”“入水无停”“怪异多般”，遂向阴阳师卜问，确认为“官府事起”，或者宅中家口有病患、死亡、口舌事，因而选择吉日，陈设酒肉钱财等供品，敬祭一切诸神，并通过“备充书符”的方式予以镇厌，寄望“怪随符灭”，以此来禳除诸般“殃祟”和精怪。需要说明的是，阴阳师“占怪”的依据——《百怪书图》，其性质当与P.2682《白泽精怪图》同类，说明此类书籍在归义军时期的占卜实践中具有一定的参考价值。

另一件《敦煌王曹延禄镇宅文》（P.2649）作于三月廿二日。此次曹延禄镇厌的目的，是由于“上天降祸，阴公生灾，谴愚士而搅扰河湟，动贤臣而惊烦情意”，于是询问阴阳师，选择吉辰，“求请秘法”。镇厌的方式仍是书写神符，“悬八卦于本位八方，镇九宫于钉入九处，兼及宅内宅外，门户上下周围，各遍满以安符，乞降验而辟逐。从今镇谢解厌已后，东方一镇止绝奸邪，南方一镇除灭口舌，西方一镇塞断五兵，北方一镇防其盗窃，中央一镇依分护守”[2]。

镇厌的方式，除了书写符箓外，有时还用大石来镇压。P.3594《宅经·用石镇宅法》：“凡人居宅处不利，有疾病逃亡耗财，以石九十斤镇鬼门上，大吉利，艮是也；人家居宅已来数亡遗失，钱不聚，市买不利，以石八十斤镇辰地，大吉；居宅以来数遭兵乱，口舌年年不绝，以石六十斤镇大门下，大吉利。”[3]《押衙邓存庆镇宅文》：“今请良师下石一百一十九斤，如法镇压。一镇已后，安吾心，定吾意，金玉惶惶，财物满堂，子子孙孙，世世

1 中国社会科学院历史研究所等编：《英藏敦煌文献（汉文佛经以外部份）》第6卷，四川人民出版社，1992，第56页；王卡：《敦煌道教文献研究——综述、目录、索引》，第238—239页。

2 王卡：《敦煌道教文献研究——综述、目录、索引》，第239页。

3 上海古籍出版社等编：《法藏敦煌西域文献》第26册，上海古籍出版社，2002，第40页。

吉昌。”即是良师（阴阳师）用石镇宅的生动事例。有时镇厌还配有咒语。如P.2573P2+S.9411v中咒语曰：“时加正阳，宿直天仓，五神和合，辟除祸殃，急急如律令。”又咒曰：“今镇之后，安吾心，定吾意，金玉惶惶，财物满堂，子子孙孙，世世吉昌。急急如律令。”[1]

以上镇宅、祭神文中，参与镇厌的“主人”有普通百姓高延晟、归义军押衙邓存庆、归义军行军司马曹元深和归义军节度使、敦煌王曹延禄，可以说在敦煌地区具有相当广泛的代表性。尽管他们的身份并不相同，但在镇厌仪式中选择良辰吉日无疑又呈现出共通的些许特征。如S.4400中“遣问阴阳师卜”“谨择良月吉日”；P.2649中“令问阴阳，选择吉晨”；P.2624v提到，“主人比年已来婴丁，唯言宅舍虚耗，龙神不定。今看吉日，依人之道，如法书符，安置宅中，备具周匝。”大意是说由于人丁遭难，宅舍虚耗，故而选择吉日，书写符咒予以镇压。《曹元深祭神文》“今既日好时良，宿值天仓”“加以合会天仓，百福所集，万善来臻”，表明天仓为赐福积善吉日。P.2615《诸杂推五姓阴阳等宅图经一卷》所收“祭宅文”条：“今日岁吉日良，善可德治，谨于破居厶地更造坞宅……同为弟（第）万良得道，上宜天仓。今日起□，上得天道，下值玉堂，天员地方，六律九章，日月回行，而人起土不相死伤。”[2]又前引P.2573P2+S.9411v咒语“时加正阳，宿直天仓，五神和合，辟除祸殃，急急如律令。”可证天仓确为吉庆良日。《星历考原》卷三引《总要历》曰：“天仓者，天库之神也，其日可以修仓库，受赏赐，纳财牧养。《历例》曰，天仓者，正月起寅，逆行十二辰。”[3]确定如此复杂的天仓吉日，恐怕还得依赖于阴阳师的推算。归义军时期的择吉之术和占卜实践，由此可见一斑。

1 上海古籍出版社等编：《法藏敦煌西域文献》第16册，上海古籍出版社，2001，第45页；中国社会科学院历史研究所等编：《英藏敦煌文献（汉文佛经以外部份）》第12卷，四川人民出版社，1995，第227页。

2 关长龙：《敦煌本数术文献辑校》，第718页。

3《钦定星历考原》卷3《天仓》，第43页。

下篇　整理篇

凡　例

本書收録的敦煌、吐魯番及黑水城曆日、節氣文獻共計60件（BD16281統涵的十個曆日殘片視為一件），另外收録日本金澤文庫所藏傳世曆日1件，共計61件。

為盡量保存原貌，S.P6採用横向紙版録文，校記採用尾註，格式與其他文書不同，故移至末尾。

釋文中“⊐”表示前缺，“⊏”表示後缺，“□”表示中間殘缺。

釋文中校改文字用圓括號（　），底本漏字校補用方括號［　］，底本殘字校補用字符邊框形式，如丙戌表示此二字底本已殘，校補後加邊框以示標識。

一、
斯三四五四背（S.3454v）《曆日殘片》

釋文

1 在子　中孚　十八日己亥木閉　三，大會[1]、重，裁衣、蓋屋、塞穴。

2 月煞　复　十九日庚子土建　二，大會歲對，破屋、治病、掃舍、天李。

3 在未　未济　廿日辛丑土除　一　荔挺出，大會歲對、皈（歸）忌，裁衣、拜官、嫁娶、葬殯[2]。

說明

此件首尾俱殘，存文字三行，鄧文寬最早對此件予以整理，並判定為曆日殘片。曆日中"中孚""复""未濟"為卦氣，數字"三""二""一"為日九宮，"荔挺出"為物候（《敦煌研究》2019年第5期）。總體來看，此件雖僅存三行文字，但對準確了解敦煌曆日內容及曆註要素具有一定的參考價值。

---

1 "大會"，《敦煌天文曆法文獻輯校》《英藏敦煌社會歷史文獻釋錄》第16卷據文義校補作"大會歲對"。

2 "殯"，《英藏敦煌社會歷史文獻釋錄》第16卷據文義校補，《敦煌天文曆法文獻輯校》補作"吉"。

參考文獻

黃永武主編：《敦煌寶藏》28 冊，新文豐出版公司，1982，第 517 頁；《英藏敦煌文獻（漢文佛經以外部份）》第 5 卷，四川人民出版社，1992，第 98 頁；鄧文寬：《敦煌天文曆法文獻輯校》，江蘇古籍出版社，1996，第 677 頁；黃正建：《敦煌占卜文書與唐五代占卜研究》（增訂版），中國社會科學出版社，2014，第 156 頁；趙貞：《國家圖書館藏 BD16365〈具註曆日〉研究》，《敦煌研究》2019 年年第 5 期；郝春文等編著：《英藏敦煌社會歷史文獻釋錄》第 16 卷，社會科學文獻出版社，2020，第 312—314 頁。

二、
斯四六三四（S.4634）《具註曆日序雜抄》

釋文

1 夫曆日者，是造化之艮（根）元[1]，陰陽之罰（綱）記（紀）[2]。亦是吉將凶神、

2 廿四氣、七十二候、四時八節曆數巡行。凡人年內造作，舉

3 起土百事，先看歲得（德）[3]、月得（德），及與下之。若得魁罰（罡）[4]，則宜

4 避之；若天恩、母倉、天赦無妨。今年三月天罰（罡），九月何（河）[5]

5 魁。今年太歲在午，太陰在申，太（大）將［軍］在亥[6]，［歲］煞在巳[7]，黄［幡］[8]

6 在酉，博士在艮，力士在巽，及以下知神，借（切）須避[9]

1“艮”，當作“根”，據文義改，“艮”為“根”之借字。

2“罰記”，當作“綱紀”，據文義改，“罰記”為“綱紀”之借字。

3“得”，當作“德”，據文義改，“得”為“德”之借字。

4“罰”，當作“罡”，據文義改，“罰”為“罡”之借字。

5“何”，當作“河”，據文義改，“何”為“河”之借字。

6“太”，當作“大”，據斯一四七三《具註曆日》改；“軍”，據斯一四七三《具註曆日》補。

7“歲”，據斯一四七三《具註曆日》補。

8“幡”，據斯一四七三《具註曆日》補。

9“借”，當作“切”，《敦煌本數術文獻輯校》據文義改。

7 之則吉，犯之凶。子日不占聞（問）[1]，丑不買牛，寅日不［祭］［祀］[2]，卯日不

8 穿井，辰不淒泣，巳日不煞生，午日不蓋屋，未不

9 服藥，申日不在（裁）依（衣）[3]，酉不會。

說明

此件抄於《大乘五更轉》《辭阿孃讚文》後，存文字九行，《敦煌遺書總目索引》《英藏敦煌文獻》定名為《陰陽書》；《敦煌遺書總目索引新編》擬為《具註曆日序》，應是。關長龍《敦煌本數術文獻輯校》定名為《午歲具註曆日附録雜抄》，并據寫本書法及“訛舛殊甚”之特點，指出此件蓋亦學童練筆雜抄之作（關長龍：《敦煌本數術文獻輯校》，第121頁）。

參考文獻

黃永武主編：《敦煌寶藏》37冊，新文豐出版公司，1982，第158頁；《英藏敦煌文獻（漢文佛經以外部份）》第6卷，四川人民出版社，1992，第181頁；Marc Kalinowski，Divination et sociétédans la Chine médéivale，Bibliothèque nationale de France，2003，pp.195–196；關長龍：《敦煌本數術文獻輯校》，中華書局，2019，第121—122頁。

1“聞”，當作“問”，據斯一四七三《具註曆日》“子日不卜問”改，“聞”為“問”之借字。

2“祭祀”，據斯一四七三《具註曆日》“寅日不祭祀”補。

3“在依”，當作“裁衣”，據斯一四七三《具註曆日》“申日不裁衣”改。

三、
斯五九一九（S.5919）《具註曆日》

釋文

1 [十三日][1] [　　　　] 晝五十一刻，夜四十九刻 人神在牙齒　[日游在]□[2]。

2 [十四日] [　　　　] 吉。　　人神在胃管　日[游在]□。

3 [十五日] [　　　　] 吉。　人神在遍身　日[游在]□。

4 [十六日] [　　　　] 　人神在胸　日[游在]□。

5 [十七日] [　　　　] 　　人神在氣衝　日[游在]□。

6 [十八日] [　　　　] 吉。　人神在股內　日[游在]□。

7 [十九日] [　　　　] 　　人神在足　日[游在]□。

8 [廿日] [　　　　] 晝五十刻，夜五十刻 人神在踝　日[游在]□。

9 [廿一日] [　　　　] 　人神在手小指　日[游在]□。

10 [廿二日] [　　　　] 　人神在外踝　日[游在]□。

11 [廿三日] [　　　　] 吉。　人神在肝　日[游在]□。

12 [廿四日] [　　　　] □吉。人神在手陽明　日[游在]□。

---

1 "十三日"，據逐日人神所在校補。以下同，不另出校。又"十三日"及"晝五十一刻，夜四十九刻""人神在牙齒"，《敦煌天文曆法文獻輯校》漏録。

2 "日游在"，據曆日體例校補。以下同，不另出校。

13 廿五日 　　人神在足陽明　日游在□。

14 廿六日 　　□入學、出行吉。　人神在胸　日游在□。

15 廿七日 　　晝四十九刻，夜五十一刻　人神在膝　日游在□。

16 廿八日 　　吉。　人神在陰　日游在□。

17 廿九日 　　符鎮吉。　人神在膝脛　日游在□。

說明

此件首尾俱殘，現存文字十七行，每行僅存下半部分“人神”和“日游”信息，從第十四行“入學出行吉”及漏刻标註来看，此殘片的性質為《具註曆日》。殘片中三處漏刻信息均為朱筆，雙行小字書寫。且每隔七日，昼漏減一刻，夜漏增一刻。第八行“晝五十刻，夜五十刻”，說明晝夜等長，可知為秋分前後曆日，鄧文寬據此推斷為某年八月曆日殘片，可以信從。進一步來說，此殘片應為八月十三日至二十九日《具註曆日》。

參考文獻

黃永武主編：《敦煌寶藏》44 冊，新文豐出版公司，1982，第 570 頁；《英藏敦煌文獻（漢文佛經以外部份）》第 9 卷，四川人民出版社，1994，第 208 頁；鄧文寬：《敦煌天文曆法文獻輯校》，江蘇古籍出版社，1996，第 671—673 頁；Marc Kalinowski，Divination et sociétédans la Chine médéivale，Bibliothèque nationale de France，2003，p.196.

四、S.P9《具註曆日》

釋文

1 三月寅[1]，四月□，五月卯，六月酉。

2 九月巳[2]，十月亥，十一月午，十二月子，

3 合德

4 月德丙

5 天德乾

6 五月小，六月大[3]，七月小，八月大，

7 十一月小，十二月大。

8 丑[4]，月刑午，廿二日夏至。

9 [月] 厭子[5]，月空壬，天道西北日出艮入乾。

10 己[6]，月厭巳，月煞戌，月破丑。

---

1 此行“三月寅”至“六月酉”，《敦煌天文曆法文獻輯校》釋作“五月”。

2 “九月”，據殘字形及文義校補。

3 “六月”，據文義補。

4 “丑”，《敦煌天文曆法文獻輯校》校補作“月煞丑”。

5 “月”，據文義補；“月厭”，《敦煌天文曆法文獻輯校》校補作“月破”。

6 “己”，《敦煌天文曆法文獻輯校》校補作“合德己”。

11 □日出寅入戌，天道东北。

12 □廿日大暑[1]。

13 □[月]德壬[2]，合德丁，月厭辰，月煞未。

14 □[日]出甲入辛[3]，月空丙。

15 □風至[4]，十七日末伏[5]。

16 □月德庚，合德乙，月厭卯。

17 □月刑酉，月空甲，日出卯入酉。

18 □卅日霜降[6]。

（後缺）

說明

此件作為裱裝紙粘貼於《後晋開運四年（947年）敦煌歸義軍節度使曹元忠雕印觀世音菩薩像發願文》兩側，部分曆日殘字經折疊後粘於背面。核查原卷，正背兩面文字連續抄寫，中間並未斷裂。通過對IDP上傳彩圖的拆分整合，得到殘曆日十八行，其時代當在公元947年以前。經核查原卷，發現此件還有一張曆日斷片，存文字七行，其文曰：

1 □日游在外巽宫。

2 □人神□在外。

3 □人神□日游在外。

4 □人神□日游在外。

1 “廿”，《敦煌天文曆法文獻輯校》釋作“廿四（?）”。
2 “月”，據曆日體例補。
3 “日”，據上下文義補。
4 “風至”，《敦煌天文曆法文獻輯校》釋作“處暑”。
5 “十七”，《敦煌天文曆法文獻輯校》釋作“十一”。
6 “卅日霜降”，《敦煌天文曆法文獻輯校》漏録。核查原卷，“降”字有朱笔點勘。

5 □人神在膝脛，日游在外巽宮。

6 □天德在□德在庚。

7 □人神

該片僅存曆日下半部分“人神”和“日游”信息，由“人神在膝脛”可推知第五行為二十九日曆註。第六行為月序文字，說明二十九日為月末晦日，由此可知第一至五行所在之月為小月。該片既與上述曆日為同卷，自然對理解此曆（S.P9）的性質、時代有很大幫助。然而，無論《英藏敦煌文獻》還是國際敦煌項目 IDP，都漏收該片，核查原卷的價值，由此可見一斑。

參考文獻

黄永武主編:《敦煌寶藏》第 55 冊，新文豐出版公司，1983，第 477—479 頁;《英藏敦煌文獻（漢文佛經以外部份）》第 14 卷，四川人民出版社，1995，第 248—249 頁；鄧文寬:《敦煌天文曆法文獻輯校》，江蘇古籍出版社，1996，第 689—692 頁。

五、

S.P10《唐中和二年（882年）劍南成都府樊賞家印本曆日》

釋文

劍南西川成都府樊賞家曆

中和二年具註曆日。凡三百八十四日，太歲壬寅，干屬水支木，納音屬金，年壬

推男女九曜星圖。

行年至羅侯星，求覓不稱情，此年忌起造，拜蘸最為情，□□自白吉。

運至太白宮，合有厄相逢，小人多服孝，君子受三公

歲逢計都星，□□不安寧，切須忌□□

說明

此件為印本曆日殘葉，僅存三行文字。首行墨色較重，字體較大，“樊賞家”即西川成都府刻版印刷曆日的店鋪名稱，據此可知唐僖宗中和二年（882年），西川成都已經出現了私家印制、販賣曆日的現象。又首行欄外有模糊題識文字：“如有人要錯用了，請速送西土，不得”，說明該曆對於民眾的社會生活具有一定的指導作用。又從第3行“推男女九曜星圖”判斷，該曆應有配圖，且圖文並茂，這是印本曆日的一大特點。只是“九曜星圖”及有關文字已殘，甚為可惜。

參考文獻

黃永武主編：《敦煌寶藏》第55冊，新文豐出版公司，1983，第479—480頁；《英藏敦煌文獻（漢文佛經以外部份）》第14卷，四川人民出版社，1995，第249頁；鄧文寬：《敦煌天文曆法文獻輯校》，江蘇古籍出版社，1996，第232—233頁；西澤宥綜：《敦煌曆學綜論——敦煌具註曆日集成》上卷，美裝社，2004，第431—441頁；趙貞：《中古曆日社會文化意義探研——以敦煌曆日為中心》，《史林》2016年第3期。

六、
S.P12《上都東市大刀家大印曆日》

釋文

上欄

1 [lacuna]上，到失物日止，

2 值圓畫急求得[1]，遲不得，

3 [lacuna]物走者得脫[2]，值

4 [lacuna]日，亡者不逐自

5 來[3]，走者不覓自至。唯

6 在至心，萬不失一。

中欄

中欄繪有“周公八天出行圖”，僅存左半圓弧，右半圓弧已殘。參照 S.P6《唐乾符四年丁酉歲（877 年）具註曆日》，可知“周公八天出行圖”由內外兩層圓圈組合而成。內層圓圈為八天及對應日期，按照順時針方向，依次為：

天門，一日[4]、九日、十七、廿五；

---

1 “值”，據 S.P6 補。

2 “物”，據殘字形及 S.P6 補。

3 “來”，據殘字形及 S.P6 補。

4 “一日”“九日”“十七”，據 S.P6、S.612 補。

天賊，二日、十日、十八、廿六；

天門（財），三日、十一、十九、廿七；

天陽，四日、十二、廿、廿八；

天宮，五日、十三、廿一、廿九；

天陰，六日、十四、廿二、卅[1]；

天富，七日、十五、廿三[2]；

天盜，八日、十六、廿四[3]。

外層圓圈為八門，順行為西北方天門（已殘），北方水門、東北方鬼門、東方木門、東南方風門、南方火門、西南方石門（已殘）、西方金門（已殘）。

下欄

1 起木門，五穀

2 大收；起火門，

3 大旱；起風門，

4 多風雨；[起] 石門[4]，

5 損田苗；[起] 金門[5]，

6 同鐵貴。

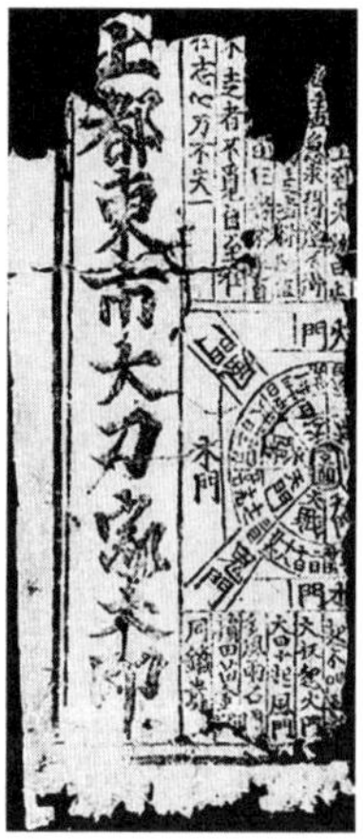

說明

此件為印本曆日殘葉，曆首有“上都東市大刀家大印”諸字，墨色較重，字體較大，可知是在長安東市一家名為“大刀家”的店鋪印制的曆日殘片。該曆圖文並茂，上、中、下三欄分別保存了周公五鼓逐失物法、周公八天出行圖

1 “十四”“廿二”“卅”，據 S.P6、S.612 補。
2 “天富”“七日”“十五”“廿三”，據 S.P6、S.612 補。
3 “天盜”“八日”“十六”“廿四”，據 S.P6、S.612 補。
4 “起”，據文義及 S.P6 補。
5 “起”，據文義及 S.P6 補。

和八門占雷的有關內容，其中關涉的失物占、出行占，適可與敦煌占卜文書P.3602v、S.5614相呼應，反映出陰陽術數文化向具註曆日滲透的若干痕跡（趙貞：《S.P12〈上都東市大刀家印具註曆日〉殘頁考》，《敦煌研究》2015年第3期）。

參考文獻

黃永武主編：《敦煌寶藏》第55冊，新文豐出版公司，1983，第490頁；嚴敦傑：《讀授時曆札記》，《自然科學史研究》1985年第4期；《英藏敦煌文獻（漢文佛經以外部份）》第14卷，四川人民出版社，1995，第252頁；[日] 妹尾達彥：《唐代長安東市的民間印刷業》，《中國古都學會第十三屆年會論文集》，1995，第228—229頁；Marc Kalinowski，Divination et société dans laChine médiévale，Etude des manuscrits de Dunhuang de La Bibliothèque nationale de France et de La British Library，2003，p.205；黃正建：《敦煌占卜文書與唐五代占卜研究》（增訂本），中國社會科學出版社，2014，第135頁；趙貞：《S.P12〈上都東市大刀家印具註曆日〉殘頁考》，《敦煌研究》2015年第3期。

七、
伯二六二四（P.2624）《盧相公詠廿四氣詩》

釋文

1 盧相公詠廿四氣詩。

2 詠立春正月節。春冬移律侶[1]，天地換星霜。冰泮游魚躍[2]，和風待柳

3 芳。早梅迎雨水，殘雪怯朝陽。萬物含新意，同歡聖日長。

4 詠雨水正月中。雨水洗春容，平田已見龍。祭魚盈浦嶼，歸雁［□］山峰[3]。

5 雲色輕還重，風光淡又濃。向看入二月，花色影重重。

6 詠驚蟄二月節。陽氣初驚蟄，韶光大地周[4]。桃花開蜀錦，鷹

7 老化春鳩[5]。時候争催迫，萌芽牙(護）矩(短）脩[6]。人間務生事，耕种滿田疇。

8 詠春分二月中。二氣莫交爭，春分雨處行。雨来看電影，雲過聽雷聲。

1“侶”，斯三八八〇作“呂”。

2“泮”，斯三八八〇作“伴”。

3 此句疑有脱字，《敦煌詩集殘卷輯考》補作“歸雁□山峰”，此從之。

4“大”，斯三八八〇作“天”。

5“春”，斯三八八〇作“為”。

6“牙”，當作“護”，據斯三八八〇改；“矩”，當作“短”，《敦煌詩集殘卷輯考》據文義改。

9 山色連天碧，林花向日明。樑間玄鳥語，欲似解人情。

10 詠清明三月節。清明来向晚，山淥正光華[1]。楊柳先飛絮，梧桐續放花。

11 鴽聲知化鼠，虹影指天涯。已識風雲意，寧愁雨穀賒[2]。

12 詠穀雨三月中。谷雨春光曉，山川黛色青。桑間鳴戴勝，澤水

13 長浮萍。暖屋生蠶蟻，喧風引麥葶。鳴鳩徒拂羽，信矣不堪聽。

14 詠立夏四月節。欲知春與夏，仲侶啓朱明[3]。蚯蚓谁教出[4]，王菰自

15 含（合）生[5]。簇蠶呈繭樣，林鳥哺鶵聲。漸覺雲峰好，徐徐帶雨行。

16 小滿四月中。小滿氣全時，如何靡草衰。田家私黍稷，方伯問

17 蠶絲。杏麥修鐮釤，鋤菰竪棘籬。向來看苦菜，獨秀也何為。

18 詠芒種五月節[6]。芒種看今日，螗螂应節生。彤雲高下影，鴟

19 鳥往來聲。淥沼蓮花放，炎風暑雨清[7]。相逢問蠶麥，幸得稱人情。

20 詠夏至五月中。處處聞蟬響，須知五月中。龍潛淥水穴，火助太陽

21 宮。過雨頻飛電，行雲屢帶虹。蕤宾移去後，二氣各西东。

22 詠小暑六月節。倏忽温風至，因循小暑來。竹喧先覺雨，山

23 暗已聞雷。户牖深清靄[8]，階庭長綠苔[9]。鷹鶵新習學[10]，蟋蟀

24 莫相催。詠大暑六月中。大暑三秋近，林鍾九夏移。桂輪開子夜，螢

25 火照空時。菰菓邀儒客，菰蒲長墨池。絳紗渾卷上，經史待風吹。

1“淥”，斯三八八〇朱筆改作“色”。

2“雨穀”，斯三八八〇作“穀雨”。

3“侶”，斯三八八〇作“呂”。

4“教”，斯三八八〇作“交”。

5“含”，當作“含”，據斯三八八〇改。

6“芒”，斯三八八〇作“荒”。

7“清”，斯三八八〇作“情”。

8“清”，斯三八八〇作“青”。

9“綠”，斯三八八〇作“淥”。

10“鶵”，斯三八八〇作“鵬”，《敦煌詩集殘卷輯考》釋作“鴘”。

26 詠立秋七月節。不其（期）朱夏盡[1]，凉吹暗迎秋。天漢成橋鵲，星娥

27 會玉樓。寒聲喧耳外[2]，白露滴林頭。一葉驚心緒，如何得不愁。

28 詠處暑七月中。向来應祭鳥，漸覺白藏深。葉下空驚

29 吹，天高不見心。氣收禾梨(黍）熟[3]，風静草蟲吟[4]。緩酌罇中酒[5]，容調

30 膝上琴。詠立（白）秋（露）八月節[6]。露霑蔬草白，天氣转青高。

31 葉下和秋吹，驚看兩鬢毛[7]。養羞因野鳥，為客［訝］蓬[8]

32 蒿。火急收田種，晨昏莫告勞。

33 詠秋分八月中。琴彈南吕調，風色已高清。雲散飄颻影，雷收

34 振怒聲[9]。乾坤能静肅，寒暑喜均平。忽見新來雁，人心敢不驚。

35 詠寒露九月節。寒露驚秋脫（晚）[10]，朝看菊漸黃。千家風掃

36 葉，萬里雁隨陽。化蛤悲群鳥，收田畏早霜。因知松栢志[11]，冬夏色蒼蒼。

37 詠霜降九月中。風卷晴霜（雲）盡[12]，空天萬里霜。野豺先祭獸，

38 仙菊遇重陽。秋色悲踈木[13]，鴻鳴憶故鄉。誰知一罇酒，能使百秋亡[14]。

39 詠立冬十月節。霜降向人寒，輕冰淥水漫。蟾將纖影出，雁帶幾行

40 残。田種收藏了，衣裘制造看。野雞投水日，化蜃不將難。

1“其”當作“期”，據斯三八八〇改。

2“喧”，斯三八八〇作“暄”。

3“梨”，當作“黍”，據斯三八八〇改。

4“靜”，斯三八八〇作“淨”。

5“緩”，斯三八八〇同，《敦煌詩集殘卷輯考》釋作“漫”。

6“立秋”，當作“白露”，據斯三八八〇改。

7“毛”，斯三八八〇作“毫”。

8“訝”，據斯三八八〇補。

9“雷”，斯三八八〇作“雪”。

10“脫”，當作“晚”，據斯三八八〇改，“脫”為“晚”之形訛。

11“栢”，斯三八八〇同，《敦煌詩集殘卷輯考》釋作“柏”。

12“晴”，斯三八八〇作“清”；“霜”，當作“雲”，據斯三八八〇改。

13“踈”，斯三八八〇作“疏”。

14“秋”，斯三八八〇同，《敦煌詩集殘卷輯考》校作“愁”。

41 詠小雪十月中[1]。莫怪虹無影，如今小雪時。陰陽依上下，寒暑喜

42 分離。满月光天漢，長風響樹枝。横琴對渌醑，醑（猶）自斂秋眉[2]。

43 詠大雪十一月節。積陰成大雪，看處亂菲菲。玉管鳴寒夜，披書

44 曉絳帷[3]。黄鍾隨氣改，鷃鳥不鳴時。何限蒼生類，依依惜暮暉。

45 詠冬至十一月中。二氣俱生處，周家正立年。歲星瞻北極，舜日照南

46 天。拜慶朝金殿，歡娱列綺延（筵）[4]。萬邦歌有道，誰敢動徵

47 邊。詠小寒十二月節。小寒連天（大）吕[5]，歡鵲壘新巢。拾食尋河曲，銜

48 柴遶樹梢。霜鷹延北首，鴝鴒隱蘩茅。莫怪严凝切，春冬正欲交。

49 詠大寒十二月中。臘酒自盈罇，金爐著炭温[6]。大寒宜近火，

50 無事莫開門。冬與春交替，星周月詎存[7]。明朝換

51 新律，梅柳待楊（陽）春[8]。

說明

此件首尾完整，首題“盧相公詠廿四氣詩”，據此定名。正文起於“詠立春正月節”，止於“梅柳待楊春”，存文字五十一行，其後有另一筆跡所抄“安宅神禱文”。

本件採用八句五言詩歌的形式，依次詠誦了立春、雨水、驚蟄、春分、清明、穀雨、立夏、小滿、芒種、夏至、小暑、大暑、立秋、處暑、白露、秋

---

1 “小雪”，斯三八八〇作“冬”。

2 “醑”，斯三八八〇作“獨”，當作“猶”，據文義改，“醑”為“猶”之俗字；“秋”，斯三八八〇作“愁”。

3 “曉”，斯三八八〇朱筆改作“遶”。

4 “延”，當作“筵”，據斯三八八〇改，“延”為“筵”之借字。

5 “天”，當作“大”，據斯三八八〇改。

6 “著”，斯三八八〇作“戰”。

7 “詎”，斯三八八〇作“巨”。

8 “楊”，當作“陽”，據斯三八八〇改，“楊”為“陽”之借字。

分、寒露、霜降、立冬、小雪、大雪、冬至、小寒、大寒等二十四節氣的氣象物候，對了解中古社會的物候知識以及民眾的社會生活提供了一定的參考資料。

參考文獻

黄永武主編:《敦煌寶藏》第 122 冊，新文豐出版公司，1985，第 591 頁；徐俊纂辑:《敦煌詩集殘卷輯考》，中華書局，2000，第 99—109 頁;《法藏敦煌西域文獻》第 16 冊，上海古籍出版社，2001，第 327 頁。

八、
斯三八八〇（S.3880）《二十四節氣詩》

釋文

（前缺）

1 移去後，二氣各西东。大暑六月中[1]

2 大暑三秋近，林鍾九夏移[2]。桂輪開子夜[3]，螢[4]

3 火照空時。苽菓邀儒客，菰蒲長墨池。絳

4 紗渾卷上，經史待風吹。

5 處暑七月中

6 向来應祭鳥，漸覺白藏深[5]。葉下空驚吹，

7 天高不見心。氣收禾黍熟[6]，風淨草蟲吟[7]。

8 緩酌罇中酒[8]，容調膝上琴。

---

1 “大暑六月中”，據伯二六二四“詠大暑六月中”補。因底本詩題無“詠”字，故此處“詠”字不補。

2 “夏移”，據伯二六二四補。

3 “桂輪開子夜”，據殘字形及伯二六二四補。

4 “螢”，據伯二六二四補。

5 “深”，據伯二六二四補。

6 “黍”，伯二六二四作“梨”，當為“黍”之形訛。

7 “淨”，伯二六二四作“靜”。

8 “緩”，伯二六二四同，《敦煌詩集殘卷輯考》釋作“漫”。

9 秋分八月中

10 琴彈南吕調，風色已高清。雲散飄颻影，

11 雪收振怒聲[1]。乾坤能静肅，寒暑喜均平。

12 忽見新來雁，人心敢不驚。

13 霜降九月中

14 風卷清雲盡[2]，空天萬里霜。野豺先祭獸，

15 仙菊遇重陽。秋色悲踈木[3]，鴻鳴憶故鄉。

16 誰知一罇酒，能使百秋亡[4]。

17 冬（小）詠（雪）十月中[5]

18 莫恠虹無影，如今小雪時。陰陽依上下，寒暑[6]

19 喜分離。滿月光天漢，長風響樹枝。横琴對[7]

20 渌醑，獨自斂秋眉[8]。

21 詠冬至十一月中

22 二氣俱生處，周家正立年。歲星瞻北極，舜

23 日照南天。拜慶朝金殿，歡娱列綺筵[9]。萬邦

24 歌有道，誰敢動徵邊。

25 大寒十二月中

26 臘酒自盈罇，金爐戰炭温[10]。大寒宜近火，

---

1 “雪”，伯二六二四作“雷”。

2 “清雲”，伯二六二四作“晴霜”。

3 “踈”，伯二六二四作“踈”，“踈”通“踈”。

4 “秋”，伯二六二四同，《敦煌詩集殘卷輯考》校作“愁”。

5 “冬詠”，當作“小雪”，據伯二六二四改。

6 “暑”，據伯二六二四補。

7 “對”，據伯二六二四補。

8 “獨”，伯二六二四作“醑”，當為“猶”之俗字。又底本此行下有朱筆大寫“醑”字。

9 “娱”，底本朱筆補書寫於“歡”字右側下方；“筵”，伯二六二四作“延”，“延”為“筵”之借字；底本“綺筵”間原有空闕，後用朱筆勾連。

10 “戰”，伯二六二四作“著”。

27 無事莫開門。冬與春交替，星周月巨存[1]。明朝
28 換新律，梅柳待陽春[2]。立春正月節
29 春冬移律呂[3]，天地換星霜。冰伴游魚躍[4]，和
30 風待柳芳。早梅迎雨水，殘雪怯朝陽[5]。萬物
31 含新意，同歡聖日長。驚蟄二月節
32 陽氣初驚蟄，韶光天地周[6]。桃花開蜀錦，鷹
33 老化為鳩[7]。時候争催迫，萌芽護矩（短）脩[8]。人間
34 務生事，耕种滿田疇。清明三月節
35 清明来向晚，山色正光華[9]。楊柳先飛絮，梧桐
36 續放花。鴑聲知化鼠，虹影指天涯。已識風
37 雲意，寧愁穀雨賒[10]。立夏四月節
38 欲知春與夏，仲呂啓朱明[11]。蚯蚓谁交出[12]，王菰自
39 合生[13]。簇蠶呈繭樣，林鳥哺鶵聲。漸覺
40 雲峰好，徐徐帶雨行。荒（芒）種五月節[14]
41 芒種看今日，螗螂应節生。彤雲高下影，

1“巨”，伯二六二四作“詎”。
2“陽”，伯二六二四作“楊”，“楊”為“陽”之借字。
3“呂”，伯二六二四作“侶”。
4“伴”，伯二六二四作“泮”。
5 底本“怯”前原有“惆”字，後用朱筆塗去。
6“天”，伯二六二四作“大”；底本“周”原寫作“的”，後於其上用朱筆大寫“周”字。
7“為”，伯二六二四作“春”。
8“護”，伯二六二四作“牙”；“矩”，伯二六二四同，當作“短”，《敦煌詩集殘卷輯考》據文義改。
9“色”，底本原作“淥”，後朱筆改作“色”，伯二六二四作“淥”；“華”，底本原作“花”，後朱筆改作“華”。
10“穀雨”，伯二六二四作“雨穀”。
11“呂”，伯二六二四作“侶”。
12“交”，伯二六二四作“教”。
13“合”，伯二六二四作“含”。
14“荒”，當作“芒”，據文義及伯二六二四改。

42 鵙鳥往來聲。淥沼蓮花放，炎風暑雨情[1]。
43 相逢問蠶麥，幸得稱人情。
44 小暑六月節
45 倏忽温風至，因循小暑來。竹喧先覺雨，山
46 暗已聞雷。户牖深青靄[2]，階庭長淥苔[3]。鷹
47 鸇新習學[4]，蟋蟀莫相催。立秋七月節
48 不期朱夏盡[5]，凉吹暗迎秋。天漢成橋鵲，星
49 娥會玉樓。寒聲暄耳外[6]，白露滴林頭。一葉
50 驚心緒，如何得不愁。白露八月節[7]
51 露霑蔬草白[8]，天氣转青高。葉下和秋吹，驚
52 看兩鬢毫[9]。養羞因野鳥，為客訝蓬蒿[10]。火急
53 收田種，晨昏莫告勞。寒露九月節
54 寒露驚秋晚[11]，朝看菊漸黄。千家風掃葉，
55 萬里雁随陽。化蛤悲群鳥，收田畏早霜。因知
56 松栢志[12]，冬夏色蒼蒼。立冬十月節
57 霜降向人寒，輕冰淥水漫。蟾將纖影出，

1“情”，伯二六二四作“清”。
2“青”，伯二六二四作“清”。
3“淥”，伯二六二四作“緑”。
4“鸇”，底本原作“鶵”，後用朱筆改作“鸇”，伯二六二四作“鶵”，《敦煌詩集殘卷輯考》釋作“鴘”；又底本此行下有朱筆大寫“靄”字。
5“期”，伯二六二四同，底本原作“其”，後朱筆改作“期”，“其”為“期”之借字。
6“暄”，伯二六二四作“喧”。
7“白露”，伯二六二四作“立秋”。
8 底本“霑”字為朱筆書寫。
9“毫”，伯二六二四作“毛”。
10“訝”，伯二六二四脱。
11“晚”，伯二六二四作“脱”，“脱”為“晚”之形訛。
12“栢”，伯二六二四同，《敦煌詩集殘卷輯考》釋作“柏”。

58 雁帶幾行残。田種收藏了，衣裘制造看。

59 野雞投水日，化蜃不將難。

60 大雪十一月節

61 積陰成大雪，看處亂菲菲。玉管鳴寒

62 夜，披書遶絳帷[1]。黃鍾随氣改，鶡鳥不

63 鳴時。何限蒼生類，依依惜暮暉[2]。

64 小寒十二月節

65 小寒連大吕[3]，歡鵲壘新巢。拾食尋

66 河曲，銜柴遶樹梢。霜鷹延北首，鴝

67 鴒隱蘩茅。莫怪嚴凝切，春冬正

68 欲交。

69 甲辰年夏月上旬寫記。

70 元相公撰，李慶君書。

說明

此件首殘尾全，首起“夏至五月中”之“移去後，二氣各西东”，訖於“元相公撰，李慶君書”。其後抄有“起居狀”。據卷末題記“甲辰年夏月上旬寫記”，可知本件抄於“甲辰年”。又卷背有雜寫文字“大順元年十一月廿七日張記”一行，徐俊據此推定李慶君題記中的“甲辰年”為唐中和四年（884年），池田溫則比定為公元944年（［日］池田溫編：《中國古代寫本識語集録》，東京大學東洋文化研究所，1990，第484頁）。題記中的“元相公”或以為元稹，或以為與伯二六二四中的“盧相公”一様，都應是流傳過程中的託名（徐俊纂

1 “遶”，伯二六二四作“曉”，底本原作“曉”，後朱筆改作“遶”。

2 底本此句後有朱筆書寫“遶”字。

3 底本“寒”字為濃墨所塗，此據伯二六二四補録；“大”，伯二六二四作“天”。

輯：《敦煌詩集殘卷輯考》，第 99—100 頁）。

本件書法良好，分欄書寫，卷中有朱筆句讀，間或有朱筆改字。其抄寫順序是先抄十二中氣，後抄十二節氣，現存文字中十二節氣均極完整，惟十二中氣中殘缺了“雨水正月中”“春分二月中”“谷雨三月中”“小滿四月中”和“夏至五月中”內容（“夏至五月中”僅存八字），因而與伯二六二四“起於立春，訖於大寒”的抄寫順序略有不同。

參考文獻

黃永武主編：《敦煌寶藏》第 32 冊，新文豐出版公司，1982，第 106—108 頁；《英藏敦煌文獻（漢文佛經以外部份）》第 5 卷，四川人民出版社，1992，第 194—196 頁；徐俊纂輯：《敦煌詩集殘卷輯考》，中華書局，2000，第 99—109 頁。

九、
Дх.506+Дх.5924v《月刑德及二十四氣節等》

釋文

1 ▭ 即殊也。

2 ▭ 火之游徼神也。

3 ▭ □之神。咸池者，星名也。□▭

4 ▭ 凶▭之神，從寅

5 ▭ 在畢，□不可犯，葬埋，百事皆凶也。▭

6 月刑德者，□▭氣，主生長萬▭死之，皆凶也。厭者，陰神建也。昏星在本婁，厭為□□氣，王者用之吉。諸侯以下至庶人用之皆凶，最不可嫁娶、內□▭

7 及六畜大凶。列為罰符，晝列元神，大吉也。反者，天有北斗，坐作磅施氣裹校前辰祖，從北斗第五星起，數人一經。反支者，天之功曹，一名衝，其日不可吊喪、

8 是(視) 病問疾[1]，告言人罪，在反歸家，執仇縣官，不可□事。又利失財，有利反遠也。

驚蟄，言陽氣行地下起，至一月而逆地上，其氣格喻人君成蟄。《易》曰“雷在天上。”

1“是”，當作“視”，《敦煌本數術文獻輯校》據文義改，“是”為“視”之借字。

反雷，雷震之。

9 **春分者**，等也。言天有三百六十五度四分度之一。此日出卯入酉，一中晝夜，各得一百八十五度度七分之。以漏剋，各得五十，故言春分。春分日明兼（庶）風至[1]，來惠正，擅以器也。

10 **清明者**，言三月之時，楊（陽）氣以成[2]，萬物必生，天道淨清照昭，故曰清明。清明風至，進文德，散幣使諸諸侯也。**穀雨者**，言楊（陽）氣明，可生五穀，須萌如生，故曰穀雨，可以種陵，神昇召烏生，

11 起種五穀。**立夏**，大也，言盛陽用事，萬物大，故曰夏。**小滿者**，四月之時，萬物之葉大成熟，故言小滿。**芒種者**，有芒之穀可種，為言牙始出如芒，故言芒種也。

12 **夏至者**，大也，言陽氣上極於天，陰氣可於地，方氣極，故言夏至。至之日，暑風至，冰逋滅，故失存藏，故當者德陰陽交易，是以［至］者閉關[3]，商旅不行，《易》□（曰）□□□□。王獨不賢也者，以陽暑樞若適滅[4]，故如不用賢也。

13 **小暑者**，氣也，言煞小未大極，故言暑也[5]。**立秋者**，穗□□□□，春生夏長，至秋而熟忌（老）[6]，故言立秋。立秋之日，涼風從□□，□□情念，合婚姻禮養也[7]。

14 **處暑者**，暑處若也，極暑也，言寒寒（之）氣用事[8]，進熟所在之朋（明）[9]，故言處暑也。**白露者**，言八月之時，金□氣正白，故言白露者。**秋分者**，言秋日出卯入

15 酉，分之中，陰陽之氣同若，故言秋分之日。**寒露者**，言九月之時，露老為霜，已寒冷，故言寒露者也。**霜降者**，言九月已半，陰氣蓋陽，露凝為霜，故霜降者也。

16 **立冬者**，言十月寒氣始立，故言立冬。冬之日不同風至續，邊城宮埋功臣宅器

1“兼”，當作“庶”，《敦煌本數術文獻輯校》據文義改。

2“楊”，當作“陽”，《敦煌本數術文獻輯校》據文義改，“楊”為“陽”之借字。

3“至”，據文義補；“者”，《敦煌本數術文獻輯校》釋作“至曰”。

4 底本“陽”後原有“始”字，因右側有刪除符號，故不録。

5 底本“故言”後還有“故言”二字，當為衍文，不録。

6“忌”，當作“老”，《敦煌本數術文獻輯校》據文義改。

7“合”，《敦煌本數術文獻輯校》釋作“舍”，並段入上句。

8 第二個“寒”，當作“之”，《敦煌本數術文獻輯校》據文義改。

9“朋”，當作“明”，據文義改，“朋”為“明”之形訛。

極。小雪者，十月已平，太陰用事，氣上徵水，激為雪，故言小雪者也。大雪者，

17 言太陰之氣水冰凝為雪，故言大雪也。冬至者，極也，太陰氣上干，陽氣下，天地寒氣已極，故言冬至，二氣當之。《易》“地以王者閉關，商旅不行易也。”冬至所賀者，以陽氣漸長者，尊貴□

18 小寒者，言十月節[1]，陰氣小極，故言小寒者也。大寒者，言十月已半，陰氣大極[2]，故言大寒者也[3]。

19 十二月壬氣

20 □□在寅[4]，大耗在申，小耗在未。

21 □壬在卯，大耗在酉，小耗在申。

（後缺）

說明

此件係由俄藏殘片 Дx.506 和 Дx.5924v 拼接而成，《俄藏敦煌文獻》定名為《十二月壬氣》，《敦煌本數術文獻輯校》定名為《星歷雜抄》，此不取。據寫本內容，似可定為《月刑德及二十四節氣等》。

參考文獻

《俄藏敦煌文獻》第 6 冊，上海古籍出版社，1996，第 325 頁；《俄藏敦煌文獻》第 12 冊，上海古籍出版社，2000，第 278 頁；關長龍輯校：《敦煌本數術文獻輯校》，中華書局，2019，第 148—151 頁。

1 底本“言十月”後有“言十月”，當為衍文，不録。

2 “陰”，據文義補。

3 “故言大寒者也”，據文義補。

4 “在”，據殘字形及文義補。

一〇、
Дх.2880《唐大和八年甲寅歲（834年）曆日》

釋文

（前殘）

寅　卯　酉　午

天德乾　月德丙　月合辛　月空壬

六月大[1]

碧白赤

百白黑

黃綠紫[2]

（後缺）

蜜　蜜

十八戊辰木[3]

十九己巳木

廿日庚午土

廿一辛未土

廿二壬申金

廿三癸酉金

廿四甲戌火

廿五乙亥火

廿六丙子水

廿七丁丑水

廿八戊寅土

廿九己卯土

一日庚戌金

二日辛巳金

三日壬午木

四日癸未木

五日甲申水除

六日乙酉水滿

七日丙戌土平

八日丁亥土定

九日戊子火執

除　滿　平　定　執

1“六”，《敦煌三篇具註曆日佚文校考》據曆日體例推補。

2 六月九宮色，此曆僅存“白”“赤”二字，其餘七字殘。《敦煌三篇具註曆日佚文校考》據九宮排列規則補充完整，此從之。按：此曆為甲寅年曆日，寅年正月中宮數字為二，一月為一，三月為九，四月為八，五月為七，六月為六，故六月九宮格中，上欄數字為五一三，中欄為四六八，下欄為九二七。按照一白二黑三碧四綠五黃六白七赤八白九紫的對應關係，該曆六月九宮色為黃白碧（上欄），綠白白（中欄），紫黑赤（下欄）。

3“十八”“木”，據曆日體例補。以下有關干支、五行及建除的校補文字，均據曆日體例補，不另出註。

說明

此件是一塊前後上下均已殘斷的印本曆日殘片，現存部分以原刻界欄為界，大體可分為三欄：上欄為月神方位日期殘文、月大小和月九宮殘文；中間一欄是“蜜”日註，即五月廿五日和六月三日均有蜜日註記；其下一欄為日序、干支、納音和建除。鄧文寬認為此件的分欄編排方式與S.P6《唐乾符四年丁酉歲（877 年）具註曆日》相同，并根據殘存文字判定為《唐大和八年甲寅歲（834 年）曆日》，同時對個別日序、納音和九宮的殘損情況作了校補，指出此件是我國發現的現存最早雕版印刷品（鄧文寬：《敦煌三篇具註曆日佚文校考》，《敦煌研究》2000 年第 3 期）。

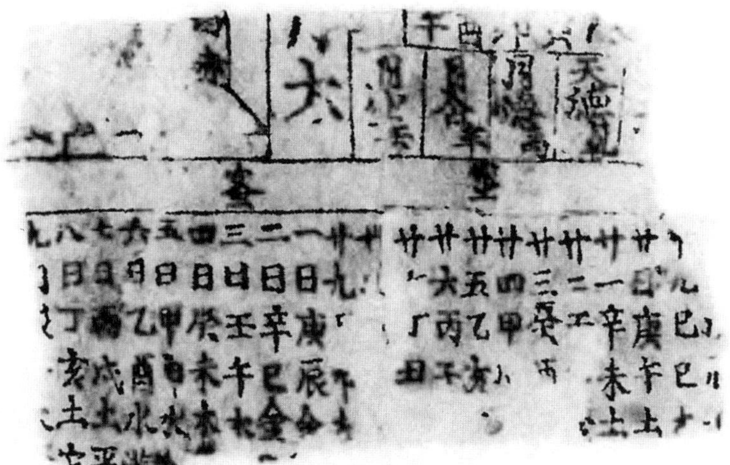

參考文獻

《俄藏敦煌文獻》第 10 冊，上海古籍出版社，1998，第 109 頁；鄧文寬：《敦煌三篇具註曆日佚文校考》，《敦煌研究》2000 年第 3 期；蘇雅：《我國發現的現存最早雕版印刷品》，《中國文物報》2000 年 2 月 2 日第 3 版；鄧文寬：《敦煌吐魯番天文曆法研究》，甘肅教育出版社，2002，第 205—217 頁；西澤宥綜：《敦煌曆學綜論——敦煌具註曆日集成》上卷，美裝社，2004，第 217—220 頁。

一一、
Дх.12480《曆書》殘頁

釋文

1 ▭ □□ ▭

2 ▭ □初刻十三分□ ▭

3 ▭ 丙戌申正初刻九分 ▭

4 ▭ 日戊午丑正三刻少□ ▭

說明

此件僅存四行文字，參照明大統曆和清時憲書，可知殘片係二十四節氣時刻的有關內容。

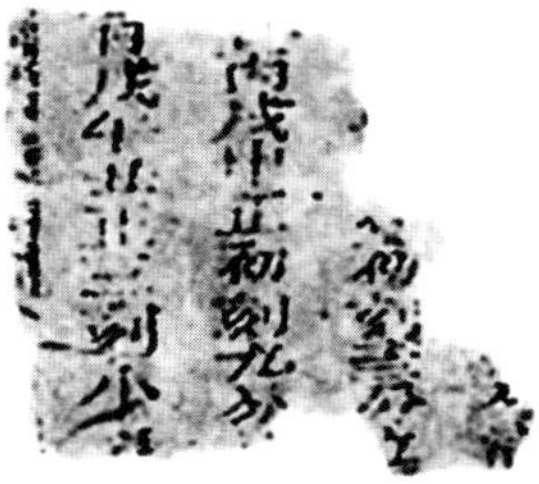

參考文獻

《俄藏敦煌文獻》第16冊，上海古籍出版社，2001，第127頁。

一二、
Дх.12491《大清光緒十年甲申歲（1884年）時憲書》

釋文

1 大清光緒十年

2 都城順天府節氣

3 正月大丁丑八日甲申申正二刻十三分至

4 二月小丁未八日甲寅午初初刻□分

5 三月小丙子九日甲申申

6 四月大乙巳十一日乙卯甲

7 五月小乙亥十一日

8 閏五月小甲辰十五日

說明

此件為刻本曆書殘頁之一角，據首行大字“大清光緒十年”，可知此件是清光緒十年甲申歲（1884年）時憲書。此曆有天頭，有界欄，天頭用濃墨黑線標識，曆中文字均印於天頭內。這件清代時憲書為何流寓於西陲，散入俄藏敦煌文獻，尚待進一步探究。

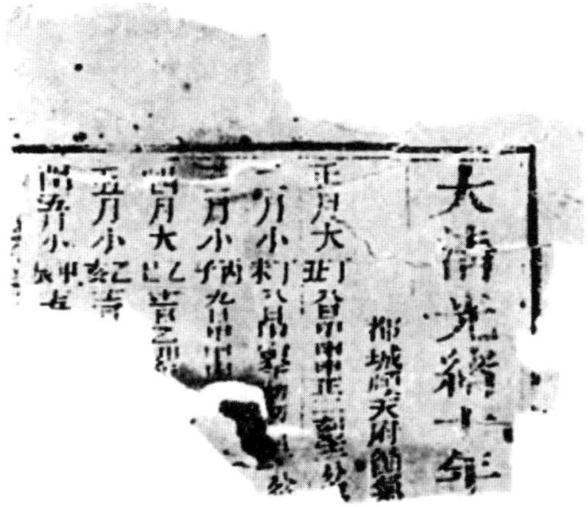
大清光緒十年

參考文獻

《俄藏敦煌文獻》第 16 冊，上海古籍出版社，2001，第 129 頁。

一三、

BD15292（北新 1492）《後晉天福四年乙亥歲（939 年）具註曆日》

釋文

1 廿七日己巳木平[1] □

2 廿八日庚午土定 □

3 廿九日辛未土執　　　　　　　歲位，移徙 □

4 卅日壬申金破　　　鴻雁來　　　歲位，解除 □

5 二月　赤　綠　黑　天道西南行，宜向西南行，又宜修造西南維，□

6 小建　黃　白　白　甲巳上取土及宜修造吉。月厭在酉，月煞在戌，月 □

7 丁卯　紫　白　綠　庚上取土及宜修造吉。用乾巽坤艮時吉[2]。

8 一日癸酉金危　　　　　　　歲位，祭竈、沐浴[3]、□

9 二日甲戌火成　　　　　　　大小歲對，除足甲爪（?）□

10 蜜三日乙亥火收滅[4]　　　　魁　　　　□

11 四日景子水開　　　　　　　大小歲對、母倉 □ 祭祀、□

---

1 “廿七日己巳木”，據曆日體例補。

2 “時吉”，據曆日體例補。

3 “浴”，據文義校補。

4 原卷“滅”下雜寫“三日乙”三字，因與曆日無涉，不錄。

12 五日丁丑水閉　　草木萌動　大小歲對、歸忌，嫁娶、塞穴吉。

13 六日戊寅土建　　　　　天赦

14 七日己卯土除　　　　歲對、天恩，加冠、拜官、修宅、嫁娶吉。

15 八日庚辰金滿上弦[1]　歲位、九坎、天恩，修造、裁衣、市買六畜

16 九日辛巳金平[2]　　　　罡

17 蜜十日壬午水平　　驚蟄二月節，桃始華　　　魁

18 十一日癸未木定　　　　歲位、地囊、天恩，市買、內財吉。

19 十二日甲申水執　　　　歲位，沐浴、起土、殯葬，符鎮、洗頭吉。

20 十三日乙酉水破　　　　歲位、小歲後，沐浴、治病、解厭吉。

21 十四日景戌土危　　　　歲對、小歲後，安床帳、嫁娶、符鎮吉。

22 十五日丁亥土成　望　　鵲鶫鳴　歲對、小歲後、母倉，嫁娶、移徙、修宅吉。

23 十六日戊子火收　　　　罡

24 蜜十七日己丑火開　　　　歲對、九坎，療病、除手甲、嫁娶、入學吉。

25 十八日庚寅木閉　　　　歲對、歸忌，加冠、拜官[3]

26 十九日辛卯木建　　　　歲前、小歲後[4]

27 廿日壬辰水除　　鷹化為鳩　歲前

28 廿一日癸巳水滿　　　　　歲前

29 廿二日甲午金平

30 廿三日乙未金建　往亡[5]　下弦

1 原卷“上弦”下雜寫“金”字，因與曆日無涉，不録。

2 原卷“金”字補寫於“平”後，當為“金平”。

3 “官”，據上下文義校補。

4 “歲後”，據曆日體例校補。

5 “廿三日乙未”，據干支紀日體例推補。

說明

此件為羅振玉舊藏文書，影印刊佈於《貞松堂藏西陲秘籍叢殘》，鄧文寬做過整理研究工作，定為《後晉天福四年乙亥歲（939年）具註曆日》。此件的原貌，羅振玉題跋曰："右殘曆存三十行，首尾均佚，起正月廿七日，訖二月廿三日，以正月大建，晦日值壬申。二月朔值癸酉，考之殆後晉高祖天福四年曆也。每七日註密字，與七曜曆及後唐天成丙戌曆同，而每日下註歲位、歲對、歲前、小歲等，則天成曆所未有也。月下記九宮方位則與今曆同，亦天成曆之所未有也。九宮方位及每七日註密字，皆朱書，丙字皆避唐諱作景。五季人紀淪亡而猶謹於勝朝之諱，此風尚近古。視今之食茅踐土，數百年而於故國，視如秦越，或且如讎仇者為遠勝矣。壬戌九月松翁羅振玉。又唐天寶十二載及會昌六年亦正月癸卯朔，二月癸酉朔，此姑定為後晉者，以書跡與後唐及宋淳化比例而知之。且歐洲所藏殘曆，皆五季北宋物，未見唐代曆也。松翁又記。"以上錄《松翁近稿》（《國家圖書館藏敦煌遺書·條記目録》，第18頁）。

參考文獻

鄧文寬：《敦煌天文曆法文獻輯校》，江蘇古籍出版社，1996，第445—449頁；《國家圖書館藏敦煌遺書》第141冊，北京圖書館出版社，2011，第349—350頁；《國家圖書館藏敦煌遺書·條記目録》，第18頁。

一四、

BD14636（北新 836）《大曆序》

釋文

1 大曆序 □ 先申日也。川原，穀雨前後吉日也。啓源獺祭魚，前後開。

三伏：夏至後第三庚，初；大暑後一庚，中；立秋後一庚，後也。

臘近大寒前後辰，亦冬至後三辰。

2 大唐天成三年戊子歲具註曆日一卷 并序，隨軍參謀翟奉達撰上。干土支水納音火，凡三百八十日。

3 夫曆日者是陰陽之綱紀[1]，造化之根源，元塊未分，混為一氣。

4 玄黃乃判[2]，故立二儀。然則晝見金烏，宵呈玉兔，陰陽有序。

5 昏曉無虧[3]，廿四氣成規，七十二候方列。運移寒暑，宜辯

6 吉凶[4]。日往月來，須明禍福。今故註一年之善惡 □

7 終篇并列於卷也。今年太歲在子，□

---

1 “夫”，《敦煌天文曆法文獻輯校》據曆序文例補。

2 “玄”，《敦煌天文曆法文獻輯校》據文義補。

3 “昏”，《敦煌天文曆法文獻輯校》據曆序文句補。

4 “吉”，《敦煌天文曆法文獻輯校》據文義補。

說明

此件抄於《毛詩鄭箋》之後，《逆剌占一卷》之前，現存文字七行，首題“大曆序”，其下又有三行小字抄有川原、啓源祭及三伏、臘日推算等內容。其中第二至第七行抄有曆序，且第二行題有“隨軍參謀翟奉達撰上”，可知此曆日為歸義軍自行編造的曆日，編纂者即為隨軍參謀翟奉達。至於曆日正文，可惜已殘。此件後唐天成三年戊子歲曆序，鄧文寬做過整理，可參看。需要說明的是，首行“大曆序”下的三行小字，對於了解敦煌地區的歲時文化提供了不可多得的資料。

參考文獻

鄧文寬：《敦煌天文曆法文獻輯校》，江蘇古籍出版社，1996，第422—425頁；《國家圖書館藏敦煌遺書》第131冊，北京圖書館出版社，2010，第130頁；《國家圖書館藏敦煌遺書・條記目録》第9頁。

一五、
BD14636（北新836）《殘曆》

釋文

1 □之加入歲已來□月副之下

2 □已七乘之二百二十八除為積月，烈

3 重已小盡月加上位卅乘積月，已七除

4 不滿為小盡，餘已幾法去之算外已

參考文獻

鄧文寬：《敦煌天文曆法文獻輯校》，江蘇古籍出版社，1996，第693頁；《國家圖書館藏敦煌遺書》131冊，北京圖書館出版社，2010，第110—111頁；《國家圖書館藏敦煌遺書·條記目録》，第9頁。

一六、
BD16202《具註曆日》

釋文

1 □□□□嫁娶。遍身，在内。

2 □□□□吉（?），在胸，在外。

3 □□□□吉。在氣衝，在外。

4 □□□□吉。在股内，在外。

說明

此件係從BD02823揭下的裱補紙，僅存四行文字，其中“遍身”“胸”“氣衝”“股内”為逐日人神所在位置，其下“在内”“在外”為日游所在位置。參照伯三二四七《逐日人神所在》，可知此殘片為某月十五至十八日曆註。

參考文獻

《國家圖書館藏敦煌遺書》第146冊，北京圖書館出版社，2012，第22頁；《國家圖書館藏敦煌遺書·條記目録》，第11頁。

一七、
BD16202v《具註曆日》

釋文

1 　　　　土吉。月厭　　人神　　日游

2 　　　　寅入於戌

3 　　　　倉吉。在足大指，在外。

4 　　　　日吉。在外踝，在外。

5 　　　　　　在股内，在内。

6 　　　　日　　　在腰，在内。

說明

此件存文字七行，性質與正面殘片相同。對照伯三二四七《逐日人神所在》，可知此殘片為某月一日至四日曆日。據第一行“月厭”“人神”“日游”，可知此殘曆分欄書寫，“人神”和“日游”即為曆日的最下兩欄（正面曆日也是分欄抄寫，據此推測，正背兩殘片可能原為同一件曆日）。

參考文獻

《國家圖書館藏敦煌遺書》第 146 册，北京圖書館出版社,2012，第 23 頁；《國家圖書館藏敦煌遺書・條記目録》，第 11 頁。

一八、

BD16281《具註暦日》

BD16281A《具註暦日》

釋文

1 □辛未滿，十日己巳木定[1]，

2 六日天赦。

3 □丁未，一日己丑火破[2]，

4 □一日戊午火開，

5 □己酉，一日戊子火平，

BD16281B《具註暦日》

釋文

1 □建庚戌，一日丁巳土危，

2 立冬

3 □廿三日定，十月大建[3]，

1 "定"，《國家圖書館藏敦煌遺書·條記目録》釋作"丙"。

2 "丑"，《國家圖書館藏敦煌遺書·條記目録》釋作"巳"。

3 "十月大建"，《國家圖書館藏敦煌遺書·條記目録》釋作"十日火建"。

4 ［　　　］ 廿三日□大雪

BD16281D《具註曆日》

釋文

1 ［　　　］十日乙未金 ［　　　］

2 ［　　　］□廿五日成[1]□ ［　　　］

BD16281E《具註曆日》

釋文

1 ［　　　］小，七月大 ［　　　］

2 ［　　　］一日甲卯木建 ［　　　］

3 ［　　　］十一日甲申土平 ［　　　］

4 ［　　　］十六日乙巳 ［　　　］

BD16281F《具註曆日》

釋文

1 ［　　　］十一月小 ［　　　］

2 　　　小寒

3 ［　　　］廿三日滿 ［　　　］

BD16281H《具註曆日》

釋文

1 金破。十五日庚子土□，廿四日己酉 ［　　　］

---

1 "成"，《國家圖書館藏敦煌遺書・條記目録》釋作"戌"。

2 水除，□

BD16281J《具注曆日》

釋文

1 □申亥，一日丁亥□

2 □八日冬至。天□

BD16281K《具注曆日》

釋文

1 □建壬子，一日丁□

2 □十二月大建癸□

說明

此件（BD16281）係從BD8066號文書揭下的裱補紙，現拆分出十一個殘片，依次標識為A至K，除G片外，其他十個殘片的正面均為曆日，然字體殘損剝落嚴重，諸多曆日殘片文字不易辨認。如C片似可辨識出“二月大”“十五日”“六日”字樣，I片可識讀書“一日丙戌土”。綜合來看，這十一個殘片大致是某年月建大小和各月節氣的描述，性質上屬於簡曆。不僅如此，這些殘片的背面也抄有文字，大體涉及契約稿和某寺的社司轉帖。

參考文獻

《國家圖書館藏敦煌遺書》第146冊，北京圖書館出版社，2012，第74—83頁；《國家圖書館藏敦煌遺書·條記目録》，第33—37頁。

一九、
BD16289《具註暦日》

釋文

1 四日甲戌火成[1] ☐

2 五日乙亥火 ☐

3 六日丙子水[2] ☐

說明

此暦日殘片僅存三行，行有五字，分欄書寫，係從 BD7862 號揭下的裱補紙。

參考文獻

《國家圖書館藏敦煌遺書》第 146 冊，北京圖書館出版社，2012，第 88 頁；《國家圖書館藏敦煌遺書・條記目録》，第 39 頁。

1 "成"，據殘字形校補。
2 "水"，據甲子納音補。

二〇、
BD16365《具註曆日》

BD16365A《具註曆日》

釋文

1 □夜卌六刻

2 □　丙辰土建[1]，鳴鳩拂其羽[2]，修車、解厭吉。六壁，在震宮。

3 □　丁巳土除，辟夬，合德、母倉，修造、拜官、符、解鎮吉。五　奎，在震宮。

4 □　戊午火滿，望，天李[3]、九丑、母倉，修宅、拜官、符、解鎮吉。四 娄，在震宮。

5 □　己未火平[4]，罡　　　　　三　胃，在震宮。

6 □　庚申木定[5]，□　二　昴[6]，在巽宮[7]。

---

1 "丙"，據六十甲子及曆日格式補。

2 底本原作"戴勝降於桑"，後塗去以示删除，復於左側改作"鳴鳩拂其羽"。

3 "李"，《國家圖書館藏敦煌遺書·條記目録》釋作"孛"，誤。

4 "己未火平"，據曆日體例補。

5 "庚申木定"，據曆日體例補。

6 "二昴"，據曆日體例補。

7 "宮"，據曆日體例補。

BD16365B《具註曆日》

釋文

1 十九日辛卯木開 [1] ☐ 病、修宅、斬吉。七 參，在坎宮，在足。

2 廿日壬辰水閉 [2]，小暑至 [3]，☐ 六 井，坎宮，在內跨。

3 廿一日癸巳水建 [4]，天門 [5]、拜官、立柱 [6]、造車、修井吉 [7]。五 鬼，在太微宮，在手小指。

4 廿二日甲午金除 [8]，下弦，侯大有內 [9]，天赦。四 柳，在太微宮，在外踝。

5 廿三日乙未金滿 [10]，合德、九焦、九坎，入財、解厭吉。三 星，在太微宮，在肝。

6 廿四日丙申火平 [11]，☐ 魁 ☐ 二 張，在太微宮，在手陽明。

7 廿五日丁酉火定 [12]，☐ 一 翼 [13]，在太微宮 [14]，在足陽明 [15]。

---

1 "十九日辛"，據逐日人神所在位置補。

2 "廿日壬"，據逐日人神所在位置補。

3 底本"小暑至"前抄有"芒種五月節"，但已塗去，故不錄。

4 "廿一日癸"，據逐日人神所在位置補。

5 "門"，《國家圖書館藏敦煌遺書·條記目錄》釋作"河"。

6 "柱"，《國家圖書館藏敦煌遺書·條記目錄》釋作"枉"。

7 "井"，《國家圖書館藏敦煌遺書·條記目錄》釋作"片"。

8 "廿二日甲"，據逐日人神所在位置補。

9 "侯"，《國家圖書館藏敦煌遺書·條記目錄》釋作"佞"。

10 "廿三日乙"，據逐日人神所在位置補。

11 "廿四日丙申火平"，據逐日人神所在位置及建除排列規則補。

12 "廿五日丁酉火定"，據逐日人神所在位置及建除排列規則補。

13 "一翼"，據曆日體例補。

14 "在太微宮"，據日游規則補。

15 "在足陽明"，據逐日人神所在位置補。

說明

此件曆日由 A、B 兩殘片組成，原是作為裱補紙用於修補佛經（BD9655 背《金光明最勝王經》卷四），鄧文寬考出殘曆為唐乾符四年（877 年）具註曆日。殘曆中涵有卦氣、日九宫、二十八宿和日游等曆註信息，是現知出土文獻中二十八宿连续註曆的最早曆日文獻，對全面了解具註曆日的形制、曆註要素的複雜内容以及探察中國古代曆日文化的發展演變都有十分重要的參考價值（趙貞《國家圖書館藏 BD16365〈具註曆日〉研究》,《敦煌研究》2019 年第 5 期）。

參考文獻

《國家圖書館藏敦煌遺書》第 146 冊，北京圖書館出版社，2012，第 117 頁；《國家圖書館藏敦煌遺書·條記目録》，第 55 頁；鄧文寬：《兩篇敦煌具註曆日殘文新考》，《敦煌吐魯番研究》第 13 卷，上海古籍出版社，2013，第 197—201 頁；趙貞：《國家圖書館藏 BD16365〈具註曆日〉研究》，《敦煌研究》2019 年第 5 期；鄧文寬：《對兩份敦煌殘曆日用二十八宿作註的檢驗——兼論 BD16365〈具註曆日〉的年代》，《敦煌研究》2023 年第 5 期。

二一、
BD16374《具註曆日》

釋文

1 ▭ 日壬寅金收 ▭

說明

此件係從BD3354號背面揭下的裱補紙，僅存一行文字“日壬寅金收”，可知為曆日殘片。

參考文獻

《國家圖書館藏敦煌遺書》第146冊，北京圖書館出版社，2012，第122頁；《國家圖書館藏敦煌遺書·條記目録》，第57頁。

二二、

B464:5《元至正二十八年戊申歲（1368 年）具註曆日》

釋文

1 二十日丁巳土定柳[1]宜祭祀、臨

2 二十一日戊午火執星[2]宜祭祀、上官、赴

3 二十二日己未火破張[3]宜祭祀、破屋

4 二十三日庚申木危翼[4]晝三十九刻，夜六十一

5 二十四日辛酉木成軫[5]宜祭祀、解除、沐浴、□□造

6 二十五日壬戌水收角[6]宜收斂貨財、捕捉、畋獵

7 二十六日癸亥水開亢[7]宜祭祀、襲爵、受封、臨政、親民、沐浴、治病

---

1 “二十日丁巳土定”，據曆日格式推補。基於“日期＋干支＋五行＋建除＋星宿”的基本格式，據第 10 行“二十九日丙寅火除心”可推補出“二十日丁巳”；又據六十甲子納音，可知丁巳納音土，可補“土”字；又據建除的排列規則，可補“定”字。

2 “二十一日戊午火執”，據曆日格式推補。

3 “二十二日己未”，據曆日格式及上下文義補。

4 “二十三日庚申”，據曆日格式及上下文義補。

5 “二十四日辛酉”，據曆日格式及上下文義補。

6 “二十五日壬戌”，據曆日格式及上下文義補。

7 “二十六日癸”，據曆日格式及上下文義補。

8 二十七日甲子金閉氐[1] 日入申正三刻 宜祭祀、求嗣、出行、沐浴、立券

9 二十八日乙丑金建房[2] 宜祭祀、解安宅舍，　　忌出行

10 二十九日丙寅火除心 宜襲爵、受封、臨政、親民、解除、會賓

說明

此件出土於莫高窟北區464窟，為版刻印本曆日，其左側有豎條邊框，現存十行文字，鄧文寬據二十八宿註曆、漏刻及建小月等信息，考證此件為元至正二十八年戊申歲（1368年）具註曆日（鄧文寬：《莫高窟北區出土〈元至正二十八年戊申歲（1368年）具註曆日〉殘頁考》，《敦煌研究》2006年第2期），此從之。

參考文獻

彭金章、王建軍：《敦煌莫高窟北區石窟》第3卷，文物出版社，2004，第81頁，圖版三九；鄧文寬：《莫高窟北區出土〈元至正二十八年戊申歲（1368年）具註曆日〉殘頁考》，《敦煌研究》2006年第2期。

1 “二十七日”，據曆日格式及上下文義補。
2 “二十八日”，據曆日格式及上下文義補。

二三、黄文弼所獲《唐神龍元年乙巳歲（705 年）曆日序》

釋文

1 ［　　］在卯，歲□［　　］

2 ［　　］［黃］幡在丑[1]，豹尾［　　］

3 ［　　］其埊不可穿鑿[2]［　　］

4 ［　　］［須］營者[3]，日與□［　　］

5 ［　　］□（者）[4]，修營□（無）［妨］[5]［　　］

說明

此件為黄文弼在吐魯番考古時所獲，編號為 H4Va，圖版刊佈于《吐魯番考古記》（圖版二，圖 4），黄文弼定為“陰陽書”，殘存文字五行，其後兩行倒書《孝經·開宗明義章》。此紙正面抄有官文書《武周長安三年（703 年）

1“黃”，據敦煌曆序中年神“黃幡”補。

2“埊”，即“地”之武周新字。

3“須”，據敦煌曆序補。伯三四〇三《宋雍熙三年（986 年）具註曆日序》：“其地不可穿鑿動土，因有破壞，事須修營，其日與歲德、月德、歲德合、月德合、天赦、天恩、母倉并者，修營無妨。”劉子凡依據上件曆日與日本正倉院藏《天平勝寶八歲（756 年）曆日》校補此件殘曆。此從之。

4“□”，當作“者”，據敦煌曆序補。

5“□”，當作“無”，據敦煌曆序改；“妨”，據敦煌曆序補。

括逃使牒》，存文字七行。劉子凡經過正反兩面比對和整理，將此件定名為《唐神龍元年（705 年）曆日序》，指出此件殘紙原為官文書，廢棄之後背面用來抄寫曆序（《文津學志》第 15 輯，第 190—196 頁）。

參考文獻

黃文弼：《吐魯番考古記》，中國科學院出版社，1954，第 44 頁；劉子凡：《黃文弼所獲〈唐神龍元年曆日序〉研究》，《文津學志》第 15 輯，國家圖書館出版社，2012，第 190—196 頁。

二四、

Ch.1512《具註曆日》

釋文

1 [ ]吉。

2 [ ]葬、經絡吉[1]。

3 [ ]解除吉[2]。

4 [ ]往亡[3]。

5 [ ]壞垣、破屋、作竈、解除、療病吉。

6 [ ]入學[4]、母倉、皈忌、加冠、拜官、修□□□。

7 [ ]倉[5]、血忌、九坎。

8 [ ]厠[6]、出行。

---

1 “絡”，據殘字形及上下文義補。

2 “解”，據殘字形及上下文義補。

3 “往”，據殘字形及上下文義補。

4 “入”，據殘字形及上下文義補。

5 “倉”，據殘字形補。

6 “厠”，據殘字形補。

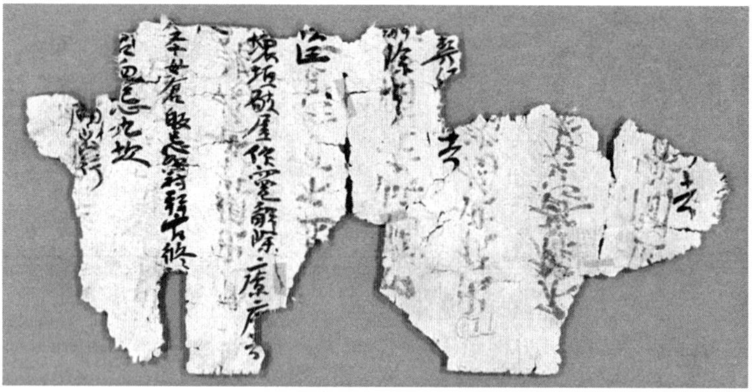

說明

此件殘缺嚴重，存文字八行，每行上半部分已殘，現存文字為逐日宜忌的事項。背面為佛典殘片，亦存八行文字。

參考文獻

榮新江:《柏林通訊》,《學術集林》第10卷，上海遠東出版社，1997，第396頁；榮新江:《德國吐魯番收集品中的漢文典籍與文書》,《華學》第3輯，紫禁城出版社,1998，第312頁、第317頁；榮新江主編:《吐魯番文書總目(歐美收藏卷)》，武漢大學出版社，2007，第126頁；榮新江、史睿主編:《吐魯番出土文獻散録》，中華書局，2021，第208—209頁。

二五、

Ch.3330《具註曆日》

釋文

1 ____ 大小歲後[1]、天 ____

2 ____ 大小歲後、天恩 ____

3 ____ 歲後小歲位、天[2] ____

4 ____ 歲後。

5 ____ 歲後、加冠、拜官吉。

6 ____ 歲後[3]、療病、□□□。

7 ____ 歲後、解除、 ____

8 ____ 歲後、祭祀、嫁 ____

9 ____ 大小歲前、嫁娶[4]、 ____

10 ____ 大小歲前[5] ____

1“大小”，據殘字形及文義補。

2“天”，據殘字形及上下文義補。

3“歲後”，據殘字形及上下文義補。

4“娶”，據殘字形及上下文義補，《吐魯番出土文獻散録》補作“取”。

5“前”，據殘字形及上下文義補。

說明

此件殘缺嚴重，存文字十行，背面殘存佛典六行，從字體及正背關係判斷，此件與 Ch.1512 字跡、書法相通，當為同一件曆日，只是目前尚不能直接拼接或綴合。現存十行文字均為逐日神煞，有大小歲後、大小歲前、歲後小歲位、歲後等四種，間或有宜忌事項（如加冠、拜官、祭祀、療病、解除、嫁娶等）。

參考文獻

榮新江：《柏林通訊》，《學術集林》第 10 卷，上海遠東出版社，1997，第 396 頁；榮新江：《德國吐魯番收集品中的漢文典籍與文書》，《華學》第 3 輯，紫禁城出版社，1998，第 312 頁、第 319 頁；榮新江主編：《吐魯番文書總目（歐美收藏卷）》，武漢大學出版社，2007，第 270 頁；榮新江、史睿主編：《吐魯番出土文獻散録》，中華書局，2021，第 209—210 頁。

二六、
Ch.3506《明永樂五年丁亥歲（1407年）具註曆日》

釋文

1 二十一日癸卯金成張[1]，宜

2 二十二日甲辰火收翼[2]，宜納財

3 二十三日乙巳火開軫[3]

4 二十四日丙午水閉角[4]，宜祭祀、立券、交易、剃頭、安葬，不宜出行、針刺[5]。

5 二十五日丁未水閉亢[6]，立秋七月節，宜祭祀，不宜出行、栽種、針刺。

6 二十六日戊申土建氐，日入酉正三刻，晝五十六刻，夜四十四刻，宜祭祀、嫁娶，宜用辰時不宜動土。

7 二十七日己酉土除房[7]，宜祭祀、沐浴。不宜出行、移徙、栽種。

8 末伏　二十八日庚戌金滿心，宜進人口、裁衣、宜用辰時開市、交易、納財。

---

1 “二”“癸卯金”，鄧文寬據甲子納音補。

2 “二十二日甲”“火”，鄧文寬據甲子納音補。

3 “二十”，據曆日體例推補。

4 “二十四日丙”，據曆日體例推補。

5 “針刺”，鄧文寬釋作“□□”。

6 “丁未”，據曆日體例推補。

7 “二十”，據曆日體例推補。

9 二十九日辛亥金平尾[1]，宜娶 [ ]

說明

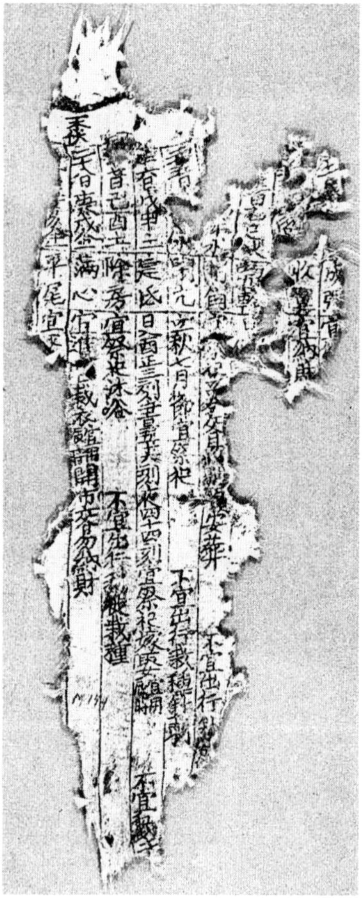

此件現藏德國國家圖書館，編號為 Ch.3506，存文字九行，刻本，分欄編排，共有四欄。現存上欄有“末伏”註記，其下一欄為日序、干支和六甲納音；再下一欄為建除和二十八宿註曆，再下一欄為吉凶宜忌等選擇事項（榮新江主編：《吐魯番文書總目（歐美收藏卷）》，第 284 頁）。鄧文寬對此件作了整理研究，定名為《明永樂五年丁亥歲（1407 年）具註曆日》（《敦煌吐魯番研究》第 5 卷，第 263—268 頁），此從之。

參考文獻

鄧文寬：《吐魯番出土〈明永樂五年丁亥歲具註曆日〉考》，《敦煌吐魯番研究》第 5 卷，北京大學出版社，2001，第 263—268 頁；鄧文寬：《敦煌吐魯番天文曆法研究》，甘肅教育出版社，2002，第 255—261 頁；榮新江主編：《吐魯番文書總目（歐美收藏卷）》，武漢大學出版社，2007，第 284 頁；《吐魯番出土〈明永樂五年丁亥歲（1407 年）大統曆〉考》，《鄧文寬敦煌天文曆法考索》，上海古籍出版社，2010，第 255—261 頁；榮新江、史睿主編：《吐魯

1 “二十九日辛”，據曆日體例推補。

番出土文獻散録》，中華書局，2021，第 214—215 頁；榮新江：《吐魯番的典籍與文書》，上海古籍出版社，2023，第 389 頁。

二七、
Ch/U6377r《具註曆日》

釋文

（前缺）

1 ＿＿＿＿＿人神在氣衝[1]。

2 ＿＿＿＿＿人神在股內。

3 ＿＿＿＿＿人神在足。

4 ＿＿＿＿＿十刻 刻 人神在［內］踝[2]。

5 ＿＿＿＿＿人神在［手］小指[3]。

（後缺）

說明

此件僅存五行，分欄書寫，“為曆日中所註之人神流註”。榮新江主編《吐魯番文書總目（歐美收藏卷）》指出，此件與 Mainz168r 和 U284r 屬同一寫本，據 U284r 中避“丙”諱為“景”，可知為唐寫本，其形制與五代宋初的曆日接近，

1 “衝”，《吐魯番出土文書散録》據人神所在位置補。

2 “內”，據二十日人神所在位置補。

3 “人神”，《吐魯番出土文書散録》據文義補；“手”，據二十一日人神所在位置補。

可能為唐末高昌所用具註曆日（榮新江主編：《吐魯番文書總目（歐美收藏卷）》，第363頁；榮新江、史睿主編：《吐魯番出土文獻散録》，第210頁）。

參照中國古代曆日中人神游動的規律，可知此件現存文字為某月十七至二十一日人神所在位置的描述，即人神十七日在氣衝，十八日在股内，十九日在足，二十日在内踝，二十一日在手小指（鄧文寬：《敦煌天文曆法文獻輯校》，江蘇古籍出版社，1996，第744頁）。

參考文獻

榮新江主編：《吐魯番文書總目（歐美收藏卷）》，武漢大學出版社，2007，第363頁；榮新江、史睿主編：《吐魯番出土文獻散録》，中華書局，2021，第210—211頁。

二八、
MIK Ⅲ 4938《具註曆日》

釋文

1 [　　　　]□□[　　　　]

2 今年大歲已下諸神煞[1] [　　　　]

3 （圖）· 角宿 ·（圖）· 亢宿 ·（圖）· 氐宿 ·（圖）· 房宿 ·（圖）[2]

說明

此件首尾均殘，第二行“今年大歲已下诸神煞”為曆日常用術語，據此可知本件為曆日殘頁。此曆殘存東方七宿中角、亢、氐、房四宿以及南方七宿中軫宿的星神像與星圖，唯星圖殘缺嚴重，甚為可惜。此件的時代，法國學者華瀾推斷不早於十世紀。

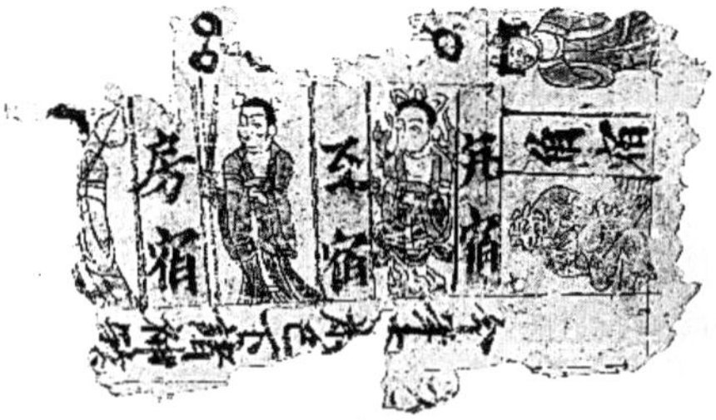

---

1 “大歲”，據殘字形及文義補。

2 此圖按順時針方向（自左向右）閱讀。

參考文獻

榮新江:《柏林通訊》,《學術集林》第10卷,上海遠東出版社,1997,第384頁;《德國吐魯番收集品中的漢文典籍與文書》,《華學》第3輯,紫禁城出版社,1998,第322頁;[法] 華瀾:《簡論中國古代曆日中的廿八宿註曆——以敦煌具註曆日爲中心》,《敦煌吐魯番研究》第7卷,中華書局,第410—421頁;榮新江主編:《吐魯番文書總目(歐美收藏卷)》,武漢大學出版社,2007,第786頁;榮新江、史睿主編:《吐魯番出土文獻散録》,中華書局,2021,第211—212頁,子部圖六;榮新江:《吐魯番的典籍與文書》,上海古籍出版社,2023,第363頁、第398頁。

二九、

MIK Ⅲ 6338《具註曆日》

釋文

1 大耗在巳，小耗在午，蠶[1]

2 發盜在未，喪門在寅，□右

3 今年大歲已下諸神煞方位[2]，新添

4 軫宿·(圖)·角宿·(圖)·亢宿·(圖)·氐宿·(圖)·房宿·(圖)·心宿·(圖)·尾宿[3]

5 翼星圖(殘)·軫星圖·角星圖·亢星圖·氐星圖·房星圖·心星圖·尾星圖（殘）[4]

6 雙女宮圖·二月·天秤宮·天秤宮圖·天竭（蝎）宮[5]·天蝎宮圖（殘）

7 □歲煞□ / 盜擾□□ / 蠶官犯損蠶 / □大吉

(後缺)

1“蠶”，據殘字形及文義補。

2“大”，《吐魯番出土文獻散錄》釋作“太”，“大”通“太”。

3 此處按順時針方向（自左向右）依次釋錄和解說。以下同，不另出校。

4 星圖的判斷，參照《隋書·天文志》的記載，角宿二星，亢宿四星，氐宿四星，房宿四星，心宿三星，尾宿九星，翼宿二十二星，軫宿四星。（參見魏徵、令狐德棻撰：《隋書》卷二〇《天文志（中）》，中華書局，1973，第543—544頁、第548—549頁。）

5“竭”，當作“蝎”，據文義改，“竭”為“蝎”之形訛。

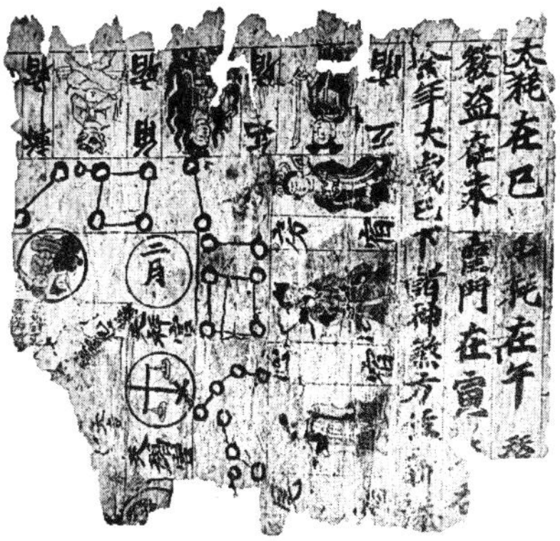

說明

此件為交河故城出土曆日殘頁，圖文並茂，其形制與敦煌吐魯番所出曆日有明顯不同。殘曆中存有軫、角、亢、氐、房、心、尾七宿，各宿均有星圖和星神像；十二宫中僅存雙女宫、天秤宫、天蝎宫，其它九宫已殘。首部三行為曆序，其中神煞亦見於敦煌具註曆日（S.612《宋太平興國三年戊寅歲（978年）應天具註曆日》）。本件中“蠶官犯損蠶”，其義與 S.612“蠶官在戌，犯之，主損田蠶不利”基本相同。

此件的性質，夏鼐推定為星占術的功能，並指出“天蝎”誤作“天竭”，“雙女”有圖形而缺失標題，觀字體當為初唐（約七至八世紀）寫本。法國學者華瀾推斷其年代不早於十世紀。

參考文獻

夏鼐：《從宣化遼墓的星圖論二十八宿和十二宫》，《考古學和科技史》，科學出版社，1979，第 46—47 頁，圖版拾叁；榮新江：《柏林通訊》，《學術集林》第 10 卷，上海遠東出版社，1997，第 384 頁；《德國“吐魯番收集品”中的漢文典籍與文書》，《華學》第 3 輯，紫禁城出版社，1998，第 322 頁；[法] 華瀾：《簡論中國古代曆日中的廿八宿註曆——以敦煌具註曆日為中心》，《敦煌吐魯番研究》第 7 卷，中華書局，2004，第 410—421 頁；榮新江主編：《吐魯番文書總目（歐美收藏卷）》，武漢大學出版社，2007，第 792 頁；馬小鶴：《回鶻語廿七宿與十二宮圖表——吐魯番文書 T Ⅱ Y29（部分）與 U494 譯釋》，《敦煌吐魯番研究》第 13 卷，上海古籍出版社，2013，第 321—339 頁；榮新江、史睿主編：《吐魯番出土文獻散録》，中華書局，2021，第 212—213 頁，子部圖七；榮新江：《吐魯番的典籍與文書》，上海古籍出版社，2023，第 363 頁、第 398 頁。

三〇、
K.K.11.0292（j）《西夏皇建元年庚午歲（1210年）具註曆日》殘片

釋文

五日庚申木建　長星	四日己未火閉	
箕	尾	

說明

此件為印本曆日，僅存兩欄，沙知、吳芳思定名為《元印本具註曆殘頁》（《斯坦因第三次中亞考古所獲漢文文獻（非佛經部分）》，第316頁），鄧文寬考訂為《西夏皇建元年庚午歲（1210年）具註曆日》，判定為黑水城出土曆日殘片（《文物》2007年第8期），此從之。其中曆註“長星”，亦見於Инв. No.5229《西夏光定元年辛未歲（1211年）具註曆日》、日本金澤文庫所藏《宋嘉定十一年戊寅歲（1218年）具註曆日》和《宋寶祐四年丙辰歲（1256年）會天萬年具註曆》，按照《大明嘉靖三年歲次甲申（1524年）大統曆》的記載，“長短星日，不宜市貿交易、裁衣、納財”。

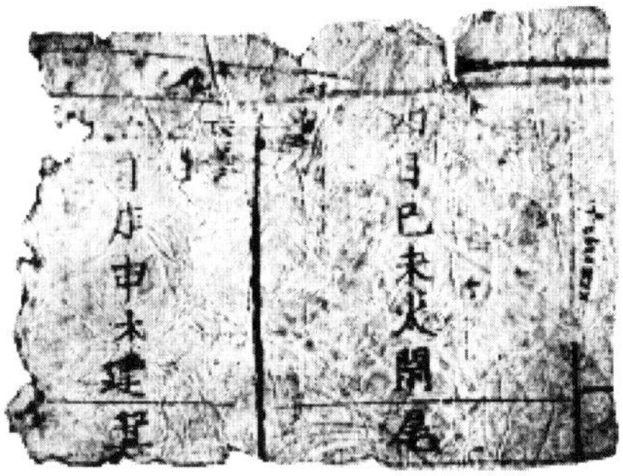

參考文獻

沙知、吳芳思編著:《斯坦因第三次中亞考古所獲漢文文獻（非佛經部分)》，上海辭書出版社，2005，第 316 頁；鄧文寬:《黑城出土〈西夏皇建元年庚午歲（1210 年）具註曆日〉殘頁考》，《文物》2007 年第 8 期。

三一、

TK269《西夏光定元年辛未歲（1211年）具註曆日》

釋文

動土 留進人	鳴吠對 坐守日	獄緩刑 宜視官		天德舍	寶明星 續世 恩行慶	宜□□ 惡慶□ 座至	□九空 □伐日 蓋造舍 征行運	風復日 臟腹食
	晝五十三刻		夜四十七刻					
氣衝[1]	人神在股內[2]				人神在足	人神[在][3]內踝	人神在手小指	人神在外[踝][4]及胸
				日游[5]				

---

1 “衝”，《俄藏黑水城漢文非佛教文獻整理與研究》《考古發現西夏漢文非佛教文獻整理與研究》釋作“衡”，誤。

2 “內”，《俄藏黑水城漢文非佛教文獻整理與研究》釋作“大”。

3 “在”，據曆日格式及體例補。

4 “踝”，據曆日格式及體例補。

5 “游”，據曆日格式及文義校補。

……七聖[1] ……胗蓋 ……藥療病 ……德相日	……□呈 ……出使 ……□進人	……觸水龍 ……不宜命 ……舟船興 ……理竈	……合金堂 ……宜修葺 ……學立契	……道 枝德 ……結會親姻 ……執捕寇盜	……□九醜
日入酉正一刻		日出卯初三刻 日入酉正初刻			
人神[在][足]陽明[2]	人神在胸	人神在膝[3]	人神在陰	人神在膝脛	

說明

此件為活字印本，原卷軸裝，後疊成經折裝，其上部、下部被裁，殘缺過甚，內容上可與 TK297、Инв.No.5229、Инв.No.52985、Инв.No.5306、Инв.No.5469、Инв.No.8117 諸種曆書相參照，鄧文寬最初考訂為宋嘉定四年辛未歲（1121 年）曆日，屬於南宋《開禧曆》的實行曆書，后又修正為西夏光定元年辛未歲曆日（鄧文寬：《敦煌吐魯番天文曆法研究》，甘肅教育出版社，2002，第 271—289 頁；《黑城出土〈西夏皇建元年庚午歲（1210 年）具註曆日〉殘片考》，《文物》2007 年第 8 期）。據史金波研究，本件年代距宋嘉定四年不遠，或即該年曆書，殘存二月十七日至二十二日、二十五日至三十日共十二天

1“七”，《俄藏黑水城漢文非佛教文獻整理與研究》釋作“十”。

2“在足”，據曆日格式及體例補；“明”，《俄藏黑水城漢文非佛教文獻整理與研究》《考古發現西夏漢文非佛教文獻整理與研究》釋作“關”，誤。

3“膝”，《俄藏黑水城漢文非佛教文獻整理與研究》《考古發現西夏漢文非佛教文獻整理與研究》釋作“臍”，誤。

曆日。又曆日中“明”字缺筆作“明”，應為避西夏太宗李德明諱而改，故可知為西夏活字印本曆日（參見《俄藏黑水城文獻》第 6 冊《附録・敘録》，第 32—33 頁）。

參考文獻

［俄］孟列夫：《黑城出土漢文遺書敘録》，王克孝譯，寧夏人民出版社，1994，第 239 頁；《俄藏黑水城文獻》第 4 册，上海古籍出版社，1997，第 355—357 頁；《俄藏黑水城文獻》第 6 冊《附録・敘録》，上海古籍出版社，2000，第 32—33 頁；史金波：《黑水城出土活字版漢文曆書考》，《文物》2001 年第 10 期；鄧文寬：《黑城出土〈宋嘉定四年辛未歲（1211 年）具註曆日〉三斷片考》，《敦煌吐魯番天文曆法研究》，甘肅教育出版社，2002，第 271—289 頁；史金波：《西夏的曆法和曆書》，《民族語文》2006 年第 4 期；西澤宥綜：《敦煌曆學綜論——敦煌具註曆日集成》下卷，美裝社，2006，第 326—329 頁；鄧文寬：《黑城出土〈西夏皇建元年庚午歲（1210 年）具註曆日〉殘片考》，《文物》2007 年第 8 期；孫繼民等：《俄藏黑水城漢文非佛教文獻整理與研究》，北京師範大學出版社，2012，第 502—506 頁；孫繼民等：《考古發現西夏漢文非佛教文獻整理與研究》，社會科學文獻出版社，2014，第 347—349 頁；史金波：《西夏文化研究》，中國社會科學出版社，2015，第 297—311 頁、第 343—353 頁。

三二、TK297《西夏乾祐十三年壬寅歲（1182年）具註曆日》

A 釋文

	[十]一日壬午木定[1]	[十]二日癸未木執	[十]三日甲申水破	[十]四日乙酉水危	十五日丙戌土成	十六日丁亥土收	十七日戊子火開	十八日己丑火閉	
	心	尾	箕	斗	牛	女	虛	危	
坎九五				沐浴		望	蜜	歸忌 除手甲	
公漸					鴻雁來	辟泰			
葬事出兵留	吉日 歲位 天德合 月空 天喜 天馬 民日 鳴吠 時陰 宥 招集賢良納綵 會親姻遠行移徙	吉日 歲位 天恩 枝[德][2] 玉堂黃道 宜宣政 舍宇和合交關捕捉	大耗 天牢 黑道 徒 伐日 不宜臨政事主 師旅興修造動	吉日 歲對 小歲後 守日 神在 宜葬埋 祭祀	吉日 歲對小歲後 三合 天府明星 司 四相 宜造宅舍 藥導師傳會	天魁 重日 劫殺 勾陳黑道 嫁娶開倉肆 詞訟遷居築	天火 天獄 不舉 不宜論訟上官	吉日 歲對 七聖 執儲明星 明堂 宜祀神祇黃道	小時 天刑[3] 黑道 □

---

1 "十"，據曆日體例補。以下同，不另出校。

2 "德"，據殘字形及文義補。

3 "刑"，《俄藏黑水城漢文非佛教文獻整理與研究》《考古發現西夏漢文非佛教文獻整理與研究》釋作"利"。

B 釋文

	大夫家人[1]		蜩始鳴[2]	
此月十六日乙酉其夜子初三刻後 艮時 坤乾時 寅前	月刑 小時 地火 土府 土符 伐日 兵禁 月厭 不宜興發軍師攻 討城寨攊鑿動土蓋屋經絡 嫁娶納親牧放群畜	吉日 歲後 月德合 六合 兵寶 大明 吉期 神在 宜修營宅第興發 土工訓卒練兵祀神 市估	吉日 歲後 月空 驛馬 天后 天巫 大明 兵吉 福德 相日 神在 鳴吠 歲德 青龍黃道 七聖 宜訓練軍師營葬 墳墓安置產室進口經絡	天剛 五盜 死神 天吏 天賊 致死 五離 復日 不宜動土工出遠行會賓客 營葬禮興詞訟合交關

1 “大夫”，據《寶祐四年具注曆》“（五月）八日戊戌木定牛，滅，大夫家人”校補，《考古發現西夏漢文非佛教文獻整理與研究》補作“大”。

2 “蜩”，《俄藏黑水城漢文非佛教文獻整理與研究》《考古發現西夏漢文非佛教文獻整理與研究》釋作“□”。

C 釋文

		□ 丙午		
開導井泉報封銀事□	□歲後小歲位　天恩　月恩　四相　生氣 □安　夏天德　天岳明星　神在　七聖 時陽　宜宣覃恩宥旌拜功勳　策試 賢良崇尚師傅祭祀神祇出行牧放	吉日　歲後　四相　王日　玉堂　七聖 宜臨政上官閉塞孔穴修補垣墉 泥飾宅舍	自四月二十七日丁卯午正三刻芒種已得五月之節□ 宜向西北行　又宜修造西北維　天德在乾[1]　月厭□ 月德在丙　月合在辛　月空在壬　丙辛壬上取□	用艮巽　丑後　辰後

說明

此件為活字印本，原卷軸裝，後疊成經折裝，其上部、下部被裁，殘缺過甚。鄧文寬最初考訂為宋淳熙九年壬寅歲（1182 年）曆日，后又修正為西夏乾祐十三年壬寅歲曆日（鄧文寬：《敦煌吐魯番天文曆法研究》，甘肅教育出版

1“乾”，《考古發現西夏漢文非佛教文獻整理與研究》釋作“干”。

社，2002，第262—270頁；曆日中"明"字缺筆作"眀"，應為避西夏太宗李德明諱而改，可知為西夏活字印本曆日（參見《俄藏黑水城文獻》第6冊《附録·敘録》，第35頁）。

參考文獻

[俄] 孟列夫:《黑城出土漢文遺書敘録》，王克孝譯，寧夏人民出版社，1994，第239—240頁；《俄藏黑水城文獻》第4冊，上海古籍出版社，1997，第385—386頁；《俄藏黑水城文獻》第6冊《附録·敘録》，上海古籍出版社，2000，第35頁；史金波:《黑水城出土活字版漢文曆書考》，《文物》2001年第10期；鄧文寬:《黑城出土〈宋淳熙九年壬寅歲（1182年）具註曆日〉考》，《華學》第四輯，紫禁城出版社，2000，第131—135頁；《敦煌吐魯番天文曆法研究》，甘肅教育出版社，2002，第262—270頁；史金波:《西夏的曆法和曆書》，《民族語文》2006年第4期；鄧文寬:《黑城出土〈西夏皇建元年庚午歲（1210年）具註曆日〉殘片考》，《文物》2007年第8期；孫繼民等:《俄藏黑水城漢文非佛教文獻整理與研究》，北京師範大學出版社，2012，第514—518頁；孫繼民等:《考古發現西夏漢文非佛教文獻整理與研究》，社會科學文獻出版社,2014，第352—356頁；史金波:《西夏文化研究》，中國社會科學出版社，2015，第297—311頁、第343—353頁。

三三、
TK319 清刻本《道光元年（1821 年）時憲書殘頁》

釋文

1 五官正加五級，紀録十三次，恒德。

2 春官正加七級，紀録五次，王嵩齡。

3 夏官正加三級，紀録六次，何元瀛。

4 中官正加六級，紀録八次，陳恕。

5 秋官正加十級，紀録五次，賈德輔。

6 冬官正加二級，紀録二次，姚廷之。

7 主簿加三級，紀録五次，常興。

8 主簿加三級，紀録七次，方德裕。

9 五官司書加三級，紀録八次，何元滋。

說明

此件為刻本，僅存一頁，白麻紙，板框四周雙邊，中烏絲欄，共九行文字，宋體，黑色深勾，有官員加級紀録、次數、人名，《俄藏黑水城文獻》定名為“官員加級録”（《俄藏黑水城文獻》第 6 冊《附録・敘録》，第 37 頁）。劉廣瑞對此件作了專題考察，推定為清刻本道光元年時憲書（參見劉廣瑞：

《俄藏黑水城文獻〈官員加級録〉年代再證》，《宋史研究論叢》第 10 輯，第 497—504 頁），此從之。

此件所見之五官正、春官正、夏官正、中官正、秋官正、冬官正為天文官員，自唐肅宗乾元元年（758 年）在司天臺設置司天五官以來，五官正的天文建制此後一直被延續下來。五官正主要負責全天天文現象的觀測與奏報，但也參與曆法、曆日的修訂與編造。參照《大清道光二十二年歲次壬寅時憲書》的尾部題識：

管理欽天監事務工部尚書鑲紅旗满洲都統宗室敬徵。

監正加一級，紀録九次，忠林。

監正加一級，隨帶加一級，紀録十二次，周餘慶。

左監副，紀録五次，音登額。

左監副加一級，紀録五次，何樹本。

右監副，紀録三次，祥泰。

右監副隨帶加一級，紀録八次，高煜。

五官正，紀録五次，寳通。

五官正，紀録五次，舒忠。

五官正加四級，紀録九次，富新。

五官正紀録十三次，策臣。

春官正紀録二次，杜熙英。

夏官正加一級，隨帶加一級，紀録五次，徐熾。

中官正紀録一次，司晉。

秋官正紀録二次，閻信芳。

冬官正紀録六次，陳啓盛。

主簿紀錄二次，武英。

主簿紀録七次，董岳南。

五官司書紀録二次，王維翰。

以此參照，可知本件應是參與官方編纂《時憲書》事務的天文官員，因附於《時憲書》尾部，故亦是《時憲書》不可或缺的重要内容。

參考文獻

《俄藏黑水城文獻》第5冊，上海古籍出版社，1998，第14頁；《俄藏黑水城文獻》第6冊《附録·敘録》，上海古籍出版社，2000，第37頁；劉廣瑞：《俄藏黑水城文獻〈官員加級録〉年代再證》，《宋史研究論叢》第10輯，河北大學出版社，2009，第497—504頁；孫繼民等：《俄藏黑水城漢文非佛教文獻整理與研究》，北京師範大學出版社，2012，第533頁。

三四、
俄 A1《月將法、九宮法、八卦法、二十四氣》

釋文

1 月將法。

2 亥為登明正月將，戌

3 為河魁二月將，酉為從

4 魁三月將，申為傳送

5 四月將，未為小吉五月將[1]，

6 午為勝先六月將，巳為[2]

7 大（太）一七月將[3]，辰為天罡八

8 月將，卯為大衝九月將[4]，

9 寅為功曹十月將，丑為

10 大吉十一月將，子為神后

11 十二月將。九宮法。

12 坎一宮，坤二宮，震三宮，

---

1 “將”，據殘字形及文義補。

2 “為”，據殘字形及文義補。

3 “大”，當作“太”，據文義改。

4 “將”，據殘字形及文義補。

13 巽四宫[1]，中五宫[2]，乾六

14 六宫[3]，兑七宫[4]，艮八宫，

15 離九宫。

16 八卦法。乾坎艮震

17 巽離坤兑[5]。二十四氣。

18 立春正月節，雨水正月終（中）[6]；

19 驚蟄二月節[7]，春分二月中[8]；

20 清明三月節，穀雨三月中；

21 立夏四月節，小滿四月中；

22 芒種五月節，夏至五月中；

23 小暑六月節，大暑六月中；

24 立秋七月節，秋處七月中；

25 白露八月節，秋分八月中；

26 寒露九月節，霜降九月中；

27 立冬十月節，小雪十月中；

28 大雪十一月節，冬至十一月中；

29 ［小］寒［十］二月節[9]，大寒［十］二月中[10]。

（中空三行）

---

1 “巽”，《俄藏黑水城漢文文獻釋録》釋作“選”。

2 “中”，底本原作“乾”，後塗去，改寫“中”字。

3 此處有兩個“六”字，第二個“六”當衍，不録。

4 “兑”，《俄藏黑水城漢文文獻釋録》釋作“兊”。

5 “巽離坤兑”，《俄藏黑水城漢文文獻釋録》釋作“選離坤兊”。

6 “終”，當作“中”，據文義改，“終”為“中”之借字。

7 “驚蟄”，據文義補。

8 “春分二月”，據文義補。

9 “小”“十”，據文義補。

10 “十”，據文義補。

30 年降雨，八月狂狗度為□，

31 九月地皮堪作庫，十月諸

32 兇伏轉取，十一月白馬憎□

33 立，十二月老鼠伯人良。

說明

此件為元寫本，卷軸裝，未染麻紙，已裂為兩片，書法相同，存文字三十三行。首行、第十一行、第十六行、第十七行各有標題“月將法”“九宫法”“八卦法”“二十四氣”，且用朱筆勾出，正文中亦有朱筆圈點（參見《俄藏黑水城文獻》第 6 册《附録・敘録》，上海古籍出版社，2000，第 39 頁）。

參考文獻

[俄] 孟列夫:《黑城出土漢文遺書敘録》，王克孝譯，寧夏人民出版社，1994，第 241 頁;《俄藏黑水城文獻》第 5 册，上海古籍出版社，1998，第 120—121 頁;《俄藏黑水城文獻》第 6 册《附録・敘録》，上海古籍出版社，2000，第 39 頁; 孫繼民等:《俄藏黑水城漢文非佛教文獻整理與研究》，北京師範大學出版社，2012，第 586—588 頁; 杜建録、[俄] 波波娃主編:《俄藏黑水城漢文文獻釋録》第 4 册《综合卷》上，甘肅文化出版社，2021，第 201—212 頁。

三五、

Инв.No.2546《具註曆日》

釋文

	八日癸巳水成	七日壬辰金危	六日辛卯木破	
	危	虛	女	
	上			除

說明

此件為宋刻本，未染麻紙，存文字五行，宋體，墨色淺淡，各行下部已裁去，中間有豎横欄線多道。背面為圓形梵文陀羅尼，内外圓皆有圖案（《俄藏黑水城文獻》第 6 冊《附録・敘録》，第 62—63 頁）。

參考文獻

《俄藏黑水城文獻》第 6 冊，上海古籍出版社，2000，第 300 頁；《俄藏黑水城文獻》第6冊《附録・敘録》，第62—63頁；孫繼民等：《俄藏黑水城漢文非佛教文獻整理與研究》，北京師範大學出版社，2012，第721—722頁。

三六、

Инв.No.5229《西夏光定元年辛未歲（1211年）具註曆日》

釋文

六日己卯水危	七日丙辰土成	長星 八日丁巳土收	九日戊午火開	十日己未火閉
張	翼	軫	角	亢
處暑七月中[1] 除手足爪 離六五			上弦	
鷹乃祭鳥[2] 公損				
吉日 歲後□□□五 益後 神在 守日 求嗣續 發動 啓攢祀	吉日 歲後 月空 天喜 母 神在 大明 天寶 明 金匱黃道續世 歲後 選賢 師出將 補理 宅第 祭神 求嗣 尊師	天魁 伏罪 重 不宜征行 赴任 葬□ 親民破垣 爭論	天火 白虎黑道 九醜 舉薦賢能 論	吉日 歲前 大明 □ 兵吉 天玉 明星 神在 玉堂黃道 宜 幣論理赴任[3] □□

1 "處暑七月中"，《俄藏黑水城漢文非佛教文獻整理與研究》釋作"處□七月□"。

2 "鷹乃"，《俄藏黑水城漢文非佛教文獻整理與研究》釋作"□刀"。

3 "幣論理赴任"，據殘字形補。

說明

此件為活字印本，原卷軸裝，被裁切裱貼西夏文刻本經折裝《賢廣大願王清淨頌》，現已分離。據史金波研究，本件為宋嘉定四年（西夏光定元年）七月六日至十日共五天曆日，上承Инв.No.5306所見七月一日至五日曆日。神煞中“明”字缺筆作“明”，當為避西夏太宗李德明諱而改，故可推定此件為西夏活字印本曆日（《俄藏黑水城文獻》第6冊《附録·敘録》，第63頁）。

參考文獻

［俄］孟列夫：《黑城出土漢文遺書敘録》，王克孝譯，寧夏人民出版社，1994，第239頁；《俄藏黑水城文獻》第6冊，上海古籍出版社，2000，第315頁；《俄藏黑水城文獻》第6冊《附録·敘録》，第63頁；史金波：《黑水城出土活字版漢文曆書考》，《文物》2001年第10期；《西夏的曆法和曆書》，《民族語文》2006年第4期；西澤宥綜：《敦煌曆學綜論——敦煌具註曆日集成》下卷，美裝社，2006，第324—325頁；孫繼民等：《俄藏黑水城漢文非佛教文獻整理與研究》，北京師範大學出版社，2012，第732—734頁；史金波《西夏文化研究》，中國社會科學出版社，2015，第297—311頁、第343—353頁。

三七、

Инв.No.5285《西夏光定元年辛未岁（1211年）具註暦日》

釋文

[二十三]日乙[1] 亥火破	[二]十四日 丙子水危	[二]十五日 丁丑水成	[二]十六日 戊寅土收	[二]十七日 己卯土開	[二]十八日 庚申金閉
女	虛	危	室	辟	奎
下弦	沐浴 蜜日 往亡[2]	歸忌 除手甲			
			卿比	王瓜生[3]	
不宜嫁娶 出行 開 啓攢 栽植 種蒔	吉日 大小歲前 天德 天願 守日 歲德 不將 七聖 兵吉 宜修 理垣墻 集福祈恩 和合	吉日 大小歲前 天喜 天 天玉 明星 玉堂 黃道 七聖 宜尊 禱祀神祇 泥飾盧舍 合	天牢 黑道 天剛 月 土符 伏罪 伐日 不 伐 興作土工 遠出征行 事 營葬 祭祀 掃飾盧	吉日 歲前 天恩 月空 母 生氣普護 神在 時陽 七 五合 宜宣覃恩 勳庸 立木上梁 安置柵 師傅 祭祀 遠行	吉日 歲後 天恩 月德 神在夏 天德 天府 明 師發 神坐

1“二十三”，據暦日格式及“下弦”標注補。以下同，不另出校。

2“亡”，《俄藏黑水城漢文非佛教文獻整理與研究》釋作“己”，誤。

3“王”，《俄藏黑水城漢文非佛教文獻整理與研究》釋作“主”，誤。

說明

此件為活字印本，原卷軸裝，被裁切裱貼於西夏文刻本經折裝《三十五佛懺罪法》，現已分離。據史金波研究，本件為宋嘉定四年（西夏光定元年）三月二十三日至二十八日共六天曆日，下承 Инв.No.8117 所見三月二十九日至四月一日曆日（鄧文寬亦指出本件與 Инв.No.8117 可以拼接綴合）。又神煞中“明”字缺筆作“明”，當為避西夏太宗李德明諱而改，故可推定此件為西夏活字印本曆日（《俄藏黑水城文獻》第 6 冊《附録・敘録》，第 63 頁）。

參考文獻

［俄］孟列夫：《黑城出土漢文遺書敘録》，王克孝譯，寧夏人民出版社，1994，第 238 頁；《俄藏黑水城文獻》第 6 冊，上海古籍出版社，2000，第 315 頁；《俄藏黑水城文獻》第 6 冊《附録・敘録》，第 63—64 頁；史金波：《黑水城出土活字版漢文曆書考》，《文物》2001 年第 10 期；鄧文寬：《黑城出土〈宋嘉定四年辛未歲（1211 年）具註曆日〉三斷片考》，《敦煌吐魯番天文曆法研究》，甘肅教育出版社，2002，第 271—289 頁；史金波：《西夏的曆法和曆書》，《民族語文》2006 年第 4 期；西澤宥綜：《敦煌曆學綜論——敦煌具註曆日集成》下卷，美裝社，2006，第 316—317 頁；孫繼民等：《俄藏黑水城漢文非佛教文獻整理與研究》，北京師範大學出版社，2012，第 734—736 頁；史金波：《西夏文化研究》，中國社會科學出版社，2015，第 297—311 頁、第 343—353 頁。

三八、
Инв.No.5306《西夏光定元年辛未歲（1211年）具註曆日》

釋文

	一日[1]庚戌 金滿	二日辛 亥金平	三日壬 子木定	四日癸 丑木執	五日甲 寅水破
	參	井	鬼	柳	星
			沐浴	歸忌 除手甲	蜜
	寒蟬鳴				
送葬□作□	大明 陽德 七□ 宣覃恩宥[2] 當□ 立欄 樹柵 補□	天剛 月空 □ 死神 重日 勾□ 四窮 九虎□ 嫁娶 接親 取土□ 修蓋邸第 牧放 進□	吉日 歲後天恩[3] 月德 月□ 三合 福生 時陰 民日□ 鳴吠對 七聖 青龍黃□ 覃席□釋 禁刑策試□ 賞將帥 修補城郭 蓋□ 結會親姻 啓［攢］[4] 破土□	吉日 歲後 天恩 天□ 母倉 執儲明星[5] 明□ 枝德 七聖 宜□□ 勳庸 選擢賢良 旌賞將□ 理第築疊垣墻	月刑 大耗 徒隸 天剛□ 兵禁 蚩□□ 不宜講□□

1 "一日"，據曆日格式及體例補。

2 "宥"，《俄藏黑水城漢文非佛教文獻整理與研究》釋作"宏"。

3 "天"，《俄藏黑水城漢文非佛教文獻整理與研究》釋作"大"。

4 "攢"，據文義補。

5 "星"，《俄藏黑水城漢文非佛教文獻整理與研究》釋作"皇"。

説明

此件為活字印本，原卷軸裝，被裁切裱貼於西夏文刻本經折裝佛經，現已分離，存五豎欄。據史金波研究，本件為西夏光定元年（1211年）七月一日至五日共五天曆日，下接Инв.No.5229所見七月六日至十日曆日。又神煞中“明”字缺筆作“明”，當為避西夏太宗李德明諱而改，故可推定此件為西夏活字印本曆日（《俄藏黑水城文獻》第6册《附録・敘録》，第64頁）。

參考文獻

《俄藏黑水城文獻》第6册，上海古籍出版社，2000，第316頁；《俄藏黑水城文獻》第6册《附録・敘録》，第64頁；史金波：《黑水城出土活字版漢文曆書考》，《文物》2001年第10期；鄧文寬：《黑城出土〈宋嘉定四年辛未歲（1211年）具註曆日〉三斷片考》，《敦煌吐魯番天文曆法研究》，甘肅教育出版社，2002，第271—289頁；史金波：《西夏的曆法和曆書》，《民族語文》2006年第4期；西澤宥綜：《敦煌曆學綜論——敦煌具註曆日集成》下卷，美裝社，2006，第322—323頁；孫繼民等：《俄藏黑水城漢文非佛教文獻整理與研究》，北京師範大學出版社，2012，第736—738頁；史金波：《西夏文化研究》，中國社會科學出版社，2015，第297—311頁、第343—353頁。

三九、

Инв.No.5469《西夏光定元年辛未歲（1211年）具註曆日》

釋文

[十九]日戊 戌木除[1]	[二十]日己 亥木滿	[二十一]日 庚子土平	[二十]二日 辛丑土平	[二十]三日 壬寅金定	[二十]四日 癸卯金執
室	辟	奎	婁	胃	昴
	沐 浴		寒露九 月節 兌九	下弦 除足甲	蜜
侯 歸 妹 内			鴻雁來賓 侯歸妹外[2]		
□□黑道 月害 □時 不宜□官上事□刺受□進 奴婢出放資財	吉日 歲後 □□ 福德 天后 天巫 相日 七聖 宜上梁立木安置□ 櫪 宜□穿宜取土 進納 絡裁縫	天魁 死神 兵禁 往亡 九虎 天更 宜訓練兵 攻擊城池修蓋邸第築疊 嫁娶□行 經絡赴任	月虛 天剛 月殺 死神 獄日 真武 □□陰私 黑道 不宜蓋屋上梁築牆取土 娶會親姻 興獄訟 葬死喪 請醫冠帶合醬	吉日 後月空 今時□ 明星 七聖 鳴吠 四相 □命 黃道 大明 宜蓋宅 木築牆 結會親姻 營葬	吉日 歲後 六合 枝德 鳴 聖心□相 不將 五合 七聖 宜結會親姻 修飾廬舍[3] 啓 土畋獵捕仇。

1“十九”及以下“二十”“二十一”，據曆日格式及體例校補。

2“侯歸妹外”，《俄藏黑水城漢文非佛教文獻整理與研究》釋作“□□妹水”。

3“廬舍”，《俄藏黑水城漢文非佛教文獻整理與研究》釋作“宜合”。

二十五日甲辰火破[1]	畢		大夫無妄	大耗 出擊 五盜 伏日 訟 遠出 征行 挂服舉哀 開倉 結親行嫁 營葬墓墳
二十六日乙巳火危	觜	上朔		吉日 歲後 母倉 續世 執儲 陰德 七聖 明堂黃道 神在 宜請求 祭祀鬼神 修葺廬舍 築壘
二十七日丙午水成	參		雀入大水化為蛤	吉日 歲前小歲對 天德 月德 母倉 天醫 三合要空 歲德 神在 鳴吠 天倉 宜豐霈 釋放禁□ 命將出師 發 開拓疆境 選擇賢能 結定 安葬□ 祖暨立契券 合和
二十八日丁未水收 憲皇后大忌[2]	井			天魁 月刑 五虛 朱雀黑道 罪刑八□ 蓋屋造宅 取土築牆 □居 渡水乘舟 合和藥餌[3] 興造
二十九日戊申土開	鬼	沐浴		吉日 歲前小歲對 天赦 □日 生氣 金堂 神在 天寶明星 二儀 符陽 金匱黃道 宜行慶□賞□ 立木上梁 安欄置櫪 修磑 神祇

1 “二十”及以下“二十八”“二十九”，據曆日格式及體例校補。

2 “憲皇后大忌”，《俄藏黑水城漢文非佛教文獻整理與研究》釋作“□星□大□”。

3 “合和藥餌”，《俄藏黑水城漢文非佛教文獻整理與研究》釋作“合□□飼”。

三十日己酉土閉[1]	九月小[2]	一日庚戌金建[3]	二日辛亥金除	三日壬子木滿	四日癸丑木平	皇后大忌
柳	碧白赤[4] 白白黑 黃綠紫	星	張	翼	軫	
沐浴 除手足爪	建戊戌	蜜	沐浴	歸忌[5]	土王用事	
		卿明夷	菊有［黃］花[6]			
吉日 歲前 天恩 天對 明 天德黃道 七聖 鳴吠 □ 大明 官日 宜修 舍廬 安置磑碓 泥牆 塞穴 祀 □堤。	天道南行 宜向南行，又宜 月厭在寅 月殺在丑，月德在 辛壬上取土及宜修造 此月十五日甲子卯正二刻後 用癸乙 丁辛時	陽錯 小時 白虎黑道牢日兵禁 天棒、黑道 土府 不宜出 師討伐 動土築牆 經絡 遷居舉 官赴任 監造欄柵 興邁詞訟	吉日 歲前 天德合 月空□ 天□ 天王勝□ 五當 □期 敬安 兵寶 相日 玉堂 黃道 歲德合宜 神在 □□旌賞功勳 策試賢 揀擇將□修葺□□□飾舍廬	天火 天獄 天殺 天□黑道 天狗 九醜 不宜蓋造邸第 結 □訟詞 迎娶歸家 祭祀決水 天剛 月紀 死同 玄武黑 陰□ 黑星 獄日 □日 觸水	八專 章光 □虛 不宜出 赴任 月虛 請醫嫁娶會親 放 渡水 遷移宅舍 興發 訟詞。	

1“三十日”，據曆日格式及體例校補。

2“九”，據本月物候推補。

3“一日庚”及以下“二日辛”“三日壬”“四日癸”，據曆日格式及體例推補。

4“碧、白、赤”，據殘字形及九宮色推補。

5“歸忌”，《俄藏黑水城漢文非佛教文獻整理與研究》漏録。

6“菊”，《俄藏黑水城漢文非佛教文獻整理與研究》釋作“□”；“黃”，據九月份物候“菊有黃花”補。

五日甲寅水定	六日乙卯水執	七日丙辰土破	八日丁巳土危	九日戊午金成
角	亢	氐	房	心
除足甲	手足爪	霜降九月中[1] 兌六三[2]	上弦 蜜	
		豺乃祭獸 公困[3]		
吉日　歲後　天府　□□陽錯□ 七聖　司□黃道□ 三合　五合　鳴吠對　時陰□ 宜破土啓攢[4]　修德行惠	吉日　歲後　□人　枝德□ 守日　七聖　神在　五合　鳴吠對□ 宜畋獵捕獸　請福祀神	大耗　四擊　五盜　□□ 往亡　雷公　黑星　不□ 攻伐　討擊□戰　臨喪□□ 征行理竈	吉日　歲前小歲後　神在　□□ 執儲明星　明堂黃道　兵□ 結道□德　宜訓習戎師　選擇□ 交□修葺邸　舍築壘牆壁　貯納□ 庫　求嗣祭神。	吉日　歲後　母倉　入倉　吉□□

說明

此件為活字印本，原卷軸裝，被裁切裱貼於西夏文刻本經折裝《十二宮吉祥頌》，現已分離，存二十一豎欄。據史金波研究，本件為西夏光定元年（1211年）八月十九日至九月八日共二十天曆日。曆日中有“憲皇后大忌”“皇后大忌”

1“霜降九月中”，《俄藏黑水城漢文非佛教文獻整理與研究》釋作“□□□□中”。

2“兌”，《俄藏黑水城漢文非佛教文獻整理與研究》釋作“□”。

3“公”，《俄藏黑水城漢文非佛教文獻整理與研究》釋作“□”。

4“破土”，《俄藏黑水城漢文非佛教文獻整理與研究》釋作“敬上”。

標註，又“明”字缺筆作“明”，應為避西夏太宗李德明諱而改，故可推定此件為西夏活字印本曆日（《俄藏黑水城文獻》第 6 冊《附録・敘録》，第 64 頁）。

此件還附有兩個曆日殘片。殘片 A 粘貼於八月末九月初銜接處，反面粘補，字跡內向，有界欄，分格抄寫，據僅存一、二、三日天干信息判斷，此片為一長條形曆日殘頁。其書寫格式與 Инв.No.5306《西夏光定元年辛未歲（1211 年）具註曆日》相同。

三日壬 星	二日辛	一日庚

殘片 B 粘貼於九月九日曆尾，亦有界欄，分格抄寫，從上至下可見“五”“六”“七”三字，其它文字均被裱壓，難見其貌。但從表格體式來看，可知為殘曆第一格內容。

七	六	五

參考文獻

［俄］孟列夫：《黑城出土漢文遺書敘録》，王克孝譯，寧夏人民出版社，1994，第 239 頁；《俄藏黑水城文獻》第 6 冊，上海古籍出版社，2000，第 316—318 頁；《俄藏黑水城文獻》第 6 冊《附録・敘録》，第 64 頁；史金波：《黑水城出土活字版漢文曆書考》，《文物》2001 年第 10 期；鄧文寬：《黑城出土〈宋嘉定四年辛未歲（1211 年）具註曆日〉三斷片考》，《敦煌吐魯番天文曆法研究》，甘肅教育出版社，2002，第 271—289 頁；史金波：《西夏的曆法和曆書》，

《民族語文》2006年第4期；西澤宥綜：《敦煌曆學綜論——敦煌具註曆日集成》下卷，美裝社，2006，第330—337頁；孫繼民等：《俄藏黑水城漢文非佛教文獻整理與研究》，北京師範大學出版社，2012，第738—744頁；史金波：《西夏文化研究》，中國社會科學出版社，2015，第297—311頁、第343—353頁。

四〇、

Инв.No.8117《西夏光定元年辛未歲（1211年）具註曆日》

釋文A

二十八日庚辰金閉[1]	二十九日辛巳金建	四月大	一日壬午木除
奎	婁	白綠碧 白黑赤 白紫黃	胃
		建癸巳	
□ 師發　神坐□ 塞穴　築牆　禱祀神□	小時　重日　土府□ 伐日　王勃黑星□ 寨　興發　土工　營葬□ 塞　遠出經圖　嫁娶□	自三月十七日己巳□ 即天道西行[2]，宜向□ 月厭在未　月殺在辰□ 甲乙庚上取土及宜□ 此月初七日戊子戊□□	吉日　歲後吉期　天□ 聖心　兵寶　官日□ 大明[3]　宜宣赦宥□ 垣墉　祭祀　解除□

1“二十八日庚辰金閉奎”，據Инв.No.5285補。

2“天道西行”，《俄藏黑水城漢文非佛教文獻整理與研究》釋作“□道丙行”。

3“大”，《俄藏黑水城漢文非佛教文獻整理與研究》釋作“天”，誤。

釋文 B

□黑道 討伐城 遷居築 日出寅正四刻 日入戌初初刻	初刻立夏已得四月 又宜修造西方 天 在庚 月合在乙 月	用甲丙 寅後 巳後 □後 甲時 丙時 庚 庚壬時 卯前 午前	青龍黃道 吠[1] 神在 □建修飾

說明

此處 A、B 兩片原為同件，但因中間亦有殘缺，故不能直接綴合。鄧文寬指出，此件與 Инв.No.5285 可以拼接，史金波考出為西夏光定元年（1121 年）四月曆日。又神煞中“明”字缺筆作“⽇月”，為避西夏太宗李德明諱而改，故可推定此件為西夏活字印本曆日（《俄藏黑水城文獻》第 6 冊《附録・敘録》，第 65 頁）。

參考文獻

《俄藏黑水城文獻》第 6 冊，上海古籍出版社，2000，第 326 頁；《俄藏黑水城文獻》第 6 冊《附録・敘録》，第 65 頁；史金波：《黑水城出土活字版漢文曆書考》，《文物》2001 年第 10 期；鄧文寬：《黑城出土〈宋嘉定四年辛未歲（1211 年）具註曆日〉三斷片考》，《敦煌吐魯番天文曆法研究》，甘肅教育出版社，2002，第 271—289 頁；史金波：《西夏的曆法和曆書》，《民族語文》2006 年第 4 期；西澤宥綜：《敦煌曆學綜論——敦煌具註曆日集成》下卷，美裝社，

1 “吠”，《俄藏黑水城漢文非佛教文獻整理與研究》釋作“以”。

2006，第318—321頁；孫繼民等：《俄藏黑水城漢文非佛教文獻整理與研究》，北京師範大學出版社，2012，第756—758頁；史金波：《西夏文化研究》，中國社會科學出版社，2015，第297—311頁、第343—353頁。

四一、X37《宋紹聖元年甲戌歲（1094年）曆書》

釋文

四小壬寅 3	三大壬申 2	二小癸卯 1	正大癸酉	甲戌
[室] 4	虛	女	斗	紹聖元年
十四申初二立[夏] 9	十四卯初一清[明] 8 二十九谷雨	十二驚蟄 7 二十七春分	十二立春 5 二十七雨水 6	胃

1“小”“癸卯”，據《三千五百年曆日天象》（第278页）補。

2“三大”“壬申”，據《三千五百年曆日天象》（第278页）補。

3“四小”“壬寅”，據《三千五百年曆日天象》（第278页）補。

4“室”，據二十八宿值日推補。因三月大，共30天，三月一日值虛宿，二十九日亦值虛宿，三十日值危宿，則四月一日值室宿。

5“立春”，據《三千五百年曆日天象》“（正月）十二甲申立春”（第278页）補。

6“七雨水”，據《三千五百年曆日天象》“（正月）廿七己亥雨水”（第278页）補。

7“十二驚”，據《三千五百年曆日天象》“（二月）十二甲寅驚蟄”（第278页）補。

8“明”，據《三千五百年曆日天象》“（三月）十四日乙酉清明”（第278页）補。

9“夏”，據《三千五百年曆日天象》“（四月）十四日乙卯立夏”（第278页）補。

積日一十五万八千四百九十二日	日	□□初□ □卯初二亥	二十九未 初一戌		三卯初
	木	四卯 正三寅		五酉[1]	三逆
	火	二十九午 初二未			九酉正
	土	午	金邏 十九酉[2]	二十八顺	十六午
	金	□□□ 初一亥	六申初四 戌	二丑初一酉 廿八午正二申	二十八巳正[3]
	水	十八寅正二逆丑 廿五辰初一子	二十未正[4] 二亥	七寅初一戌 二十亥初二酉	十二亥初 三申
	羅	巳			
	孛	二十二酉 初一午			
	炁	酉			

1 “酉”，《俄藏黑水城漢文非佛教文獻整理與研究》釋作“苗”。

2 “十九酉”，《俄藏黑水城漢文非佛教文獻整理與研究》釋作“龍苗”。

3 “二十八巳正”，《俄藏黑水城漢文非佛教文獻整理與研究》釋作“下倉正”。

4 “未”，《俄藏黑水城漢文非佛教文獻整理與研究》釋作“木”，誤。

說明

此件為宋刻本曆書，上單欄，右雙邊，上欄干支“甲戌”下有“紹聖元年”四字，并有圓形陰文胃、斗、女、虚四宿，據此可定名為《宋紹聖元年甲戌歲（1094 年）曆書》。右側雙邊線有“積日一十五万八千四百九十二日”，另行分欄刻有日、木、火、土、金、水、羅、孛、炁諸字，其他分欄刻時日、時辰、節氣等小字。以張培瑜《三千五百年曆日天象》對校，本件分欄所見月建大小、朔日干支及節氣信息，與《三千五百年曆日天象》完全相合。即紹聖元年甲戌歲（1094 年）正月大，癸酉朔，十二日甲申立春，廿七日己亥雨水；二月小，癸卯朔，十二日甲寅驚蟄，廿七日己巳春分；三月大，壬申朔，十四日乙酉清明，廿九日庚子谷雨；四月小，壬寅朔，十四日乙卯立夏，廿九日庚午小滿。

參考文獻

《俄藏黑水城文獻》第 6 冊，上海古籍出版社，2000，第 328 頁；《俄藏黑水城文獻》第 6 冊《附録・敘録》，第 66 頁；孫繼民等：《俄藏黑水城漢文非佛教文獻整理與研究》，北京師範大學出版社，2012，第 759—760 頁。

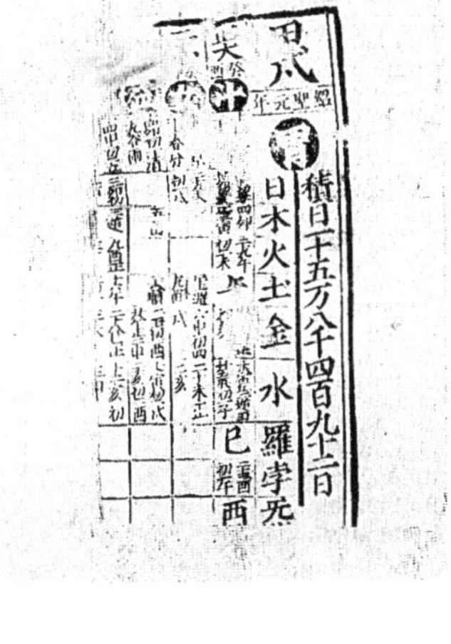

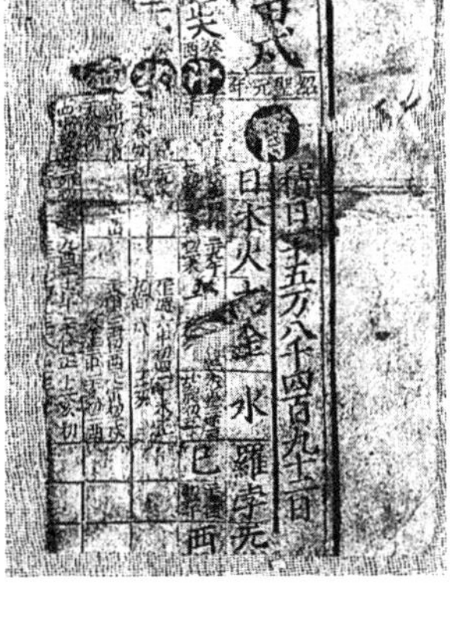

四二、Дх.19001+Дх.19003《具註曆日》

釋文

五日丁巳 金除[1]	六日戊午 火滿	七日己未 火平	八日庚申 木定	九日辛酉 木執	
觜[2]	參	井	鬼	柳	
	往亡	上弦	沐浴	沐浴	
		鳴鳩拂[3]其羽	辟[4]夬		
疊隄防開倉 祭祀 修 兵攻擊祭祀神祇 □	天刑黑道吉 蚩尤□[5] 天火 九醜 天獄 復 蓋造舍屋築□遷居□ 營葬兆衣□出行 詞訟安	天剛 月殺[6] 月虛 死 復日 八專 朱雀黑道 □ □日 不宜興發土工 作嫁娶葬埋論訟放牧 病 開倉 赴任	吉日 歲後 三合 鳴吠 金匱黃道 天 時陰 大明 月□ 宜安□ 敬安 浴沐	吉日 歲後 枝德 六合 天對 明星 天德黃道 歲德合 神在□ 八宜 捕逐怨停 祭祀神祇	天□九坎[7]

1 “五日丁巳金除”，據曆日格式及體例推補。

2 “觜”，據曆日格式及體例推補。

3 “拂”，《考古發現西夏漢文非佛教文獻整理與研究》《英藏及俄藏黑水城漢文文獻整理》釋作“掩”，誤。

4 “辟”，《考古發現西夏漢文非佛教文獻整理與研究》《英藏及俄藏黑水城漢文文獻整理》釋作“□”。

5 “蚩尤”，《考古發現西夏漢文非佛教文獻整理與研究》《英藏及俄藏黑水城漢文文獻整理》釋作“至□”。

6 “殺”，《考古發現西夏漢文非佛教文獻整理與研究》《英藏及俄藏黑水城漢文文獻整理》釋作“終”，誤。

7 “天”“九坎”，據殘存右半字形補。

說明

此件為活字印本，係由 Дх.19001 和 Дх.19003 拼接而成。據物候“鳴鳩拂其羽”和卦氣“辟夬”，可知此片為三月曆日。另曆日中“明”字缺筆作“明”，應為避西夏太宗李德明諱而改，可知為西夏活字印本曆日。

參考文獻

《俄藏敦煌文獻》第 17 冊，上海古籍出版社，2001，第 313—314 頁；孫繼民等:《考古發現西夏漢文非佛教文獻整理與研究》，社會科學文獻出版社，2014，第 87—89 頁；孫繼民等:《英藏及俄藏黑水城漢文文獻整理》，天津古籍出版社，2015，第 789—792 頁。

四三、
Дx.19004R《具註曆日》

釋文

福德 日	吉期 明星 水 神	土府 厭對 城池 墳墓 種蒔	徵行
日出卯初四刻	晝五十刻 夜五十刻		
在 人神 胃管[2]	血忌 在 人神 內［踝］[1]	在 人神 手	口

說明

根據人神五日在口，六日在手，七日在內踝，八日在胃管的游動規律，可

1“踝”，據曆日格式及體例推補。

2“人神”“胃管”，據人神逐日游動規律補。

知此件為某月五日至八日曆日。又“明”字缺筆作“眀”，為避西夏太宗李德明諱而改，說明此件亦為西夏活字印本曆日。

參考文獻

《俄藏敦煌文獻》第17冊，上海古籍出版社，2001，第314頁；孫繼民等：《考古發現西夏漢文非佛教文獻整理與研究》，社會科學文獻出版社，2014，第89—90頁；孫繼民等：《英藏及俄藏黑水城漢文文獻整理》，天津古籍出版社，2015，第792—793頁。

四四、
Дx.19005R《具註曆日》

釋文

□艮巽□□□□□□□ 刻後□□□□坤時著 坤乾□□前已前□前	天醫 七聖 有釋放 □修蓋	伏罪 日 喪舉	九空 大時 蓋造 鼓錢	時陽 黃道 不將 賢良 入學	黑星 師旅
	晝五十一 夜四十九				
	在足 人神 大指	在 人神 外踝	在 人神 股內	在 人神 腰	血支 在 人神

說明

此件與Дx.19004R可以綴合，拼接後為某月一日至八日共八天曆日。以人神為例，此件第五日應為“人神在口”，其中“口”字恰在Дx.19004R中，這說明此二殘片原為一件，後被撕裂為兩片。由此可知此件亦為西夏活字印本曆日。

參考文獻

《俄藏敦煌文獻》第17冊，上海古籍出版社，2001，第315頁；孫繼民等：《考古發現西夏漢文非佛教文獻整理與研究》，社會科學文獻出版社，2014，第91頁；孫繼民等：《英藏及俄藏黑水城漢文文獻整理》，天津古籍出版社，2015，第794—795頁。

四五、
金澤文庫藏《宋嘉定十一年戊寅歲（1218年）具註曆日》

釋文

十六日丙辰土收	翼		鷹乃學習
十七日丁巳土開	軫	滅	
十八日戊午火閉	角		土王用事
十九日己未火建	亢		
短星 二十日庚申木除	氐	初伏	
二十一日辛酉木滿	房	大暑六月中， 沐浴， 離九三	腐草化為螢 公履
二十二日壬戌水平	心	下弦	
二十三日癸亥水定	尾	沐浴	
二十四日甲子金執	箕	沐浴	

天剛五虚白虎黑道兵禁章光罪刑天棒黑星，不宜舉官赴任、命將出軍、嫁娶、營葬、開庫、受納、理竈、吊問。		人神在胸	
吉日歲對小歲位驛馬王日生氣天王明星福生玉堂黃道天后時陽神在，宜臨政視事、祭祀神祇、遷居、築墻、和合交易。		人神在氣衝	
吉日歲對七聖四相母倉六合天願天岳明星神在不將官日，宜臨政上官、禱祀、祈恩、泥補墻壁、閉塞孔穴。		血支 人神在股內	日游在 房內中
□□陽錯真武黑道土府牢日八專陰私黑星復日，不宜興發土工、掃舍、安牀、營葬、墳墓、服藥、破券。		人神在足	日游在 房內中
五虚五盜劫殺天賊八專五離，不宜開庫、出行、經絡、結親、安牀帳、立契券。		人神在內踝	
吉日歲對月恩福德續世民日鳴吠兵吉天巫大明天倉七聖神在，宜臨政舉官、閱教軍師、施布恩宥、經絡、納人。		血忌 人神在手小指	
天魁月殺月虚死神土符雷公黑星獄日伐日，不宜臨民赴任、遠出軍師、討擊城寨、蓋宅、動土、開導、池沼。		及胸 人神在外踝 目下	
吉日大小歲後三合六儀執儲明星丙堂黃道玉堂神在陰德時陰，宜祀神、祈福、裁縫衣服。	晝五十八刻， 夜四十二刻， 日出卯初初刻，日入戌初初刻	人神在肝及足	
吉日大小歲後天恩天德月德神在金堂解神守日枝德，宜化布恩德、釋放禁刑、旌賞功勳、蓋宅、立木。		人神在手陽明	

說明

此件為日本金澤文庫所藏《宋嘉定十一年戊寅歲（1218 年）具註曆日》，僅存一葉，刻本，存十六日至二十四日曆日，據“二十一日辛酉木滿”“大暑六月中”可知是六月曆日。此件的內容分欄編排，從上到下依次有八欄：第一欄記日期、干支、五姓和建除，第二欄為二十八宿註曆，第三欄記沒滅、三伏、節氣、卦氣和“沐浴”，第四欄記物候、卦氣和“土王用事”，第五欄記神煞（日神）及不宜事項，第六欄為晝夜漏刻及日出、日入時刻，第七欄為人神所在，第八欄為“日游在房內中”（參見嚴紹璗：《日本藏漢籍善本研究》，第 209—210 頁）。相較而言，此件的性質與內容，與黑水城出土《西夏光定元年辛未歲（1211 年）具註曆日》和傳世本《大宋寶祐四年丙辰歲（1256 年）會天萬年具註曆》基本趨同。

參考文獻

關靖編：《金沢文庫本図録》（非賣品），幽學社，1944 年印行，第 62 頁，圖 40；嚴紹璗：《日本藏漢籍珍本追蹤紀實——嚴紹璗海外訪書志》，上海古籍出版社，2005，第 238—239 頁；西澤宥綜：《敦煌曆學綜論——敦煌具註曆日集成》下卷，美裝社，2006，第 355—365 頁；嚴紹璗：《日本藏漢籍善本研究》，北京大學出版社，2021，第 209—210 頁。

四六、
M1·1278［Y1:W7B］《至正五年乙酉歲（1345年）八月十六日丁卯夜望月食》

釋文

1 至正五年乙酉歲八月

2 十六日丁卯夜望月食

說明

此件為手寫本，僅存兩行文字，尺寸為14.9cm×28.7cm，字跡清楚，書法良好。出土文獻中月食的記載，還見於敦研368v《北魏太平真君十二年（451年）历日》“二月十六日月食”“八月十六日社月食”，鄧文寬指出這是現知中國最早的月食預報（鄧文寬:《敦煌本北魏曆日與中國古代月食預報》,《敦煌吐魯番學研究論集》，書目文獻出版社，1996，第360—372頁；鄧文寬:《敦煌吐魯番天文曆法研究》，甘肅教育出版社，2002，第189—200頁）。

參考文獻

李逸友編著:《黑城出土文書（漢文文書卷）》，科學出版社，1991，第212頁；塔拉、杜建録、高國祥主編:《中國藏黑水城漢文文獻》第8冊，國家圖書館出版社，2008，第1603頁；孫繼民等:《中國藏黑水城漢文文獻的整理與研究》，中國社會科學出版社，2016，第 1284—1285 頁；杜建録主編：《中國藏黑水城漢文文獻釋録》第 8 冊，中華書局、天津古籍出版社，2017，第 23—24 頁。

四七、

M1・1279［F19:W19］《元刻本曆書殘頁》

釋文

1 □□□

2 在西，天德

3 □宜用癸

4 修造、栽植、牧養。

5 種蒔[1]、栽接、牧養。

6

7 開市[2]、修造。

8 牧養、納賜。

9 忌動土、種蒔。

10 □婚姻、會賓客、沐

11 沐浴、修造、捕捉。

12 破屋[3]、壞垣。

---

1 “種蒔”，《中國藏黑水城漢文文獻的整理與研究》釋作“□持”。

2 “開”，《中國藏黑水城漢文文獻釋録》釋作“用”。

3 “破”，據殘字形及文義補。

13 市、立券、交易、啓攢。

14 門、結婚姻、會親人賓客。

15 結婚、會□□□□場。

16 捕捉。　　　忌出行。

17

18 客、游行、□□求醫、療病。

19 □補垣、塞穴。　　　忌

20 土。

21 □栽植、修造、破土、客

22 □裁衣、傳驛、捉捕、牧養[1]。

23 忌出行。

24 結婚姻、會親眾、沐浴、啓攢[2]。

25 □□牧養、捕捉。

26

27 □交易、修置□□

28 □求醫、療病、啓攢、□□

29 捕捉。忌出行。

30 姻、會賓客、嫁娶、出行、納

31 □、補垣[3]、塞穴[4]。

說明

此件殘缺嚴重，現存為某頁曆書的下半部分，尺寸為 29.4cm × 9.1cm，字

---

1 “養”，據殘字形及文義補。

2 “啓攢”，《中國藏黑水城漢文文獻的整理與研究》釋作“修□”

3 “補垣”，《中國藏黑水城漢文文獻的整理與研究》釋作“捕捉”，誤。

4 以下還有三行殘片，因無文字，故不録。

跡模糊，兼有字體脱落者，不易辨識，現存文字俱為宜忌事項。又與此件相關者還有兩殘片，字跡同樣模糊，殘片一存有“浴裁衣”“忌遠迴”等字，殘片二可辨認出“忌移徙”“啓攢”“求醫療病”“忌出行結”諸字。

參考文獻

塔拉、杜建録、高國祥主編：《中國藏黑水城漢文文獻》第 8 册，國家圖書館出版社，2008，第 1604 頁；孫繼民等：《中國藏黑水城漢文文獻的整理與研究》，中國社會科學出版社，2016，第 1285—1288 頁；杜建録主編：《中國藏黑水城漢文文獻釋録》第 8 册，中華書局、天津古籍出版社，2017，第 25—27 頁。

四八、

M1·1280［F14:W10］《真尺圖》

釋文

1 真尺

（真尺圖）

2 ▭ 至晝漏景極短[1]

3 ▭ [昏]中星[2] 旦中星

4 ▭ □六弱 亢二少強退一

5 ▭ 半少退 氐七少角退二[3]

6 ▭ [半]強[4] ▭ 二

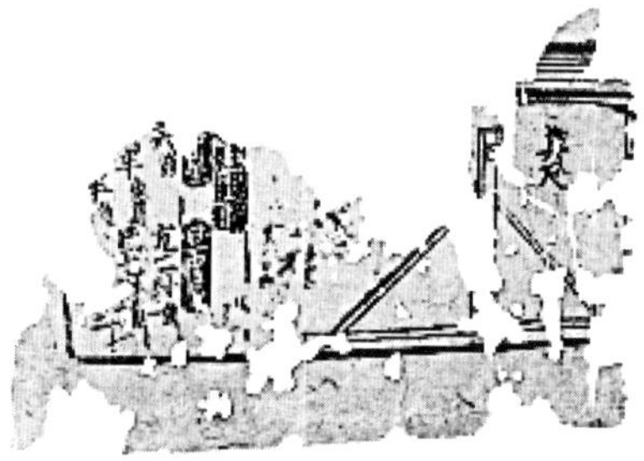

說明

此件為天文用“真尺圖”殘頁，尺寸為14.4cm×9.9cm，圖文並茂，現存文字六行，其中首行題“真尺”。甚為可惜者，真尺圖像與解說文字均有不同程度殘缺。

---

1 “漏”，《中國藏黑水城漢文文獻的整理與研究》《中國藏黑水城漢文文獻釋録》釋作“満”，誤。

2 “昏”，據文義補。

3 “退”，據殘字形及文義補。

4 “半”，據殘字形及文義補。

參考文獻

李逸友編著：《黑城出土文書（漢文文書卷）》，科學出版社，1991，第212頁；塔拉、杜建録、高國祥主編：《中國藏黑水城漢文文獻》第8冊，國家圖書館出版社，2008，第1604頁；孫繼民等：《中國藏黑水城漢文文獻的整理與研究》，中國社會科學出版社，2016，第1288頁；杜建録主編：《中國藏黑水城漢文文獻釋録》第8冊，中華書局、天津古籍出版社，2017，第28—29頁。

四九、
M1·1281［F21:W24d］《元大德十一年（1307年）曆書殘頁》

釋文

1 正月大[1] 年前十二月□
天德在丁，月□

2 建壬寅 是月也東風解凍[2] □
十二日丁丑[3] □

3 一日丙寅[4] □

說明

此件僅存三行文字，尺寸為4.4cm×8.1cm，據“年前十二月”“是月也東風解凍”，可知為某年正月曆日，張培瑜、盧央推定為元大德十一年（1307年）授時曆殘頁（參見《黑城出土殘曆的年代和有關問題》，《南京大學學報》（哲學·人文·社會科學）1994年第2期），此從之。

---

1 “正”，據“年前十二月”“是月也東風解凍”推補。

2 “風解凍”，據立春正月節物候補。

3 按照曆日著録的一般格式，“十二日丁丑”應為節氣時刻。翻檢《三千五百年曆日天象》，大德十一年（1307年）正月十一日丙子雨水，說明這件黑水城曆日的雨水標註較中原曆要晚一日。

4 “一日丙寅”，據“十二日丁丑”推補。

參考文獻

李逸友編著:《黑城出土文書（漢文文書卷)》，科學出版社，1991，第212頁；張培瑜、盧央:《黑城出土殘曆的年代和有關問題》，《南京大學學報》（哲學・人文・社會科學）1994年第2期；塔拉、杜建録、高國祥主編:《中國藏黑水城漢文文獻》第8冊，國家圖書館出版社,2008，第1605頁；彭向前:《几件黑水城出土殘曆日新考》,《中國科技史雜誌》2015年第2期；孫繼民等:《中國藏黑水城漢文文獻的整理與研究》，中國社會科學出版社,2016，第1289頁；杜建録主編:《中國藏黑水城漢文文獻釋録》第8冊，中華書局、天津古籍出版社，2017，第30—32頁。

五〇、

M1·1282［F21:W24a］《元大德十一年（1307 年）曆書殘頁》

釋文

1 五月小[1] 前月二十□ ☐
天德在亥[2] ☐

2 建丙午 ☐

說明

此件僅存兩行文字，尺寸為 4.2cm × 7.8cm，張培瑜、盧央據殘曆信息，認為此件與 M1·1281［F21:W24d］形制相同，內容相關，應為同一刻本殘頁（參見《黑城出土殘曆的年代和有關問題》，《南京大學學報》（哲學·人文·社會科學）1994 年第 2 期）。彭向前進一步確定了上述兩件殘曆為同年曆書，即元成宗大德十一年（1307 年）殘曆（參見《几件黑水城出土殘曆日新考》，《中國科技史雜誌》2015 年第 2 期）。

1 "五"，據殘字形及曆日格式補。
2 "德"，據殘字形及曆日格式補。

參考文獻

李逸友編著：《黑城出土文書（漢文文書卷）》，科學出版社，1991，第212頁；張培瑜、盧央：《黑城出土殘曆的年代和有關問題》，《南京大學學報》（哲學・人文・社會科學）1994年第2期；塔拉、杜建録、高國祥主編：《中國藏黑水城漢文文獻》第8冊，國家圖書館出版社，2008，第1605頁；彭向前：《几件黑水城出土殘曆日新考》，《中國科技史雜誌》2015年第2期；孫繼民等：《中國藏黑水城漢文文獻的整理與研究》，中國社會科學出版社，2016，第1289—1290頁；杜建録主編：《中國藏黑水城漢文文獻釋録》第8冊，中華書局、天津古籍出版社，2017，第33—34頁。

五一、

M1·1284［F21:W25］《元刻本至正十年（1350年）授時曆殘頁》

釋文

（一）

1 ［　　］天道北行[1]，宜向西北行［　　］

2 ［　　］在西，月［　　］

3 ［　　］取土，用乾時［　　］

4 ［　　］□□不宜沐浴［　　］

5 ［　　］刺、乘船、渡水。

6 ［　　］療病[2]、□□、動土、塞穴[3]［　　］

（二）

1 ［　　］病、破屋、壞垣。

2 ［　　］□發□□納采、問名、安牀、修造、動土。

3 ［　　］□登高履險。

4 ［　　］□□□財禮交、出行、入學、求醫、療病□□［　　］

---

1 "天道"，據文義補。

2 "療"，據殘字形及文義補。

3 "塞穴"，據殘字形及文義補。

5 ［　　］修置産室、種蒔、栽植、牧養、破土[1]、啓攢［　　］

6 ［　　］祀、栽植、捕捉。

7 ［　　］出行、種蒔、針刺、乘船、渡水。

（三）

1 五月大[2] 前月二十四日戊申寅正六刻［　　］

天德在乾，月厭在午，月煞在□［　　］

2 建壬午[3] 是月也螳蜋生，鵙始鳴　□［　　］

十五日戊辰酉正二刻□［　　］

3 一日甲寅水成胃[4]　宜［　　］

4 二日乙卯水收昴[5]　宜［　　］

（四）

1 七日庚申木滿鬼［　　］

2 八日辛酉木平柳　　宜［　　］□［　　］

3 九日壬戌水定星[6]［　　］

4 十日癸亥水執張[7]　日出寅正二刻　晝六十刻[8]［　　］

夏至五月中

日入戌初二刻　夜四十刻[9]［　　］

1 “土”，《中國藏黑水城漢文文獻的整理與研究》漏録。

2 “五”，據下文“螳蜋生，鵙始鳴”推補。

3 “建壬午”，據五月月建補。

4 “一日甲寅水”，據殘曆“七日庚申木滿鬼”推補；“胃”，《中國藏黑水城漢文文獻的整理與研究》釋作“冑”，誤。

5 “二日乙卯”，據曆日格式推補；“昴”，《中國藏黑水城漢文文獻的整理與研究》釋作“昂”，誤。

6 “九日”，據曆日格式推補。

7 “十日癸亥水”，據曆日格式推補。

8 “刻”，據殘字形及文義補。

9 “四十刻”，據殘字形及文義補。

說明

此件由四個曆日殘頁組成，據第三殘曆“是月也螳蜋生，鵙始鳴”及第四殘曆“夏至五月中”，可知為某年五月曆日。張培瑜、盧央據殘曆信息，推定此件為元至正十年（1350 年）五月授時曆殘頁（《黑城出土殘曆的年代和有關問題》，《南京大學學報》（哲學・人文・社會科學）1994 年第 2 期）。翻檢張培瑜《三千五百年曆日天象》，可知該年五月大，建壬午，朔日甲寅，十日癸亥夏至，這些信息與此件完全相合。

參考文獻

李逸友編著：《黑城出土文書（漢文文書卷）》，科學出版社，1991，第 212 頁；張培瑜、盧央：《黑城出土殘曆的年代和有關問題》，《南京大學學報》（哲學・人文・社會科學）1994 年第 2 期；塔拉、杜建録、高國祥主編：《中國藏黑水城漢文文獻》第 8 冊，國家圖書館出版社，2008，第 1606 頁；孫繼民等：《中國藏黑水城漢文文獻的整理與研究》，中國社會科學出版社，2016，第 1291—1293 頁；杜建録主編：《中國藏黑水城漢文文獻釋録》第 8 冊，中華書局、天津古籍出版社，2017，第 39—42 頁。

五二、

M1·1285［F13:W86B］《三旬擇日圖》

釋文

十二日	十一日	初十日	初九日	初八日	初七日	初六日	初五日	初四日	初三日	初二日	初一日[2]	看橫	〇卒便檢閱未到，看此下可以擇日，但只是一日之事可矣[1]，不宜久遠造作	三旬擇日圖
吉	吉	吉	凶[5]	凶	吉	凶	吉	吉	吉[4]	吉	凶[3]	六龍日□事吉		
葬吉造移娶凶	四事並吉	造移娶吉葬凶	四事並凶	四事並凶	娶吉造移葬凶[10]	四事並凶[9]	葬吉造移娶凶	葬吉造移娶凶[8]	四事並吉	造移娶吉葬凶[7]	四事並凶[6]	白虎曆□造移居□娶大吉□		
							裁合吉	裁合吉	裁合吉		裁合吉	裁衣合帳吉日[11]		
		種作吉	種作吉		種作吉		種作吉	種作吉			種作吉	飛蟲不食日種作吉		

1“矣”，《中國藏黑水城漢文文獻釋録》釋作“以”，誤。

2“初一日”，據《三旬擇日圖》格式推補。以下“初二日”“初三日”“初四日”“初五日”“初六日”，均據《三旬擇日圖》格式推補，不另出校。

3“凶”，底本殘，據下欄“並凶”推補。

4“吉”，底本殘，據下欄“四事並吉”推補。

5“凶”，底本殘，據下欄“四事並凶”推補。

6“四事”，據文義補。

7“造移娶”，據殘字形及文義補。

8“造移娶凶”，據殘字形及文義補。

9“四事”，據文義補。

10“娶吉”，據文義補。

11“帳”，《中國藏黑水城漢文文獻釋録》釋作“賬”。

	陂塘吉						作陂凶[1]		陂塘凶		陂塘凶	天穿日作陂塘凶	○卒便檢閱未到，看此下可以擇日，但只是一日之事可矣，不宜久遠造作	三旬擇日圖
		祭祀凶[3]					祭凶	祭凶		祭凶	九月祭凶[2]	啓□□不□□凶		
					作土凶						作土凶[4]	逐月作土日凶		
		子	丑 □	寅 □	卯	辰						銜日百事用之凶		
以下殘												解銜解冤日祭祀吉		
											□□吉	三墓日牛馬吉[5]		

說明

此件為刻本，粗邊框，尺寸為13.6cm×23.3cm，豎欄首行題“三旬擇日圖”。從內容來看，此圖主要圍繞四事（造作、移徙、嫁娶、喪葬）、裁衣、合帳、種作、陂塘、祭祀、作土等事項，將一月三十天的擇日吉凶制成表格，方便人們檢閱查詢。正如豎欄此行所言：“卒便檢閱未到，看此下可以擇日，但只是一日之事可矣，不宜久遠造作”，說明此圖的制作主要是為了滿足人們擇日方便的需要。

1 “作陂”，《中國藏黑水城漢文文獻釋録》釋作“陂塘”。

2 “祭”，據殘字形及文義補。

3 “祭祀凶”，《中國藏黑水城漢文文獻釋録》釋作“祭凶”。

4 “土凶”，據殘字形及文義補。

5 “墓日”，據殘字形及文義補。

參考文獻

李逸友編著:《黑城出土文書（漢文文書卷)》，科學出版社，1991，第 212 頁；塔拉、杜建録、高國祥主編:《中國藏黑水城漢文文獻》第 8 冊，國家圖書館出版社，2008，第 1607 頁；孫繼民等:《中國藏黑水城漢文文獻的整理與研究》，中國社會科學出版社，2016，第 1293—1295 頁；杜建録主編:《中國藏黑水城漢文文獻釋録》第 8 冊，中華書局、天津古籍出版社,2017，第 43—45 頁。

五三、
M1·1286［F19:W47］《曆書殘頁》

釋文

1 九月□▭

說明

此件為某年九月曆日的右上角殘頁，其尺寸為 2.4cm×6.3cm，雙邊粗框，僅存“九月□”三字，字體較大，為刻本九月曆日殘頁。

參考文獻

塔拉、杜建録、高國祥主編:《中國藏黑水城漢文文獻》第 8 冊，國家圖書館出版社，2008，第 1608 頁；孫繼民等:《中國藏黑水城漢文文獻的整理與研究》，中國社會科學出版社，2016，第 1295 頁；杜建録主編:《中國藏黑水城漢文文獻釋録》第 8 冊，中華書局、天津古籍出版社，2017，第 46—47 頁。

五四、

M1·1287［F68:WI］《元刻本至元二十二年（1285年）曆書残頁》

釋文

1 十二日己卯土危張[1]　宜

2 十三日庚辰金成翼

3 十四日辛巳金收軫　日出卯初二刻　宜

4 十五日壬午木開角　日入酉正二刻　□

5 十六日癸未木閉亢[2]　□□□

說明

此件刻本殘曆僅存五行文字，存日序、干支五行、建除、二十八宿和日出、日入等曆註信息，彭向前推定為至元二十二年（1285年）七月曆日（參見《几件黑水城出土殘曆日新考》，《中國科技史雜誌》第36卷，2015年第2期），此從之。

參考文獻

塔拉、杜建録、高國祥主編：《中國藏黑水城漢文文獻》第8冊，國家圖

1"十二日己卯土"，據殘字形及曆日體例補。

2"十六日"，據曆日體例補。

書館出版社，2008，第1608頁；彭向前：《几件黑水城出土殘曆日新考》，《中國科技史雜誌》2015年第2期；孫繼民等：《中國藏黑水城漢文文獻的整理與研究》，中國社會科學出版社，2016，第1295—1296頁；杜建録主編：《中國藏黑水城漢文文獻釋録》第8册，中華書局、天津古籍出版社，2017，第48—49頁。

五五、
M1·1288［F224:W16］《暦書残頁》

釋文

(一)

1 □ 寅卯 □

2 □ 午申未 □

3 □ 寅巳申□ □

(二)

1 □ □□ □

2 □ 午申[1] □

3 □ □寅巳申 □

4 □ 申酉戌亥子丑寅卯 □

說明

此件亦為刻本，涵有兩個殘片，殘存文字均為十二地支（或十二辰），《中國藏黑水城漢文文獻》定名為《暦書殘頁》，此從之。

1“午”，《中國藏黑水城漢文文獻的整理與研究》《中國藏黑水城漢文文獻釋録》釋作“戌”。

參考文獻

塔拉、杜建録、高國祥主編：《中國藏黑水城漢文文獻》第8冊，國家圖書館出版社，2008，第1608頁；孫繼民等：《中國藏黑水城漢文文獻的整理與研究》，中國社會科學出版社，2016，第1296頁；杜建録主編：《中國藏黑水城漢文文獻釋録》第8冊，中華書局、天津古籍出版社，2017，第50—51頁。

五六、

M1·1292［YI:WI］《元刻本曆書殘頁》

釋文

1 ［ ］□□□□修造、動土、立券[1]、交易。忌種蒔、登高履險。

2 ［ ］沐浴、剃頭、納財、入學、求醫、療病、修造、動土、豎柱、上梁、安碓[2]、交易、種蒔、栽植、牧養。

3 ［ ］種蒔[3]、栽植、捕捉。忌出行、移徙、乘船、渡水。

4 ［ ］求醫、療病、牧養。忌動土、種蒔、乘船、渡水。

5 ［ ］塞穴[4]、破土、啓攢。忌遠迴、移徙、針剌。

說明

此件殘曆僅存五行文字，各行上半部分有關日序、干支五行、建除、二十八宿註曆等均已殘缺，現存文字俱為時日宜忌事項。

---

1 "立券"，《中國藏黑水城漢文文獻的整理與研究》釋作"□□□□"。

2 "安碓"，《中國藏黑水城漢文文獻的整理與研究》據殘存字形及文義補。

3 "種"，《中國藏黑水城漢文文獻的整理與研究》據殘存字形及文義補。

4 "塞"，《中國藏黑水城漢文文獻釋録》據文義補。

參考文獻

塔拉、杜建録、高國祥主編:《中國藏黑水城漢文文獻》第8冊，國家圖書館出版社，2008，第1610頁；孫繼民等:《中國藏黑水城漢文文獻的整理與研究》，中國社會科學出版社，2016，第1300頁；杜建録主編:《中國藏黑水城漢文文獻釋録》第8冊，中華書局、天津古籍出版社，2017，第60—61頁。

五七、

M1·1289［F224:W17］《元刻本曆書残頁》

釋文

1 出行[1]。

2

3 蒔、乘船、渡水。

4

5 安礎[2]、納畜、破土、安葬。忌移徙。

6 出行[3]。

7

8 安牀、沐浴。忌登高履險。

9 □、修造、動土、豎柱、上梁、安礎、築隄防、交易、牧養。忌遠迴、種蒔、乘船、渡水。

10 往刑（?）

11 出行[4]。

---

1 “出行”，據殘字形補。

2 “安”，據殘字形及文義補。

3 “出”，據殘字形及文義補。

4 “出行”，據殘字形及文義補。

12 ▭ 修造、動土、安磑、開渠、立券、交易、種蒔、栽植[1]、牧養、啓攢。

13 ▭ 築隄防[2]、交易、栽接、補垣、塞穴。忌□□出行。

14 ▭

15 ▭ 療病、破土、安葬 ▭

16 ▭ 忌出行 ▭

說明

此件為刻本曆書殘頁，現存十六行，其第二、四、七、十四行均無文字，各行上半部分有關日序、干支五行、建除、二十八宿註曆等信息均已殘缺，現存文字俱為宜忌事項。

參考文獻

塔拉、杜建録、高國祥主編：《中國藏黑水城漢文文獻》第 8 冊，國家圖書館出版社，2008，第 1609 頁；孫繼民等：《中國藏黑水城漢文文獻的整理與研究》，中國社會科學出版社，2016，第 1297 頁；杜建録主編：《中國藏黑水城漢文文獻釋録》第 8 冊，中華書局、天津古籍出版社，2017，第 52—53 頁。

1 “植”，《中國藏黑水城漢文文獻釋録》釋作“種”。
2 “隄”，《中國藏黑水城漢文文獻釋録》釋作“堤”。

五八、

M1·1290［F197:W7］《元刻本曆書残頁》

釋文

1 赤碧黑[1]

2 黃白白

3 紫白綠

4 捕捉[2]、動土、種蒔。

5 忌遠迴[3]、移徙。

6 畜。忌出行。

7 □（行）。

8 渡水。

9 □出行。

10 乘船、渡水。

11 移徙[4]、乘船、渡水。

---

1 “赤”及下文“黃”“紫”，《中國藏黑水城漢文文獻釋録》據月九宫圖推補。

2 “捕”，據殘字形及文義補。

3 “忌”，據殘字形及文義補。

4 “移”，據殘字形及文義補。

12 啓攢[1]。忌移徙。

13 船、渡水。

14 渡水[2]。

說明

此件為刻本曆書殘頁，現存二十五行，其中存有文字者十四行，前三行僅存九宮色中六字，字體較大，其它各行均為宜忌事項，其中出行、乘船、渡水多見於行末。鑒於此曆有十一行沒有文字，故此處僅釋録存有文字的內容。

參考文獻

塔拉、杜建録、高國祥主編：《中國藏黑水城漢文文獻》第 8 冊，國家圖書館出版社，2008，第 1609 頁；孫繼民等：《中國藏黑水城漢文文獻的整理與研究》，中國社會科學出版社，2016，第 1298—1299 頁；杜建録主編：《中國藏黑水城漢文文獻釋録》第 8 冊，中華書局、天津古籍出版社，2017，第 54—57 頁。

1 "啓"，據殘字形及文義補。

2 "渡"，據殘字形及文義補。

五九、

M1·1291[F13:W87]《元刻本至正十七年(1357年)授時曆残頁》

釋文

(前缺)

1 二十三日戊戌木成星[1] □ 忌出行、遠 □

2 二十四日己亥木收張[2] □ □捕□魚。

3 二十五日庚子土開翼　宜结婚、出行、沐浴、入學、求醫、療病、修置産室、種蒔、栽植、牧養。　　忌動土。

4 二十六日辛丑土閉軫　宜補垣、塞穴。　　忌出行、遠迴、移徙、動土[3]、種蒔、針刺。

5 二十七日壬寅金建角　日入酉初二刻 宜解安宅舍。忌出行、動土。

6 二十八日癸卯金除亢　日出卯正二刻 宜上官赴任、解除、求醫、療病、修造、動土、立券、交易、破土、啓攢。　　忌乘 □

7 二十九日甲辰火满氐　昼四十六刻，夜五十四刻 宜修舍、動土、經絡、裁衣、栽植、牧養。忌種蒔、乘船、渡水 □

---

1 "二十三日戊戌木成星"，據曆書體例推補。

2 "木收張"，據曆書體例推補。

3 "動土"，《中國藏黑水城漢文文獻釋録》漏録。

8 三十日乙巳火平房[1] 宜泥飾垣牆、平治道塗。　　忌出行。

（後缺）

説明

此件刻本殘曆存文字八行，涵有日序、干支五行、建除、二十八宿及宜忌事項等信息，張培瑜、盧央定為元至正十七年（1357年）正月授時曆殘頁（《黑城出土殘曆的年代和有關問題》，《南京大學學報》（哲學・人文・社會科學）1994年第2期）。

參考文獻

李逸友編著：《黑城出土文書（漢文文書卷）》，科學出版社，1991，第212頁；張培瑜、盧央：《黑城出土殘曆的年代和有關問題》，《南京大學學報》（哲學・人文・社會科學）1994年第2期；塔拉、杜建録、高國祥主編：《中國藏黑水城漢文文獻》第8冊，國家圖書館出版社，2008，第1610頁；何啓龍：《〈授時曆〉具註曆日原貌考》，《敦煌吐魯番研究》第13卷，上海古籍出版社，2013，第267頁；孫繼民等：《中國藏黑水城漢文文獻的整理與研究》，中國社會科學出版社，2016，第1299—1300頁；《中國藏黑水城漢文文獻釋録》第8冊，中華書局，2017，第58—59頁。

---

1 "三十日乙巳火平"，據曆書體例推補。

六〇、
M1·1283［F19:W18］《元刻本至正二十五年（1365年）曆書》

釋文

1 七月大　十一日丁卯申□□ 天德在癸，月厭在辰[1]

2 建甲申　是月也涼風至，白露 一日丁巳午初初刻[2]

3 一日丁巳土開柳　宜祭祀、祈福、襲爵[3]

4 二日戊午火閉星[4]　宜祭祀、□□

5 三日己未火建張[5]　宜祭祀、出行

6 中伏　四日庚申木除翼　宜襲爵[6]、□

7 五日辛酉木滿軫　宜解除[7]、沐浴[8]

8 六日壬戌水平角[9]　宜嫁娶

1“十一日丁卯申”，《〈授時曆〉具註曆日原貌考》校補為“十一日丁卯申正三刻立秋”；“月厭在辰”，《〈授時曆〉具註曆日原貌考》校補為“月厭在辰，月煞在”。

2“白露”，《〈授時曆〉具註曆日原貌考》校補為“白露降”；“刻”，《〈授時曆〉具註曆日原貌考》校補為“刻後日躔”。

3“爵”，《〈授時曆〉具註曆日原貌考》據殘字形及文義補。

4“星”，據殘字形及文義補。

5“建”，《中國藏黑水城漢文文獻的整理與研究》釋作“趁”，誤。

6“爵”，據殘字形及文義補。

7“宜”，據殘字形及文義補；“解”，《中國藏黑水城漢文文獻釋録》釋作“襭”。

8“浴”，據殘字形及文義補。

9“六日壬”“角”，據曆書體例推補。

9 七日癸亥水定亢[1]

10 八日甲子金執氐[2]

11 九日乙丑金破房[3]

說明

此件刻本曆書殘存文字十一行，存七月一至九日曆註信息，第二行、第六行分别有白露節氣和中伏的標註，《中國藏黑水城漢文文獻》定名為《至正十五年曆書》，張培瑜、盧央推定為元至正二十五年（1365年）曆書（《黑城出土殘曆的年代和有關問題》，《南京大學學報》（哲學・人文・社會科學）1994年第2期），此從之。

參考文獻

李逸友編著：《黑城出土文書（漢文文書卷）》，科學出版社，1991，第212頁；張培瑜、盧央：《黑城出土殘曆的年代和有關問題》，《南京大學學報》（哲學・人文・社會科學）1994年第2期；塔拉、杜建録、高國祥主編：《中國藏黑水城漢文文獻》第8冊，國家圖書館出版社，2008，第1605頁；何啓龍：《〈授時曆〉具註曆日原貌考》，《敦煌吐魯番研究》第13卷，上海古籍出版社，2013，第266頁；孫繼民等：《中國藏黑水城漢文文獻的整理與研究》，中國社會科學出版社，2016，第1291頁；杜建録主編：《中國藏黑水城漢文文獻釋録》第8冊，中華書局、天津古籍出版社，2017，第35—38頁。

1“七日癸”“亢”，據曆書體例推補。

2“八日甲子”“氐”，據曆書體例推補。

3“九日乙丑”“破房”，據曆書體例推補。此句後，《〈授時曆〉具註曆日原貌考》還校補了兩句，即“十日丙寅火危心”“十一日丁卯火危尾，立秋七月節”。

六一、

唐乾符四年丁酉歲具註曆日

釋文

表1 SP.6 第一、二、三欄釋文

天德坤	月德甲	月合己	月空壬	[甲]、己上取土吉	厭酉、煞戌	刑子破酉	天火卯 地火午	九焦丑 血忌未	大耗酉 小耗申	閏二月小	至十四日前	□驚蟄節	十四日已前准	二月用事	十五日已後後准	三月用事	鎮宅符		凡人宅舍不安，多有虛耗，但取本姓未日朱書□，常置□大□吉	三月大	天道北行	月建甲辰	黃 白 碧 / 綠 白 白 / 紫 黑 赤

蜜　蜜　社　蜜　蜜　蜜　蜜　蜜　蜜　蜜

十日壬子木開　十一癸丑木閉　十二甲寅水建　十三乙卯水除　十四丙辰土滿　十五丁巳土滿　十六戊午火平　十七己未火定　十八庚申木汁（執）[2]　十九辛酉木破　廿日壬戌水危　廿一癸亥水成　廿二甲子金收　廿三乙丑金開　廿四丙寅火閉　廿五丁卯火建　廿六戊辰木除　廿七己巳木滿　廿八庚午土平　廿九辛未土定　卅日壬申金汁（執）　一日癸酉金破　二日甲戌火危　三日乙亥火成　四日丙子水收　五日丁丑水開　六日戊寅土閉　七日己卯土建　八日庚辰金除　九日辛巳金滿　十日壬午木平　十一癸未木定　十二甲申水汁（執）　十三乙酉水破　十四丙戌土危　十五丁亥土危　十六戊子火成　十七己丑火收　十八庚寅木開　十九辛卯木閉　廿日壬辰水建　廿一癸巳水除　廿二甲午金滿　廿三乙未金平　廿四丙申火定　廿五丁酉火汁（執）　廿六戊辰木破　廿七己亥木危　廿八庚子土成　廿九辛丑土收　一日壬寅金開　二日癸卯金閉　三日甲辰火建　四日乙巳火除　五日丙午水滿　六日丁未水平　七日戊申土定　八日己酉土汁（執）　九日庚戌金破　十日辛亥金危　十一壬子木成　十二癸丑木收　十三甲寅水開

草木萌動　作井　驚蟄二月節　天恩　倉鶊鳴　罡一　入學　出行　鷹化為鳩　魁一　天恩　春分二月中　理病　作井　雷乃發聲　天赦　除服　天恩　始電　結婚　清明三月節　罡一　市買　田鼠化為鴽　魁一　天恩　虹始見　天恩　入學　穀雨三月中　理病　鳴鳩拂羽　下財　勝戴降桑　出行

凡修造動土，逐月下看日辰，犯之牢索一尺損之大凶

推地囊法

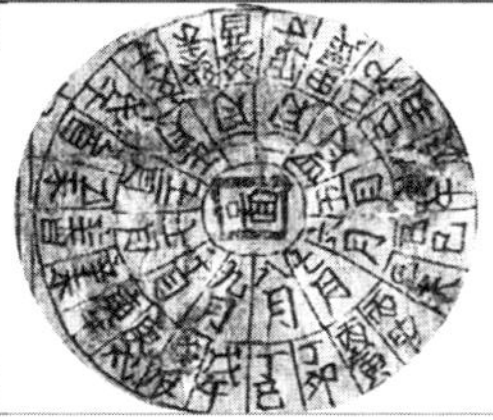

六十甲子宮宿法

興元	貞元	貞元	貞元	貞元	貞元	貞元	貞元	貞元	貞元	永貞
元年甲子 元年乙丑	二年丙寅 三年丁卯	四年戊辰 五年己巳	六年庚午 七年辛未	八年壬申 九年癸酉	十年甲戌 十一年乙亥	十二年丙子 十三年丁丑	十四年戊寅 十五年己卯	十六年庚辰 十七年辛巳	十八年壬午 十九年癸未	廿年甲申 元年乙酉
金	火	木	土	金	火	水	土	金	木	水
六七	四五	二三	九一	七八	五六	三四	一二	八九	六七	四五
六五	八七	一九	三二	五四	七六	九八	二一	四三	七五	八七

续表

天德壬	月德壬	月合丁	月空丙	丁、壬上取土吉	刑辰、煞未	厭酉、破戌	天火午，地火未	九焦戌，天□午	大耗戌，小耗酉	四月小	天道西行	月建己（乙）巳[3]	黑 赤 白 / 紫 黃 白 / 綠 碧 白

天德辛	月德庚[4]	月合乙	月空甲	乙、庚上取土吉	刑申、煞辰	厭未、破亥	天火酉，地火申	九焦未，血忌申	大耗亥，小耗戌	五月大	月建丙午[5]	白 白 黃 / 白 綠 紫 / 碧 黑 赤	天德乾	月德丙

蜜	日	注
	十四乙卯水閉	
	十五丙辰土建	
	十六丁巳土除	
	十七戊午火除	
	十八己未火滿	
蜜	十九庚申木平	
	廿日辛酉木定	
	廿一壬戌水汁	（執）
	廿二癸亥水破	
	廿三甲子金危	
	廿四乙丑金成	
	廿五丙寅火收	
蜜	廿六丁卯火開	
	廿七戊辰木閉	
	廿八己巳木建	
	廿九庚午土除	
	卅日辛未土滿	
	一日壬申金平	
	二日癸酉金定	
蜜	三日甲戌火汁	（執）
	四日乙亥火破	
	五日丙子水危	
	六日丁丑水成	
	七日戊寅土收	
	八日己卯土開	
	九日庚辰金閉	
蜜	十日辛巳金建	
	十一壬午木除	
	十二癸未木滿	
	十三甲申水平	
	十四己酉水定	
	十五丙戌土汁	（執）
	十六丁亥土破	
蜜	十七戊子火破	
	十八己丑火危	
	十九庚寅木成	
	廿日辛卯木收	
	廿一壬辰水開	
	廿二癸巳水閉	
	廿三甲午金建	
蜜	廿四乙未金除	
	廿五丙申火滿	
	廿六丁酉火平	
	廿七戊戌木定	
	廿八己亥木汁	（執）
	廿九庚子土破	
	一日辛丑土危	
蜜	二日壬寅金成	
	三日癸卯金收	
	四日甲辰火開	
	五日乙巳火閉	
	六日丙午水建	
	七日丁未水除	
	八日戊申土滿	
	九日己酉土平	
	十日庚戌金定	
蜜	十一辛亥金汁	（執）
	十二壬子木破	
	十三癸丑木危	
	十四甲寅水成	
	十五乙卯水收	
	十六丙辰土開	
	十七丁巳土閉	

作酒　立夏四月節　安床　丘（蚯）引（蚓）出　天恩　母倉　罡　王瓜生　天恩　理病　小滿四月中　天恩　靡草死　天恩　苦菜秀　入學　芒種五月節　鵙始鳴　反舌無聲　天恩　入學　夏至五月中　母倉　蟬始鳴　魁　結婚　理病　半夏生　罡　入學　市買　塞穴

年號	年	五行		
元和	元年丙戌 二年丁亥	土	二三	一九
元和	三年戊子 四年己丑	火	九一	三二
元和	五年庚寅 六年辛卯	木	七八	五四
元和	七年壬辰 八年癸巳	水	五六	七六
元和	九年甲午 十年乙未	金	三四	九八
元和	十一年丙申 十二年丁酉	火	一二	二一
元和	十三年戊戌 十四年己亥	木	八九	四三
長慶	十五年庚子 元年辛丑	土	六七	六五
長慶	二年壬寅 三年癸卯	金	四五	八七
寶曆	四年甲辰 元年乙巳	火	二三	一九
大和	二年丙午 元年丁未	水	九一	三二
大和	二年戊申 三年己酉	土	七八	五四
大和	四年庚戌 五年辛亥	金	五六	七六
大和[6]	六年壬子 七年癸丑	木	三四	九八
大和	八年甲寅 九年乙卯	水	一二	二一
開成	元年丙辰 二年丁巳	土	八九	四三
開成	三年戊午 四年己未	火	六七	六五
會昌	五年庚申 元年辛酉	木	四五	八七
會昌	二年壬戌 三年癸亥	水	二三	一九
會昌	四年甲子 五年乙丑	金	九一	三二
大中	六年丙寅 元年丁卯	火	七八	五四
大中	二年戊辰 三年己巳	木	五六	七六
大中	四年庚午 五年辛未	土	三四	九八
大中	六年壬申 七年癸酉	金	一二	二一

续表

月合辛 月空壬 丙、辛上取土吉 刑午、煞丑 厭午、破子 天火子，地火酉 九焦辰，血忌卯 大耗子，小耗亥

六月小

月建丁未 天道东行

碧	白	白
黑	綠	白
赤	紫	黃

天德甲 月德甲

蜜 蜜 初伏 蜜 蜜

十八戊午火建
十九己未火建
廿日庚申木除
廿一辛酉木滿
廿二壬戌水平
廿三癸亥水定
廿四甲子金汁（執）
廿五乙丑金破
廿六丙寅火危
廿七丁卯火成
廿八戊辰木收
廿九己巳木開
卅日庚午土閉
一日辛未土建
二日壬申金除
三日癸酉金滿
四日甲戌火平
五日乙亥火定
六日丙子水汁（執）
七日丁丑水破
八日戊寅土危
九日己卯土成
十日庚辰金收
十一辛巳金開
十二壬午木閉
十三癸未木建
十四甲申水除
十五乙酉水滿
十六丙戌土平

小暑六月節　魁　下財　母倉　悉蟀居壁　入學　市買　鷹乃習學　土閏（潤）溽暑　大暑六月中　理病　入學　出行　塞穴　土閏　中伏　大雨時行　天恩

大中	大中	大中	咸通	咸通	咸通	咸通	咸通	咸通	咸通	乾符	乾符
八年甲戌 九年乙亥	十年丙子 十一年丁丑	十二年戊寅 十三年己卯	元年庚辰 二年辛巳	三年壬午 四年癸未	五年甲申 六年乙酉	七年丙戌 八年丁亥	九年戊子 十年己丑	十一年庚寅 十二年辛卯	十三年壬辰 十四年癸巳	元年甲午 二年乙未	三年丙申 四年丁酉
火	水	土	金	木	水	土	火	木	水	金	火
八九	六七	四五	二三	九一	七八	五六	三四	一二	八九	六七	四五
四三	六五	八七	一九	三二	五四	七六	九八	二一	四三	六五	八七

月合己 月空庚 甲、己上取土吉 刑丑、破丑 厭巳、煞戌 天火卯，地火戌 九焦丑，血忌酉 大耗丑，小耗子

七月小

天道北行 月建戊申

白	白	白
紫	黑	綠
黃	赤	碧

天德癸 月德壬 月空丙 月合丁

蜜 蜜 蜜 蜜

十七丁亥土定（執）
十八戊子火汁（執）
十九己丑火汁
廿日庚寅木破
廿一辛卯木危
廿二壬辰水成
廿三癸巳水收
廿四甲午金開
廿五己未金閉
廿六丙申火建
廿七丁酉火除
廿八戊戌木滿
廿九己亥木平
一日庚子土定
二日辛丑土汁（執）
三日壬寅金破
四日癸卯金危
五日甲辰火成
六日乙巳火收
七日丙午水開
八日丁未水閉
九日戊辰土建
十日己酉土除
十一庚戌金滿
十二辛亥金平
十三壬子木定
十四癸丑木汁（執）
十五甲寅水破
十六乙卯水危
十七丙辰土成
十八丁巳土收
十九戊午火開

天恩　立秋七月節　後伏　天恩　白露降　天赦　理病　寒蟬鳴　天恩　處暑七月中　出行　天地始肅　魁　母倉　禾乃登　作井　市買

九宮八變立成法

中宮	生氣	福德	天醫	皈魂	遊魂	絕體	絕命	五鬼
左	三九	四九	二四	三四	二九	三四	三七	二三
右	六七	六八	三六	六七	三八	二六	六九	四六
上	八二	七二	九七	九八	七四	六十 8	八四	九八
下	四一	三一	八一	二一	六一	九一	二一	二一 7

凡五宮生人，與二宮同用

十二相屬災厄法

续表

丁、巳上取土吉
厭辰，煞未
刑寅，破寅
天火午，地火亥
九焦未，血忌辰
大耗寅，小耗卯

八月大

月建己酉
天道東北[行][9]

紫	黃	赤
白	白	碧
綠	白	黑

天德艮
月德庚
月合乙
月空甲
乙、庚上取土吉
刑酉，破卯
厭卯，煞辰
九焦午，血忌戌
天火酉，地火子
大耗卯，小耗辰

九月小

天道南行
月建庚戌

白	綠	白
黑	紫	赤
白	黃	碧

天德丙
月德丙
月合辛
月空丁
丙、辛上取土吉
厭寅，煞丑
刑未，破辰
天火子，地火丑

蜜 蜜 蜜 蜜 蜜 蜜 蜜 蜜 蜜

廿日己未火開
廿一庚申木閉
廿二辛酉木建
廿三壬戌水除
廿四癸亥水滿
廿五甲子金平
廿六乙丑金定
廿七丙寅水汁（執）
廿八丁卯火破
廿九戊辰木危
一日己巳木成
二日庚午土收
三日辛未土開
四日壬申金閉
五日癸酉金建
六日甲戌火除
七日乙亥火滿
八日丙子水平
九日丁丑水定
十日戊寅土汁（執）
十一己卯土破
十二庚辰金危
十三辛巳金成
十四壬午木收
十五癸未木開
十六甲申水閉
十七乙酉水建
十八丙戌土除
十九丁亥土滿
廿日戊子火平
廿一己丑火平（定）
廿二庚寅木定
廿三辛卯木汁（執）
廿四壬辰水破
廿五癸巳水危
廿六甲午金成
廿七乙未金收
廿八丙申火開
廿九丁酉火閉
卅日戊戌木建
一日己亥木除
二日庚子土滿
三日辛丑土平
四日壬寅金定
五日癸卯金汁（執）
六日甲辰火破
七日乙巳火危
八日丙午水成
九日丁未水收
十日戊申土開
十一己酉土閉
十二庚戌金建
十三辛亥金除
十四壬子木滿
十五癸丑木平
十六甲寅水定
十七乙卯水汁（執）
十八丙辰土破
十九丁巳土危
廿日戊午火成
廿一己未火收
廿二庚申木收
廿三辛酉木開
廿三辛酉木開
廿四壬戌水閉

白露八月節　天恩　見官
玄鳥歸　天恩
群鳥養羞　出行　上梁
秋分八月中　社　母倉
蟄虫坯户　市買
水始涸　母倉
寒露九月節　除屋
雀入水為蛤　出行　天恩
菊有黃花　罡　結婚
霜降九月中　天赦　天恩
草木黃落　魁　天恩
蟄虫咸俯　入學
立冬十月節　塞穴

月夫生人吉、妻人，（十一，同不鼠月。財宜）：厄及與子五為午生

月為未生黃、夫生人幡十二妻人，（月。，同不牛厄財宜）：六及與丑

月為申生三、夫生人丘七妻人，（月。，同不虎厄財宜）：正及與寅

月為酉生災、夫生人煞八妻人，（月。，同不兔厄財宜）：二及與卯

月為戌生六、夫生人合九妻人，（月。，同不龍厄財宜）：三及與辰

月夫生人吉、妻人，（十月。，同不蛇財宜）：厄及與巳四為亥生

月為子生將、夫生人軍十一妻人，（月。，同不馬厄財宜）：五及與午

六財不（五月及宜羊）鬼為與：、十二大丑未月。妻生生豹，人人厄同，尾

月夫生人吉、妻人，（七，同不猴月。財宜）：厄及與申正為寅生

月為卯生太、夫生人歲八妻人，（月。，同不雞厄財宜）：二及與酉

月為辰生六、夫生人害九妻人，（月。，同不狗厄財宜）：三及與戌

四及與亥年月為巳生驛馬、夫生人（十妻人，猪月。，同不）：厄財宜

推十干得病日法

甲乙鬼形：甲乙病者，鬼起天寶，東南來，呼名，青紙解送即差。【圖見下頁】

续表

九焦巳，血忌巳
大耗辰，小耗巳

十月大

月建辛亥
天道東行

黃	碧	赤
白	白	白
紫	綠	黑

天德乙
月德甲
月合己
月空寅
甲、己上取土吉
厭丑、煞戌
刑亥、破巳
天火卯，地火寅
九焦丑，血忌亥
大耗巳，小耗午

十一月小

天道東南[行]10
月建壬子

綠	黑	白
紫	赤	黃
白	碧	白

天德巽
月德壬
月合丁
月空丙
丁、壬上取土吉
厭子、煞未
刑卯、破午
天火午，地火卯
九焦戌，血忌午
大耗午，小耗未

十二月大

蜜　蜜　蜜　蜜　蜜　蜜　蜜　蜜　蜜

廿五日癸亥水建
廿六日甲子金除
廿七日乙丑金滿
廿八日丙寅火平
廿九日丁卯火定
一日戊辰木汁（執）
二日己巳木破
三日庚午土危
四日辛未土成
五日壬申金收
六日癸酉金開
七日甲戌火閉
八日乙亥火建
九日丙子水除
十日丁丑水滿
十一日戊寅土平
十二日己卯土定
十三日庚辰金汁（執）
十四日辛巳金破
十五日壬午木危
十六日癸未木成
十七日甲申水收
十八日乙酉水開
十九日丙戌土閉
廿日丁亥土建
廿一日戊子火除
廿二日己丑火滿
廿三日庚寅木平
廿四日辛卯木平
廿五日壬辰水定
廿六日癸巳水汁（執）
廿七日甲午金破
廿八日乙未金危
廿九日丙申火成
卅日丁酉火收
一日戊戌木開
二日己亥木閉
三日庚子土建
四日辛丑土除
五日壬寅金滿
六日癸卯金平
七日甲辰火定
八日乙巳火汁（執）
九日丙午水破
十日丁未水危
十一日戊申土成
十二日己酉土收
十三日庚戌金開
十四日辛亥金閉
十五日壬子木建
十六日癸丑木除
十七日甲寅水滿
十八日乙卯水平
十九日丙辰土定
廿日丁巳土汁（執）
廿一日戊午火破
廿二日己未火危
廿三日庚申木成
廿四日辛酉木成
廿五日壬戌水收
廿六日癸亥水開
廿七日甲子金閉
廿八日乙丑金建
廿九日丙寅火除
一日丁卯火滿

天赦
地始凍
母倉
火下
野雞入水為蜃
罡
市買
天恩
小雪十月中
下財
天炁上[騰]11，地炁下[降]12
罡
作竈
閉寒而成冬
理病
大雪十一月節
母倉
武(虎)始交13
作井
出行
上梁
荔挺出
魁
天恩
結婚
冬至十一月中
入學
麋角解
理病
水泉動
天恩
作井
小寒十二月節
天赦
鴻始鴝

丙丁鬼形：丙丁日病，名丑得，呼名，與赤紙，錢財解送立差。

戊己鬼形：戊己日病，鬼名馮有首，書名黃紙，錢財送之便差。

壬癸鬼形：壬癸病者，鬼名田得春，書名，與黑傳(錢)財，解送之立差。

庚辛鬼形：庚辛病，鬼田有春，與白傳(錢)財，呼名，解送即差。

周公五鼓逐失物法14

（可參S.612"如左圖）

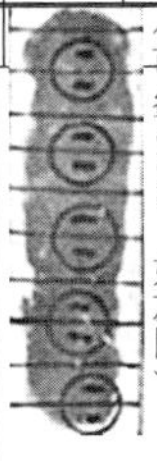

凡大月從上數至下，小月從下數至上，到失物日止。值圓畫15，急求得，遲不得。至長畫，失物走者得脫。至短畫，失物日亡者不逐自來，走者不覓自至。唯在志心，萬不失[一]16。

续表

天道西行

月建癸丑

黄	白	碧
緑	白	白
紫	黑	赤

天德庚

月德庚

月合乙

月空甲

乙、庚上取土吉

厭亥、煞辰

刑戌、破未

天火酉，地火辰

九焦巳，血忌子

大耗未，小耗午

蜜　蜜　蜜　蜜

二日戊辰木平
三日己巳木定
四日庚午土汁（執）
五日辛未土破
六日壬申金危
七日癸酉金成
八日甲戌火收
九日乙亥火開
十日丙子水閉
十一日丁丑水建
十二日戊寅土除
十三日己卯土滿
十四日庚辰金平
十五日辛巳金定
十六日壬午木汁（執）
十七日癸未木破
十八日甲申水危
十九日乙酉水成
廿日丙辰土收
廿一丁亥土閉
廿二戊子火開
廿三己丑火建
廿四庚寅木除
廿五辛卯木滿
廿六壬辰水滿
廿七癸巳水平
廿八甲午金定
廿九乙未金汁（執）
卅日丙申火破

魁　天恩　下財

鵲始巢

罡　入學　出行

大寒十二月中

魁　理病　臘日

鷙鳥厲疾

作井

水澤腹堅

出行　上梁　天恩

立春正月節

天恩　母倉　天恩

周堂用日

凡大月從婦順數，小月從夫逆行，值堂、廚、竈，餘者皆不吉。

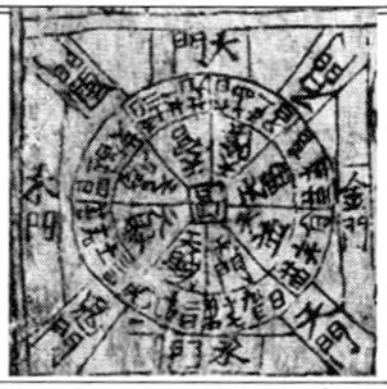

左側録文為**“八門占雷”**[17]，出自該圖下欄，為便於閱讀，趍録於此。

内行圖，外占雷

雷起天門，人民不安；起水門，五穀火（大）賤[18]；起鬼門，人民暴亡；起木門，五穀不成；起風門，多風雨；起石門，注損田苗；起金門，同起火門，其年大旱；起金門，同鐵貴。

（剩余部分见下表）

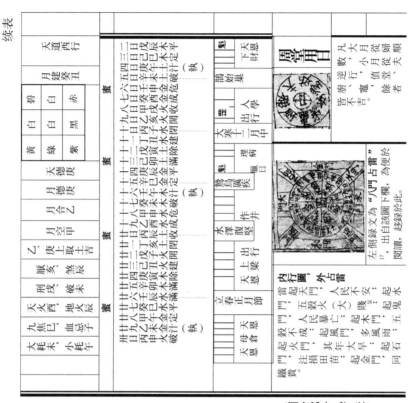

续表

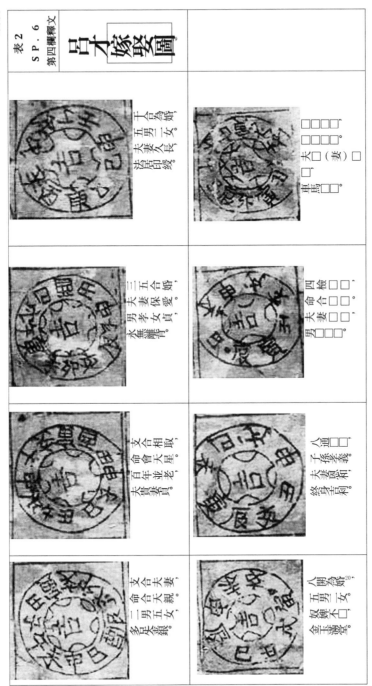

表2 SP.6 第四欄釋文				
呂才嫁娶圖	 于合為婚，五男二女。 夫妻久長，法居印綬。	 三五合婚，夫妻保愛。 男孝女貞，永無離背。	 支合相取，命會天星。 百年並老，夫貴妻貞。	 支合夫妻，命合天親。 二男五女，多足金銀。
	 □□□□，□□□□。 夫□（妻）□□，車馬□□。	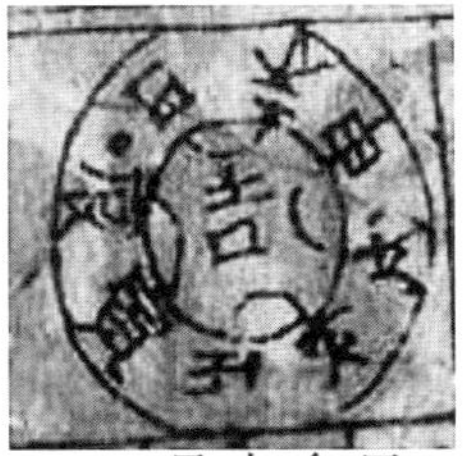 四檢□□，命合□□。 夫妻□□，男□□□。	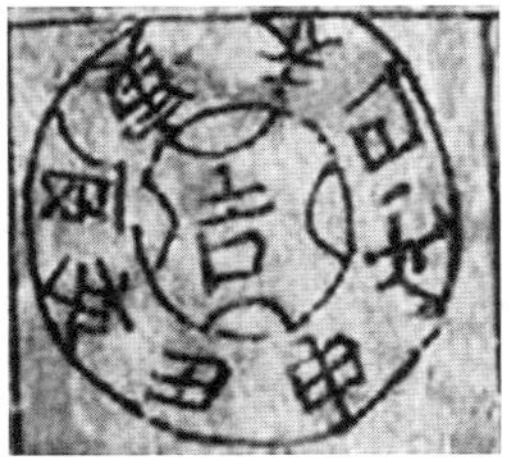 八通□□，子孫孝義。 夫妻恩和，終身吉利。	 八開為婚[20]，五男二女。 奴婢不□，金玉滿堂。

续表

同属婚姻	同屬相取，福祿自隨。相生即吉，相尅[21]不宜。

三刑	四絕	夾角	歲星	衝破
子卯　戌未丑	寅酉　申卯	丑寅　未申	酉午　戌巳　寅丑	子午　卯酉
寅申　寅子申	丑辰　未戌	辰巳　亥戌	申未　子卯　亥辰	丑未　辰戌
六害	**惆悵**	**勾校**	**四極**	
子未　寅申　酉戌	亥子　巳午	酉子　巳寅　申亥	午　卯　酉　子	寅申　巳亥
丑午　卯辰　申亥	寅卯　申酉	卯未　辰未　戌丑		

三刑婚最忌
六害不宜忌
四絕多傷絕
惆悵足悲場（傷）[22]
夾角妨男女
勾校自刑殃
歲星有產厄
四極壽子長
相衝須大忌
不久見分張

洗頭日	三日八日富貴，九日加官，十日招財，十一、十二日目明，十五、廿日大吉，廿四日招財，廿六日有酒食。已上日吉，餘日凶。

推七曜直用日法立成

日	蜜日	第一太陽直日，宜見宮（官）[23]、出行、求財，捉走失必得，吉事重吉，凶事重凶。
月	莫日	第二太陰直日，宜婚禮、內財、治病、服藥，修井竈、門戶吉，不得見宮（官）。
火	雲漢	第三火直日，宜買六畜、治病、合火，下招館、書契、合市吉，切忌針灸，凶。
水	嘀日	第四水直日，宜入學、造功德，一切工巧皆成，[人]畜走失自來[24]。

续表

木	溫沒斯	第五木直日，宜受法、忌見官、市口馬、著新衣、修門戶，吉。
金	那頡	第六金直日，宜見官禮事、買壯宅、下文狀、洗頭，吉。
土	雞緩	第七土直日，宜典壯田、市買牛馬，利加萬倍，修倉庫，吉。

推男女小運行年災厄法

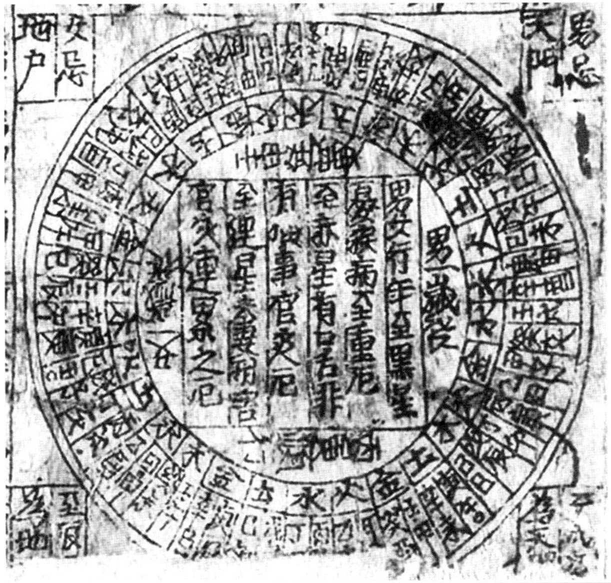

行年至寅，寅為功曹，有貴人遷引。忌正月、七月。	行年至卯，卯為天衝，有離別之厄。忌二月、八月。
行年至辰，辰為天罡，有疾病重厄。忌三月、九月。	行年至巳，巳為太一，切忌官災、口舌。忌四月、十月。
行年至午，午為勝先，合有喜事。己(忌)五月[25]、十一月。	行年至未，未為小吉，田蠶大收吉。忌六月、十二月。
行年至申，申為傳送，宜出行在外，忌正月、七月。	行年至酉，酉為從魁，有蛇鼠作怪。忌二月、八月。

续表

行年至戌，戌為何（河）魁[26]，有鬼魅為災。忌三月、九月。	行年至子，子為神后，造作無咎，吉。忌五月、十一月。
行年至亥，亥為登明，所作皆成，吉。忌四月、十月。	行年至丑，丑為大吉，錢財不失[27]，吉。忌六月、十二月。

推丁酉年五姓起造圖

今年宮羽得大利，起造拾財益人口。商姓小利年，起造亦吉。徵姓起造害財。角姓切忌修造，凶。宮徵羽三月、九月墓，凶吉即不用。商角姓六月、十二月墓。

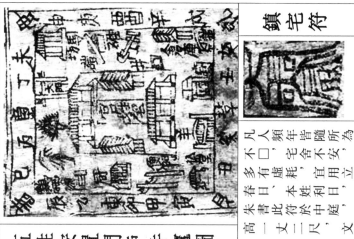

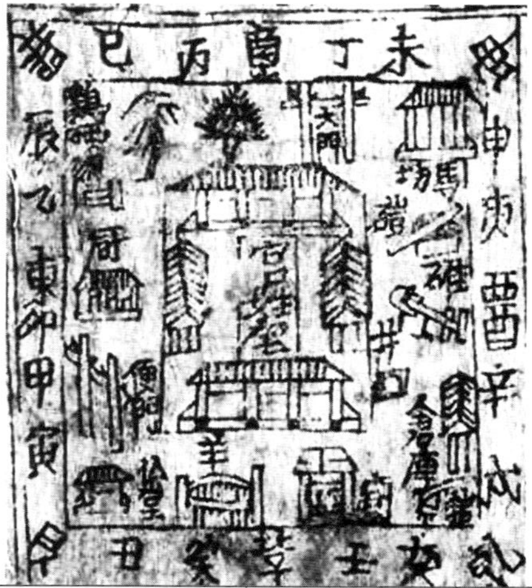

五姓安置門戶井竈圖

鎮宅符

凡人頻年皆隨所為不□，宅舍不安，多有虛耗，宜用立春日、本姓利日，朱書此符於中庭，高一丈二尺，文一。

	宮	商	角	徵	羽
大門	丁	庚	丙	丁	甲
便門	庚	乙	甲	甲	庚
井	巳	巳	辰	酉	丙
竈	酉	子	子	辰	子
佛堂	酉	酉	酉	丑	酉
磑	甲	甲	寅	庚	寅
倉	辛	辛	申	辛	申
廁	亥	壬	壬	亥	壬
馬	巳	午	丁	申	申
牛[28]	癸	申	庚	申	子
羊	癸	癸	癸	癸	癸
豬	亥	亥	□	□	□

续表

上宮男	下宮女	推遊年八卦法
		本宮正南，生氣正東，天醫正西，福德東南，絕體正北，遊魂西南，五鬼東北，絕命西北。
		本宮西南，生氣東北，天醫東南，福德西北，絕體正西，遊魂西南，五鬼正東，絕命正北。
		本宮正西，生氣西北，天醫正南，福德西南，絕體東北，遊魂東南，五鬼正北，絕命正東。
		本宮西北，生氣正西，天醫正東，福德東北，絕體西南，遊魂正北，五鬼東南，絕命正南。
		本宮正北，生氣東南，天醫東北，福德正東，絕體正南，遊魂西北，五鬼正西，絕命西南。
		本宮東北，生氣西南，天醫正北，福德西北，絕體正西，遊魂正東，五鬼正南，絕命東南。
		本宮正東，生氣正南，天醫西北，福德正北，絕體東南，遊魂東北，五鬼西南，絕命正西。
		本宮東南，生氣正北，天醫西南，福德正南，絕體正東，遊魂正西，五鬼西北，絕命東北。

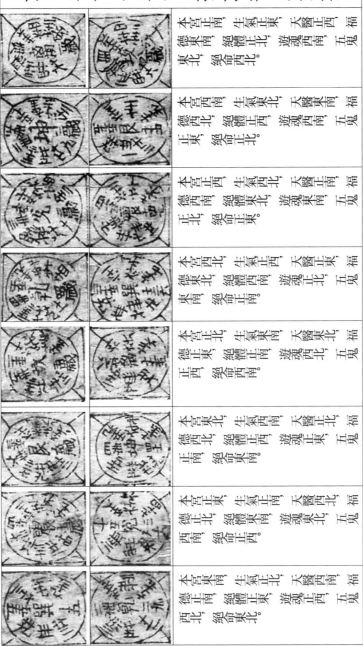

续表

五姓種蒔日

禾	用巳酉丑日吉	麦	用卯亥日大吉
豆	用子寅丑日吉	床	卯日戌日吉
乔	申酉日吉	稻	未日午日吉
葱韮菰茄			用寅卯日大吉

太歲將軍同遊日

□（甲）□（子）日遊東方[29]，己巳還。

□（丙）□（子）□（日）遊南方，辛巳還。

□（戊）子日遊中方，癸巳還。

壬子日遊北方，丁巳還。

庚子□（日）遊西方，乙巳還。

日遊所在法

夫日遊神，天上太一遊曆之使，常以癸巳之日[30]，遊房堂之內一十六日，不得安床、立帳、生產幷修造，凶。从己酉日出外卌四日，所在不可於其方出行、起土、移徙、修造，忌吉。

歲符日

假令今年太歲丁酉，丁酉日即是。

【該部分為『八門占雷』部分注文，為便於閱讀，已趍録於上表，不再重出】

飛廉神

正月戌，二月巳，三月午，四月未，五月寅，六月卯，七月辰，八月亥，九月子，十月丑，十一月申，十二月酉。

土公

春竈，秋井，夏門，冬宅。

郭骑所在

正、二、三、四月在稛，

五、六、七、八月方廁，

九、十、十一、十二月雞棲。

五姓修造法

修宅	用甲子、乙丑、甲午、戊申，吉。
起土	甲子、己卯、天恩、母倉，大吉.
移徙	用甲子、乙丑、丁卯、壬辰。
修門	甲子、甲午、壬午、癸巳。
修井	甲子、甲午、庚午、乙巳。
竈	乙亥、乙酉、庚子、甲午。
碓磑	甲子、甲戌、丙子、丙申。
修廁	丙子、壬子、己卯、丁卯。
掃舍	壬午、丙子、天赦、大吉。
上梁	甲子、甲午、己巳、壬子。
破拆	辛巳、壬辰、辛卯、癸未。
雜修	甲子、乙巳、辛卯、己卯。

四月廿六日都頭守州學博士兼御史中丞翟寫本[1]。

報麴大德永世為父子[2]，莫忘恩也。

說明

此件曆日分欄排印，從上至下共有四欄。第一、二欄存二月十日至十二月三十日曆日，涉及月大小、月建、月九宮、月神煞、蜜日註、節氣、物候及吉凶宜忌等內容，曆中避“虎”為“武”，又“歲符日”條曰：“假令今年太歲丁酉，丁酉日即是。”嚴敦傑、鄧文寬推定為《唐乾符四年丁酉歲具註曆日》（嚴敦傑：《跋敦煌唐乾符四年曆書》，《中國天文文物論集》，文物出版社，1989，第243—251頁；鄧文寬：《敦煌天文曆法文獻輯校》，江蘇古籍出版社，1996，第198—233頁）。第三、四欄係與曆日相關的“雜占”內容，存有推地囊法、六十甲子宮宿法、九宮八變立成法、十二相屬災厄法、推十干得病日法、周公五鼓逐失物法、周堂用日、八門占雷、呂才嫁娶圖、洗頭日、推七曜直用日法立成、推男女小運行年災厄法、推丁酉年五姓起造圖、五姓安置門戶井竈圖、推游年八卦法、五姓種蒔日、太歲將軍同游日、日游所在法、歲符日、飛廉神、土公、五姓修造日等條目，多是圖文並茂，每條標題皆有朱筆標識，鄧文寬、黃正建、關長龍對這些“雜占”做過整理工作（鄧文寬：《敦煌本〈唐乾符四年丁酉歲（877年）具註曆日〉“雜占”補錄》，《敦煌學與中國史研究論集——紀念孫修身先生逝世一周年》，第135—145頁；黃正建：《敦煌占婚嫁文書與唐五代的占婚嫁》，項楚、鄭阿財主編：《新世紀敦煌學論集》，第274—293頁；關長龍：《敦煌本數術文獻輯校》，第55—73頁），可參看。總體來看，這些“雜占”條目對於理解中古曆日的社會文化功能，探察術數文化對於曆日文本的滲透提供了較為詳實的資料。

此件末尾有題記“四月廿六日都頭守州學博士兼御史中丞翟寫本，報麴大德永世為父子，莫忘恩也。”背面有殘傭工契一件，另有四行題識“翟都頭贈

送東行 / 麴大德，且充此文書一本。後若再來之日，/ 更有要者，我不惜與也。但則莫改行相，/ 永為父子之義也。”此題識中，“文書一本”是否為曆書尚未可知，故據此來推斷 S.p6 的性質与來源，目前來看根據仍然不足。

參考文獻

[日] 藤枝晃：《敦煌曆日譜》，《東方學報》第 45 期，1973，第 395—396 頁；《中國天文文物論集》，文物出版社，1989，第 243—251 頁；《英藏敦煌文獻（漢文佛教以外部份）》第 14 卷，四川人民出版社，1995，第 244—246 頁；鄧文寬：《敦煌天文曆法文獻輯校》，江蘇古籍出版社，1996，第 198—233 頁；《敦煌學與中國史研究論集——紀念孫修身先生逝世一周年》，甘肅人民出版社，2001，第 135—145 頁；項楚、鄭阿財主編：《新世紀敦煌學論集》，巴蜀書社，2003，第 274—293 頁；Marc Kalinowski，Divination et société dans la Chine médiévale，Bibliothèque nationale de France，2003，pp.200–203；西澤宥綜：《敦煌曆學綜論——敦煌具註曆日集成》上卷，美裝社，2004，第 299—330 頁；《敦煌研究》2015 年第 3 期；關長龍：《敦煌本數術文獻輯校》，中華書局，2019，第 55—73 頁。

校記

1“甲”，《敦煌天文曆法文獻輯校》據文義補。

2“汁”，當作“執”，據十二建除改，“汁”為“執”之借字。

3“已”，當作“乙”，據三月甲辰，可知四月乙巳，據此校改。

4“月德庚”至下文“厭未破亥”諸句，《敦煌天文曆法文獻輯校》據文義補。下文“十五丙戌土汁（執）”至“蜜廿四乙未金除”諸句亦同，《敦煌天文曆法文獻輯校》據文義補。

5 據前格式，此處應漏抄一句“天道西北行”。

6“大和”至下文“四五”,《敦煌天文曆法文獻輯校》《敦煌本數術文獻輯校》據文義補。

7“二”,當作“七”,按照九宫數字不相重復排列的規則,底本“二”當為“七”之形訛。

8“六十”,《敦煌本數術文獻輯校》疑為“八七”形訛,應是。

9“行”,《敦煌天文曆法文獻輯校》據文義補。

10“行”,《敦煌天文曆法文獻輯校》據文義補。

11“騰”,《敦煌天文曆法文獻輯校》據“小雪”物候補。

12“降”,《敦煌天文曆法文獻輯校》據“小雪”物候補。

13“武”,當作“虎”,據“大雪”物候改,“武”為“虎”之避諱字。

14“失物法”,據文義補。據 P.3602v《神龟推走失法》亦可校補為“走失法”。

15“圓”,《敦煌本數術文獻輯校》釋作“圖”,誤。

16“一”,據 S.P12《曆日》校補。

17“八門占雷”,元代學者傅若金評論《至元十四年具註曆》云:“若八門占雷、五鼓卜盜、十干推病、八卦勘婚,凡以使民勤事力業趋吉避凶者,亦莫不備至。”根據傅若金的描述,有關“八門”占卜年景收成的內容可稱為“八門占雷”,據此校補。

18“火”,當做“大”,據文義改。

19“嫁娶圖”,據殘字形及文義補。

20“開”,《敦煌本數術文獻輯校》釋作“闕”。

21“相尅”,據殘字形及文義補。

22“埸”,當作“傷”,據文義改,“埸”為“傷”之形訛。

23“宮”,當作“官”,據文義改。

24“人畜”及下文“溫沒斯”“那頡”“雞緩”至“修倉庫吉”諸句,據伯三四〇三《具註曆日》補。

25“己”，當作“忌”，《敦煌本數術文獻輯校》據文義改，“己”為“忌”之借字。

26“何”，當作“河”，據文義改，“何”為“河”之借字。

27“錢”及下文“二月”，據文義補。

28“牛”，《敦煌本數術文獻輯校》釋作“午”，誤。

29“甲子”，據伯三四〇三《具註曆日》補。伯三四〇三《具註曆日》“太歲將軍同游日”：“甲子日東游，己巳日還。丙子日南游，辛巳日還。庚子日西游，乙巳日還。壬子日北游，丁巳日還。戊子日中游，癸巳日還。犯太歲妨家長，犯太陰害家母，犯將軍煞男女。太歲所游不在之日，修營無妨。”以下“丙子”“戊子”同，不另出校。

30“之”，《敦煌本數術文獻輯校》漏錄。

31“本”，底本原作“書”，後用濃筆朱書“本”字，據此釋録。

32 底本此句及下文“莫忘恩也”為朱筆書寫。

附：

S.P6《僱工契》

釋文

1 價罰□[1]

2 并褐□[2]

3 不在

4 忓□（主）□

5 抛（卻）（?）勒物壹㪷□兩共面

6 對平章，更不許休悔。如若先悔者，罰麥

7 叁㪷，充入不悔人。恐人無信，故勒此契，用為

8 後憑。

9 　　　　　　僱人王盈信（押）

10 　　　　　　見人兄王盈子（押）

11 　　　　　　　見人表叔氾留作（押）

1 “罰”，據殘字形及文義補。
2 “褐”，據殘字形及文義補。

說明

此件由兩個殘片拼接而成，殘片一存文字八行，每行僅存兩字（即契約前八行中行首二字），殘片二共七行（即拼接後第五至十一行文字）。又另一殘片存有“慈惠”二字，雖然不能肯定此殘片與契約有關，但筆者傾向於認為，此件可能為慈惠鄉傭工契。

参考文献

一、古籍文献

佚名:《黄帝内经素问》，人民卫生出版社，1963。

佚名:《黄帝虾蟆经》，中医古籍出版社，1984。

（汉）司马迁:《史记》，中华书局，1959。

（汉）班固:《汉书》，中华书局，1962。

（汉）徐岳撰，（北周）甄鸾注:《数术记遗》，《景印文渊阁四库全书》第797册，台湾商务印书馆，1986。

（南朝·宋）范晔:《后汉书》，中华书局，1965。

（南朝·梁）沈约:《宋书》，中华书局，1974。

（北齐）魏收:《魏书》，中华书局，1974。

（隋）杜台卿:《玉烛宝典》，古逸丛书之十四，光绪十年甲申遵义黎氏校刊。

（唐）房玄龄等:《晋书》，中华书局，1974。

（唐）魏征等:《隋书》，中华书局，1973。

（唐）李淳风:《乙巳占》，丛书集成初编，中华书局，1985。

（唐）瞿昙悉达:《唐开元占经》，中国书店，1989。

（唐）长孙无忌撰，刘俊文笺解:《唐律疏议笺解》，中华书局，1996。

（唐）李林甫:《唐六典》，中华书局，1992。

（唐）杜佑撰，王文锦等点校:《通典》，中华书局，1988。

（唐）欧阳询撰，汪绍楹校：《艺文类聚》，上海古籍出版社，1965。

（唐）徐坚等著：《初学记》，中华书局，1962。

（唐）李吉甫撰，贺次君点校：《元和郡县图志》，中华书局，1983。

（唐）中敕编：《大唐开元礼》，民族出版社，2000。

（唐）王勃撰，（清）蒋清翊注：《王子安集注》，上海古籍出版社，1995。

（唐）刘餗撰，程毅中点校：《隋唐嘉话》，中华书局，1979。

（唐）张鷟撰，赵守俨点校：《朝野佥载》，中华书局，1979。

（唐）白居易著，顾学颉校点：《白居易集》，中华书局，1999。

（唐）元稹撰，冀勤点校：《元稹集》，中华书局，1982。

（唐）释圆仁原著，白化文等校注：《入唐求法巡礼行记校注》，花山文艺出版社，2007。

（唐）裴廷裕撰，田廷柱点校：《东观奏记》，中华书局，1994。

（唐）王焘撰，高文柱校注：《外台秘要校注》，学苑出版社，2011。

（唐）孙思邈著，李景荣等校释：《备急千金要方校释》，人民卫生出版社，2014。

（唐）韩鄂原编，缪启愉校释：《四时纂要校释》，农业出版社，1981。

（五代）孙光宪撰，贾二强点校：《北梦琐言》，中华书局，2002。

（后晋）刘昫：《旧唐书》，中华书局，1975。

（宋）欧阳修、宋祁：《新唐书》，中华书局，1975。

（宋）薛居正：《旧五代史》，中华书局，1976。

（宋）欧阳修：《新五代史》，中华书局，1974。

（宋）司马光编著：《资治通鉴》，中华书局，1956。

（宋）宋敏求：《唐大诏令集》，商务印书馆，1959。

（宋）李焘：《续资治通鉴长编》，中华书局，1992。

（宋）王溥：《唐会要》，中华书局，1955。

（宋）李昉等编：《太平广记》，中华书局，1961。

（宋）李昉等编：《文苑英华》，中华书局，1966。

（宋）李昉等撰：《太平御览》，中华书局，1960。

（宋）王钦若等编：《册府元龟》，中华书局，1960。

（宋）苏轼撰，孔凡礼点校：《苏轼文集》，中华书局，1986。

（宋）王应麟辑：《玉海》，江苏古籍出版社、上海书店，1987。

（宋）王谠撰，周勋初校证：《唐语林校证》，中华书局，1987。

（宋）陈振孙撰，徐小蛮、顾美华点校：《直斋书录解题》，上海古籍出版社，2015。

（宋）张君房编，李永晟点校：《云笈七签》，中华书局，2003。

（宋）王洙等编，金身佳整理：《地理新书校理》，湘潭大学出版社，2002。

（宋）洪迈：《夷坚志》，中华书局，1981。

（宋）陈元靓撰，许逸民点校：《岁时广记》，中华书局，2020。

（宋）荆执礼撰：《宝祐四年会天历》，阮元编：《宛委别藏》第68册，江苏古籍出版社，1988。

（宋）王怀隐等编：《太平圣惠方》，人民卫生出版社，1958。

（元）宋鲁珍通书，（元）何士泰历法，（明）熊宗立类编：《类编历法通书大全》，《续修四库全书》1062册《子部·术数类》，上海古籍出版社，2002。

（元）脱脱：《宋史》，中华书局，1977。

（元）窦桂芳集：《黄帝明堂灸经》，人民卫生出版社，1983。

（元）佚名：《铜人针灸经》，《景印文渊阁四库全书》第738册，台湾商务印书馆，1986。

（清）徐松辑：《宋会要辑稿》，中华书局，1957。

（清）彭定求等编：《全唐诗》，中华书局，1960。

（清）董诰等编：《全唐文》，中华书局，1983。

（清）吴任臣：《十国春秋》，中华书局，1983。

（清）阮元校刻：《十三经注疏》，中华书局，1980。

（清）李光地等奉敕编：《钦定星历考原》，《四库术数类丛书》（九），上海古籍出版社，1991。

（清）允禄、梅瑴成、何国宗等奉敕撰：《钦定协纪辨方书》，《四库术数类丛书》（九），上海古籍出版社，1991。

（清）缪之晋辑：《大清时宪书笺释》，《续修四库全书》1040 册《子部・天文算法类》，上海古籍出版社，2002。

［德］汤若望：《民历铺注解惑一卷》，《续修四库全书》1040 册《子部・天文算法类》，上海古籍出版社，2002。

北京图书馆出版社古籍影印室编：《国家图书馆藏明代大统历日汇编》（全 6 册），北京图书馆出版社，2007。

北京图书馆古籍珍本丛刊（第 61 册），书目文献出版社，1989。

北京图书馆古籍珍本丛刊（第 92 册），书目文献出版社，1991。

河北医学院校释：《灵枢经校释》，人民卫生出版社，1982。

何宁：《淮南子集释》，中华书局，1998。

天一阁博物馆、中国社会科学院历史研究所天圣令整理课题组校证：《天一阁藏明钞本天圣令校证（附唐令复原研究）》，中华书局，2006。

［日］丹波康赖撰，赵明山等注释：《医心方》，辽宁科学技术出版社，1996。

［日］高楠顺次郎等：《大正新脩大藏经》，大正一切经刊行会，1934 年印行。

［日］黑板勝美编：《日本三代實錄》，《国史大系》第四卷，经济杂志社，1897 年印行。

［日］中村璋八：《五行大義校註》（增訂版），汲古書院，1998。

二、出土文献图录、叙录及辑校

邓文宽：《敦煌天文历法文献辑校》，江苏古籍出版社，1996。

杜建录主编：《中国藏黑水城汉文文献释录》（第 8 册），中华书局，2017。

杜建录、[俄]波波娃主编：《俄藏黑水城汉文文献释录》，甘肃文化出版社，2021。

段文杰主编：《甘肃藏敦煌文献》，甘肃人民出版社，1999。

俄罗斯科学院东方研究所等编：《俄藏敦煌文献》（全 17 册），上海古籍出版社，1992—2001。

俄罗斯科学院东方研究所等编：《俄藏黑水城文献》（第 4—6 册），上海古籍出版社，1997—2000。

关长龙：《敦煌本堪舆文书研究》，中华书局，2013。

关长龙辑校：《敦煌本数术文献辑校》，中华书局，2019。

国家文物局古文献研究室等编：《吐鲁番出土文书》（第 5—8 册），文物出版社，1983—1987。

郝春文编著：《英藏敦煌社会历史文献释录》（第 1 卷），科学出版社，2001。

郝春文编著：《英藏敦煌社会历史文献释录》（第 2—18 卷），社会科学文献出版社，2003—2022。

郝春文等编著：《英藏敦煌社会历史文献释录》第 1 卷（修订版），社会科学文献出版社，2018。

湖北省文物考古研究所、随州市考古队编：《随州孔家坡汉墓简牍》，文物出版社，2006。

罗振玉编：《敦煌石室遗书百廿种》，黄永武主编：《敦煌丛刊初集》（第 6—8 册），新文丰出版公司，1987。

黄永武主编：《敦煌宝藏》（第 35 册），新文丰出版公司，1982。

黄征、张涌泉校注：《敦煌变文校注》，中华书局，1997。

黄征、张崇依：《浙藏敦煌文献校录整理》，上海古籍出版社，2012。

李逸友编著：《黑城出土文书（汉文文书卷）》，科学出版社，1991。

马继兴等：《敦煌医药文献辑校》，江苏古籍出版社，1998。

［俄］孟列夫：《黑城出土汉文遗书叙录》，王克孝译，宁夏人民出版社，1994。

荣新江主编：《吐鲁番文书总目（欧美收藏卷）》，武汉大学出版社，2007。

荣新江、李肖、孟宪实主编：《新获吐鲁番出土文献》，中华书局，2008。

荣新江、史睿主编：《吐鲁番出土文献散录》，中华书局，2021。

沙知、吴芳思编著：《斯坦因第三次中亚考古所获汉文文献（非佛经部分）》，上海辞书出版社，2005。

睡虎地秦墓竹简整理小组：《睡虎地秦墓竹简》，文物出版社，1990。

孙继民等：《俄藏黑水城汉文非佛教文献整理与研究》，北京师范大学出版社，2012。

孙继民等：《考古发现西夏汉文非佛教文献整理与研究》，社会科学文献出版社，2014。

孙继民等：《英藏及俄藏黑水城汉文文献整理》，天津古籍出版社，2015。

孙继民等：《中国藏黑水城汉文文献的整理与研究》，中国社会科学出版社，2016。

孙占宇：《天水放马滩秦简集释》，甘肃文化出版社，2013。

上海古籍出版社等编：《法藏敦煌西域文献》（第14—34册），上海古籍出版社，2001—2005。

上海古籍出版社、天津市艺术博物馆编：《天津市艺术博物馆藏敦煌文献》（第4册），上海古籍出版社，1997。

塔拉、杜建录、高国祥主编：《中国藏黑水城汉文文献》（第8册），国家图书馆出版社，2008。

唐长孺主编：《吐鲁番出土文书》（全4册），图录本，文物出版社，1992—1996。

唐耕耦、陆宏基编：《敦煌社会经济文献真迹释录》（第1辑），书目文献出版社，1986。

唐耕耦、陆宏基编：《敦煌社会经济文献真迹释录》（第2—5辑），全国图书馆文献缩微复制中心，1990印行。

王卡：《敦煌道教文献研究——综述、目录、索引》，中国社会科学出版社，2004。

吴九龙释：《银雀山汉简释文》，文物出版社，1985。

[日] 武田科学振兴财团编集：《杏雨书屋藏敦煌秘笈》（影片册一），はまや印刷株式会社，2009。

中国国家图书馆编：《国家图书馆藏敦煌遗书》（第100—146册），北京图书馆出版社，2008—2012。

周绍良主编：《唐代墓志汇编》，上海古籍出版社，1992。

周绍良、赵超主编：《唐代墓志汇编续集》，上海古籍出版社，2001。

三、学术著作

陈菊霞：《敦煌翟氏研究》，民族出版社，2012。

陈美东：《古历新探》，辽宁教育出版社，1995。

陈美东：《中国古代天文学思想》，中国科学技术出版社，2007。

陈梦家：《汉简缀述》，中华书局，1980。

陈晓中，张淑莉：《中国古代天文机构与天文教育》，中国科学技术出版社，2008。

陈于柱：《区域社会史视野下的敦煌禄命书研究》，民族出版社，2012。

陈于柱：《敦煌写本宅经校录研究》，民族出版社，2007。

陈于柱：《敦煌吐鲁番出土发病书整理研究》，科学出版社，2016。

陈垣：《二十史朔闰表》，中华书局，1962。

陈遵妫：《中国天文学史》，上海人民出版社，2016。

程莘农主编：《中国针灸学》，人民卫生出版社，1964。

［日］池田温：《中国古代写本识语集录》，东京大学东洋文化研究所，1990。

［日］池田温：《唐研究论文选集》，中国社会科学出版社，1999。

［英］崔瑞德编：《剑桥中国隋唐史（589—906年）》，中国社会科学院历史研究所、西方汉学研究课题组译，中国社会科学出版社，1990。

大英博物馆监修：《西域美术——英国博物馆所藏斯坦因收集品》，讲谈社，1982。

邓文宽：《敦煌吐鲁番出土历日》，河南教育出版社，1997。

邓文宽：《敦煌吐鲁番天文历法研究》，甘肃教育出版社，2002。

邓文宽：《邓文宽敦煌天文历法考索》，上海古籍出版社，2010。

房继荣：《敦煌本乌鸣占文献研究》，甘肃人民出版社，2016。

冯时：《中国天文考古学》，社会科学文献出版社，2001。

冯承钧译：《西域南海史地考证译丛八编》，商务印书馆，1962。

高启安：《唐五代敦煌饮食文化研究》，民族出版社，2004。

關靖編：《金沢文庫本図録》（非卖品），幽学社，1944印行。

郭世余编著：《中国针灸史》，天津科学技术出版社，1989。

何兆武主编：《历史理论与史学理论》，商务印书馆，1999。

黄一农：《社会天文学史十讲》，复旦大学出版社，2004。

黄文弼：《吐鲁番考古记》，中国科学院出版，1954。

黄正建：《敦煌占卜文书与唐五代占卜研究（增订版）》，中国社会科学出版社，2014。

姜望来：《皇位传承与中古政治》，中国社会科学出版社，2023。

江晓原：《天学真原》，辽宁教育出版社，1991。

江晓原、钮卫星：《中国天学史》，上海人民出版社，2005。

金身佳：《敦煌写本宅经葬书校注》，民族出版社，2007。

[英] 李约瑟：《中国科学技术史·天学》，科学出版社，1975。

柳洪亮：《新出吐鲁番文书及其研究》，新疆人民出版社，1997。

罗尔纲：《太平天国史》，中华书局，1991。

彭金章、王建军编：《敦煌莫高窟北区石窟》（第3卷），文物出版社，2004。

彭向前：《俄藏西夏历日文献整理研究》，社会科学文献出版社，2018。

[法] Marc Kalinowski，*Divination et sociétédans la Chine médéivale*，*Etude des manuscrits de Dunhuang de la Bibliothèque nationale de France et de la British Library*，Bibliothèque nationale de France，2003.

曲安京等：《中国古代数理天文学探析》，西北大学出版社，1994。

曲安京：《中国数理天文学》，科学出版社，2008。

[日] 仁井田陞原著，栗劲等编译：《唐令拾遗》，长春出版社，1989。

[日] 仁井田陞著，池田温等编集：《唐令拾遗补（附唐日两令对照一览）》，东京大学出版会，1997。

[日] 山下克明：《发现阴阳道——平安贵族与阴阳师》，梁晓弈译，社会科学文献出版社，2019。

施萍婷：《敦煌习学集》，甘肃民族出版社，2004。

史金波：《西夏文化研究》，中国社会科学出版社，2015。

史树青主编：《中国历史博物馆藏法书大观》（第12卷），上海教育出版社，2001。

荣新江：《敦煌学十八讲》，北京大学出版社，2001。

荣新江：《吐鲁番的典籍与文书》，上海古籍出版社，2023。

[日] 薮内清：《增订隋唐历法史の研究》，临川书店，1989。

[日] 薮内清著，杜石然译：《中国的天文历法》，北京大学出版社，2017。

孙猛：《日本国见在书目录详考》，上海古籍出版社，2015。

孙英刚：《神文时代：谶纬、术数与中古政治研究》，上海古籍出版社，2015。

谭蝉雪：《敦煌岁时文化导论》，新文丰出版公司，1998。

王爱和：《中国古代宇宙观与政治文化》，中华书局，2012。

王惠民：《敦煌佛教与石窟营建》，甘肃教育出版社，2017。

王晶波：《敦煌写本相书研究》，民族出版社，2010。

王晶波：《敦煌占卜文献与社会生活》，甘肃教育出版社，2013。

王双怀主编：《中华通历（隋唐五代卷）》，陕西师范大学出版社，2018。

王祥伟：《敦煌五兆卜法文献校录研究》，民族出版社，2011。

王重民辑：《敦煌古籍叙录》，商务印书馆，1958。

王子今：《睡虎地秦简〈日书〉甲种疏证》，湖北教育出版社，2002。

项楚：《敦煌变文选注（增订本）》，中华书局，2019。

徐振韬主编：《中国古代天文学词典》，中国科学技术出版社，2009。

杨秀清：《唐宋时期敦煌大众的知识与思想》，甘肃人民出版社，2022。

[日] 羽田亨：《西域文明史概论（外一种）》，耿世民译，中华书局，2005。

余欣：《神道人心：唐宋之际敦煌民生宗教社会史研究》，中华书局，2006。

[日] 西澤宥綜：《敦煌曆學綜論——敦煌具註曆日集成》上中下卷，美装社，2004—2006。

余欣：《敦煌的博物学世界》，甘肃教育出版社，2013。

张弓主编:《敦煌典籍与唐五代历史文化》，中国社会科学出版社，2006。

张培瑜:《三千五百年历日天象》，大象出版社，1997。

张培瑜等:《中国古代历法》，中国科学技术出版社，2007。

张涌泉:《敦煌写本文献学》，甘肃教育出版社，2013。

赵贞:《归义军史事考论》，北京师范大学出版社，2010。

赵贞:《唐宋天文星占与帝王政治》，北京师范大学出版社，2016。

赵贞:《敦煌文献与唐代社会文化研究》，北京师范大学出版社，2017。

赵贞:《唐代的天文历法》，河南人出版社，2019。

郑炳林、陈于柱:《敦煌占卜文献叙录》，兰州大学出版社，2014。

郑炳林、羊萍:《敦煌本梦书》，甘肃文化出版社，1995。

郑炳林:《敦煌写本解梦书校录研究》，民族出版社，2004。

郑炳林、王晶波:《敦煌写本相书校录研究》，民族出版社，2004。

[日] 中村璋八:《日本陰陽道書の研究》，汲古書院，1987。

[日] 中村裕一:《中国古代の年中行事》（全4册），汲古書院，2009—2011。

中国社会科学院考古研究所编著:《中国古代天文文物图集》，文物出版社，1980。

朱文鑫:《历法通志》，商务印书馆，1934。

朱文鑫:《天文学小史》，上海书店出版社，2013。

严绍璗:《日本藏汉籍真本追踪纪实——严绍璗海外访书志》，上海古籍出版社，2005。

严绍璗:《日本藏汉籍善本研究》，北京大学出版社，2021。

四、学术论文

陈昊:《“历日”还是“具注历日”——敦煌吐鲁番历书名称与形制关系再

讨论》，《历史研究》2007 年第 2 期。

陈昊：《吐鲁番台藏塔新出唐代历日研究》，《敦煌吐鲁番研究》第 10 卷，上海古籍出版社，2007，第 207—220 页。

陈昊：《吐鲁番洋海 1 号墓出土文书年代考释》，《敦煌吐鲁番研究》第 10 卷，上海古籍出版社，2007，第 11—20 页。

陈久金：《中国古代时制研究及其换算》，《自然科学史研究》第 2 卷第 2 期，1983，第 118—132 页。

陈久金：《敦煌、居延汉简中的历谱》，见中国社会科学院考古研究所编：《中国古代天文文物论集》，文物出版社，1989，第 111—136 页。

陈美东：《中国古代的漏箭制度》，《广西民族学院学报》（自然科学版）2006 年第 4 期。

陈于柱、张福慧：《敦煌古藏文写本 P.3288V（1）〈沐浴洗头择吉日法〉题解与释录——P.3288V 研究之一》，《敦煌学辑刊》2019 年第 2 期。

陈祚龙：《中世敦煌与成都之间的交通路线》，《敦煌学》第 1 辑，1974，第 79—86 页。

程喜霖：《吐鲁番文书所见唐西州城傍与城傍子弟》，见束迪生等编：《高昌社会变迁及宗教演变》，新疆人民出版社，2010，第 84—100 页。

邓文宽：《敦煌古历丛识》，《敦煌学辑刊》1989 年第 1 期。

邓文宽：《关于敦煌历日研究的几点意见》，《敦煌研究》1993 年第 1 期。

邓文宽：《敦煌吐鲁番历日略论》，《传统文化与现代化》1993 年第 3 期。

邓文宽：《敦煌三篇具注历日佚文校考》，《敦煌研究》2000 年第 3 期。

邓文宽：《传统历书以二十八宿注历的连续性》，《历史研究》2000 年第 6 期。

邓文宽：《敦煌本〈唐乾符四年丁酉岁（877 年）具注历日〉"杂占"补录》，收入《敦煌学与中国史研究论集——纪念孙修身先生逝世一周年》，甘肃人民出版社，2001，第 135—145 页。

邓文宽:《吐鲁番出土〈明永乐五年丁亥岁（1407年）具注历日〉考》,《敦煌吐鲁番研究》第5卷，北京大学出版社，2001，第263—268页。

邓文宽:《敦煌吐鲁番历日的整理研究与展望》,《敦煌吐鲁番天文历法研究》，甘肃教育出版社，2002，第123—128页。

邓文宽:《敦煌历日文献研究的历史追忆》,《敦煌吐鲁番研究》第7卷，中华书局，2004，第290—297页。

邓文宽:《金天会十三年乙卯岁（1135年）历日疏证》,《文物》2004年第10期。

邓文宽:《敦煌具注历日选择神煞释证》,《敦煌吐鲁番研究》第8卷，中华书局，2005。

邓文宽:《敦煌历日中的唐五代祭祀、节庆与民俗》，张弓主编:《敦煌典籍与唐五代历史文化》，中国社会科学出版社，2006，第1073—1096页。

邓文宽:《两篇敦煌具注历日残文新考》,《敦煌吐鲁番研究》第13卷，上海古籍出版社，2013，第197—201页。

邓文宽:《跋日本“杏雨书屋”藏三件敦煌历日》，黄正建主编:《中国社会科学院敦煌学回顾与前瞻学术研讨会论文集》，上海古籍出版社，2012，第153—155页。

邓文宽:《对两份敦煌残历日用二十八宿作注的检验——兼论BD16365〈具注历日〉的年代》,《敦煌研究》2023年第5期。

丁山:《开国前周人文化与西域关系》，见氏著《古代神话与民族》，商务印书馆，2015，第188—190页。

董作宾:《敦煌写本唐大顺元年残历考》,《图书月刊》第3卷第1期，1943，第7—10页。

冯培红:《唐五代参谋考略》,《复旦学报》2013年第6期。

[日] 高田时雄:《五姓说之敦煌资料》,《敦煌·民族·语言》，中华书局，

2005，第 328—358 页。

［日］宫岛一彦：《暦書・算書》，［日］池田温编集：《講座敦煌 5・敦煌漢文文献》，大東出版社，1992，第 464—476 页。

郝春文：《〈上海博物馆藏敦煌吐鲁番文献〉读后》，《敦煌学辑刊》1994 年第 2 期。

何启龙：《〈授时历〉具注历日原貌考——以吐鲁番、黑城出土元代蒙古文〈授时历〉译本残叶为中心》，《敦煌吐鲁番研究》第 13 卷，上海古籍出版社，2013，第 263—289 页。

［日］工藤元男：《具注暦の淵源——"日書"・"視日"・"質日"の間》，《東洋史研究》第 72 卷第 2 号，2013，第 222—254 页。

［法］华澜：《敦煌历书的社会与宗教背景》，国家图书馆善本部敦煌吐鲁番学资料研究中心编：《敦煌与丝路文化学术讲座》第 1 辑，北京图书馆出版社，2003，第 175—191 页。

［法］华澜：《简论中国古代历日中的廿八宿注历——以敦煌具注历日为中心》，《敦煌吐鲁番研究》第 7 卷，中华书局，2004，第 413—414 页。

［法］华澜：《敦煌历日探研》，李国强译，中国文物研究所编：《出土文献研究》第 7 辑，上海古籍出版社，2005，第 196—253 页。

［法］华澜：《9 至 10 世纪敦煌历日中的选择术与医学活动》，《敦煌吐鲁番研究》第 9 卷，中华书局，2006，第 425—448 页。

［法］华澜：《9 至 10 世纪历日中的行事——以身体关注为例》，余欣主编：《中古中国研究》第 1 卷，中西书局，2017，第 331—367 页。

黄一农：《敦煌本具注历日新探》，《新史学》第 3 卷，1992 年 4 期。

黄正建：《敦煌占婚嫁文书与唐五代的占婚嫁》，项楚、郑阿财主编：《新世纪敦煌学论集》，巴蜀书社，2003，第 274—293 页；见黄正建《敦煌占卜文书与唐五代占卜研究》（增订版），中国社会科学出版社，2014，第 227—246 页。

纪征瀚等:《针灸中的“神”禁忌》,《中国针灸》2014 年第 7 期。

金身佳:《敦煌写本 P.3281〈卜葬书〉中的麒麟、凤凰、章光、玉堂》,《敦煌学辑刊》2005 年第 4 期。

李磊:《针灸日时知避忌——试论针灸日时避忌的原则和方法》,《上海中医药杂志》1995 年第 6 期。

乐爱国:《略论〈周易〉对中国古代历法的影响》,《周易研究》2005 年第 5 期。

刘广瑞:《俄藏黑水城文献〈官员加级録〉年代再证》,见《宋史研究论丛》第 10 辑,河北大学出版社,2009,第 497—504 页。

柳洪亮:《新出麴氏高昌历书试析》,《西域研究》1993 年第 2 期。

刘世楷:《七曜历的起源——中国天文学史上的一个问题》,《北京师范大学学报》(自然科学版)1959 年第 4 期。

刘永明:《唐宋之际历日发展考论》,《甘肃社会科学》2003 年第 1 期。

刘永明:《敦煌道教的世俗化之路——道教向具注历日的渗透》,《敦煌学辑刊》2005 年第 2 期。

刘永明:《两份敦煌镇宅文书之缀合及与道教关系探析》,《兰州大学学报》2009 年第 6 期。

刘永明;《吐蕃时期敦煌道教及相关信仰习俗探析》,《敦煌研究》2011 年第 4 期。

刘子凡:《唐代三伏择日中的长安与地方》,《唐研究》第 21 卷,北京大学出版社,2015,第 287—304 页。

刘子凡:《黄文弼所获〈唐神龙元年历日序〉研究》,《文津学志》第 15 辑,国家图书馆出版社,2021,第 190—196 页。

[法] 马若安:《敦煌历日“没日”和“灭日”安排初探》,《敦煌吐鲁番研究》第 7 卷,中华书局,2004,第 422—437 页。

[法] 茅甘:《敦煌写本中的“五姓堪舆法”》,见《法国学者敦煌学论文选

萃》，中华书局，1993，第249—256页。

［日］妹尾达彦：《唐代长安东市民间的印刷业》，《中国古都学会第十三届年会论文集》，1995，第226—234页。

钮卫星：《汉唐之际历法改革中各作用因素之分析》，《上海交通大学学报》（哲学社会科学版）2004年第5期。

彭向前：《几件黑水城出土残历日新考》，《中国科技史杂志》2015年第2期。

荣孟原：《被盗的敦煌历》，《中华文史论丛》1983年第3辑，第239—254页。

荣新江：《柏林通讯》，《学术集林》第十卷，上海远东出版社，1997，第380—397页。

荣新江：《德国吐鲁番收集品中的汉文典籍与文书》，《华学》第3辑，北京紫禁城出版社，1998，第309—325页。

史金波：《黑水城出土活字版汉文历书考》，《文物》2001年第10期。

史金波《西夏的历法和历书》，《民族语文》2006年第4期。

施萍亭：《敦煌历日研究》，敦煌文物研究所编：《1983年全国敦煌学术讨论会文集》文史遗书编上，甘肃人民出版社，1987，第305—366页。

［日］石田幹之助：《以“蜜”字标记星期日的具注历》，刘俊文主编：《日本学者研究中国史论著选译》第9卷“民族交通”，中华书局，1993，第428—442页。

［日］薮内清：《スタイン敦煌文献中の暦書》，《東方學報》第35期，1964，第543—549页；中译文参见［日］薮内清：《研讨推定斯坦因收集的敦煌遗书中的历书年代的方法》，朴宽哲译，《西北史地》1985年第2期。

苏莹辉：《敦煌所出北魏写本历日》，《大陆杂志》1950年第1卷第9期，第4—10页。

孙继民：《〈唐大历三年曹忠敏牒为请免充子弟事〉书后》，《敦煌吐鲁番研究》第2卷，北京大学出版社，1996，第231—248页。

[日] 藤枝晃：《敦煌曆日譜》，《東方學報》第45期，1973，第377—441页。

田可：《吐鲁番洋海1号墓阚氏高昌永康历日再探》，《西域研究》2021年第4期。

王利华：《〈月令〉中的自然节律与社会节奏》，《中国社会科学》2014年第2期。

王重民：《敦煌本历日之研究》，《东方杂志》第34卷第9号，1937年，见氏著《敦煌遗书论文集》，中华书局，1984，第116—133页。

王立兴：《纪时制度考》，《中国天文学史文集》第四集，科学出版社，1986，第1—47页。

汪小虎：《敦煌具注历日中的昼夜时刻问题》，《自然科学史研究》2013年第2期。

汪小虎：《南宋官历昼夜时刻制度考》，《科学与管理》2013年第5期。

汪小虎：《中国古代历书之纪年表初探》，《自然科学史研究》2016年第2期。

汪小虎：《颁历授时：国家权力主导下的时间信息传播》，《新闻与传播研究》2018年第3期。

汪小虎：《用空间微塑时间：历书的形式及其对时间信息传播的影响》，《自然辩证法研究》2020年第6期。

汪小虎：《中国古代历书的编造与发行》，《新闻与传播研究》2020年第7期。

王勇：《唐历在东亚的传播》，《台大历史学报》第30期，2002，第33—51页。

王永兴：《敦煌唐代差科簿考释》，《历史研究》1957年第12期。

韦兵：《竞争与认同：从历日颁赐、历法之争看宋与周边民族政权的关系》，《民族研究》2008年第5期。

吴羽：《唐宋历日祭祀吉日铺注的变化与适用范围——以“神在”日为中

心的探讨》，历史语言研究所集刊，第 92 本第 2 分，2021，第 397—436 页。

［日］西泽宥综：《〈显德二年历断简〉考释》，韩健平译，《中国科技史料》2000 年第 4 期。

徐满成：《针灸日时避忌探析》，《中国中医药信息杂志》2013 年第 5 期。

晏昌贵：《敦煌具注历日中的“往亡”》，《魏晋南北朝隋唐史资料》第 19 辑，2002，第 226—231 页。

严敦杰：《敦煌残历刍议》，《中华文史论丛》1989 年第 1 辑，第 133—138 页。

严敦杰：《跋敦煌唐乾符四年历书》，中国社会科学院考古研究所编：《中国古代天文文物论集》，文物出版社，1989，第 243—251 页。

杨秀清：《数术在唐宋敦煌大众生活中的意义》，《南京师大学报》2012 年第 2 期。

游自勇：《敦煌吐鲁番汉文文献中的剃头、洗头择吉日法》，《文津学志》第 15 辑，国家图书馆出版社，2021，第 229—236 页。

余欣：《唐宋敦煌墓葬神煞研究》，《敦煌学辑刊》2003 年第 1 期。

余欣：《神祇的“碎化”：唐宋敦煌社祭变迁研究》，《历史研究》2006 年第 3 期。

余欣、陈昊：《吐鲁番洋海出土高昌早期〈易杂占〉考释》，《敦煌吐鲁番研究》第 10 卷，上海古籍出版社，第 57—84 页。

张福慧、陈于柱：《敦煌藏文写本 P.3288V（1）〈沐浴洗头择吉日法〉的历史学研究》，《中国藏学》2022 年第 4 期。

张培瑜：《黑城出土天文历法文书残页的几点附记》，《文物》1988 年第 4 期。

张培瑜：《试论新发现的四种古历残卷》，《中国天文学史文集》第 5 集，科学出版社，1989，第 104—125 页。

张培瑜、卢央：《黑城新出土残历法的年代和有关问题》，《南京大学学报》

1994 年第 2 期。

庄申:《蜜日考》,《历史语言研究所集刊》第 31 本,1960,第 271—301 页。

赵贞:《敦煌文书中的“七星人命属法”释证——以 P.2675 bis 为中心》,《敦煌研究》2006 年第 2 期。

赵贞:《“九曜行年”略说——以 P.3779 为中心》,《敦煌学辑刊》2005 年 3 期。

赵贞:《中村不折旧藏〈唐人日课习字卷〉初探》,《文献》2014 年第 1 期。

赵贞:《S.P12〈上都东市大刀家印具注历日〉残页考》,《敦煌研究》2015 年第 3 期。

赵贞:《〈宿曜经〉所见“七曜占”考论》,《人类学研究》第 8 卷,浙江大学出版社,2016,第 282—309 页。

赵贞:《中古历日社会文化意义探析——以敦煌所出历日为中心》,《史林》2016 年第 3 期。

赵贞:《敦煌具注历日中的漏刻标注探研》,《敦煌学辑刊》2017 年第 4 期。

赵贞:《国家图书馆藏 BD16365〈具注历日〉研究》,《敦煌研究》2019 年第 5 期。

赵贞:《李渊建唐中的“天命”塑造》,《唐研究》第 25 卷,北京大学出版社,2020,第 505—529 页。

[日] 中村清二:《敦煌古历研究》,《学灯》第 53 卷第 1 期,1956,第 6—8 页。

[日]中村清二:《敦煌古历再研究》,《学灯》第 53 卷第 3 期,1956,第 7 页。

周济:《唐代曹士蔿及其符天历——对我国科学技术史的一个探索》,《厦门大学学报》1979 年第 1 期。

索引

E

F

G

K

L

M

T

W

Y

后　记

本书是2016年度社科基金一般项目的最终成果。承蒙专家评委的厚爱，得以忝列国家哲学社会科学成果文库。在此谨致谢忱！

2016年，随着《唐宋天文星占与帝王政治》的出版，我深感天文历法之学的博大精深与深奥难懂，于是决计转向与历法学相关的中古历日研究。在邓文宽、华澜等学者论著的指引下，我对敦煌历日文献中的朱笔标注问题产生了兴趣，并进一步思考“历注”的社会文化意义。所幸这项研究得到了国家社科基金的资助。在项目推进中，诸如九宫、卦气、二十四气、人神、漏刻以及更多的年神、月神、日神时时困扰着我。这些历注中的术语，本书虽有关注和探讨，但自觉并不满意。本书虽然关注的是中古时代，但在认识上始终强调中古历日在中国古代历日文化中的特殊地位。时至今日，还有两个问题未曾解决，其一是二十八宿注历的演进过程；其二，现在看来，南宋历日和西夏汉文历日是最为复杂的历日文本，此后的元代历日、明大统历和清时宪书看起来似乎相对较为简单，其中的缘由值得进一步思考和探索。

后人总是沿着前人的足迹前进。本书对于历日的探究，重点参考了邓文宽《敦煌天文历法文献辑校》《敦煌吐鲁番天文历法研究》，黄正建《敦煌占卜文书与唐五代占卜研究》，华澜《敦煌历日探研》以及关长龙《敦煌本数术文献辑校》等相关成果。近些年来，不知不觉中，有关术数、占卜的知识和技法也成为中古史研究的热点问题，一部分中青年学者如余欣、游自勇、王晶波、陈于柱、孙英刚、吴羽、姜望来、汪小虎等，都深耕于此，他们的相关成果，本书也多有征引。在此一并致谢。

相较而言，本书在历日残片的整理中耗时较多。每件历日，基本参照郝春文师编著《英藏敦煌社会历史文献释录》的体例来整理。黑水城历日文献的释录，更多参考了孙继民等《俄藏黑水城汉文非佛教文献整理与研究》《中国藏黑水城文献整理与研究》以及杜建录主编的《中国藏黑水城汉文文献释录》。没有这些先贤成果的指引，我肯定是不敢“擅闯”黑水城历日文献的。

最后，还要感谢两位学生。一位是王渊河，他在日本大阪大学交流期间，给我提供了金泽文库藏《南宋嘉定十一年戊寅岁（1218 年）具注历日》残页的图版。在我的认知里，这件残历是现知中国最早的传世历书，因而弥足珍贵。另一位是杜力遥，他对历日也有浓厚的兴趣。本书中的两件印本历日Дx.2880 和 S.P6，就是在力遥同学的襄助下完成的。尽管 S.P6 的文本整理，今天看来很难说完全准确，但表格的制作和套用，一定程度上再现了印本历日的原貌，可以说是本书历日整理的亮点之一。

本书的编辑、校对和出版，确实给人民出版社和编辑老师带来了诸多额外的工作和辛劳。责编刘松弢为了本书的顺利出版，劳心费神，付出颇多。对于我的拖沓和“低效”，始终宽大为怀，耐心包容。他对工作认真负责，编校细致，避免了很多疏漏和瑕疵。在此一并致谢！

赵　贞

2024 年冬至，写于珠海文华苑 6215 室

责任编辑：刘松弢　谭依依
装帧设计：王欢欢

图书在版编目（CIP）数据

纪日序事 ：中古历日社会文化意义探研 / 赵贞著 .
北京 ：人民出版社，2025. 8. -- ISBN 978－7－01－027314－3

Ⅰ. P194.3

中国国家版本馆 CIP 数据核字第 2025CB8331 号

纪日序事：中古历日社会文化意义探研
JIRI XUSHI ZHONGGU LIRI SHEHUI WENHUA YIYI TANYAN

赵 贞 著

人民出版社 出版发行
（100706　北京市东城区隆福寺街 99 号）

北京中科印刷有限公司印刷　新华书店经销

2025 年 8 月第 1 版　2025 年 8 月北京第 1 次印刷
开本：710 毫米 ×1000 毫米 1/16　印张：31.75
字数：429 千字

ISBN 978－7－01－027314－3　定价：128.00 元

邮购地址 100706　北京市东城区隆福寺街 99 号
人民东方图书销售中心　电话（010）65250042　65289539